实践科学发展观

浙江服务业蓝皮书

BLUE BOOK OF
SERVICE INDUSTRY IN ZHEJIANG

2016
浙江省服务业发展报告

SERVICE INDUSTRY DEVELOPMENT
REPORT OF ZHEJIANG
2016

浙江省现代服务业发展工作领导小组
浙 江 省 发 展 和 改 革 委 员 会 编

中国计划出版社

图书在版编目（CIP）数据

2016浙江省服务业发展报告 / 浙江省现代服务业发展工作领导小组，浙江省发展和改革委员会编. -- 北京：中国计划出版社，2016.12

ISBN 978-7-5182-0550-9

Ⅰ. ①2… Ⅱ. ①浙… Ⅲ. ①服务业－经济发展－研究报告－浙江省－2016 Ⅳ. ①F719

中国版本图书馆CIP数据核字（2016）第311981号

2016浙江省服务业发展报告

浙江省现代服务业发展工作领导小组
浙江省发展和改革委员会 编

责任编辑：张再青
封面设计：徐 涛

中国计划出版社出版
网址：www.jhpress.com
地址：北京市西城区木樨地北里甲11号国宏大厦C座3层
邮政编码：100038 电话：010-63906426 63906435
电子邮箱：zgjhcbs2015@163.com
新华书店北京发行所发行
浙江国广彩印有限公司印刷

710×1000毫米 1/16 35印张 650千字
2016年12月第一版 2016年12月第一次印刷

ISBN 978-7-5182-0550-9
定价：68.00元

《2016浙江省服务业发展报告》

编委会

目　录

一、综 合 篇

二、行 业 篇

三、地 区 篇

四、平 台 篇

五、企 业 篇

六、政 策 篇

七、研究与借鉴篇

八、大事记

九、附　录

CONTENTS

Part III Regions

Part IV Platforms

Part V Enterprises

Part VI Policies

Part VII Research and Reference

Part VIII Great Events

Part IX Appendix

序　言

2015年是“十二五”规划的收官之年。在全省上下共同努力下，服务业发展交出了一份令人满意的答卷：全省服务业增加值突破2万亿元大关，达到21347亿元，占全国总量的6.2%，位居全国第四；服务业占GDP的比重达到49.8%，较2014年提高1.9%，实现了省人代会通过的48%既定目标。服务业作为浙江第一大产业的地位得到进一步巩固。

服务业是经济社会可持续发展的新引擎。一方面，服务业发达程度是衡量一个国家、一个地区产业发展水平的重要标志。服务业资源消耗小、污染排放少，有利于缓解能源资源和环境压力，有利于提高经济增长的质量和效益。服务业涉及领域广泛，特别是现代服务业，内涵越来越丰富，外延越来越拓展，人们的日常生活离不开服务业，社会生产也离不开服务业。另一方面，大力发展服务业是推进供给侧结构性改革的有效途径。服务业可以为推进工业化、信息化、新型城镇化、农业现代化提供支撑，促进工业化与信息化深度融合、新型城镇化与农业现代化相辅相成，进而促进经济社会平稳健康发展。

2015年，我省服务业在省委、省政府的正确领导和一系列政策措施的引导扶持下，实现了快速发展。信息服务、电子商务、金融、物流、旅游、健康服务、文化创意等新兴服务产业发展迅速，尤其是以阿里巴巴等为代表的信息经济发展势头强劲；以新理念、新业态、新载体推进的产业集聚、产业创新和产业升级成效明显；杭州与宁波国家服务业综合改革试点、金华国家现代服务业综合试点、中国（杭州）跨境电子商务综合试验区、杭州国家养老服务业综合改革试点以及乌镇互联网创新发展综合试验区等一批国家级服务业改革试点成绩显著；服务业集聚示范区发展势头喜人，创新能力和竞争力不断增强；一批以服务业为主要内容的特色小镇建设进展明显。

当前，随着《浙江省国民经济和社会发展第十三个五年规划纲要》和《浙江省服务业发展“十三五”规划》的实施，我省服务业发展既任重道远，又机遇难得。我们必须振奋精神，深入贯彻党的十八大和十八届三中、四中、五中、六中全会精神以及省委、省政府的系列决策部署，以“五位一体”总体布局和“四个全面”战略布局为统领，以“八八战略”为总纲，按照“秉持浙江精神，干在实处、走在前列、勇立潮头”的新要求，牢固树立和贯彻落实新发展理念，适应把握引领经济新常态，紧扣提高经济发展质量和效益这一中心，坚持市场主导、创新驱动加快服务业领域供给侧结构性改革，在重点领域、关键环节上求突破，在集聚集约、优势特色中求发展，实现服务业的高质量发展，使三次产业在更高水平上有机融合，推动我省产业结构优化调整，促进经济提质增效升级。

《2016浙江省服务业发展报告》全面回顾了2015年全省服务业的发展历程，内容丰富，数据翔实，涵盖了服务业发展的多个方面，是反映我省服务业发展状况的综合性资料，弥足珍贵。作为全省服务业发展情况的年度文献，希望能为经济社会改革发展发挥出更大的作用。

一

综合篇

Part I
Chief Opinion of Comprehensiveness

2015年浙江省服务业发展回顾与展望

浙江省发展和改革委员会

一、2015年浙江省服务业发展回顾

2015年，在省委省政府的正确领导下，全省上下全面落实党的十八大和十八届三中、四中、五中全会精神，深入实施“八八战略”，认真贯彻习近平总书记系列重要讲话精神，围绕省委省政府重大决策部署，大力推动服务业加快发展，全面完成年初制定的各项目标任务，服务业规模、质量和效益更上新台阶，为“十二五”完美收官。

（一）从服务业总体情况分析，服务业成为经济发展的重要支撑

一是总量全国领先。2015年，我省服务业增加值首次突破2万亿元大关，达到2.1万亿元，同比增长11.3%，高于全省GDP增幅3.3个百分点；在总量上，我省服务业增加值居全国第四位，与我省GDP在全国的位次相当，位列各省（市、区）第一梯队。

二是服务业比重大幅提升。2015年，我省服务业增加值占GDP比重达到49.8%，较上年提高1.9个百分点。三次产业中，服务业作为第一大产业的地位得到进一步巩固和强化。

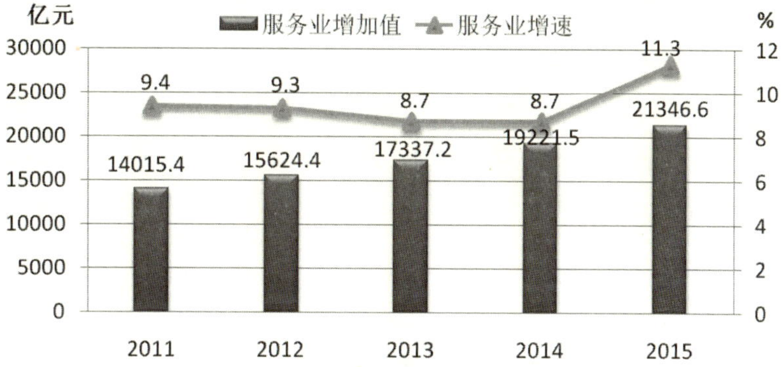

图1 “十二五”时期全省服务业增加值增长情况

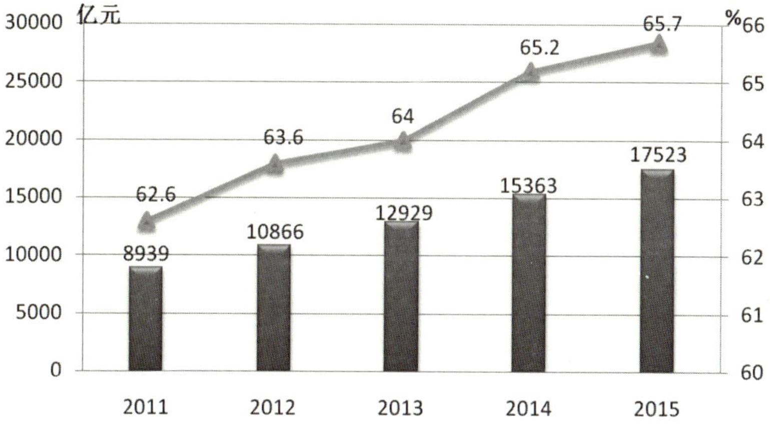

图2 “十二五”时期浙江省服务业投资及比重变化图

三是服务业对整个经济的贡献作用进一步突出。2015年，服务业在稳增长、增就业中发挥了主体作用。在全省8%的经济增速中，服务业贡献5.3个百分点，贡献率达66%，为保持经济稳定较快增长做出了主要贡献；2015年末，全省规模以上服务业企业就业规模达到154.2万人，比上年同期增加4.1万人；100个省级服务业集聚示范区就吸纳就业109.26万人，比上年增长16.3%。

（二）从服务业内部结构分析，行业结构持续优化，转型升级步伐加快

一是生产性服务业加快发展。我省把生产性服务业作为服务业发展的重中之重，大力发展物流、金融、信息、科技等生产性服务业。信息服务业加快

发展。2015年，我省规上信息软件服务业企业实现营业收入和利润3223亿元和809.5亿元，分别比上年增长35.7%和17.2%，对整个规上服务业企业营业收入和利润增长的贡献率达到66.5%和53.8%。金融业总体稳健，直接融资比重上升。2015年末，金融机构本外币存款余额首次突破9万亿大关，比上年末增长10.2%；本外币贷款余额76466亿元，增长7.1%，存贷款总体保持平稳。全省社会融资规模增加6292亿元，增量保持全国前列，直接融资占社会融资规模比重上升至32.2%，比2014年提高10.5个百分点。物流特别是快递业增长迅猛。2015年，传统运输业发展趋缓，全社会客运周转量和货运周转量分别仅增长0.5%和3.5%，但是全省快递业务量则增长达55.9%，我省快递业务量和快递收入均居全国第二位。

二是生活性服务业不断提升。商贸业保持较快增长，线上线下加快融合。2015年，全省实现社会消费品零售总额19785亿元，同比增长10.9%，增速保持平

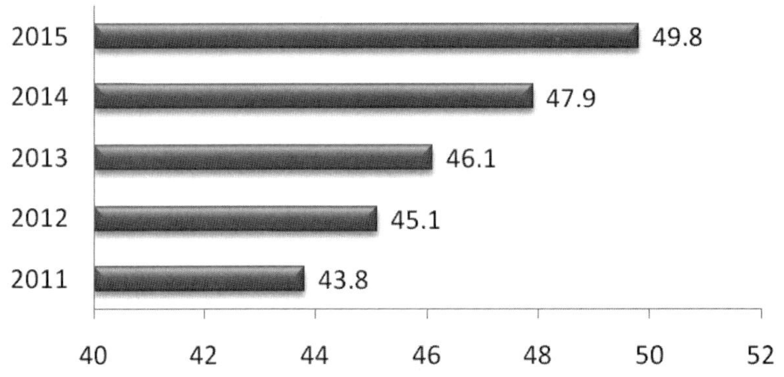

图3　“十二五”时期浙江省服务业增加值占GDP比重变化图

稳；与此同时，全省网络零售额达到7610.6亿元，同比增长49.9%，网络零售额在社会消费品零售总额中占到38.5%。旅游业平稳向好，出境游增长较快。2015年，全省实现旅游总收入7139亿元，增长13%，其中，接待入境游客1012万人次，增长8.8%，接待国内游客5.3亿人次，增长9.7%。出境游增长较快，全年通过旅行社组织的出境游客227万人次，增长22.8%，高于上年同期11.6个百分点。房地产市场回暖。随着房地产政策微调，市场回暖较为明显，2015年房地产业实现增加值2316亿元，增长9.9%，增幅比上年同期回升8.4个百分点。房地产销售回升明显，2015年全省商品房销售面积5985万平方米，实现销售额6299亿元，均

增长28%，分别比上年回升32.3和36.8个百分点。

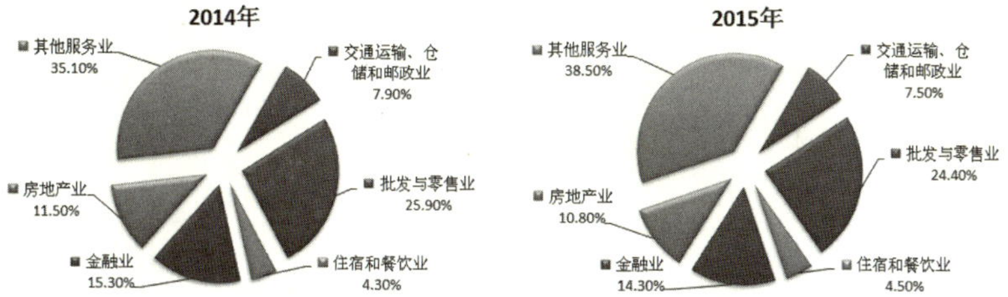

图4　2014年和2015年浙江省服务业增加值构成比较图

三是服务外包、文化创意、高技术服务业等新兴服务业发展迅速。全省离岸服务贸易总额达到442.2亿美元，同比增长16.1%；规模以上文化服务业企业营业收入1353.6亿元，同比增长12.5%；规模以上高技术服务业企业营业收入4124.2亿元，同比增长28.9%；电子商务产业规模持续扩大，网络零售额7610.6亿元，省内居民网络消费额4012.3亿元，实现网络零售顺差3598.3亿元，网络零售额占全国市场份额由2010年约10%提高到近20%。

（三）从服务业发展潜力（投资）分析，我省经济向服务经济转型将成为必然趋势

一是服务业投资成全社会投资的主动力。全省实现服务业投资1.75万亿元，增长14.1%，高于第二产业投资增速3.1个百分点，服务业投资占全社会固定资产投资的比重达65.7%；服务业投资对固定资产投资的贡献率高达69.7%，拉动全社会固定资产投资增长9.2个百分点。

二是投资结构明显优化。2015年，扣除房地产外的服务业投资增长28.6%，高于服务业面上投资14.5个百分点；服务业投资对房地产投资的依赖度下降，房地产开发投资占服务业投资的比重40.6%，同比下降6.7个百分点。生产性服务业投资增长27.4%，高于服务业面上投资13.3个百分点。

三是重大项目顺利推进。2015年，全省205个服务业重大项目年度计划投资340亿元，实际完成投资353亿元，投资完成率103.9%，高于上年同期10.1个百分点。全年共有62个项目新开工，15个项目竣工。

四是生产性服务业项目投资进展较快，为全省经济转型夯实了基础。信息服务、总部经济、现代物流、科技服务四大类生产性服务业项目均超额完成

投资计划，投资完成率分别达143.7%、135.6%、124.1%、120.9%，高于上年同期73、45.9、38.5、32.6个百分点。生活性服务业项目中，文化服务（130.2%）、旅游（104.9%）两类项目完成投资计划，健康养老服务（69%）、商贸会展（82.3%）两类项目未完成投资计划。

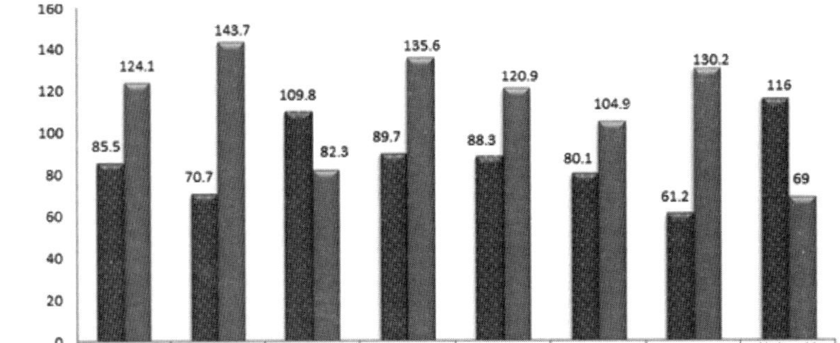

	现代物流	信息服务	商贸会展	总部经济	科技服务	旅游	文化	健康（养老）
2014年	85.5	70.7	109.8	89.7	88.3	80.1	61.2	116
2015年	124.1	143.7	82.3	135.6	120.9	104.9	130.2	69

图5　2014、2015年省服务业重大项目分行业投资进度对比（单位%）

（四）从服务业区域发展情况分析，区域特色逐步形成

一是各市服务业发展速度均较快。除舟山外，2015年各地市服务业增速均超过GDP增速。其中，杭州、宁波、湖州三市的服务业增速分别达14.6%、12.5%、11.9%，超过全省平均水平（11.3%）。

二是杭州、温州、金华服务业比重过半。2015年，大部分地市服务业比重提升较快，除嘉兴、绍兴、舟山外，其余八市服务业比重提升幅度均高于全省平均水平（1.9），其中，杭州、衢州、丽水三市的提升幅度更是达到3.1、3.9和3个百分点。杭州、温州、金华三市服务业增加值占GDP比重超过50%，分别达58.2%、51.8%和50.7%。除这三个市外，形成“三二一”产业结构的地市还有台州和舟山，服务业比重分别达49.3%和48.3%。

三是差异化发展加速，特色优势逐步显现。2015年，各市结合自身产业特色和资源条件，大力推动服务业差异化发展，做大做强特色服务业。杭州的信息、文创、旅游、电商产业发展闻名全国，宁波的港口物流、创意设计、跨境电商加快发展，温州金融改革继续推进，金华-义乌信息服务、现代物流产业发展优势突出。我省服务业基本形成了以杭州为中心，宁波、温州、金华-义乌为次中心，其他区域多元发展的格局。

表1　全省及各设区市服务业发展基本情况表

地区	服务业增加值（亿元）		占GDP比重（%）		占比提升幅度（百分点）	2015年增速（%）	
	2015年	2014年	2015年	2014年		服务业	GDP
全省	21346.6	19221.51	49.8	47.9	1.9	11.3.	8
杭州	5855.3	5067.9	58.2	55.1	3.1	14.6	10.2
宁波	3801.8	3391.76	47.5	44.6	2.9	12.5	8
温州	2395.1	2138.66	51.8	49.7	2.1	9.9	8.3
嘉兴	1526.9	1396.35	43.4	41.6	1.8	9.6	7
湖州	935.2	833.42	44.9	42.6	2.3	11.9	8.3
绍兴	2014.2	1858.07	45.1	43.6	1.5	9.2	7.1
金华	1726.3	1559.2	50.7	48.6	2.1	10.5	7.8
衢州	524.4	469.34	45.8	41.9	3.9	10.6	6.6
舟山	529	490.77	48.3	48	0.3	8.5	9.2
台州	1754.1	1583.01	49.3	46.7	2.6	10.1	6.5
丽水	507.9	453.07	46.1	43.1	3	10.7	6.4

（五）从服务业发展微观层面分析，企业效益稳步提升

一是企业营业收入增幅全国领先。2015年，全省8741家规模以上服务业企业共实现营业收入8903.1亿元，增长16.7%，高于全国9.6个百分点。增幅在全国各省（市、区）中排第1位，分别比江苏（11%）、上海（6.1%）、山东（9.6%）、广东（9.6%）高5.7、10.6、7.1和7.1个百分点。

二是服务业企业效益继续向好。2015年，全省规上服务业企业的利润、税收、工资等企业效益指标均继续实现较快增长。规上服务业企业实现利润总额1481亿元，增长17.5%；实现税收总额315亿元，增长17.8%；实现工资总额1045亿元，增长20.1%。

三是服务业企业开放度外向度更加扩大。在外贸总体不景气的背景下，服务贸易成为一道亮色，服务贸易总额占全省外贸总额的比重由2010年的7.9%提高

至11.3%。服务业合同利用外资、实际利用外资分别达175亿美元、97亿美元，占全省外资总额的62.8%和57.1%，分别比2010年提高22个百分点和19.4个百分点。

（六）从服务业工作落实和推动情况分析，扎实推进成效显著

各级各部门围绕全年服务业发展目标和重点工作任务，细化深化，抓好落实，创新举措，力求突破，有效地推动了全省服务业的加快发展。

一是从省现代服务业工作领导小组成员单位工作情况看，较为突出的是：**协调推进有新机制**。建立省现代服务业发展工作领导小组，出台领导小组工作规则和全省服务业工作要点，制定全省服务业发展目标分解方案，开展2014年度服务业发展目标考评工作并通报考评结果，继续执行省对市县财政营业税返还奖励与服务业发展目标完成情况挂钩政策；**规划引导有新深化**。全面总结我省商贸、金融、物流等“10+1”个服务业重点行业“十二五”规划执行情况，完成《“十三五”浙江省服务业发展基本思路及对策建议》课题研究。组织开展“十三五”服务业发展规划编制工作；**服务业改革创新有新推动**。继续推进温州市国家级金融改革试验区，杭州、宁波国家服务业综合改革试点，金华市国家现代服务业综合试点，杭州市、温州市国家养老服务业综合改革试点等国家级改革试点。台州市获批建设国家小微企业金融服务改革创新试验区、义乌市获批建设国务院国内贸易流通体制综合改革试点、海宁市获批建设国家级市场贸易采购方式试点。杭州、宁波、温州三大广告产业园被确定为中央财政支持广告业发展试点园区。湖州入选首批国家级旅游业改革创新先行区。一批国家级改革创新试点落户浙江；**服务业政策扶持有新加强**。印发《关于开展服务业强县（市、区）培育工作的通知》（浙政发〔2015〕46号），启动服务业强县（市、区）培育工作。率先出台《关于加快发展生产性服务业促进产业结构调整升级的实施意见》（浙政办发〔2015〕37号）。陆续出台《关于加快发展时尚产业的指导意见》（浙政发〔2015〕15号）、《关于加快推进中医药健康服务发展的意见》（浙政办发〔2015〕103号）、《关于加快科技服务业发展的实施意见》（浙政办发〔2015〕126号）、《关于进一步促进展览业发展的实施意见》（浙政办发〔2015〕131号）等一批服务业扶持政策意见；**服务质量建设有新突破**。首次开展了全省服务质量满意度调查，全省服务质量总体满意度达到了79.23%；服务

品牌培育力度进一步加大，新增省服务业名牌产品31个，全省拥有浙江服务名牌230个，新创建服务业全国知名品牌示范区1个；深入开展电子商务、互联网金融、城市标识、公共文化等重点领域标准化研究，率先在全国发布《电子商务平台安全管理规范》《农村电子商务服务站（点）管理与服务规范》《电子商务产业基地建设与管理规范》等8项电商产业发展急需的地方标准。

二是从各地服务业工作情况看，也有不少的新的突破和亮点：**杭州信息经济方兴未艾**。实现信息产业增加值2313.85亿元，增长25.0%，移动互联网、数字内容、电子商务、互联网金融、云计算与大数据和软件与信息服务产业分别增长37.5%、35.5%、34.5%、33.5%、29.6%和29.4%，均高于GDP增速19个百分点以上，电子商务得到广泛应用，运行了600多家电子商务网站，在B2B、B2C及C2C模式的创新和应用上都处于国内领先。杭州高新区国家动画产业基地共引进了81家动漫游戏公司，动画片产量居全国各基地之首。总部经济、网络经济等服务业新业态加快发展；**宁波跨境电商综试区获批**。2015年，宁波跨境电商发展加速，宁波空港跨境电子商务“一般进口”（跨境直购）模式正式上线运行，跨境电商实现了直邮、集货、保税备货等模式全覆盖。全年宁波市跨境电商试点业务进出口总额达81.38亿元，其中进口额29.30亿元，出口额52.08亿元，各项指标均稳居试点城市前列。目前，宁波获批设立跨境电商综合试验区，宁波成为我省继杭州之后第二个跨境电子商务综合试验区；**温州金融改革成效显著**。2015年，地方金融组织建设取得突破，新设全国首批试点民营银行温州民商银行、全国首家农村财险互助社—瑞安市兴民农村保险互助社等。出台多层次资本市场发展三年行动计划。新增股份有限公司210家，新增上市企业3家、新三板挂牌24家。成功处置风险企业347家。2015年末，不良贷款余额和不良贷款率分别为191亿元和3.82%，实现“双降”目标；**嘉兴“百项千亿”工程进度超前**。2015年，嘉兴市服务业“百项千亿”工程共完成投资371.1亿元，完成年度计划的123.7%，超额完成年初目标任务。分类别看，服务业重点平台的投资进度最快，共完成投资54.8亿元，完成年度投资计划的172.9%；文化创意类项目的进度相对较缓，共完成投资10.8亿元，完成年投资计划的99.4%；现代商贸类项目完成投资额最大，共完成投资115.7亿元，占整个重点项目投资的三成以上；**义乌国际贸易综合改革加快推进**。出台市场集聚区认定办法、供货商备案细则等配套政策，2015

年出口342亿美元，增长41.5%。获批设立国际邮件互换局和交换站，“义网通”跨境电商综合服务平台上线运行，开展省级跨境电商园区建设试点和公共海外仓建设试点。全年发送快递约6.1亿件，约占全国2.9%，跨境电商快递量日均达60万票。

二、2016年浙江省服务业发展展望

（一）面临形势

2016年是“十三五”开局之年。我省将着力加强供给侧结构性改革、坚定不移打好转型升级组合拳。这其中，服务业既将承担起促转型的历史使命，也将迎来大发展的机遇。

首先，国家政策导向为服务业发展创造了良好环境。党中央、国务院高度重视服务业，先后出台加快发展生产性服务业、生活性服务业的政策意见，“十三五”还将着力开展加快现代服务业行动；省委省政府也一直大力发展服务业，推出了服务业工作机制、服务业强县培育、服务质量建设等一系列重大举措，为服务业发展创造了良好的政策环境。

其次，产业转型及消费升级为服务业发展创造了巨大需求。制造业去库存、降成本，要求补齐生产性服务业发展的短板，为生产性服务业发展带来机会；居民收入水平的提高以及消费高端化、个性化、精细化趋势，也为生活性服务业品质提高带来动力。

再次，国家战略推行及开放度提高为服务业发展创造了新机会。近年来，不论从全球看、中国看、浙江看，服务贸易的比重都在不断上升。随着“一带一路”“海上丝绸之路”等国家战略的推进，服务业的开放程度将进一步扩大，服务业的发展将迎来新机遇。

但是，我省服务业发展中存在的问题也不容忽视：一是比重低于全国平均水平。2015年，全国服务业增加值占GDP比重为50.5%，而我省服务业增加值占GDP比重为49.8%，比全国平均水平低0.7个百分点。二是供给水平有待进一步提高。生产性服务业发展滞后于经济转型升级需要、生活性服务业发展滞后于消费结构升级需要的现象较为普遍存在。三是结构素质有待进一步提高。传统服务业仍占

主体地位，服务业转型升级任务较为艰巨。

（二）对策建议

2016年，我省服务业发展紧紧围绕省委、省政府决策部署，坚持五大发展理念，以加快发展、提质增效为目标，着力加强服务业领域的供给侧改革，扎实开展服务业强县（市、区）培育，力争全省服务业发展再上新台阶，为“十三五”开好局、起好步。

具体工作建议上，可归纳为“3456”：

1.实现“三个超过”目标。

一是服务业增加值增速超过GDP增速，进一步提高服务业增加值占GDP比重，巩固“三二一”产业结构。

二是服务业投资增速超过全社会投资增速，继续发挥服务业在扩大有效投资中的主动力作用。

三是服务业税收增速超过全部税收增速，继续提高服务业税收收入在全部税收中的比例。

按照“三个超过”的目标要求，建议2016年我省服务业发展的量化指标为：全省服务业增加值突破2.3万亿，同比增长9.5%左右，服务业增加值占GDP 的比重超过50%。

2.实施四大工程。

一是实施服务业强县培育工程。对全省90个县（市、区），分三类开展综合评价，按综合评价得分高低确定首批20个试点地区。加强政策支持，以竞争性方式落实补助资金。加强指导服务，建立省级相关部门与试点地区定点联系制度。

二是实施服务业重点行业培育工程。推进服务业领域的供给侧结构性改革，着重发展信息、金融、物流、旅游、商贸、房地产六大支柱行业，培育发展电子商务、健康服务、科技服务、文化创意四大新兴行业，构筑“6+4”服务业重点行业体系。突出项目带动，围绕十大重点行业，推进实施200个左右创新性强、带动力大的服务业项目。

三是实施服务业“三名”培育工程。加大服务业名企、名品、名家的培育力度。打造一批产业关联度大、主业突出、创新能力强的龙头骨干企业，强化130

家服务业重点企业的示范带动作用。以浙江服务名牌认定为抓手，强化服务业品牌建设。加强对服务业企业家的培养，继续举办现代服务业高级人才培训班，不断提高企业家素质。

四是实施服务业平台提升工程。推动100个省级服务业集聚示范区提升发展，加强服务业特色小镇创建和培育工作。推动省级示范物流园区、各类服务业产业园等其他服务业发展平台建设。

3.深化五大改革试点。

一是深化杭州、宁波两大国家服务业综合改革试点，探索推进服务业发展体制机制新模式。

二是深化温州、台州国家级金融改革试点，探索推进地方金融和小微金融发展新模式。

三是深化金华国家现代服务业综合试点，探索推进商贸流通线上线下融合发展新模式。

四是深化杭州、温州国家养老服务业综合改革试点，探索推进“智慧养老”“医养融合”新模式。

五是深化义乌、海宁国家市场贸易采购方式试点，着力推进市场采购贸易方式创新。

在此基础上，继续推进各省级服务业改革试点，同时向国家争取更多改革试点，为产业发展创造先行先试机会。

4.强化六大保障措施。

一是加强统筹协调。充分发挥省现代服务业发展工作领导小组的作用，完善统分结合的服务业工作机制，形成部门联动、上下齐心的服务业工作格局。

二是加强规划引导。编制出台服务业总体规划、“6+4”个重点行业规划及各地、各类服务业专项规划，形成“1+10+X”服务业规划体系，加强对服务业全行业的规划引导。

三是加强政策落实。贯彻国务院出台的加快生产性服务业发展、生活性服务业发展等政策意见，落实省政府出台的加快发展养老服务业、信息经济、融资租赁业、旅游业、地理信息产业等实施意见，推动服务业加快发展。

四是加强制度保障。全面落实商事登记、关检合作、快递许可、环评审批等方面的新制度，全面推行“营改增”，降低服务业企业的税负水平。

五是加强要素支撑。积极争取国家专项建设基金、产业引导资金，加大与省产业基金的对接力度，加强对服务业发展的财政支持；增加服务业项目列为省重大产业项目的比例，加大土地要素保障力度；继续加强服务业人才培养培训。

六是加强统计分析。完善服务业行业统计门类和标准，加强新兴服务业的统计监测，做好服务业季度形势分析工作。开展服务业重点行业服务质量监测和评估，建立和完善服务业标准化体系。

2015年度浙江省现代服务业集聚示范区发展评估报告

浙江省发展和改革委员会

2015年我省首次开展现代服务业集聚示范区动态调整工作，取消新安江旅游休闲集聚区、宁波国际贸易展览中心、乐清科技孵化创业中心、绍兴高新技术产业开发区软件和服务业外包基地等4家“省级服务业集聚示范区”称号，增补浙江海外高层次人才创新园、溪口雪窦山风景名胜区、吴兴科技创业园、西塘旅游休闲度假区等4家为省级现代服务业集聚示范区。为全面总结2015年我省服务业集聚示范区发展情况，进一步推进现代服务业集聚发展和提质增速，对我省100个省级现代服务业集聚示范区发展建设进行评估，形成如下评价结果：

一、我省现代服务业集聚示范区推进成效显著

（一）服务业提质增效主战场地位进一步凸显

规模总量继续扩大。2015年，全省服务业集聚示范区营业收入总额为12727.3亿元，同比增长12.7%。上缴税收总额为285.6亿元，同比增长13.4%。入驻企业数137940户，同比增加7.2%。吸纳就业人数95.1万人，同比增长23.2%，高于全省规模以上服务业企业就业人数增速20个百分点。累计完成投资4356.2亿

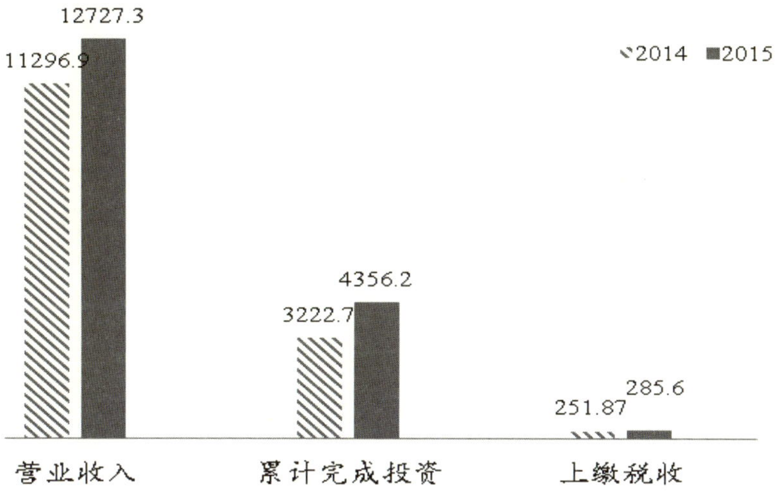

图1　2014、2015年省级服务业集聚示范区主要发展指标（亿元）

元，比上年增长35.2%，占全省服务业投资比重达24.9%，高于全省服务业投资增速21个百分点。

示范带动作用更加凸显。100个服务业集聚示范区中，营业收入超100亿以上的园区27个，10-100亿的园区45个，分别比去年同期增加3.8%和7.1%，其中，宁波梅山保税港区物流园区和杭州武林商贸服务业集聚区均为千亿级园区，营业收入分别为1522和1446亿元。

生产性集聚支撑不断加强。2015年，78个生产性集聚示范区的营收总额占比为86.7%。其中，16个现代物流园区集聚示范区营收总额占比为24.0%，18个专

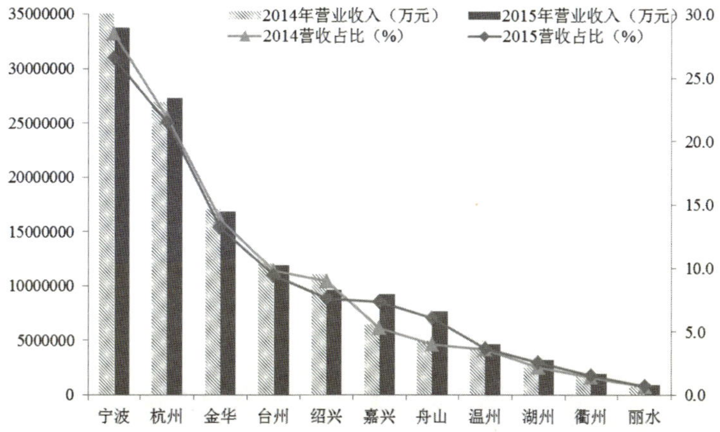

图2　2014、2015年11个地市服务业集聚示范区营业收入及占比

业市场集聚示范区营收总额占比为23.9%、12个总部基地集聚示范区营收总额占比为15.5%，8个综合性生产服务业集聚区营收总额占比为10.9%。生产性服务业在加快生产制造与信息技术服务融合，推动产业结构优化调整，促进经济稳定增长方面的作用进一步发挥。

宁、杭继成领跑主力军。2015年，全省大部分地市集聚示范区的营业收入均有不同程度增长，其中，宁波、杭州继续领跑全省，两市集聚示范区营业收入占全省比重为48%，龙头作用凸显。受益于中国（舟山）大宗商品交易中心、舟山港综合保税区等物流园区，以及长三角嘉善科技商务服务区等总部经济园区的快速发展，舟山、嘉兴两地的集聚示范区增长迅速，2015年营业收入比去年同期分别增长54.9%和43.4%。

（二）服务业集聚发展重要载体地位进一步凸显

主导产业高度集聚。2015年，全省现代服务业集聚示范区主导产业营业收入12060亿元，比去年同期增长2.6%，占营业收入总额的94.8%。软件与服务外包基地、科技创业园、创意产业园等主导产业占比高于90%，物流园区、专业市场、综合性生产服务集聚区等主导产业营业收入占比高于95%，带动信息软件、科技服务、文化创意、交通运输等一批主导产业加速集聚发展。其中，杭州的浙江传化物流基地、浙江海外高层次人才创新园，象山影视城，金华的浙中信

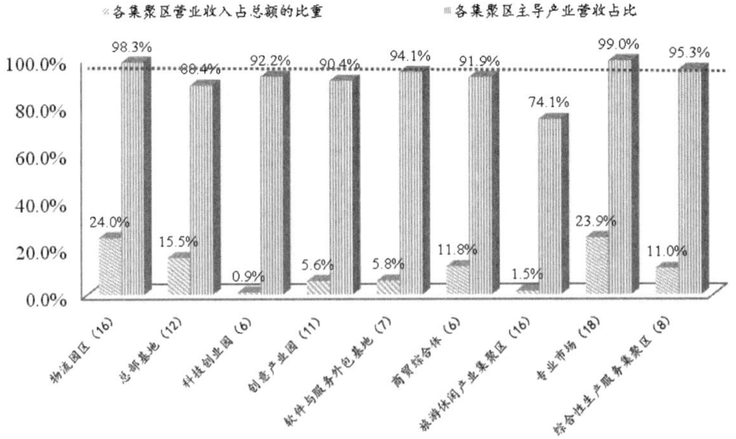

图3 各类服务业集聚示范区部分指标

息产业园、中国科技五金城（永康）等39个集聚区主导产业营业收入占比均达100%。各类集聚示范区注重主导产业培育，有效提高了当地主导产业的集聚化程度和专业化水平。规上企业加速入驻。2015年，全省现代服务业集聚区入驻规上企业数10979户，比去年同期增长3%，占比为8%。软件与服务外包基地、总部基地、创意产业园等高端服务业产业集聚示范区规上企业占比分别为25.7%、21%、10.5%，分别高于集聚区面上水平17.7、13、2.5个百分点；其企业平均营业收入

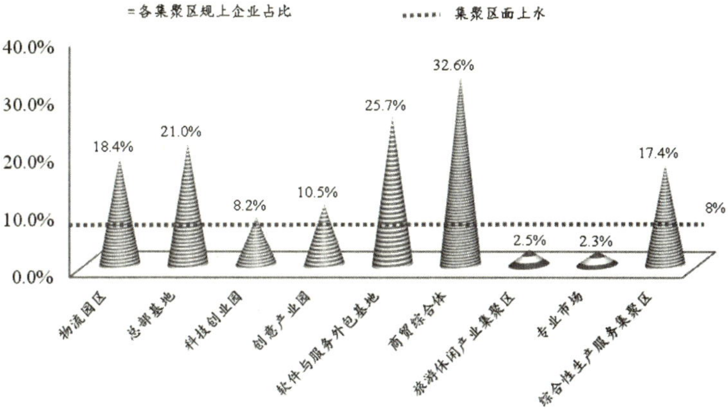

图4 各类集聚示范区规上企业数量占比

规模分别为6412.7、3498.9、2014.1万元，分别高于面上水平3~6倍。温州金融集聚区、永康五金产业总部中心、温岭总部经济基地等集聚区规上企业占比均超九成。

企业实力持续提升。2015年，集聚示范区企业平均营业收入为922.7万元，一半以上集聚示范区企业平均营业收入超1000万元。12个集聚示范区企业平均营业收入超亿元，其中，温州金融集聚区企业平均营业收入超30亿元，比去年同期增长5.8个百分点；杭州高新区中国互联网经济产业园企业平均营业收入超13亿元，比去年同期大幅增长62.5个百分点。集聚示范区企业实力强劲，为我省服务业经济转型发展提供更强的动力支撑。

（三）服务业集约发展的引领作用进一步凸显

亩均投资力度不断加大。2015年，全省现代服务业集聚示范区的亩均投资额267.9万元/亩，比去年同期增长32.8%。总部基地、商贸综合体等6类集聚示范

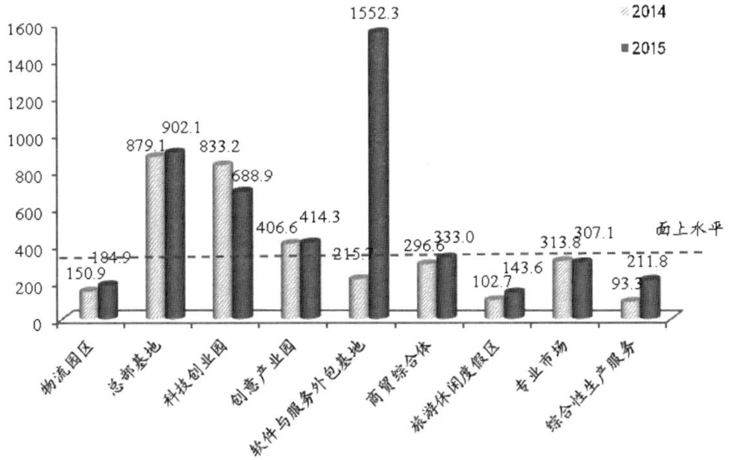

图5 2014、2015年各类集聚示范区亩均投资

区亩均投资强度均高于全省面上。其中，软件与服务外包、科技创业园类集聚示范区亩均投资力度较大，分别高于全省面上5.8和2.6倍。科创类产业投资热度不减，高新技术投入持续加大，为调整区域经济结构，服务地方经济提供了有力支撑。

亩均产出持续提升。2015年，全省现代服务业集聚示范区亩均营业收入770.6万元/亩。软件与服务外包、总部基地、商贸综合体等集聚区亩均营业收入较高，分别高于面上4.4、4.3和3.4倍。其中，杭州三里亭1737建筑设计聚落、浙大网新软件园、宁波国际航运服务中心、中国（舟山）大宗商品交易中心亩均营业收入均超30000万元/亩。100个服务业集聚示范区中，18个集聚示范区投入产出率超10；8个集聚示范区投入产出率超20。其中，余姚中国塑料城、浙南茶业市场（松阳）投入产出率超50，全省服务业集聚示范区投资效果较好。

表1 集聚示范区投入产出率前三名情况

集聚区类型	投入产出率前三名集聚区	投入产出率
现代物流园区	中国（舟山）大宗商品交易中心	44.3
	宁波（镇海）大宗货物海铁联运物流枢纽港（数据调整）	23.5
	衢州工业新城物流园区	15.4
总部基地	宁波国际航运服务中心	15.4
	温州金融集聚区	10.4
	温岭总部经济基地	9.2

集聚区类型	投入产出率前三名集聚区	投入产出率
科技创业园	温州源大创业园	2.7
	温州科技城	1.48
	嘉兴科技城	0.33
创意产业园	杭州三里亭 1737 建筑设计聚落	14.0
	嘉兴国际创意文化产业园	8.1
	凤凰·创意国际（杭州）	2.2
软件与服务外包基地	浙大网新软件园	24.0
	杭州高新区中国互联网经济产业园	21.8
	浙中信息产业园	15.1
商贸综合体	杭州武林商贸服务业集聚区	18.0
	杭州万象城	3.2
	台州世界贸易中心	2.2
旅游休闲度假区	海宁潮旅游文化集聚区	4.1
	文成文商回归旅游配套服务业集聚区	2.6
	溪口雪窦山风景名胜区	0.7
新型专业市场	余姚中国塑料城	56.1
	浙南茶叶市场（松阳）	52.2
	中国科技五金城（永康）	30.5
综合生产服务集聚区	绍兴县纺织品综合服务区	12.8
	中国伞城·商业广场（上虞）	9.4
	海宁经编产业生产性服务集聚区	4.5

二、存在的困难和问题

尽管我省服务业集聚示范区总体发展态势较好，但也要清醒地认识到服务业集聚示范区发展中存在的一些困难和问题，主要反映在以下几个方面。

建设管理能力有待提高。集聚区发展的谋划水平，集聚区发展规划与当地新一轮的经济社会发展规划、土地规划、产业规划衔接不够，区内主导产业与区域经济关联度不高，导致集聚区示范性、带动性不强，对本地经济拉动不明显。“重申报、轻建设、轻管理”的现象仍然存在，部分集聚区建设规模偏小，业态单一，开发进度缓慢。

平台建设格局有待完善。平台布局不够合理，对高端和新兴服务业企业的引进和集聚区的培育力度有待进一步加强。目前我省九大类服务业集聚区中数量最多的仍旧集中在专业市场、商贸综合体、物流等传统服务业领域，而“6+4”

服务业重点行业体系中，产业附加值高、发展潜力好、对全省产业转型带动性较强的健康、科技、文化创意等新兴行业聚焦度不够。2015年，我省总部基地、创意产业园、科技创业园等新兴产业集聚区数量为36家，比去年同期减少1家，占比不到总数的四成，新兴产业入驻园区企业数量占比不到总数的两成。

三、对策建议

（一）着力提升平台功能

按照“专业化、高端化、特色化”要求，分类引导提升100个省级服务业集聚示范区发展水平，鼓励有条件的服务业集聚示范区创建省级特色小镇。加强各级现代服务业集聚区与省级产业集聚区的产业联动。鼓励服务业集聚示范区建设公共服务平台，在金融、信息、科技、物流、商务等重点领域，推进建设一批区域生产性公共服务平台，强化研发设计、第三方物流、信息服务、节能环保、检验检测、商务咨询等生产性服务功能。

（二）加大重点项目储备

结合“411”重大项目建设年度实施计划，完善项目生成、推进和保障机制，按照“筹划一批、储备一批、建设一批”的滚动发展原则，建立集聚区服务业重点项目库。一是加大招商引资力度。鼓励集聚示范区编制招商引资导向目录，明确招商重点、准入条件和支持政策，建立集聚示范区招商项目库。围绕集聚示范区特色优势，结合实施浙商回归、民营经济发展、国家战略实施，多途径加大招商引资力度。二是拓展项目储备领域。加快发展金融服务业、现代物流业、信息服务业、科技服务业等生产性服务业，培育发展软件和信息服务新业务、新业态；积极发展工业设计、电子商务、环保服务、人力资源服务、总部经济等新兴和高端服务业。三是创新项目储备方式。探索开展集聚示范区整体招商，鼓励委托具有较高水平的策划机构对集聚示范区进行整体包装。积极推进产业链招商、以商引商，开展专场推介、网络宣传等多种形式的招商活动。四是提升项目储备层次。注重产业配套项目招商，完善相关配套服务能力。着力引进战略投资者、积极引进世界500强和国内外知名企业，鼓励和支持省外浙商回乡设立企业总部或区域性总部，提高集聚区企业的层次和影响力。

（三）完善监测管理机制

加强服务业统计制度建设，完善行业统计标准、统计调查方法和统计指标体系，加强服务业重点行业统计监测，使服务业统计工作更好地适应发展实际。一是做好统计监测。加强对省现代服务业集聚示范区的统计监测，修订完善省现代服务业集聚示范区统计直报制度和数据处理系统，进一步强化统计平台等基础建设，完善统计直报制度。支持各地结合实际开展服务业集聚区的认定扶持工作。二是探索建立切实可行的服务业新业态、新产业和新商业模式“三新”统计制度。三是加强动态管理。对全省100个左右省现代服务业集聚示范区继续进行年度发展评估，探索制定省级现代服务业集聚示范区退出和新增机制。

2015年浙江省服务业发展统计公报

浙江省统计局

2015年，在省委省政府的正确领导下，全面落实中央和省委、省政府的决策部署，主动适应经济发展新常态，我省服务业继续保持了高速发展态势，结构进一步优化，各项重点工作稳步开展，服务业企业经营状况稳中有升。

一、发展概况

（一）服务业引领浙江经济增长。2015年，全省服务业实现增加值2.1万亿元，同比增长11.3%，比全省GDP增速高3.3个百分点，比全国服务业增速高3个百分点。“十二五”期间，全省服务业增加值年均增长9.4%，高于GDP增幅1.3个百分点，高于二产增幅2.1个百分点，高于全国服务业增幅1.1个百分点。

（二）服务业重要性不断提升。2015年，我省服务业占国民经济比重持续上升，服务业增加值占GDP比重为49.8%，较2014年提高1.9个百分点。在全国的服务业增加值占比中，我省排名由2010年的第8位上升至2015年的第5位。

（三）服务业对浙江经济的贡献越发凸显。浙江服务业已经成为浙江经济增长的最重要动力来源，也将是未来浙江经济发展主要源泉。2015年，服务业对GDP增长的贡献率达65.7%，拉动GDP增长5.2个百分点，服务业投资对固定资产投资贡献率高达69.7%，拉动投资增长9.2个百分点。

（四）服务业投资继续高涨。2015年，全省服务业投资1.8 万亿元，同比增长14.1%，比第二产业投资增速高3.1个百分点，延续了多年来服务业投资增速快于固定资产投资和第二产业投资的势头。“十二五”期间，服务业投资占全社会固定资产投资的比重不断上升，由2010年58.8%提高至2015年的65.7%，平均每年提高1.4个百分点。

二、交通运输、仓储和邮政业

全年交通运输、仓储和邮政业增加值1599亿元，比上年增长5.7%。全年铁路、公路和水运完成货物周转量9878亿吨公里，比上年增长3.5%；旅客周转量1063亿人公里，增长0.5%。港口完成货物吞吐量13.8亿吨，下降0.7%，其中，沿海港口完成11亿吨，增长1.6%；内河港口完成2.8亿吨，下降8.7%。

全年邮电业务总量2392亿元，比上年增长42%。其中，邮政业务总量811亿元，增长50.5%；电信业务总量1581亿元，增长38%。年末本地电话交换机容量1132万门，比上年减少636万门；移动电话交换机容量11423万户，增加282万户。移动电话用户7466万户，比上年增加95万户，普及率135.6部/百人；本地电话用户1500万户，减少142万户，普及率27.2线/百人；（固定）互联网宽带接入用户1316万户，增加40万户，普及率23.9户/百人；移动互联网用户5430万户，增加365万户。全省快递业务量38.3亿件，比上年增长55.9%。

三、批发零售和住宿餐饮业

2015年全年社会消费品零售总额19785亿元，比上年增长10.9%，扣除价格因素增长11%。按经营地分，城镇消费品零售额16523亿元，增长10.6%；乡村消费品零售额3262亿元，增长12.4%。按消费类型统计，商品零售额17797亿元，增长11.1%；餐饮收入额1988亿元，增长9.8%。全省网络零售额7611亿元，比上年增长49.9%，其中，省内居民网络消费4012亿元，增长39.6%。

在限额以上批发零售贸易业零售额中，汽车类零售额比上年增长5.5%，石油及制品类下降7.1%，食品饮料烟酒类增长17.2%，服装、鞋帽、针纺织品类增长23.8%，中西药品类增长11.8%，日用品类增长16.5%，金银珠宝类增长16.9%，通讯器材类增长73.6%，家具类增长59.3%，五金、电料类增长27.5%，建筑及装潢材料类增长43.3%。

年末全省已登记商品交易实体市场名称4243家，交易额为2.05万亿元，比上年增长5.3%。

四、金融、证券和保险业

2015年年末全部金融机构本外币各项存款余额9万亿元，比上年末增长10.2%，其中人民币存款余额增长9.4%。全部金融机构本外币各项贷款余额7.6万亿元，比上年末增长7.1%，其中人民币贷款余额增长8%。年末住户本外币存款余额3.5万亿元，比上年末增长6.5%。

年末共有境内上市公司299家，累计融资5181亿元；其中，中小板上市公司127家，占全国中小板上市公司总数的16.4%；创业板上市公司50家，占全国创业板上市公司总数的10.2%。

全年保险业实现保费收入1435亿元，比上年增长14.1%。其中，财产险保费收入647亿元，增长10.7%；人身险保费收入789亿元，增长17.1%。支付各类赔款及给付559亿元，比上年增长17.7%。其中，财产险赔付支出380亿元，人身险赔付支出179亿元。

五、房地产业

2015年，随着房地产政策的不断调整，我省市场回暖较为明显，房地产业实现增加值2316亿元，增长9.9%，增幅比上年同期高出8.4个百分点。2015年全省商品房销售面积5985万平方米，实现销售额6299亿元，均增长28%，分别比上年回升32.3和36.8个百分点。但房地产开发投资额、房屋施工面积、房屋竣工面积等指标较2014年仍有一点的回落。

六、其他服务业

（一）教育和科学技术

全省共有小学3303所，招生59.9万人；在校生357万人，比上年增长0.7%，小学学龄儿童入学率为99.99%。小学生均校舍建筑面积8.2平方米;生均图书26.8册；每百名学生拥有计算机17.1台；小学体育运动场（馆）面积达标的学校比例为97.3%，比上年提高1.9个百分点。共有初中1712所，招生48.9万人；在校生147.9万人，初中入学率为99.99%。初中生均校舍建筑面积18.3平方米；生均图书45.7册；每百名学生拥有计算机28.3台；初中体育运动场（馆）面积达标的学校比例为97.6%，比上年提高1.3个百分点。

义务教育中小学随迁子女在校生146.1万人，比上年增长1.5%，其中在公办学校就读人数为105.9万人，占72.5%。随迁子女在校生中，在小学就读的有115.6万人，比上年增长1%；在初中就读的有30.5万人，增长3.7%。

全省各类中等职业教育学校357所，招生22.9万人，在校生64.6万人；普通高中563所，招生26万人，在校生77.3万人，毕业生27.1万人。

全省共有普通高校108所（含独立学院及筹建院校）。研究生、本科、专科招生比例为1：7.2：6.2；普通高考录取率为87.1%，高等教育毛入学率为56%。全年研究生招生21496人，其中，博士生2421人，硕士生1.9万人，招生总数比上年增长6.6%。

义务教育中小学专任教师31.5万人，比上年增长1.6%。中等职业教育专任教师3.35万人，生师比15.6：1；专任教师学历合格率为96.3%。双师型教师占专任教师和专业课教师的比例分别为44%和77.1%。普通高等学校专任教师中副高职称以上教师所占比例为45%；具有硕士以上学位教师比例为78.8%。

全省共有幼儿园8909所，在园幼儿190.2万人。幼儿园专任教师11.6万人，比上年增加0.4万人；幼儿教师学历合格率为99.8%。

全年全社会研究和发展（R&D）经费支出1000亿元，相当于地区生产总值的比例为2.33%，比上年提高0.07个百分点。地方财政科技支出251亿元，比上年增长20.6%。

全省有国家认定的企业技术中心93家（含分中心）。新认定高新技术企业1046家，累计7905家。新培育科技型中小企业8536家，累计2.4万家。全年专利申请量、授权量分别为30.7万件和23.5万件，分别比上年增长17.5%和24.6%，其中发明专利授权量为2.33万件，增长74.6%。

（二）卫生

年末共有卫生机构3.1万个（含村卫生室）。各类医院床位数23.8万张，比上年增长11.7%。卫生技术人员40.4万人，增长7.7%；其中，执业（助理）医师15.7万人，注册护士15.9万人，分别增长7.8%和9.6%。医院年诊疗2.5亿人次，增长2.9%。孕产妇死亡率5.28/10万，5岁以下儿童死亡率4.65‰，婴儿死亡率3.27‰。

全年省预约诊疗服务平台预约请求量670.6万人次，预约成功量为482.7万次，比上年分别增长23.2%和20.9%。日均预约成功量1.322万次；新增注册用户130.1万人，增长3.8%，日均注册量为4564人次。全年完成新接入医院16家，累计接入医院220家。

（三）文化

年末全省共有公共图书馆100个，文化馆102个，博物馆223个，隶属文化部门艺术表演团体57个。全省有线广播电视用户数1538万户，比上年增长2.6%；广播、电视人口综合覆盖率分别为99.6%和99.7%。全年制作电视剧66部2906集；制作影片57部，比上年增长50%；制作动画片55部27256分钟，部数和时长分别增长34.1%和43.3%。全省新闻出版广播影视业营业收入比上年增长8%。影视制作机构1435家，其中上市公司32家。全省14家图书出版社，共出版图书14139种，总印数3.9亿册，比上年增长5.4%；公开发行报纸69种；出版期刊227种。

（四）旅游

2015年，全省实现旅游总收入7139.1亿元，增长13%，旅游对经济增长贡献较大。其中，2015年接待入境客1012万人次，增长8.8%，实现国际旅游收入67.9亿美元，增长13.7%，分别较上年同期提高1.3和7个百分点；全省接待国内游客5.3亿人次，增长9.7%，实现国内旅游收入6720亿元，增长13%，略低于上年同期；旅行社组织出境游客227万人次，增长22.8%，高于上年同期11.6个百分点。

（五）体育

浙江运动员在各类国际性、洲际性、全国性比赛中共获得世界锦标赛冠军10

个、世界杯分站赛冠军10个、世界青年锦标赛冠军4个，亚洲锦标赛冠军8个、亚洲青年锦标赛冠军12个，全国各类比赛冠军204个。共创建省级青少年体育俱乐部20个，青少年户外体育活动营地5个。年末全省共有省级青少年体育俱乐部404所，国家级青少年体育俱乐部148所；省级青少年户外活动营地54个，国家级营地6所。全年共销售体育彩票108.8亿元，比上年增加1.7亿元，增长1.6%。

（六）人民生活和社会保障

根据城乡一体化住户调查，全年全体居民人均可支配收入35537元，比上年增长8.8%，扣除价格因素增长7.3%。其中，城镇常住居民和农村常住居民人均可支配收入分别为4.4万元和2.1万元，增长8.2%和9%，扣除价格因素分别增长6.7%和7.5%。全年全体居民人均可支配收入3.1万元，比上年增加2919元，增长10.2%。其中，城镇常住居民人均可支配收入中位数4万元，比上年增加3757元，增长10.3%；农村常住居民人均可支配收入中位数2.1万元，比上年增加2205元，增长11.9%。

全体居民人均生活消费支出2.4万元，比上年增长6.9%，扣除价格因素增长5.4%。其中，城镇常住居民和农村常住居民人均生活消费支出分别为2.9万元和1.6万元，增长5.2%和11.1%，扣除价格因素分别增长3.7%和9.6%。

年末居民人均住房建筑面积48.0平方米，其中，城镇常住居民人均住房建筑面积40.5平方米，农村常住居民人均住房建筑面积61.3平方米。

全年参加企业基本养老保险人数2398万人，参加城镇职工基本医疗保险人数1993万人，参加失业保险人数1260万人，参加工伤保险人数1930万人，参加生育保险人数1285万人。正常缴费企业退休人员基本养老金月均水平超过2750元；城乡居保基础养老金最低标准提高到120元；因工死亡职工供养亲属抚恤金月人均提高130元。

年末在册低保对象66.5万人，其中，城镇7.3万人，农村59.2万人（含五保对象2.6万人）。低保资金（含各类补贴）支出25.8亿元；城乡低保平均标准分别为每人每月653元和570元，分别比上年增长11.2%和17%。获得生活补助的城乡低收入家庭持证重度残疾人7.3万名，发放补助金额5.35亿元，比上年增长11.5%。

全年共支出医疗救助资金10.1亿元，比上年增加0.3亿元。中央和省财政投入补助资金3.1亿元，新增各类养老机构床位数3.6万张，新建成社区居家养老服务照料中心6120个。

年内共发行各类福利彩票146.7亿元，比上年增加8.9亿，共筹集公益金40.7亿元。

（七）资源、环境保护和社会安全

全年全省平均降水量为2042毫米（折合降水总量2116亿立方米），全省总水资源量为1430.6亿立方米，比多年平均955.4亿立方米多49.7%；人均水资源量为2590立方米。

全省完成造林更新面积39.7千公顷，比上年减少26.2%，其中，人工造林19.6千公顷，无林地和疏林地封育10.6千公顷，迹地更新9.5千公顷。全省森林抚育面积233.2千公顷，比上年增加0.5%。完成义务植树6600万株，比上年减少2.9%。根据2015年浙江省森林资源年度监测结果显示，全省森林覆盖率为60.9%（含灌木林）。全省新增水土流失治理面积682平方公里。

全省有气象雷达观测站点10个，卫星云图接收站点25个，区域自动气象观测站2482个。全省霾平均日数53天，比上年减少16.7天。全省11个设区城市环境空气PM2.5年均浓度平均为47微克/立方米，比上年下降11.3%；11个设区城市日空气质量达标天数（AQI）比例范围为59.7%~90.8%，平均为78.2%；69个县级以上城市日空气质量达标天数（AQI）比例范围为59.7%~99.4%，平均为85.0%。

全省221个省控断面中，Ⅰ～Ⅲ类水质断面占72.9%，比上年提高9.1个百分点；满足水环境功能区目标水质要求断面占75.1%。11个设区城市的主要集中式饮用水水源地水质达标率为92.8%，县级以上城市集中式饮用水水源地水质达标率为89.4%。全省145个跨行政区域河流交接断面中，满足水环境功能区目标水质要求断面占73.1%。全省近岸海域共发生赤潮12次，累计面积约837.5平方千米，其中有害赤潮3次，有害面积78.5平方千米，与上年同期相比，赤潮发生次数下降6次，减少面积882.5平方千米。

全省城市污水排放量29.9亿立方米，比上年增长2%；城市污水处理量26.9亿立方米，增长2.2%；城市污水处理率90.1%，比上年提高0.16个百分点；城市生活垃圾无害化处理率99.9%；城市用水普及率99.9%；城市燃气普及率99.7%；人均公园绿地面积13.33平方米，比上年增长3.7%。

全年累计建成国家级生态县16个，国家环境保护模范城市7个，国家级生态乡镇691个，省级生态县（市、区）62个，省级环保模范城市12个。

全年规模以上工业企业能源消费比上年增长2.1%，单位工业增加值能耗下降2.2%。其中，千吨以上和重点监测用能企业能源消费分别比上年增长0.7%和0.9%，单位工业增加值能耗分别下降2.8%和3.3%。

全年共发生各类事故1.7万起、死亡4815人、受伤1.6万人，分别比上年下降5.5%、4%和6.5%。其中，发生较大事故33起、死亡124人，比上年减少7起、22人；发生重大事故1起、死亡14人，与上年持平、减少2人。道路交通共发生事故16271起、死亡4280人、受伤16153人，分别比上年下降5.2%、3.2%、6.5%。

2015年浙江省服务业对外开放报告

浙江省商务厅

近年来，在省委、省政府高度重视和正确领导下，浙江省服务业不断开放，日益成为我省开放型经济的重要领域和内容，对深化和扩大浙江对外开放促进作用进一步显现。

2015年浙江省服务业对外开放，无论是在规模扩大、质量提高及领域延伸，均取得积极进展，主要呈现以下特点。

一、服务业对外开放步伐加快，呈良好发展势头。2015年全省服务贸易实现进出口总额为442亿美元，服务业实际利用外资169.6亿美元，服务贸易、服务业走出去增幅均超过15%以上，远高于同期外贸（货物贸易）进出口增幅。

二、服贸结构、服务业利用外资结构进一步优化。附加值较高的服务贸易领域增长较快，计算机和信息服务（国际服务外包）、教育服务、通信服务和文化服务进出口占比达到27.96%，同比增长5.47个百分点。现代服务业利用外资增长迅速，如医药制造业、卫生、社会保障和社会福利业、金融业等其他服务业同比分别增长507.3%、468.6%、273.4%。

三、服务业对外开放新领域快速发展。跨境电子商务发展位居全国前列。浙江省是外贸大省和电子商务大省。近年来，随着互联网的飞速发展和电子商务交易技术的不断完善，国际市场消费模式发生变化，我省企业纷纷开始通过电子商务方式开展跨境贸易，拓展国际市场，并取得了突破性的进展。据商务部相关数据显示，目前浙江跨境电商有4万多家，出口额达40多亿美元，约占全国的16%，位居全国第二，仅次于广东。

我省服务业对外开放涉及领域较多，内容也较为丰富，本文着重从贸易和投资二方面，即服务贸易、跨境电子商务和服务业引进来、走出去进行阐述。

一、2015 年浙江省服务贸易发展情况

（一）基本情况

2015年，全省服务贸易整体发展平稳，实现进出口总额为442.16亿美元（折人民币2747.84亿元），同比增长16.05%（17.39%）；其中出口为284.58亿美元（折人民币1761.90亿元），同比增长16.48%（17.38%）；进口为157.58亿美元（折人民币976.71亿元），同比增长15.28%（16.30%）。2015年度服贸总额占全省外贸总额11.31%，同比提高1.62个百分点。

（二）2015 年服务贸易发展主要特点

一是规模进一步扩大，增速较快。全省服务贸易规模进一步扩大，2015年度服务贸易进出口达442.16亿美元，继续保持在全国第一方阵。从各市看，绝大多数市进出口增幅超过全省平均增幅，其中杭州、湖州、金华和衢州增幅超过20%；从各领域看，服务外包、金融、通信、教育、医疗、其他商业服务等6个领域进出口增幅超过20%。服务贸易进出口额的规模发展较快，从2008年的150亿美元发展到2015年的442亿美元，已经翻了将近两番。

二是结构进一步调整，不断优化。传统领域仍然占据主导地位，但在服务贸易总量中所占比例持续下降。2015年度全省运输、旅游和建筑三大传统领域进出口平均增幅6.24%，低于全省服务贸易进出口平均增幅9.81个百分点。而新兴领域占比持续上升，2015年达38.39%，同比上升5.69个百分点，新兴领域平均增幅达36.25%，超过全省服贸进出口平均增幅20.2个百分点，其中离岸服务外包首次超越三大传统行业，成为出口第一大行业，占全省服贸出口比重达24.91%；金融、通信、教育、文化等6个新兴领域增幅均在20%以上，其中通信、医疗、教育

和金融增幅超过50%。

三是国际市场分布进一步多元化，加快调整。我省服务贸易出口市场遍布五大洲200多个国家和地区。从大洲分布看，2015年度亚洲仍为最主要海外市场，进出口额达172.10亿美元，市场份额占38.72%，但是同比下降了17.12个百分点。其中出口额达122.83亿美元，市场份额占43.16%，同比下降了23.71个百分点，进口额达49.27亿美元，市场份额占31.27%，同比下降1.12个百分点，亚洲市场的主要进出口领域为运输服务、旅游服务、服务外包、文化服务、金融服务、通信服务等。美洲市场进出口额达113.73亿美元，市场份额占25.72%，同比增长了6.58个百分点，其中出口额达68.60亿美元，市场份额占24.11%，同比增长了13.38个百分点，进口额达45.13亿美元，市场份额占28.64%，同比下降了0.8个百分点，主要进出口领域为运输服务、旅游服务、服务外包、文化服务、金融服务、教育服务、通信服务等。欧洲市场进出口额达103.58亿美元，市场份额占23.43%，同比增长了4.59个百分点，其中出口额达60.03亿美元，市场份额占21.09%，同比增长了7.48个百分点，进口额达43.55亿美元，市场份额占27.63%，同比下降了0.57个百分点，主要进出口领域为运输服务、旅游服务、服务外包、文化服务、金融服务、教育服务、通信服务等。非洲是服务贸易新兴市场，进出口额达25.17亿美元，市场份额占5.69%，同比增加2.34个百分点，主要出口领域为工程承包、运输服务等。大洋洲同样是服务贸易新兴市场，进出口额达27.58亿美元，市场份额占6.24%，同比增加2.07个百分点，主要出口领域为工程承包、运输服务等。

从国别地区看，2015年度服务贸易出口至美国为40.05亿美元，占全省出口总额的14.07%，为我省服务贸易出口第一大市场。香港为第二大出口市场，出口额达39.81亿美元，占全省总额的13.99%。第三、第四为日本、卢森堡，出口额分别为29.12亿美元和21.67亿美元，分别占全省总额的10.23%、7.62%。第五至第十大市场分别为新加坡、韩国、英国、中国台湾、委内瑞拉和德国。前十大市场中亚洲占5个，欧洲占3个，美洲占2个。

四是顺差进一步扩大，趋势明显。2015年度达到了127亿美元，同比增加了19.37亿美元。几大顺差行业分别为运输、建筑、国际服务外包、分销等，其中顺差最大的行业是国际服务外包，截至12月底，国际服务外包顺差达66.88亿美元，其次是建筑，顺差达59.37亿美元，第三是运输，顺差达41.06亿美元，这三大行业顺差超160亿美元且仍在继续扩大。几大逆差行业分别为旅游、教育、文化等，其中教育逆差最大，达25.58亿美元，且随着出国留学生源继续扩大逆差正在加大，其次是旅游，逆差达14.69亿美元，出境旅游增长明显，旅游逆差扩大。

五是区域分布进一步合理，差距缩小。2015年各市在全省服贸中所占比重总体基本与2014年相同。杭州仍然保持最大份额为43.04%，宁波、温州分别为19.72%、7.87%，这三个市合计占全省总额的70.63%，同比下降了0.63个百分点；金华、嘉兴、绍兴市占比分别为7.00%、5.23%、4.36%，合计占总额的16.59%，同比下降了0.3个百分点；湖州、舟山、台州、衢州、丽水等市占比相对较偏小，五市相加占全省总额12.78%，同比增长了0.93个百分点，各市差距正在逐步缩小。且从增幅上看，这五个市增速均超过全省进出口平均增速，快于其余各市，进一步显示差距正在逐步缩小。

（三）服务贸易各领域情况

1.2015年服务外包发展情况

2015年，我省离岸合同执行额为70.97亿美元，同比增长25.73%；在岸执行额32.00亿美元，同比增长3.17%，相比离岸服务外包增速明显较慢。12月离岸执行额23.38亿美元， 环比增加137.59%，年末各地存量业务集中释放上报，对统计数据稳定性造成一定影响。

从业务类型分类情况看，今年离岸服务外包合同中，信息技术外包（ITO）合同接包执行金额为42.88亿美元，占总执行金额的60.43%，较去年同期的57.22%增加3.21个百分点，占比稍有扩大，信息技术外包仍旧是服务外包领域的发展主体。业务流程外包（BPO）合同接包执行金额占7.79%。知识流程外包（KPO） 合同接包执行金额占31.24%。其他（未分类项）占0.55%。

从业务分类指标看，2015年的离岸服务外包合同中，软件（含嵌入式）研发执行金额为38.33亿美元，占总执行金额的54.02%；商务及技术服务接包执行金额为16.38亿美元，占总执行金额的23.08%；信息技术服务接包执行金额为4.55亿美元，占总执行金额的6.41%；文化动漫外包接包执行金额为3.99亿美元，占总执行金额的5.63%；物流、金融及管理服务、生物医药外包的接包执行金额占比分别为4.39%、3.40%、3.08%。

从我省离岸市场分布情况看，美国、日本、中国香港仍旧是服务外包业务的主要发包源。2015年，来自美国的服务外包合同执行额22.71亿美元，占全省离岸执行额的32.00%，同比上升2.66个百分点；日本7.15亿美元，占10.07%，同比下降1.99个百分点；中国香港6.92亿美元，占9.76%，同比下降0.04个百分点；第四至八位分别为：芬兰、德国、印度、英国、荷兰。

从企业执行情况看，执行额较高的企业数量增幅稳定。系统内数据显示，有离岸服务外包业务执行的企业总数为923家，12月增加67家填报离岸执行额数据。其中，离岸执行额在500万美元以上的服务外包企业208家，比去年同期增加17家，离岸执行额共计61.80亿美元，同比增幅30.16%，占全省离岸服务外包合同执行额的87.08%。离岸执行额1000万美元以上的服务外包企业有110家，比去年同期减少4家，离岸执行额54.69亿美元，同比增幅30.49%，占全省总额的77.06%。

2.2015年文化贸易发展情况

2015年全省文化服务进出口总额达5.03亿美元，同比增长15.10%，占服务贸易进出口总额的1.14%。其中文化服务出口达9800万美元，同比增长24.78%，增速高于全省平均水平8.3个百分点；文化服务进口达4.05亿美元，同比增长12.81%。

从文化服务出口各市分布看，2015年杭州继续领跑全省文化服务贸易出口，但比重有所下降，2015年占全省文化服务出口的48.77%，比重下降近30%。宁波比重提高至15.03%，居全省第二。金华、湖州、温州等比重迅速增加，三市比重占全省的四分之一，舟山、衢州、丽水等市也均实现零的突破，迈出新的步伐。

从文化服务出口内容看，2015年文化服务出口主要集中在文化创意和设计服务、广播影视服务，占总出口额近80%，影视剧出口逐步加大，说明我省影视文化产品逐渐被西方国家所接纳。2015年文化创意和设计服务出口达4128万美元，占全省总额的42.12%；广播影视服务出口达3445万美元，占全省总额的35.15%；文化艺术服务出口达961万美元，占全省总额的9.81%；新闻出版服务出口达482万美元，占全省总额的4.92%；其他文化服务出口达784万美元，占全省总额的

8.00%。

从文化服务出口市场看，2015年文化服务出口到美国达到2464.7万美元，占全省总额的25.15%；出口至香港达1587.6万美元，占全省总额的16.20%；出口至英国达982万美元，占全省总额的10.02%；出口至日本达921.2万美元，占全省总额的9.40%；出口至台湾地区达774.2万美元，占全省总额的7.90%；第六至第十分别为韩国、吉尔吉斯斯坦、意大利、泰国和法国等新兴市场。

文化走出去取得积极成效。据不完全统计，2015年新增文化走出去项目3个，浙江画之都、杭州夏天岛、出版联合集团、三家公司分别在美国、日本、法国、德国创建成立了分公司，投资总额超300万美元，走出去步伐进一步加快。

3.2015年运输服务发展情况

运输服务是四大服务贸易领域之一，2015年受全省外贸形势影响，由长期以来的全省服务进出口第二大行业下降到第三，被国际服务外包超过。2015年度实现进出口69.38亿美元，占全省服务贸易总额的比重达15.69%。其中运输服务出口55.22亿美元，运输服务进口14.16亿美元。

从进出口市场看，由于香港是一个高度发达的自由贸易港，进出口政策相对宽松，无论是从税收、费用方面还是从出入关程序方面看，都比由内陆直接进出口国外方便，所以香港作为中转站，占了我省运输服务进出口市场的60%以上。

4.2015年教育服务发展情况

截至2015年底，我省独立设置的本科层次中外合作办学机构2个，即宁波诺丁汉大学（中国第一所独立设置的中外合作大学，2005年正式批准设立）和温州肯恩大学（我省第一所中美合作的大学，2014年9月正式开学）；非独立设置的中外合作办学机构5个，即浙江科技学院中德工程师学院、浙江越秀外国语学院印第安纳波利斯大学国际学院、宁波城市职业技术学院中澳合作技术与继续教育学院和浙江纺织服装职业技术学院中英时尚设计学院、金华职业技术学院怀卡托国际学院。目前全省中外合作办学项目和机构共146个。

2015年在我省学习的外国留学生达25964人，来自176个国家和地区，占全省高校全日制在校生总数的2.46%。我省教育服务进出口达36.27亿美元，其中出口5.35亿美元，进口30.92亿美元。教育进口占全省服务贸易进口已经达到14.96%。

2015年浙江教育“走出去”实现零的突破，浙江师范大学与新加坡智源教育学院合作在新加坡举办学前教育专业硕士学位教育项目获得教育部批复，是我省高校首个境外合作项目。此外截至目前，浙江省共有14所高校在19个国家举办了23所孔子学院。

5.2015年旅游服务发展情况

2015年，全省接待入境游客1012.04万人次，同比增长8.78%，实现国际旅游（外汇）收入67.88亿美元，同比增长13.67%，其中接待外国人672.3万人次，增长9.6%；香港同胞114.3万人次，同比增长4.1%；澳门同胞42.7万人次，同比增长10.1%；台湾同胞182.7万人次，同比增长8.7%。入境游客人均花费671美元，入境过夜游客平均停留时间2.83天。全省住宿设施接待入境过夜游客459.02万人次，同比增长0.02%，实现国际旅游（外汇）收入27.69亿元，同比增长6.03%；全省旅行社组织出境游客226.95万人次，同比增长22.84%。

2015年我省入境外国游客按各大洲的分布情况是：亚洲游客327.7万人次，同比增长13%；欧洲游客167.6万人次，同比增长6.2%；美洲游客83.2万人次，同比增长5.7%；大洋洲游客23万人次，同比下降0.8%;非洲游客25.3万人次，同比增长34.4%。入境游最大客源为台湾，占全省总额的18.05%，其次为香港，占全省总额的11.29%，第三至第五分别为韩国、日本和美国，占全省总额分别为10.90%、5.25%、4.79%，第六至第十大客源分别是澳门、意大利、马来西亚、德国和新加坡。

从各市接待入境游客情况看，2015年度杭州市接待入境游客341.6万人次，实现外汇收入29.31亿美元，占全省旅游收入的43.18%；宁波市接待入境游客157.5万人次，实现外汇收入8.00亿美元，占全省旅游收入的11.79%。全省接待入境旅游人次增长最快的义乌、温州和湖州，分别增长18.3%、17.5%和17.3%；旅游外汇收入增长最快的是湖州、义乌和金华，分别增长29.2%、22.0%和20.9%。

2015年，全省旅行社组织出境游客226.95万人次，同比增长22.84%。其中出国游累计组团人数182.9万人次，同比增长40.5%，港澳游累计组团人数32.3万人次，同比下降21.3%。全年台湾游累计组团人数10.5万人次，同比下降2.6%。

6.2015年建筑工程服务发展情况

2015年，我省建筑工程服务在“一带一路”等国家战略的推动下继续稳步增长。全省建筑工程服务出口63.25亿美元，同比增长18.60%，呈现稳定增长的态势。我省国际经济合作的稳健发展，推动了我省建筑、交通、电力等基础设施领域“走出去”开拓市场，在化解产能过剩支持供给侧改革的同时，也带动了成套装备、技术标准的“走出去”。

在市场竞争更趋激烈的现状下，项目大型化的趋势明显，对承包企业的资金、技术、商务能力的要求不断提高，导致市场份额进一步向拥有资源优势的大企业集中。全年我省完成营业额超5000万美元的企业有浙江建设投资集团、中石化宁波工程、中国联合工程、浙江城建建设、东阳三建、宁波市建设集团、中国电建华东院、中地海外水务、中国能建浙江火电、万向集团、正泰太阳能、浙江华友、杭州海兴、浙江交工、宁波东海集团、上航建设公司、宁波建工、浙江天时国际、尤利卡、东方日升、龙元建设、华丰建设、宏润建设、东南网架、东方机电、浙江华业电力、宁波中策动力、中天建设、宁波乐惠食品、杭州之江市政、东芝水电等31家企业。上述31家企业营业额合计为41.84亿美元，企业家数占我省有工程承包资质企业的10.6%，但营业额占总营业额的67.71%。我省对外工程企业营业额呈现向大企业集中的态势。

2015年，我省在非洲完成对外承包工程营业额21.21亿美元，同比增长19.49%，主要由房建项目带动；亚洲完成对外承包工程营业额为21.89亿美元，同比增长19.03%；亚非合计为43.10亿美元，占总量的69.75%。在传统市场仍为主流的同时，拉美、北美等新兴市场也取得了稳定增长，我省境外工程承包市场得到了较大的改善。全年拉美地区完成营业额10.87亿美元，同比增长23.38%；北美地区完成营业额1.48亿美元，同比增长66.29%。全年完成营业额较大的国家有阿尔及利亚、澳大利亚、阿根廷、秘鲁、越南、埃塞俄比亚、委内瑞拉、尼日利亚等。此外，我省企业积极参与“一带一路”建设，努力在沿线国家承揽工程，目前在沿线42个国家完成工程营业额18.83亿美元，占比为30.47%，占比与2014年相比提高了约5个百分点。

7.2015年其他商业服务发展情况

2015年其他商业服务进出口额达到24.55亿美元，占服贸进出口总额的

5.55%，同比增长27.58%。包含专利特许权、非专利发明或专有技术、经营性租赁、技术服务、法律会计和管理咨询服务、认证公证、国际会展、国际组织的驻华机构办公经费和会费收支等项目。其中研发成果转让费及委托研发进出口额达7.37亿美元，占其他商业服务进出口总额的30.02%；技术服务进出口额达6.15亿美元，占其他商业服务总额的25.05%；管理咨询和公共关系服务进出口达5.11亿美元，占总额的20.81%；其他类占总额的24.12%。

二、2015年跨境电子商务发展情况

（一）基本情况

近年来，我省跨境电商总体上呈现良好发展态势，大约有4万多卖家，在各类平台上开设跨境出口网店30多万个。2015年，全省实现跨境电商出口40多亿美元，约占全国的16%，居广东之后列全国第二位。

（二）发展特点

从渠道分布来看，第三方跨境电商平台销售市我省跨境电商销售主渠道，约占全部销售额的95%，排名在前五位的第三方跨境电商平台分别是速卖通、eBay、亚马逊、wish和敦煌网。我省，卖家在该五大平台上的销售均居前三位（见表1）。另外是电商企业通过自建平台进行跨境销售，该渠道销售比重约占5%，代表性企业有全麦、执御等。

按物流方式来分，主要有三种类型。一是通过国际快递、小包等以行邮方式派送，并经过报关纳入海关跨境电商出口9610项下统计的4亿多美元，约占10%；二是采取一般贸易方式，通过国际大宗货物运输的方式运到海外仓，再由当地物流企业配送到买家手中的近10亿美元，占25%；三是通过国际快递、小包等国际行邮方式，直接投送到买家手中的约36亿美元，约占65%。不同的物流方式，相关数据的统计情况也不同，第一种已经纳入9610项下统计，第二种按照离岸价纳入一般贸易统计，而境外零售价的增值部分没有纳入统；第三种作为物品暂时没有统计在外贸出口范围，甚至部分商品还通过外省的口岸出口的。

就经营主体而言，各大跨境电商平台上经营的很多是淘宝商家转型过来的，

这一部分是当前跨境电商的主力；近几年，在国家政策的推动下，传统外贸企业也纷纷开始涉及跨境电商业务，总体上发展趋势良好，但所占的比重不高。前者有较好的网上运营经验，但整个供应链服务能力较弱，发展空间受限。后者具备商品制造、外贸服务等方面优势，但网上销售经验不足，前期启动难度较大。针对上述问题，一批跨境电商综合服务企业逐步出现，他们依托自身跨级电商运营经验，结合产业集群，为当地企业开展跨境电商提供一站式服务，并取得一定的成效，如，嵊州、海宁等地有一些典型案例。

三、2015 年服务业利用外资、走出去情况

（一）服务业利用外资情况

2015年服务业利用外资新批项目1778个，合同外资278.2亿美元，实际外资169.6亿美元，实际外资同比增长7.4%。其中信息传输、计算机服务和软件业实际外资11.16美元，同比增长76.2%，已占全省实际外资的比重的6.6%。科研、技术服务实际外资13.86亿美元，同比增长49.9%。医药制造业、卫生、社会保障和社会福利业、金融业等其他服务业同比分别增长507.3%、468.6%、273.4%。

（二）服务业走出去情况

2015年我省经审批和核准的服务业境外投资企业共计400家，占境外投资企业总数的52.64%，投资总额782711.4万美元，占境外投资总额的40.75%，同比增长5.56倍，中方投资额534803.1万美元，占境外投资中方投资总额的38.24%，同比增长3.66倍。主要涉及租赁和商务服务业、居民服务业以及文化、体育和娱乐业等行业，覆盖20个国家和地区。

服务业走出去呈稳步成长态势。从数量和规模来看，2015年浙江省服务业的境外投资呈稳步成长态势。2015年经审批和核准的服务业境外投资企业数由2014年的58家增至400家，主要是租赁和商务服务业等行业企业的增加。2015年服务业境外投资总额及中方投资总额也均有明显上升。

2016年浙江省服务业工作要点

浙江省发展和改革委员会

2016年是全面实施“十三五”规划的开局之年，是我省实现“三二一”产业结构后继续深入推进服务业大发展的关键之年，也是我省服务业强县（市、区）培育工作正式启动之年。服务业工作必须认真贯彻党的十八大和十八届三中、四中、五中全会精神和中央经济工作会议决策部署，根据省委、省政府统一部署，深刻认识准确把握新常态下服务业发展的新特征、丰富发展的新内涵、落实发展的新目标，深化改革，强化保障，确保我省服务业继续成为推动转型升级、经济增长的主引擎。

一、工作思路

坚持以“创新、协调、绿色、开放、共享”五大发展理念为引领，以促进服务业提质增效为目标，以服务业领域供给侧改革为动力，围绕服务业强县（市、区）培育这一中心工作，力争实现“三个超过”目标，重点推进“四大培育工程”，持续深化“五大改革试点”，着力强化“六大保障措施”，再创服务业发展新优势，确保全年服务业增加值突破2.3万亿，同比增长9.5%左右，服务业增加值占GDP 50%以上，为“十三五”时期我省经济发展开好局、起好步。

（一）实现“三个超过”目标

——服务业增加值增速超过GDP增速。继续发挥服务业在经济增长中主引擎作用，力争实现服务业增加值增速达到9.5%左右，高于GDP增速2个百分点左右，进一步提高服务业增加值占GDP比重，巩固“三二一”产业结构。

——服务业投资增速超过全社会投资增速。充分激发服务业投资活力，继续发挥服务业在扩大有效投资中主动力作用，力争实现服务业投资增速达到12%，高于全社会投资增速2个百分点以上。

——服务业税收增速超过全部税收和地税收入增速。充分发挥服务业税收在税收增长中主源泉作用，力争服务业税收增速超过全部税收增速，努力提高服务业税收收入在全部税收中的比例。

（二）实施四大培育工程

——服务业强县（市、区）培育工程。服务业强县（市、区）培育是我省发展服务业的创新之举，也是“十三五”时期我省服务业工作的重中之重。根据各县（市、区）不同的经济发展阶段、资源禀赋、功能定位和产业优势，按不同方向分类培育。对各县（市、区）开展服务业强县（市、区）培育综合评价，通过竞争性评选方式确定首批试点县（市、区）名单，加强对培育工作的指导和支持。

——服务业重点产业培育工程。推进服务业领域的供给侧改革，优化服务业产业结构、提高产业质量。着重发展信息服务、金融、现代物流、旅游、商贸流通、房地产六大支柱行业，培育发展电子商务、健康服务、科技服务、文化创意四大新兴行业，构筑“6+4”服务业重点行业体系。顺应产业融合发展的趋势，大力推动服务业与新型工业化、农业现代化融合发展。突出项目带动，做好“十三五”期间服务业重大项目储备，推进实施一批带动力强、创新作用突出、影响面大的服务业重大项目。

——服务业“三名”培育工程。加大服务业名企、名牌、名家的培育力度。打造一批产业关联度大、主业突出、创新能力强的龙头骨干企业，强化百家服务业重点企业的示范带动作用，鼓励和支持服务业重点企业立足主业、做大做强，为其开展技术创新、业态创新、商业模式创新创造有利环境，鼓励和推动企业上市融资。强化服务品牌建设，加强服务业名牌认定工作，进一步提升我省服务业品牌核心竞争力、影响力。加强对服务业企业家的培养，积极为企业家创造学习、培训、交流、考察的机会，不断提高企业家素质。

——服务业发展平台提升工程。推动省级现代服务业集聚示范区提升发展，针对不同类型的集聚示范区有重点地选择提升方向，引导各类服务业集聚区按照“专业化、高端化、特色化”的要求，进一步提升服务能级、强化辐射带动作用。推动服务业特色小镇创建和培育工作，引导各地挖掘产业优势、整合多方资源、创新发展手段，全力谋划、创建和培育一批质量高、亮点多、带动效应强的服务业特色小镇。进一步推动省级示范物流园区、各类服务业产业园等其他服务业发展平台建设。

（三）深化五大改革试点

——温州市、台州市国家级金融改革试验区。进一步健全温州金融组织体系、服务体系和监管体系，着力推进地方金融创新发展。全面建设浙江省台州市小微企业金融服务改革创新试验区，大力发展普惠金融，支持“大众创业、万众创新”，不断提升小微金融服务的覆盖面和满意度。

——杭州市、宁波市国家服务业综合改革试点。争取国家新一轮的服务业综合改革试点区域，明确“十三五”期间综合改革方案，确定改革目标和措施。

——金华市国家现代服务业综合试点。完善《试点三年行动计划》，全面深化既有现代服务业发展模式，对“腾笼换鸟式”电商、“智能式”物流、“B2B2C”型“跨境通”等模式进行整合创新。

——杭州市、温州市国家养老服务业综合改革试点。推进杭州实施新一轮“智慧养老”，推进公办养老机构改革，制定出台公办养老机构改革方案，创新开展公办养老机构公开轮候和准入评估等工作。推进温州加强养老机构建设，重点推进“医养融合”模式，进一步构建多元化养老服务设施供给体系，提升养老服务水平。

——义乌市、海宁市国家级贸易方式和流通体制改革试点。进一步总结义乌市试行市场采购贸易方式经验，加快推进海宁市场采购贸易方式试点扩围和特色优势集聚。深入推进义乌市国务院国内贸易流通体制改革试点，探索建立线上线下融合、内外贸融合以及扩大内需发展机制，建立高效便捷的现代流通支撑体系健全统一高效的商贸流通治理体系。

在此基础上，积极向国家争取更多改革试点，为产业发展创造先行先试的机会。继续推进各省级现代服务业相关改革试点。

（四）强化六大保障措施

——*加强组织协调*。充分发挥省现代服务业发展工作领导小组作用，加强领导小组统筹协调，完善统分结合的服务业工作机制。探索在领导小组框架下对服务业改革发展中的重大问题进行讨论研究和统筹谋划，加强对服务业集聚区、服务业重点企业、服务业重大项目的协调指导。

——*突出规划引领*。根据我省“十三五”发展规划纲要，科学编制我省服务业系列发展规划。构建“1+10+X”服务业规划体系，即编制完成服务业“十三五”发展规划、“6+4”服务业重点行业发展规划及各地、各类服务业发展专项规划，努力提升规划科学化水平，充分发挥规划引领作用。

——*强化政策落实*。加快贯彻落实国务院印发的《关于积极发挥新消费引领作用加快培育形成新供给新动力的指导意见》（国发〔2015〕66号）、《关于加快发展生活性服务业促进消费结构升级的指导意见》（国办发〔2015〕85号），紧紧围绕消费升级需求，创新并扩大有效供给，着力提高服务业供给体系质量和效率。落实我省出台的关于加快发展养老服务业、检验检测高技术服务业、信息经济、快递业、融资租赁业、旅游业、地理信息产业、健康服务业等产业的发展实施意见，进一步研究出台其他服务业发展政策。

——*创新制度保障*。全面、深化改革阻碍创新的体制机制，全面落实“五证合一、一照一码”登记制度改革，积极稳妥推进“营改增”试点，深化关检合作“三个一”改革、快递许可制度改革、环评审批改革等涉及市场准入制度、商事登记制度、行政审批制度、财税制度和金融体制改革，为服务业创新发展松绑。

——*加强要素支持*。积极组织服务业重大项目申报国家专项建设基金支持项目。充分发挥财政专项资金的引导作用，通过竞争性方式选择服务业重点领域、重点工程，由省发展与改革专项资金给予切块支持。发挥好政府产业基金的政策导向作用，指导参股子基金加大对服务业重点领域重点项目的支持力度。继续加大支持服务业发展用地政策落实力度，指导各地在土地利用总体规划布局和年度土地利用计划统筹中，优先保障服务业用地。

——**完善管理机制**。加强统计分析，进一步完善服务业行业统计门类和标准，加强对新兴服务业的统计监测，做好对服务业整体运行状况的分析。完善服务质量管理体系，探索开展服务业重点行业服务质量监测和评估。健全服务业标准化，建立和完善服务业标准化体系，加快服务质量标准制（修）订和实施推广。加大考核奖励，开展各市、县（市、区）服务业发展目标完成情况考评，考评结果与市县营业税返还奖励挂钩。

二、重点任务分工

（一）重点推进四大培育工程

1．确定首批服务业强县（市、区）试点名单，扎实推进服务业强县（市、区）培育，落实培育政策。（责任单位：省发改委）

2．积极贯彻落实产业发展规划和信息技术服务标准化五年行动计划，推动软件与信息服务业创新发展。推动产业融合发展、跨界发展。（责任单位：省经信委）

3．加快发展绿色金融和普惠金融、科技金融。推进跨境电商金融服务创新。加快“浙商”系列上市步伐。（责任单位：省金融办）

4．化解房地产库存，贯彻落实国家和省出台的各项政策措施，力争全省商品房销售面积保持在4200万平方米以上。（责任单位：省建设厅）

5．深入开展旅游景区整治提升、旅游市场规范提升年、“文明旅游伴我行”、旅游统计、旅游惠民、旅游人才培训提升等“六个专项行动”。（责任单位：省旅游局）

6．抓好扶持我省木雕根雕石刻产业和文房产业传承发展的政策文件的贯彻落实工作，推动相关历史经典产业发展。（责任单位：省文化厅）

7．实施“快递向下”和“快递向外”工程，提升农村地区快递网络覆盖，鼓励快递企业发展跨境电商快递业务，争取到2016年底快递企业在乡镇的网点覆

盖率要到达85%以上。（责任单位：省邮政管理局）

8．推进社会办医，贯彻落实国务院办公厅关于促进社会办医加快发展若干政策措施。（责任单位：省发改委、省卫生计生委）

9．推动保安服务业发展，开展保安服务公司等级评定、各等级保安员职业技能培训鉴定工作。（责任单位：省公安厅）

10．开展服务业重点企业调整工作，加强对重点企业的指导协调，落实扶持政策。（责任单位：省发改委、各成员单位）

11．推动服务业聚集区开展知名品牌创建示范区建设，鼓励和支持服务企业参加品牌价值评价，加强服务业名牌创建工作。（责任单位：省质监局、省工商局）

12．推进信息经济、金融、旅游、健康、电商、体育等服务业特色小镇创建和培育。（责任单位：省经信委、省金融办、省旅游局、省发改委、省商务厅、省体育局）

13．继续开展省级现代服务业集聚示范区、省级示范物流园区培育和提升工作，开展省现代服务业集聚示范区年度综合评价及动态调整工作，做好首批8家省级示范物流园区发展评价及3家示范园区提升试点的经验总结。（责任部门：省发改委、省财政厅、省统计局）

14．建设多层次的电商产业平台，在淘宝网特色中国馆建立浙江老字号精品专区，规范发展第三方电商平台，争取全省建设50个以上的区域性农产品电商平台，改造提升3000个农村电商服务点，建设3000组智能快件箱，培育发展跨境电商平台。（责任单位：省商务厅、省邮政管理局）

15．推进智慧市场、现代化商品市场集群和线上线下融合示范市场建设。（责任单位：省工商局）

16．支持嘉兴联合杭州、宁波、绍兴等地共同创建国家级检验检测高技术服务业集聚区。（责任单位：省质监局）

17．加强国家交通运输物流公共信息平台建设和应用。（责任单位：省交通运输厅）

18．推进国家东部生态文明旅游区创建，争取纳入‘一带一路’范畴并上升为国家战略。（责任单位：省旅游局）

19．加快升级科技大市场的改造提升和市县市场的建设发展，创建一批浙江省实验室，建好杭州国家自主创新示范区，支持宁波争创国家自主创新示范区。（责任单位：省科技厅）

20．支持国家体育产业基地、国家体育产业示范单位发展，加强对浙江省运动休闲基地的认定、指导和扶持。（责任单位：省体育局）

21．着力培养行业人才，推动人力资源服务机构自主品牌建设，加大人力资源产业园建设力度。（责任单位：省人力社保厅）

22．推进文化产业服务平台和产业园区建设，提高文化科技协同创新水平。（责任单位：省文化厅）

（二）持续深化各项改革试点

23．深化推进温州市、台州市国家级金融改革试验区建设。推动股权中心创新发展，努力实现创新创业和地方资本市场的有效对接。（责任部门：省金融办）

24．继续推进杭州市、宁波市两个国家服务业综合改革试点。（责任单位：省发改委）

25．深化内贸流通改革。推进义乌国务院国内贸易综合改革试点和金华国家现代服务业试点。提升省级流通改革试点城市试点层级，积极争取由政府开展试点。（责任部门：省商务厅）

26．加强对杭州、温州两个市的国家养老服务业综合改革试点的指导。开展省级养老服务业综合改革试点，完善养老服务业发展政策，探索完善养老服务市场体系。（责任单位：省民政厅）

27．推进义乌市、海宁市国家级市场贸易采购方式试点。（责任单位：省商务厅）

28．积极推进温州市全国民办体育试点城市申报工作。（责任单位：省体育局）

29．推进跨境电子商务、农村电子商务、综合贸易电子商务标准化试点。开展互联网支付、网络借贷（P2P）等互联网金融标准化试点。（责任单位：省质监局）

30．深化新闻出版、广播影视改革，争取国家新闻出版广电总局将我省列入国产网络游戏审批权下放试点省。（责任单位：省新闻出版广电局）

31．开展服务业重点领域试点，支持桐庐迎春商务区等5家省级现代服务业集聚示范区、富阳绿色物流集聚发展平台等15家生产性服务业集聚平台开展提升试点工作。（责任单位：省发改委）

（三）着力强化六大保障

32．进一步完善省现代服务业发展工作领导小组工作机制，加强对服务业集聚示范区、服务业重点企业、服务业重大项目的协调指导。（责任单位：省发改委）

33．编制实施浙江省服务业发展“十三五”总体规划。（责任部门：省发改委）

34．编制实施现代物流、信息、金融、旅游、商贸流通、房地产等六大服务业支柱行业“十三五”发展规划。（责任部门：省发改委、省经信委、省金融办、省旅游局、省商务厅、省建设厅）

35．编制实施健康、电子商务、科技、文化创意等四大服务业新兴行业“十三五”发展规划。（责任部门：省委宣传部、省发改委、省商务厅、省科技厅、省文化厅）

36．编制实施城乡社区治理、交通运输、工业设计、新闻出版和广播影视业、体育产业等行业发展“十三五”规划编制。（责任部门：省民政厅、省交通运输厅、省经信委、省新闻出版广电局、省体育局）

37．编制实施《2016年浙江省服务业重大项目计划》。（责任部门：省发改委）

38．积极稳妥推进“营改增”试点，全面落实促进服务业发展的税收优惠政策。（责任单位：省国税局、省地税局）

39．全面落实“五证合一、一照一码”登记制度改革。（责任单位：省工商局）

40．继续推进长江经济带通关一体化，深化关检合作“三个一”改革。（责任单位：杭州海关、宁波海关、浙江出入境检验检疫局）

41．基本建成省、市、县三级建设项目环保网上行政审批网络体系。开展部

分市、县环评承诺备案管理改革试点工作。（责任单位：省环保厅）

42. 深化快递许可制度改革，探索对快递企业实行同一工商登记机关管辖范围内“一照多址”模式。（责任单位：省邮政管理局）

43. 拓宽市场主体信用信息查询渠道，将公示系统迁移到浙江省政务服务网。（责任单位：省工商局）

44. 组织服务业重大项目申报国家专项建设基金支持项目。通过竞争性方式选择服务业重点领域、重点工程，由省发展与改革专项资金给予切块支持。（责任单位：省发改委、省财政厅）

45. 发挥好政府产业基金的政策导向作用，指导参股子基金加大对服务业重点领域重点项目的支持力度。（责任单位：省财政厅）

46. 指导各地在土地利用总体规划布局和年度土地利用计划统筹中，优先保障服务业用地。继续加大支持服务业发展用地政策落实力度，全面推进调整城镇土地使用税政策促进土地集约节约利用工作。（责任单位：省国土资源厅、省地税局）

47. 继续落实市、县（市、区）年度服务业发展目标完成情况评价及奖惩制度。（责任单位：省发改委、省财政厅）

48. 进一步完善服务业行业统计分类和统计标准，加强对新兴服务业重点领域的统计监测，开展规下服务业样本增补工作。（责任单位：省统计局、国家统计局浙江调查总队）

49. 探索开展服务业重点行业服务质量监测和评估，积极支持服务企业争创各级政府质量奖，引导企业提升质量水平。进一步优化服务业地方标准体系结构，探索建立服务标准自我声明公开和监督制度，完善服务标准实施督查制度。（责任单位：省质监局、省发改委）

50. 加强对政策的贯彻落实，进一步贯彻落实国务院印发《关于积极发挥新消费引领作用加快培育形成新供给新动力的指导意见》（国发〔2015〕66号）、《关于加快发展生活性服务业促进消费结构升级的指导意见》（国办发〔2015〕85号）及其他服务业行业扶持政策。（责任单位：省发改委）

51. 贯彻落实我省关于加快发展养老服务业、健康服务业、信息经济、快递业、融资租赁业、旅游业、地理信息产业等产业的发展实施意见，进一步研究出

台其他服务业发展政策。（责任单位：省发改委、省民政厅、省经信委、省邮政管理局、省金融办、省旅游局、省国土资源厅）

二

行业篇

Part II
Chief Opinion of Industry

浙江省文化产业发展情况

浙江省委宣传部

2016年是实施“十三五”规划的开局之年。按照省委、省政府“十三五”时期把文化产业培育成万亿级产业的要求，全省各级进一步理顺工作机制，深化文化体制改革，出台助推发展举措，文化产业发展呈现较好的发展态势。

1.发展水平位居前列。省委、省政府高度重视文化产业发展，把文化产业列入全省重点发展的把大万亿产业。制定出台《浙江省文化产业发展“十三五”规划》规划，以省政府名义正式印发，明确我省未来几年文化产业发展的总体思路、发展目标、重点领域、空间布局以及支撑平台建设等。进一步完善国有文化资产管理委员会的运行机制，出台《关于坚持先进文化发展方向推动国有文化企业做大做强做优的意见》。据统计，2015年全省文化及相关特色产业实现增加值2490.16亿元，同比增长13.82%，占GDP比重达5.81%，已成为我省国民经济的支柱性产业，整体发展水平位居全国第一方阵。根据“2016年中国省市文化产业发展指数”显示，我省文化产业的综合指数和生产力指数位列全国第四位，影响力指数位列全国第三位。

2.主体实力不断增强。经过多年努力，逐渐形成以国有文化集团和民营文化企业齐头并进的产业主体。国有文化企业通过深化体制机制改革，加快公司制股份制改造，实力明显增强。浙报集团以打造全国一流党报集团为目标，2015年实现营业收入35.7亿元，实现利润6.6亿元，分别增长12%和29%。集团所属浙报传媒于2011年登陆上海证交所，成为全国党报经营性资产上市第一例。浙江广电集团坚持实施品牌战略，建设全媒化的新型广播电视主流媒体，浙江卫视打造的《中国梦想秀》《奔跑吧兄弟》《中国新歌声》等重点综艺节目品牌影响力不断扩大，2015年集团创收175亿元，利润38亿元，同比分别增长32%和120%。浙江出版联合集团坚持做强出版主业、坚守文化责任之道、坚定创新发展之路，成为主营业务收入、资产总额、净资产均达到100亿元的文化集团。民营资本加快进入文化产业，民营文化企业异军突起，成为文化产业发展的“生力军”，涌现出横店集团、宋城集团、华策影视、长城影视、中南卡通、思美传媒等一批在全国有较大影响的民营文化龙头企业，民营文化企业占到我省在主板上市23家文化企业中的20家，还有一大批民营文化企业成功登陆新三板。目前全省拥有各类民营文化企业超过9万家，从事文化工作的个体工商户超10万家，涉及影视、演艺娱乐、艺术品经营、旅游、广告、会展以及文化创意园区、街区等10多个行业和领域。

3.**优势行业持续提升。**全省新闻出版、广播影视、动漫游戏、文化演艺和文化旅游等产业稳步发展，逐步确立了在全国的优势地位。2015年全省新闻出版业总体经济规模居全国第3位，实现增加值422.42亿元，占全国的7.12%，资产总额达2261.83亿元，占全国的10.9%；特别是数字出版增长迅猛，获得互联网出版资质企业48家、网络视听节目单位45家，数量居全国第3位。2015年全省广播电视电影业收入增长14.3%，电视剧66部2906集，产量居全国第一位，制作生产动画片55部27256分钟居全国第二位，生产电影60部居全国第三位。拥有时代、横店、星光、雁荡等四条本土院线，全省院线内影院418家，观影人数达到9695万人次，票房收入34.92亿元，增长47.46%；全省影视制作机构1500余家，居全国第2位，推出的《人民检察官》《红星照耀中国》等一批重大题材影视剧在央视黄金时段热播，反响热烈；我省文化企业投拍的《湄公河行动》等影片口碑票房俱佳。行业龙头企业品牌影响力不断扩大，2016年浙江出版联合集团、华策影视、宋城演艺、华谊兄弟等4家文化企业入选第八届全国“文化企业三十强”，浙报传媒、华数传媒、乌镇旅游获得提名奖，入选数量已连续三届在全国名列前茅。

4.融合发展明显加快。数字阅读、数字出版、网络剧、互联网娱乐、动漫游戏等新兴文化业态发展迅速，杭州数字出版基地集聚数字出版企业近200家，中国移动、中国电信和华数等三大数字内容投送平台全面建成，中国移动手机阅读基地（咪咕数媒）覆盖超5亿用户；杭州、宁波和横店创建国家文化与科技融合示范基地。在特色小镇建设中，注重挖掘人文底蕴、凸显文化内涵、提升文化品质，打造了古堰画乡、青瓷小镇、艺尚设计小镇等一批文化特色小镇；以举办世界互联网大会为契机，推动互联网小镇、梦想小镇、云栖小镇等成为互联网文化产业发展新载体，孵化了致青春传媒、杉帝科技等一批成长型文化企业，成为我省文化产业发展的新模式。积极推进传统媒体与新兴媒体融合发展，浙报集团推进建设由核心圈、紧密圈、协同圈三部分组成的“三圈环流”新媒体矩阵，打造国内一流的枢纽型传媒集团，集团推出的浙江新闻客户端已拥有用户1100万；浙江广电集团将互联网基因融入广播电视，明确“一云、两网、三集群、四平台”总体目标和实施路径，建设全媒化的广播电视主流媒体。推进文化与金融融合发展，设立东方星空、浙江成长、杭州文投等文化产业基金，引导设立大批民营文化产业投资基金；杭州、宁波、温州、绍兴、台州等地设立了10家专业的文化产业银行，为文化企业投融资提供便捷服务；连续三年举办文化产业项目与资本对接活动，资本、企业、人才踊跃参加，掀起社会资本投资文化产业热潮。

5.集聚效应逐渐显现。中心城市文化产业发展的集聚辐射功能进一步增强，2015年杭州、宁波、金华三市文化产业增加值规模占全省的60%左右，如杭州市打造全国文化创意中心和“创意城市网络”在亚太地区的关键节点城市，2015年全市文创产业实现增加值2232亿元，同比增长20.4%。组织开展全省文化产业重点县、重点文化产业园区、重点文化企业的评选认定工作。全省10个文化产业发展重点县（市、区）综合实力突出、产业特色明显，如杭州西湖区、滨江区的文创产业增加值占GDP比重已经超过30%，东阳市近年来文化产业增速在26%以上。全省拥有各类文化产业园区140多个，文化企业占入园企业总数的比重超过75%，多数园区的文化产业产值占比超过70%，横店影视文化产业实验区、西溪创意产业园等竞争力不断提升。如横店影视文化产业实验区共吸引包括华谊兄弟、唐德影视、新丽传媒、长城影视等知名影视企业近700家和300多家艺人工作室入住，2015年实现营业收入150.32亿元，税收15.07亿元。启动浙江省文化创意街区创建试点工作，遴选首批22个试点单位，着力打造特色文化品牌。

6.文化“走出去”成效显著。积极培育打造中国（杭州）国际动漫节、中国（义乌）文化产品交易会、杭州文博会、宁波特色文博会、温州时尚文博会等重点文化会展品牌，影响力进一步扩大，美誉度进一步提高。2016年第12届动漫节共吸引80个国家和地区的2531家中外企业参展参会，成交金额达151.6亿元；第11届义乌文交会吸引了93个国家和地区的11.65万名境内外采购商及观众参会，外贸成交额达32.67亿元。围绕“一带一路”战略，坚持“既要走出去，更要走进去”，着力构建全方位多层次宽领域的文化“走出去”格局。2015年全省文化产品进出口总额102.55亿美元，增长19.2%，文化服务进出口总额5.03亿美元，增长15.1%。浙江出版联合集团与世界近百家出版社有出版业务关系，近年来有1000多种图书进行了版权贸易和合作出版，如麦家的小说《解密》在英美等35个国家畅销，闯进亚马逊图书排行榜。中国（浙江）影视产业国际合作实验区与中央国际广播电台合作共建译制中心，近年来完成译制《媳妇的美好时代》《老爸的心愿》《妈妈的花样年华》等影视作品超过1300部集，发行覆盖东南亚、东非及欧美等20个国家和地区。华策影视在中国香港、中国台湾、韩国、美国等地设立分公司，影视作品授权已发行至158个国家和地区，海外发行总量占全国30%以上。浙江金华邮电工程公司在吉尔吉斯斯坦收购德隆电视台，开通中、英、俄、维等语种的118个频道，成为该国第二大有线电视频道运营商。温州企业家先后在美国、巴西、欧盟等国家和地区开办报刊社、网站、广播电视台达35家。

浙江省软件和信息服务业发展情况

浙江省经济和信息化委员会

2015年，浙江省在国家相关产业政策的支持下，围绕建设软件和信息服务业强省的战略目标，通过创新驱动发展，强化特色优势，推动融合发展，培育新业务新业态，软件和信息服务业保持了持续快速发展的良好态势。据统计，2015年我省实现软件和信息服务收入4238.1亿元，同比增长18%；据初步测算，全省软件和信息服务业增加值2118亿元，比上年增长20.4%（按现价计算），占全省GDP4.94%，实现了《浙江省软件和信息服务业“十二五”发展规划》确定的发展目标，为促进我省信息经济发展和经济转型升级发挥了重要作用。

一、2015 年全省软件和信息服务业发展情况

2015年我省软件和信息服务业增长态势良好，收入、效益、出口等主要指标增速均高于全国水平，技术服务引领创新，龙头企业成为引领增长的主动力，运行总体呈现稳中有升，持续向好的态势。2015年全省实现软件业务收入3024.5亿元，同比增长22.1%；全省累计完成电信业务总量1581亿元，累计完成电信业务收入744亿元，同比下降0.96%，全省固定电话用户为1500万户，移动电话用户数为7466万户，（固定）互联网宽带接入用户达到1316万户，互联网宽带接入端口

达到3329万个；全省广播影视业经营收入469.6亿元，同比增长16.27%。其中：

1. 软件和信息技术服务业保持增长态势

据对全省2205家重点软件企业监测统计显示，2015年全省实现软件业务收入3024.5亿元，同比增长22.1%；高出全国软件行业平均增幅3.6个百分点，增速在全国规模前十省市中居第四位。实现利税总额1057.5亿元，利润总额788.7亿元，分别同比增长20%和14.3%；软件出口27.0亿美元，同比增长18.8%。软件产品收入、信息技术服务收入和嵌入式系统软件收入分别实现960.8亿元、1676.5亿元和387.2亿元，分别增长16.2%、26.9%和17.8%。

2. 信息技术服务占据主导，占比达55.4%

基于移动互联网、物联网、云计算、大数据的新业态、新业务、新服务快速发展，规模、增速稳居行业首位，带动行业整体快速增长。2015年全省实现信息技术服务1676.5亿元，同比增长26.9%，高出全行业增速4.8个百分点，其中电子商务平台（包括在线交易平台服务、在线交易支撑服务在内的信息技术支持服务）收入935.6亿元，占全部服务收入的55.8%，电子商务平台服务占主导。软件服务收入占比继续提升，占比达到55.4%，对全省软件业务收入的贡献率达到64.9%，拉动全行业增长14.4个百分点。

3. 效益质量协同发展，盈利能力全国领先

企业效益、发展质量和收入规模协同发展，盈利水平和带动性持续提升，2015年全省软件产业实现利税1057.5亿元，利润总额788.7亿元，占全国软件利润总额的比重14.5%，销售利润率为26.0%，高出全国软件行业平均水平12.7个百分点。盈利能力继续保持全国领先，主要是信息技术服务、移动通信及网络软件产品盈利水平领跑全行业。

4. 软件出口态势良好，增速高出全国

2015年全省完成软件出口27.0亿美元，同比增长18.8%，高出全国软件出口

增速9.4个百分点。软件产品出口占比超过八成，成为出口的重要引擎，全年软件产品出口218045万美元，占全部出口总量的80.6%，同比增长27.2%。软件产品外包、网络与数字增值业务服务外包、电信运营服务外包、金融服务外包均已形成规模化发展并在同行具有比较优势。网新科技、道富信息、虹软、东忠、灵川、NEC软件等一批重点软件业出口企业规模持续扩大，成为出口增长的骨干力量；同时随着华三、大华、海康威视等龙头企业国际业务的不断推进，带动软件出口不断增长。

5. 龙头企业产业带动效益显著

2015年我省软件十强企业实现软件业务收入1303.1亿元，利润584.6亿元，占全省软件行业（2205家）的43.1%和74.1%，十强企业成为带动行业增长的主动力。电子商务、通信网络、云计算、大数据、数字安防等产业发展迅速，对行业增长贡献依然突出。杭州、宁波等大力推进软件产业集聚发展，引领全行业增长。杭州全年实现软件业务收入2546.7亿元，同比增长20.9%，占全省比重达到84.2%，杭州总量规模列深圳、南京之后居全国15个副省级城市前列，已成为我省软件及信息技术服务业发展的先行区和示范区。

二、我省软件和信息服务业面临的主要问题

2015年，我省软件和信息服务业持续快速发展，规模稳步扩大，新兴服务领域发展强劲，创新商业模式促发展，但仍有不少制约因素存在：

1. 新兴领域关键技术缺失

云计算、移动互联网、物联网等新兴领域发展较快，一些关键领域核心技术有待突破。在云计算领域，缺乏自主知识产权的云计算操作系统，不利于构建自主可控的云计算系统和信息化应用环境；在移动互联网领域，过分依赖国外操作系统平台，导致多数企业处于弱势地位，且随时面对专利禁止、市场销售、软件闭源等各种可能，产业安全无法保障；物联网领域核心技术和标准的缺失，同样制约产业健康可持续发展。信息技术服务企业迫切需要加大新兴领域研发力度，突破关键核心技术。

2. 传统企业转型升级挑战多

当前正值经济下行时期，制造业发展和传统企业转型升级面临挑战，以云计算、大数据、电子商务平台服务等为主的信息技术服务已然成为软件产业发展的重点方向，以传统软件产品和嵌入式系统为主的企业面临转型问题。传统企业在转型升级拥抱互联网时遇到各种挑战，一方面新生业态和传统思维的碰撞给企业的发展带来很多阻力和瓶颈，给公司的日常运营带来很大的压力；另一方面通过技术创新、合作共享进行业务转型、产业融合，提升软件服务能力，期间企业投入更多，成本更高，对企业的短期生产效益带来一定的影响，转型升级创新提升的同时也一定程度制约了企业发展速度。

3. 企业规模小，人才问题突出

人才问题一直是困扰软件产业发展的重要问题之一，我省软件产业不可避免地在发展过程中遭遇了两个瓶颈：首先是企业从业人员规模普遍较小，其次是软件企业和软件人才结构不合理。我省上规模的软件企业，人数大多只有几千人，过万人的公司极少，从业人员规模小意味着服务品质和类型有限、可靠度不高，难以吸引到顶尖客户。在人才培养方面，存在专业人才缺口较大、专业人才难引难留、人才培训方式滞后、人才培养成本较高等问题，而且市场还存在着毕业生求职无门、企业合适人才难求的供需错位现象，如何尽快平衡这种关系也是亟待解决的问题。

4. 双软工作的调整，行业统计工作面临新的考验

2015年以来，工信部调整软件企业认定和软件产品登记工作，对行业统计工作的影响已显现，企业月度和年度统计数据很难及时掌握，缺乏必要的管理手段，给各级行政管理部门掌握行业基础数据带来了困惑。

三、2016 年全省软件和信息服务业展望与目标

2016年作为“十三五”开局之年，“中国制造2025”和“互联网+”行动计划全面实施之年，我省将牢固树立并认真践行“五大发展理念”，认真贯彻落实

党的十八届五中全会精神和浙江省委、省政府关于加快发展信息经济和高端装备的重大决策部署，加快培育发展云计算、大数据、信息消费、移动互联网等新一代信息技术产业，发挥软件和信息技术服务对信息经济发展的核心支撑作用，不断培育我省软件和信息技术产业发展新优势，力争实现“十三五”我省软件和信息技术服务业发展的良好开局。以《浙江省软件和信息服务业“十三五”发展规划》为指导，建立推进软件和信息服务业发展的工作机制和政策体系，以试点示范为重点，以平台建设为核心，以重点企业为支撑，以重点环节为抓手，着力打造杭州中国软件名城升级版。

浙江省金融业发展情况

浙江省人民政府金融工作办公室

一、金融业增加值

2015年度，全省实现金融业增加值3049亿元，占地区生产总值比重7.1%。金融业增加值同比增速12.3%，比服务业增加值增速高1个百分点，比地区生产总值增速高4.3个百分点。金融业增加值占服务业增加值比重14.3%。

二、银行业发展情况

（一）存款增长态势较好

2015年，全省银行业金融机构各项存款新增8705亿元，同比多增1380亿元；存款余额90302亿元，同比增长10.17%。

从境内存款结构看，住户存款新增2457亿元，同比多增461亿元；非金融企业存款新增2026亿元，同比多增1238亿元；广义政府存款新增1204亿元，同比少增744亿元；非银行业金融机构存款新增2996亿元，同比多增435亿元。

（二）贷款增长缓中趋稳

2015年，全省银行业金融机构各项贷款新增4957亿元，同比少增786亿元；贷款余额76466亿元，同比增长7.09%。尽管地方政府债务置换及不良贷款处置影响了我省的贷款增速，但我省信贷投放仍保持了较为平稳的增长。

信贷结构、投向有几个特点：一是住户贷款增长较好。住户贷款受房地产销售良好增长影响，全年新增2755亿元，同比增长13.36%。其中，房地产业贷款比年初新增438亿元，占各项贷款比重的5.66%。二是非金融企业及机关团体贷款中的"票据融资"大幅增长。票据融资比年初新增1511亿元，同比增长88.09%。三是小微企业贷款稳步增长。小微企业贷款新增1622亿元，余额27590亿元，同比增长6.24%；小微企业贷款户数141万户，比上年同期增加19万户；小微企业申贷获得率89.39%，比上年同期高2.42%。四是涉农贷款持续增加。涉农贷款新增1471亿元，余额30374亿元，同比增长5.09%。五是中长期贷款占比高。中长期贷款比年初新增3378亿元，占全部贷款增量的68.13%。

（三）贷款利率逐步下降

随着存贷款利率下调，以及银行业主动减费让利惠企，企业融资成本呈下降态势。2015年，全省贷款加权平均利率6.53%，同比下降0.8个百分点。

三、证券期货业发展情况

截至2015年底，全省共有证券公司5家，证券公司分公司44家，证券营业部683家，证券投资咨询机构3家；期货公司12家，期货分公司5家，期货营业部175家；基金公司2家。全省证券期货业法人机构资产总额1701亿元。在中国基金业协会登记的私募基金管理人1747家，管理资产规模2711亿元。

2015年度，全省证券经营机构代理交易额63万亿元，同比增长202.53%，实现手续费收入278亿元，同比增长178.98%，利润总额191亿元，同比增长252.06%，证券机构代理交易额占全国比重为11.20%。全省期货经营机构代理交易额131万亿元，同比增长114.40%，实现手续费收入19亿元，同比增长18.99%，利润总额12亿元，同比增长35%，全省期货经营机构代理交易额占全国比重为11.86%。

四、保险业发展情况

截至2015年底，全省共有保险总公司4家，省级分支机构133家，各类保险机构3755家，其中农村保险互助社3家，保险市场主体80家，专业中介机构185家。全省法人保险机构资产总额286亿元，保险机构资产总额3071亿元，同比增长19.7%，为全省提供风险保障余额102万亿元。

2015年度，全省实现保费收入1435.3亿元，同比增长14.1%。发生赔付支出558.8亿元，同比增长17.7%。

五、股票和债券融资情况

（一）上市融资增长迅速

2015年度，全省新增41家境内外上市公司，包括33家境内上市公司和8家境外上市公司，新增募集资金2017亿元。截至2015年底，我省共有境内外上市公司379家，总市值5.7万亿元，累计通过境内外证券市场募集资金8421亿元。其中境内上市公司299家，数量位居全国第二，总市值4.1万亿元，累计募集资金5122亿元；主板122家、中小板127家、创业板50家，数量分别位居全国第五、第二和第四。在“新三板”挂牌企业442家，数量位居全国第五。

2015年度，我省新增股份制企业980家；171家上市公司发生355起并购重组，涉及并购金额1619亿元。

（二）债券融资结构调整

债券融资结构调整主要表现在：一是我省首次发行地方政府置换债券。我省发行地方政府债2543亿元，其中置换债券2294亿元。二是银行间市场债务融资高速发展。全省共发行银行间市场债务融资工具2241亿元，同比增加753亿元。三是公司债井喷式增长。发行公司债70只，金额710.6亿元，同比增长315.5%。四是企业债发行同比下滑。2015年全国各地企业债发行数量和金额均较2014年大幅减少，2015年我省发行企业债21只，金额246亿元，同比下降42.25%。

七、地方金融业务运行情况

（一）小额贷款公司规范运行

2015年度，全省新增设立小贷公司3家，试点取消4家。全省小贷公司当年累计发放贷款1741.6亿元，14.9万笔，其中种养殖业及100万元以下贷款819.2亿元，12.6万笔。

截至2015年底，全省小贷公司贷款余额为798.9亿元、8.2万笔，客户数为7.3万户，其中种养殖业及100万元以下贷款余额499.1亿元，7.4万笔。实现营业总收入91.2亿元，上缴营业税和所得税9.7亿元，实现净利润24.4亿元。

（二）区域性交易场所作用日益增强

2015年度，浙江股权交易中心新增挂牌企业1637家，新增各类融资148亿元，新增会员53家、投资者57281户，新增股权成交与非交易过户5.4亿股。截至2015年底，浙江股权交易中心已有挂牌企业3168家，累计实现各类融资286.7 亿元，已有会员319家，投资者24.7万户，累计股权成交与非交易过户14.1亿股。

截至2015年底，浙江金融资产交易累计成交项目数220个，成交总额72.7亿元；融资项目数 257个，融资总额457亿元。

（三）民间融资利率逐步下降

截至2015年底，全省累计设立民间资本管理公司25家、民间融资服务中心39家，当年合计撮合管理资金263亿元，累计撮合管理资金508亿元。

2015年四季度“温州指数”综合利率18.62%，环比下降0.33个百分点，同比下降1.39个百分点。

（注：数据来源于省金融办、省统计局、人行杭州中心支行、浙江银监局、浙江证监局、浙江保监局及中国人民银行、国家统计局网站，个别数据是初步核算数据，后期可能有微调）

浙江省旅游业发展情况

浙江省旅游局

2015年是不平凡的一年。在世界经济增速低迷，国内经济下行压力加大，经济产业结构调整加快，人民生活进一步改善的大背景下，浙江旅游业面对复杂形势，趋利避害稳扎稳打，抓机遇、调结构，以供给侧结构性改革为突破口，积极转换产业发展动力，实现全省旅游经济稳中有进和持续发展，旅游业对社会经济的综合贡献进一步增大，圆满完成了全年发展目标，为“十二五”收官画上了圆满句号，为“十三五”开局打下了稳固基础。

一、旅游经济运行基本情况

2015年全省旅游经济主要指标基本平稳增长，但增幅有所回落。全年实现旅游总收入7139亿元，同比增长13%，增幅比上年下降0.8个百分点；接待游客总量5.35亿人次，同比增长9.2%，增幅比上年下降1.1个百分点；初步估算，旅游业增加值2875亿元，占全省生产总值的6.7%，比上年增加0.1个百分点，占服务业增加值的13.5%，与上年持平；全省旅游项目实际投资920亿元，完成年度计划，占全省固定资产投资项目实际完成额的4.7%。旅游经济主要指标圆满完成“十二五”发展目标。

（一）运行环境机危并存，产业定位上新高度

2015年，世界经济复苏乏力，地缘政治关系变化多端，国际旅游市场面临错综复杂的外部环境，各国和各地区对旅游客源市场的争夺空前激烈，对我国入境旅游市场复苏带来较大压力，同时间接影响着国内旅游市场的增长。尽管国内经济发展速度进一步放缓，但浙江受益于服务业和战略性新兴产业的快速增长，GDP增速仍然维持在8%，高出全国1.1个百分点，其中服务业对GDP增长的贡献率达到65.7%。信息传输、软件和信息技术等新兴行业营业收入增长达到35.6% ，增幅在全国各省市中遥遥领先，一方面极大地推动了包括旅游业在内的传统行业的创新发展，另一方面也不断抬高省内资本市场和人才市场的成本，使传统行业陷于不利。

随着稳增长、调结构、惠民生、防风险宏观政策的不断深入，2015年各级党委政府高度重视旅游，国务院相继出台《关于进一步促进旅游投资和消费的若干意见》《关于加快发展生活性服务业促进消费结构升级的指导意见》等系列重要政策文件，对旅游投资和旅游消费的促进和改革创新做出全面部署和制度安排，措施之实、力度之大、亮点之多前所未有。省人大常委会审议通过并颁布施行了《浙江省旅游条例》，省委、省政府首次将旅游业发展纳入对市和淳安等26县党政领导班子工作实绩的考核，发展旅游业的政策环境不断优化。2015年全省有26个市县出台了旅游业发展扶持政策，切实把发展旅游业摆在了突出位置。

（二）旅游消费稳步增长，国内市场增幅趋缓

2015年，浙江城镇居民人均可支配收入达到43714元，同比增加8.2%，农村居民人均可支配收入达到21125元，同比增加9%，城乡居民消费信心指数保持平稳，对旅游消费增长起到稳定的支撑作用。全省社会消费品零售总额19785亿元，扣除价格因素增长11%，比上年提高0.3个百分点。与旅游业密切相关的住宿餐饮业营业额增速逐季提高，全省住宿餐饮企业营业额2956亿元，比上年增长15%，其中住宿企业营业额538亿元，比上年增长9.7%，增幅与上半年持平。

国内旅游在2015年保持了平稳增长。根据抽样调查测算，全省全年接待国内游客5.25亿人次，同比增长9.7%，比上年降低0.5个百分点，是自2003年非典之后首次增幅回落到10%以内；实现国内旅游收入6720亿元人民币，同比增长13%，

比上年降低1.3个百分点；国内游客人均花费1279元，比上年增长39元，同比增长3.0%。从旅游花费结构看，购物、餐饮、住宿花费排在各类旅游花费的前三，三类花费占到旅游花费的三分之二强，分别达到33.6%、19.6%和17.3%。

入境旅游自2014年企稳回升以来，2015年进一步加快回升速度。全省全年累计接待入境游客1012万人次，同比增长8.8%，比上年提高1.3个百分点；实现国际旅游（外汇）收入67.9亿美元，同比增长13.7%，比上年提高7个百分点；入境游客人均花费671美元，比上年增长8.6%。

我省居民出境旅游再次升温，2015年全省旅行社组织出境游客244.1万人次，同比增长20.3%，比上年猛增9.1个百分点。其中，组团出国游人数同比增幅达40.5%，增幅比上年增加了27.2个百分点，排名前三的目的地国家分别是日本、泰国、韩国，而赴德国、新西兰、瑞士、美国、意大利等远程目的地国的人数同比增幅均在20%以上。而受“占中”、反水客等相关事件的影响，组团赴港澳人数同比下降21.3%，组团赴台湾人数同比下降2.6%。

（三）旅游项目迅速增加，实际投资总额下滑

2015年全省旅游项目投资在大项目和基础设施投入的带动下，主要指标表现良好。旅游项目总投资在2014年增幅减速之后再度强劲增长，截至2015年底全省旅游项目总投资为9632亿元，同比增长16.9%，增幅较上年提高10.8个百分点。共有在建项目1335个，其中投资超过50亿元的大项目34个，总投资为3610.3亿元；投资超过100亿元的大项目13个，总投资为2276.7亿元。2015年竣工项目234个，比上年增加108个，新开工项目336个，比上年增加121个。

需要关注的是，全省旅游项目实际投资额近五年来首次出现下滑，并且与全省固定资产投资项目完成投资额的增长趋势不一致。全省全年实际投资920亿元，较上年减少130亿元，降幅达12.4%。而同期全省固定资产投资项目完成投资额的增长率达到20%。这一落差出现的原因，一方面是旅游项目投资的自身周期影响，全省旅游投资经历了五年的增长，在2015年国内金融市场波动的影响下，出现调整也是合情合理；另一方面也与房地产开发投资额的下降有关。

（四）旅游企业加快调整，经营业绩整体回暖

住宿业企业经营环境有所改善，但仍处于较大市场压力下，接待规模保持了惯性扩张，企业在深挖内部管理潜力、积极进行产品和服务创新方面寻求出路，效益指标稳步回暖。2015年，全省住宿单位平均客房出租率56.45%，同比下降0.47个百分点；平均房价为313.74元/间，同比增长5.1%；平均每间可销售房收入为177.1元，比上年增长7.3元，增长4.3%。其中，星级饭店平均客房出租率54.8%，比上年同期下降0.32个百分点；平均房价为354.06元/间，比上年同期增长4.1%，平均每间可销售房收入为194.2元，比上年增长6.8元，增长3.6%。

2015年是旅行社行业价值再发现的一年。消费者和线上旅游企业逐步认识到旅行社门店、人员服务和社群营销的市场价值，旅行社行业也对线上旅游企业强大的市场优势和在线消费不可逆转的大趋势有更清醒的认识，促使双方通过相互购并、平台合作走向深度融合，从而为传统旅行社拓展出宝贵的生存空间。2015年，我省旅行社接待国内游客1566万人次，同比增长12.4%，组织国内游客1325万人次，同比增长5.8%；接待入境游客91万人次，同比增长8.3%；外联入境游客67万人次，同比下降11.7%。

近年全省旅游景区的环境品质、服务品质整体得到较大提升，在旅游消费浪潮的持续推动下，接待规模、门票收入等主要经营指标继续保持高速增长。2015年，全省纳入统计范围的旅游景区累计接待游客8.3亿人次，同比增长26.7%，其中A级景区接待游客3.7亿人次，同比增长16.4%；收费景区实现门票收入103.8亿元，同比增长22.4%，其中A级景区实现门票收入73亿元，同比增长12.7%。

（五）产业运行“微景气”，企业家信心保持高位

对全省重点旅游企业景气调查的结果显示，2015年全年全省旅游企业总体运行平稳，景气指数在“微景气”区间窄幅震荡，4个季度的指数分别为110.6、104.2、106.7、109.0。与之形成较大反差的是，4个季度的企业家信心指数均保持高位，分别为141.0、135.2、135.7、141.6。表明尽管旅游企业的经营水平表现较弱，但在旅游消费需求持续走旺、产业发展政策极为有利的支撑下，旅游企业负责人对旅游企业的未来发展始终保持乐观。分行业来看，住宿业景气指数在微景气和微弱不景气之间小幅波动，旅行社业基本保持较为景气的水平，而旅游

景区行业则保持了较高的景气水平，处于景气区间。

（六）供给结构深度调整，产业空间现新格局

在人才、资本和技术等生产要素变革的驱动下，旅游业供给结构进入深度调整期，传统供给要素的扩张得到遏制，要素配置效率有所提高。主要体现在以特色小镇为代表的旅游发展新空间迅速成型，以民宿为代表的新业态蓬勃发展，新的消费热点不断涌现。

浙江旅游业的发展空间在2015年拓展到前所未有的宽广领域。省政府出台《关于加快特色小镇规划建设的指导意见》，意见旨在加快推进全省新兴产业的集聚发展，形成新的经济增长点，其中明确指出特色小镇是具有旅游功能的发展空间平台，必须坚持产业、文化、旅游、社区“四位一体”和生产、生活、生态融合发展。6月公布的首批37个特色小镇创建名单中，8个特色小镇定位于旅游产业。此外，旅游度假区发展进入提档升级阶段，东钱湖、南太湖、湘湖3家旅游度假区成功创建国家级旅游度假区，而省级旅游度假区创建放慢脚步，全年共4家单位申报创建，比上年减少4家，平均规划面积为39.7平方公里，比上年增加4.2平方公里。

旅游新业态在产融互动的推动下蓬勃发展，一批不成熟的新业态在市场选择过程中被淘汰，促使新兴业态更加注重特色和品质。2015年，全省纳入统计的农家乐经营户共1.7万家，共有床位92万张，实现营业收入209.3亿元，比上年增长37.3%；接待游客2.4亿人次，比上年增长23.8%；游客购物收入51.9亿元，比上年增长38.12% 。全省全年新增省级文化旅游示范基地8家、省级休闲农业与乡村旅游示范点28个、中医药文化养生旅游示范基地12家、生态旅游区11家、老年养生旅游示范基地21家、工业旅游示范基地13家。

产业空间的不断拓展和新兴业态的蓬勃发展给旅游消费市场提供了源源不断的新热点。如嘉善大云巧克力甜蜜小镇的创建不仅点旺了巧克力工厂的工业旅游和大云温泉的度假旅游，同时也使创意巧克力成为旅游购物的新热点。桐庐云夕·戴家山民宿经营红火，“民宿+书店”的业态形式不仅给戴家山的乡村旅游带来浓郁的人文气息，也把“到乡村去读书”的新休闲方式引入到城市知识分子群体。

总体而言，旅游发展的新空间、新业态和新热点给浙江旅游业输入源源不绝的发展动力，推动全省旅游业发展模式由规模扩张向要素整合加速演进，支撑旅游产业供给结构深度调整和持续优化。

二、旅游经济运行主要特征

2015年，在省委省政府的领导下，全省旅游行业冷静应对严峻挑战，紧靠旅游消费持续增长的有力支撑，主动投身“互联网+”的发展大潮，有效发挥产业政策利好，使全省旅游经济运行在政策引导、发展氛围、项目投资、公共服务、企业转型、创新创业等方面表现出新的特点。

（一）产业促进政策呈现战略战术并重的趋势

省委省政府2014年提出加快把旅游业培育成为我省战略性支柱产业和万亿大产业，其后我省旅游政策制定的焦点主要落在顶层设计和战略层面。2015年，由中央到地方，各级政府制定的旅游政策呈现出战略与战术相结合的趋势，既强调顶层战略，更注重落地实施的策略，产业政策呈现“顶天立地”的特点。

国土资源部、住房和城乡建设部、国家旅游局三家单位于11月联合发布《关于支持旅游业发展用地政策的意见》，以落实去年出台的《国务院关于促进旅游业改革发展的若干意见》的具体要求。文件改变以往解决旅游用地问题的方向性、原则性表述，强调了土地供应在旅游业发展中的作用，进一步规范了旅游业用地的合法性，提出积极保障旅游业发展用地供应，明确了旅游新业态用地政策，对我国旅游业用地中长期存在的服务监管、市场化配置和节约集约利用水平等关键问题的解决具有里程碑意义。旅游用地新政具有较强的操作性和指导性，既戳中旅游业发展的痛点，更激发了旅游投资的兴奋点。国家旅游局启动实施“515战略”，通过行动计划的方式逐步将我国旅游发展的顶层设计落向实操层面。国家旅游局联合国家发改委、国务院扶贫办、国家中医药管理局等部门制定和下发了多项促进旅游发展的文件。这一系列的政策措施在国家层面形成了促进旅游发展的政策合力。

我省旅游政策创新不断，并体现出鲜明的浙江特色。4月省政府出台《浙江省人民政府关于加快特色小镇规划建设的指导意见》，杭州、宁波、温州等市相继推出实施意见，省旅游局和省发改委联合出台《关于特色小镇建成旅游景区的指导意见》以落实省政府指导意见的具体要求。为贯彻落实《中共浙江省委、浙江省人民政府关于推进淳安等26县加快发展的若干意见》，在淳安等26县开展生态旅游业测算工作，对促进生态县发展旅游业起到非常积极的推动作用。

（二）旅游消费增长与传统旅游企业经营存在剪刀差

近几年，旅游消费对居民消费的拉动作用被政府及社会各界广泛关注和认可。“十二五”期间，全省旅游总收入的年均增幅达到16.6%，虽然自2012年以来增速有所放缓，但2015年仍然保持了13%的增长。但传统旅游企业的经营指标并未与旅游消费增长同步。住宿业、旅行社业尽管今年有所回暖，但比较而言，主要经营指标增长仍显乏力，A级景区的门票收入增长也逐年放缓。浙江省旅游经济运行监测网的监测结果同时表明，2015年全省旅游企业景气指数四个季度均在“微景气”区间窄幅震荡，企业经营指数也运行在紧缩区间。

近年在旅游消费增长与旅游企业经营指标之间存在的剪刀差现象始终难见弥合迹象。从企业层面分析，原因主要在于企业经营成本普遍增加，特别是人员成本、物业租赁成本和融资成本逐年走高，同时同业竞争压力持续加大，基本上冲抵了旅游消费增长带来的市场红利。从供需结构分析，原因主要在于我省旅游业供给结构与消费结构不匹配的问题仍然未能得到很好解决，星级饭店、地接社等传统旅游企业的矛盾尤为突出。从旅游业内部的行业发展格局来看，携程、途牛等平台型旅游电商占领了产业链顶端，掌握了各行业间利润分配的主导权，不断挤压传统旅游企业的利润空间，在产业整体利润中切走越来越大的份额。

（三）政策红利和政府投资拉动旅游投资实现增长

《关于进一步促进旅游投资和消费的若干意见》首次提出了实施旅游投资促进计划，各级政府相继推出旅游项目招商引资的奖励扶持政策，力度之大前所未有，与浙商回归、税收优惠等政策共同发挥作用，对投资方产生了很强的吸引力。《关于支持旅游业发展用地政策的意见》又在破解长期制约旅游项目落地及规模扩张的瓶颈问题上更进一步，规范了旅游用地的合法性，标志着旅游用地正式进入国家土地使用管理体系，在很大程度上降低了旅游项目投资的政策风险。

2015年，全省新开工旅游项目数量创下历史新高，达到336个，比上年增加121个；旅游项目总投资额较上年大幅增长16.9%，增速重新回到10%以上。

国家旅游项目管理系统的数据显示，2015年全省旅游投资的各类主体中个，仅政府和国有企业这两类主体的实际投资额实现增长。尽管如此，民营企业仍然是浙江旅游项目投资的最大主体，2015年民营企业实际投资占到52.9%，比上年下降6.1个百分点；外资企业实际投资占比亦从上年的3.7%降到1.8%；而政府和国有企业实际投资共占到38.7%，较上年增长6.4个百分点。从投资的类型结构看，基础设施投资大幅增长，增速达到53.3%，所占份额从去年的7.3%增加到了10.7%。从旅游项目投资的主体结构、类型结构的变化中可以看到，政府加大了对旅游基础设施的投入，同时国有企业加大了项目投资力度，这成为2015年旅游实际投资完成计划的主要来源。

（四）“旅游+”战略思想推动产业融合加速深化

旅游产业地位在2015年被各级党委政府提到前所未有的高度，“旅游+”的战略思想适时提出，给倡导多年的“合力兴旅”带来实质性进展。体现在管理体制方面，“旅游+”带来的直接成效就是旅游发展与地方战略、城乡统筹、居民生活以及扶贫、乡村、健康、养老等重点领域的融合得到迅速深化，旅游所具有的产业和事业双重特性，以及旅游业对社会、经济、环境的综合贡献被全省各级政府部门和社会各界广泛认同。继丽水提出“将旅游业打造成为第一支柱产业”目标后，天台将旅游业发展作为党委政府的“一号工程”，磐安将休闲养生旅游作为“一号产业”。这些市县为推进旅游发展，力度之大，举措之实，在前几年是难以想象的。

“旅游+”战略思想体现在产业空间布局上，突出表现为全域旅游的发展。继省内最早提出全域旅游概念的杭州三江两岸、淳安、安吉、桐庐等县之后，宁海、象山、开化、普陀、天台、磐安等一批具有生态优势的县区也聚焦于此。在市级层面上，丽水提出建设“全域化生态旅游名城”，湖州按照全域化旅游发展原则建设乡村旅游第一市，寄望通过发挥旅游业的多重产业功能，实现区域资源有机整合、产业深度融合发展和社会共同参与。

（五）“互联网＋旅游”成为产业创新发展新路径

2015年，互联网行业加速向旅游业渗透，旅游业更加积极主动地与互联网行业融合，形成了以“互联网+旅游”为平台的产业创新发展和转型升级新路径。浙江省旅游信息中心的数据显示，2015年浙江居民在线旅游交易额超4亿，在线旅游渗透率大于12%；互联网旅游企业数量和规模位列全国第二，阿里旅行在线交易规模位列全国第二。

同时，“互联网+旅游”为社会资源的旅游化提供了便捷而有效的新路径，从而极大促进了旅游业态创新。如以闲置住宅租赁、加盟为代表的“非标准住宿”，即是“互联网+旅游”衍生出的新兴住宿接待业态。居民将自己的闲置住宅以租赁或加盟方式进入线上住宿经营平台，使其由住宅转变为客房，并通过注册账号实时掌握自家住宅（客房）的房态和销售价格；而游客则可以通过这类线上平台选择自己能够接受的价格和喜欢的房型。根据途家公寓民宿预订平台的信息，仅杭州主城区就有这样的非标准住宿单元上万套，而2014年底浙江全省总数也仅为9340套。

此外，“互联网+旅游”大大提高了旅游管理与公共服务效率，推动旅游行业在管理理念、公共服务、行业管理方式上大胆创新。2015年，浙江旅游行业最热门的培训主题就是“互联网+旅游”，省旅游局建设了省旅游行业电子监管服务平台，加强旅游电子政务应用，建立了全省旅游导游、领队人员服务管理系统和旅游安全监管系统，并着手建设旅游电子商务统计系统。在旅游公共服务方面，全省85.5%的景区实现了4G信号覆盖，省内主要的高等级景区都提供免费WIFI，游客安全管理、流量预警、公共服务设施查找、电子导游等精准化服务的普及率大为提高。

三、旅游经济发展形势分析

展望2016年，尽管宏观经济发展并不十分乐观，但五大发展理念、高水平全面建成小康社会、供给侧改革等理念目标的贯彻落实为浙江旅游经济发展带来新的契机。同时，非常有利的政策环境和持续增长的旅游消费，都为我省旅游经济在“十三五”期间实现稳定增长创造了有利条件。

（一）旅游消费基础仍然坚实

从全国来看，经济长期向好的基本面没有改变，到2020年国内生产总值和城乡居民人均收入比2010年将要翻一番，城乡居民收入将大幅提升。2016年浙江省委省政府将着重在制度供给、创新驱动方面发力，以“五水共治”“三改一拆”“四换三名”组合拳推进结构优化，以改革开放、科技创新加快动力转换，预期地区生产总值增长7.5%左右，城乡居民人均可支配收入增长与经济增长同步。因此，我省旅游经济发展的消费基础仍然十分坚实。

（二）产业政策环境更加有利

从国家和各级政府对旅游业发展的战略部署来看，“十三五”是我国旅游向全面小康型旅游迈进的关键阶段，也是浙江旅游万亿大产业目标全面实现的时期。2016年中央经济工作会议专门提出要顺势而为促进旅游消费，省委省政府高起点谋划大旅游，明确把旅游业作为支撑浙江未来发展的重点产业来培育，要把全省作为一个大景区来谋划建设。各地切实把发展旅游业摆到突出位置，全省超过四分之一的市县出台了新的旅游产业扶持政策。

（三）产业发展动能更加强大

从浙江旅游业自身的现实基础和发展动能来看，浙江旅游已经具备相对成熟的产业体系，拥有一批具有国际知名度的旅游目的地和具有国际竞争力的旅游企业，在激烈的国际国内旅游市场竞争中，经受了历练，已经稳稳立于中国旅游业发展的第一阵营。经过几年摸索，旅游产业结构的优化路径逐渐清晰，以旅游消费和旅游投资为主导的要素驱动力健康平稳，以制度创新和技术革新为主导的创新驱动力快速壮大，旅游经济增长的动力系统逐渐由单一的要素驱动型转向要素驱动和创新驱动两型并重的发展模式。

（四）内外不利因素不容忽视

2016年我国经济仍将面临较大下行压力，对产能过剩的调整政策将继续拉低经济增长速度，交通、餐饮、零售等与旅游密切相关行业的生产总值增长逐年下降，稳增长任务仍然十分艰巨；国际金融市场波动对我国产业经济、资本市场的深层次影响持续发酵，并且具有不稳定不确定的特点，相应地给旅游投资、项目建设带来风险；地缘政治关系复杂多变，对区域经济的影响微妙而深刻；安全威胁对国际交流的负面影响不断加大。同时，旅游业自身的结构性问题、要素的瓶颈制约仍然存在，突出表现为旅游产品供应总量不足与局部过剩的矛盾短期内难以改变，传统旅游企业经营效益整体偏低制约产业转型升级和竞争力提升，旅游业发展对资金、土地等生产性要素的依赖性仍然很大。

四、面临的问题和对策建议

2016年充满机遇与挑战。供给侧改革创造了极佳的产业结构调整机遇，G20峰会必将成为年内最大的市场推广机遇，全域旅游发展是拓展产业发展格局的极好机遇，全省旅游业需更加注重内涵建设，方能抓住机遇、应对挑战。

（一）抓住机遇，加快丰富旅游公共产品供给

相对于浙江经济社会较高的发展水平，我省旅游公共产品供给依然是不足的，已经成为旅游业发展的一大短板。旅游公共产品一般指公共设施、公共服务和公共政策三方面，具体包括：游客服务中心、集散中心、咨询中心、旅游厕所、交通基础设施及相关服务设施等；面向游客的信息服务、咨询服务、投诉服务、安全保障等；服务于行业和社会的旅游宏观数据、产业及分行业、分地区统计数据，公民休假制度安排；旅游人才等。建议首先从自驾车旅游的公共服务入手，在旅游交通沿线的公共厕所上做出亮点，让旅游基础设施成为“高水平全面小康社会”的代表；第二，从治理“一日游”市场入手，规范旅游市场秩序；第三，提高对旅游企业的公共服务能力，定期发布旅游经济监测和运行分析数据，提供旅游投资引导目录和专业人才培育计划等。

（二）深化改革，加快培育创新型旅游龙头企业

当前我省旅游业的增长主要还是依靠增加资本、土地、人员等要素投入。就资本投入而言，“十二五”以来我省旅游投资总体保持高速增长，对旅游经济持续较快增长起到很大的推动作用，但未来旅游经济的增长不可能也不应该主要依靠投资的大规模扩张。同时，劳动用工短缺、用人成本不断上升、高技能人才匮

乏等趋势加剧，旅游经济增长正面临瓶颈。

浙江是电商大省，却没能产生与携程、途牛、去哪儿等实力相当的在线旅游龙头企业，完全依靠旅游消费、旅游投资增长来带动产业经济增长的模式难以为继，需要依托“互联网+”提高旅游业产业效率。从我省情况看，提高产业效率的关键在于培育一批带动性和创新性强的龙头企业，通过深化改革，在产业政策优化、企业能力提升以及包括制度创新、组织创新、服务创新等在内的综合创新和集成创新上下功夫。

（三）鼓励创新，缓解旅游业供需结构性矛盾

旅游业长期受到产业内部供需结构性矛盾的困扰，供给侧结构性改革任务复杂而艰巨。其中最为突出的问题是旅游产业结构、产品结构与需求结构的不匹配。从全省情况看，这种不匹配至少体现在两个方面：一方面，吃住行游购娱六大传统旅游要素与运动、养生、受教等新要素的结构，与当前旅游市场对新要素的需求结构不匹配，具体到一个要素内部，也存在业态结构、档次结构、空间结构与消费需求不匹配的问题。另一方面，目前我省旅游供给体系尚不具备对需求变化的快速适应能力，所提供的旅游产品结构不能灵活地适应多样、多变的旅游需求。未来要提高这两个方面的匹配度，首先旅游企业需要更加深入、更加主动地运用“互联网+”思维，加强对市场需求的深刻洞察和及时响应；同时，各级旅游主管部门也要深入研究，加强引导，搭建能够推动、引导旅游企业快速适应旅游需求变化的信息平台和制度平台。

（四）警惕风险，清醒对待过剩产能进入旅游

从供给侧改革的五大重点任务（去产能、去库存、去杠杆、降成本、补短板）来看，制造业淘汰的产能必然要向服务业转移，而服务业中关联度高、带动性强的旅游业成为各级政府的首选。不管是“调整产业结构更加注重加减乘除并举”“推进城镇化更加注重以人为核心”“区域发展更加注重人口经济和资源环境空间均衡”“保护生态环境更加注重促进形成绿色生产方式和消费方式”“改善民生更加注重对特定人群特殊困难的精准帮扶”，还是“扩大对外开放更加注重推进高水平双向开放”，都为旅游业发展拓展了空间。

但机会和风险往往伴行。比如，去库存的房地产项目可能会加速向旅游项目转化，事实上“非标准住宿”作为一种旅游新业态，近两年大量出现，背后非常重要的推手即是有去库存需求的房产项目。再如，产能过剩的陶瓷生产厂家可能选择与文创企业合作，生产小批量有创意的主题旅游纪念品。如何在制造业去产能、房地产去库存的过程中，客观判断其转移、转化到旅游业的价值取向和潜在风险，避免一窝蜂转入旅游业引起新的产能过剩问题，对政府部门、旅游主管部门和相关企业而言，都是不小的考验。

浙江省商贸流通发展情况

浙江省商务厅

2015年，商贸流通工作紧紧围绕“拓市场、促消费、扩投资、创优势、优服务”商务中心任务，立足流通改革创新，致力优化营商环境，积极推进商贸流通实现新发展，较好完成省政府下达的目标任务。

一、发展概况

（一）产业规模持续扩大。2015年全省社会消费品零售总额19785亿元，比上年增长10.9%，居全国第4位；批零贸易商品销售总额82454亿元，比上年增长9.8%，居全国第5位。新型消费快速增长，全省网络零售额7611亿元，比上年增长49.9%，规模居全国第2位。专业市场持续领先，全省有商品交易市场4243个，成交额20500亿元，年均增长10%，亿元以上市场836个，居全国首位。

（二）经济社会贡献突出。2015年全省批零住餐业增加值6169亿元，占全省GDP 14.4%，占服务业28.9%，是仅次于工业的国民经济第二大产业部门。综合贡献更加突出，2015年批零住餐业实现投资1829亿元，占全省固定资产投资总额6.9%；纳税额645亿元，占全省纳税总额14.2%；2014年吸纳就业747万人，占全省就业总数20.1%，占第三产业就业52.3%。

（三）流通现代化水平不断提高。2015年全省电子商务交易额突破3万亿元，居全国第2位；全省各类网店210多万个、服务商近3000家；农产品网络零售额304亿元，总体发展水平处于全国前列。连锁经营稳步发展，截至2015年底全省限额以上连锁经营企业门店总数29408个，居全国首位，连锁率达33.1%。物流配送不断完善，2015年物流总额居全国第3，率先发布省级物流景气指数，建成城市社区智能投递终端12000个，快递企业达到1335家。

（四）企业培育成效明显。流通组织化程度提高，截至2015年底全省批零住餐法人单位51.9万家，占全省32.6%。企业培育卓有成效，有省重点流通企业105家、A级物流企业506家，物产集团连续5年进入世界500强，阿里巴巴成为全球互联网领军企业，28家企业入选全国餐饮业和连锁业百强。品牌建设深入推进，有中华餐饮名店138家、中华老字号91家、浙江老字号461家，居全国前列。

（五）流通体系不断健全。生产性流通体系加快推进，2015年规模以上工业品内销比重81.9%，同比提高1.3个百分点；创建8家国际商品采购中心，推动170家企业开设网点3.5万个，举办展会2000余场，形成多渠道浙货销售体系。生活性流通体系快速升级，建有5000平方米以上大型商业网点1545个，商业综合体188家；餐饮网点13.6万个，实现餐饮营业额2417.8亿元，年均增长17.7%；建成商业特色街（区）203条，家政服务平台15个。农村现代流通体系初步建立，连锁便利店行政村覆盖率93.7%，名列全国第1，农产品流通骨干网络建设加快，培育88家龙头企业，20家大型农批市场。

二、主要工作

（一）完善政策规划体系，谋划“十三五”发展路径

加强顶层设计和全局谋划，营造良好流通发展环境。**一是编制新一轮流通规划。**编制全省商贸流通业“十三五”发展规划并列入省级专项规划，确定围绕“现代流通强省”目标，以“率先全面转型升级”为主线，加快“三大融合”（内外市场、城乡区域、线上线下）、推动“六个升级”（流通渠道、流通业态、流通主体、流通设施、流通平台和流通治理）的总体思路，并首次对流通业进行空间规划布局创新。推动商业网点规划编制，实现地级市和县级市全覆盖，

县级覆盖率92.9%，103个乡镇编制商业网点规划，9个市16个县完成二轮修编。此外，还编制全省成品油分销体系、农产品等专项规划，形成流通规划为纲，专项规划为目，纲举目张规划体系。**二是制定新的流通政策。**贯彻国办51号文件，落实李强省长批示，协调省级39个部门，以办公厅名义出台加快商贸流通健康发展实施意见，提出44条务实性政策条款，在物流用地、烟草零售准入等方面取得突破。**三是加快商贸流通标准化建设。**成立省商贸流通标准化委员会，征集年度地方标准立项建议；推动重点领域标准制定，制定发布9个电子商务标准。

（二）深入开拓国内市场，提高浙江产品市场份额

按照提高浙江产品市场占有率和竞争力的要求，构建五大体系拓展市场。**一是打造电商拓市场体系。**新增电商产业园区37个，总数达204个，入园企业近2万家。推进阿里产业带建设，入驻企业3.2万家，实现交易额400多亿元。全省开设网店210万个，品牌企业入驻天猫旗舰店2万家，销售额1500亿元，成为拓市场线上主渠道。**二是构建名品营销网络。**实施“名品进名店”工程，在杭州、金华、衢州三市试点，首批杭州试点初显成效，1—3季度进驻我省名品企业82家，名品100个，销售1711万元。结合我省优势产业，创建8个浙江商贸国际采购中心，增强专业市场扩大浙货销售内生动力。**三是推进农产品骨干流通网络建设。**实施“集中连片推进农产品流通体系建设三年行动计划”，支持建设3个国家级和7个省级试点项目；设立“浙江省农产品流通产业发展基金”，支持6家大型农批市场获取5000万元公益性项目补助。**四是培育品牌展会助企参展。**成功举办厨师节、食博会、电动车展、老字号博览会等16个重点展，夏宝龙书记亲临厨师节现场指导；组织第四届长三角农超对接，采购总额3.4亿元。**五是建立融资租赁服务体系。**实施“融资租赁+互联网”，建设浙江省融资租赁综合信息服务平台，开展“融资租赁走进开发区”活动；筹划省级融资租赁产业基金，与省交行开展 “银租合作”，推出200亿元“融租通”产品。

（三）全力促进居民消费，提升消费对经济增长贡献率

围绕消费升级和便民惠民，不断培育消费新增长点。**一是抓好促消费牵头工作。**建立完善促消费工作机制，加强部门协调，做好消费统计、形势研判、

指数编制等工作。**二是搭建消费促进大平台。**实施“消费促进”工程，会同省经信委、旅游局等联合举办“浙江金秋欢乐购物节”，以餐饮、购物、旅游、影视、美发美容等10个行业为重点，整合各方资源，突出商旅文会互动，激发消费潜力，全省11个市83个县市区共举办促消费活动3503场，参与企业26523家次，参与人数6712万人次，实现销售209.4亿元，同比增长12.6%。**三是完善消费服务网络。**现有5000平方米以上的大型商业网点1545个，商业综合体188家；建成商业特色街（区）203条，培育省级商业街45条；支持建设15个综合性家政服务平台；培育“浙菜”品牌，实现餐饮营业额2184.8亿元，同比增长19.5%；构建网络购物服务体系，实施“电子商务万柜万村”工程，新建E邮柜等智能投递终端6293个，总数达到8568个，新增农村电商服务点3688个，总数超8000个，提前超额完成省政府为民办实事任务。

（四）推进流通改革创新，提升流通现代化水平

创新流通体制机制，推动现代流通发展。**一是开展“10+2”流通改革试点。**扎实开展省级试点，会同省级5部门在10个城市先行先试，完成首批5个城市验收，支持建设商贸项目70个，带动投资94.6亿元，并推进第二批5个城市试点。积极推进国家级试点，支持义乌市纳入国务院内贸流通改革综合试点，在内外贸一体、线上线下融合、城乡区域联动方面探索新经验；金华现代服务业试点累计争取国家资金8亿，两批140个项目完成投资109.8亿元，带动全市投资459.1亿元，被财政部、商务部评为优秀等级。**二是加快发展商贸物流。**实施“城市共同配送工程”，确定湖州、舟山试点，配套财政资金、物流用地、车辆通行等政策，鼓励第三方物流与商贸企业合建多用户公共配送中心，为多个商贸网点提供共同配送，缓解城市车辆拥堵难题。推进杭州国家级物流标准化试点，以托盘标准化及循环公用为切入点，有序推进物流标准化建设。首次发布省级物流业景气指数，依托100家重点物流企业，分析物流运行状况，作为反映经济发展晴雨表。

（五）培育流通市场主体，增强流通业综合竞争力

一是加大流通基础设施建设。会同省发改委等5部门出台《政府鼓励的流

通设施目录（2015）》，引导商贸流通业有效投资，全年全省实现商贸流通业投资 1800 亿元，占全社会投资7%。**二是培育商贸流通品牌。**加强省重点流通企业培育，开展年度考核，建立动态机制。加强老字号品牌培育，出台《浙江老字号认定办法》，确立老字号品牌保护根本依据，认定第五批浙江老字号49家，总数461家。创建省级特色商业街，会同省旅游局制定办法，创建第三批省级特色示范街12条，总数45条。**三是推动绿色流通发展。**实施油品提标升级，加强部门磋商，解决油源难题，制定升级方案，2015年底全省全面实施国V车用汽柴油供应，顺利完成省政府为民办实事任务。加快报废汽车回收拆解，全年淘汰29.66万辆，回收18万辆。推进再生资源回收体系建设，新增4个省级试点城市，总数达到16个。推广散装水泥，散装水泥率80.2%，居各省区第二。

（六）夯实流通工作基础，构建法制化营商环境

强化市场调控和行业监管，建设法治化营商环境。**一是完善市场监测体系。**制定内贸大数据建设方案，优化监测样本结构数量，样本企业达到1384家，实现商务预报全省县级全覆盖。强化信息市场引导，报送各类消费分析120余篇，发布预测信息8453条，点击量超过170余万次。**二是落实应急调控责任。**确定入库企业1496家，应急商品128种，其中省市生猪调控企业349家，应急投放网点1150个，妥善应对各类突发事件。**三是牵头打击侵权假冒工作。**开展“2015一云剑”专项行动，运用互联网和大数据打假，全省共立案侵犯知识产权案件169起，破案164起，查获现货案值4亿元，保护10余个知名浙商品牌。“建立两法平台”，衔接打击侵权假冒行政执法与刑事司法信息对接。开展“清风行动”和“车用燃油”专项整治。四是积极推进商务信用建设。开展国家级商务诚信体系建设试点，确定商务信用公众服务平台建设主体及方案。制定出台商务诚信建设重点推进行动计划，加快推进商务行政管理信息共享机制、市场化综合信用评价机制和第三方专业信用评价机制建设。支持推进阿里巴巴、义乌中国小商品城、绍兴轻纺城、传化物流等12个重点企业信用平台建设。五是加强特种行业监管。规范全省商务行政处罚自由裁量权，指导市县做好商务综合执法职能移交，坚持依法依规加强监管。

浙江省健康产业发展情况

浙江省发展和改革委员会

2015年，浙江省发展和改革委认真做好全省健康产业牵头抓总工作，各级各部门积极推进一系列产业扶持举措，全省健康产业社会投资踊跃，产业基础逐步加强，产业发展势头强劲。

一、工作进展情况

按照省政府工作部署和李强省长在全省促进健康产业发展电视电话会议重要讲话精神，一年来我委牵头推进以下几项重点工作：

一是编制产业规划，强化产业发展谋划。我委牵头组织开展了《浙江省健康产业发展规划（2015—2020年）》编制工作，经省领导审定后，于12月印发实施。围绕“打造万亿产业、走在全国前列”发展目标，《规划》提出要突出“医、养、健、智”四大板块，重点发展医疗服务、健康养老、健康管理、健康信息、健康旅游和文化、医疗装备和器械、药品和健康食品、体育健身等八大领域，到2020年全省力争打造健康小镇10个、建设重点园区20个、创建人才培养基地20家、培育骨干企业100家，每年滚动实施重大项目100个，打造覆盖全省的健康信息、远程医疗等各类信息服务平台，构建全省健康产业“一核三极三带”总体布局（即以杭州都市区为核心，以宁波、温州、金华－义乌三大都市区为三大增长极，形成浙西浙南山区健康养生、浙东沿海健康制造、浙北平原健康休闲三大特色产业带），基本形成覆盖全生命周期、内涵丰富、特色鲜明、布局合理的健康产业体系，产业发展走在全国前列。

二是激发资本活力，营造良好发展环境。产业发展离不开社会资本，我委着力推进健康产业供给侧结构性改革，全力推进项目建设，支持行业组织发展，努力破除政策障碍，积极营造社会资本投资良好氛围。推进项目建设。2014年以来，我委牵头举办两届浙江省健康产业项目推介会，为地市免费设置项目展台，举办集中签约仪式，搭建交流平台，推进项目合作。在两届推介会上，全省共推出各类健康服务合作项目396项，总投资达5640亿元；集中签约项目54个，总投资额达808亿元。据统计，目前已有18个集中签约项目开工建设，完成投资22.29亿元。组建产业联合会。按照“政府搭台、企业唱戏、优势互补、合作共赢”的合作宗旨，牵头组建了由我省健康产业主要领域企业代表、协会以及高等院校、科研院所等组成的社团组织——浙江省健康产业联合会，促进产业资源整合、市场优化和创新发展。11月26日，浙江省健康产业联合会召开成立大会，12个成员单位合作项目集中签约，总投资达72亿元。强化政策创新。牵头起草我省健康服务业、社会办医政策文件，进一步拓展产业发展空间。特别是在投融资保障方面，允许医疗养老机构利用有偿取得的土地使用权、产权明晰的房产等固定资产办理抵押贷款，温州等地民办医疗养老机构已获得银行信贷支持。

三是建设产业平台，强化产业集聚发展。按照“打造一批产业基地、开展一批试点示范、建设一批重点项目、培育一批骨干企业”的要求，我委已启动“四个一批”产业载体建设，进一步促进全省健康产业集聚发展。打造示范基地。依托优质医疗集聚区、医药产业集聚区、重点生态功能区，通过招商引资、转型升级等方式，各地积极建设示范基地，初步形成了杭州未来科技城、温州海西健康医疗园等一批产业基地。创建健康小镇。牵头开展全省特色健康小镇创建工作，在全省范围筛选一批集聚健康产业、具有独特文化内涵和旅游功能的特色小镇，予以重点扶持发展。在我省公布的第一、第二批特色小镇创建名单中，共有7个健康类特色小镇创建单位和5个培育单位，各地创建工作亮点纷呈。

四是鼓励先行先试，发挥典型示范作用。积极鼓励各地因地制宜、探索实践，通过抓好各类试点建设，以点带面、示范引领，推动全省面上产业发展。深入推进国家试点。我省杭州市、温州市是全国养老服务业综合改革试点城市，温州市还被列为社会办医（国家）联系点。试点开展以来，杭州各县（市、区）申领了公建民营、“智慧养老”信息平台建设、养老服务补贴改革等17个试点项目，试点成效明显；温州市出台了社会办医改革“1+14”政策文件，探索建立民营医院民办事业法人登记等制度，社会办医发展态势良好。探索实施省级试点。我委会同省卫生计生委、省民政厅开展了中医药健康服务基地示范点建设、养医结合示范点建设，首批建设单位各项试点工作推进顺利。积极指导地市试点。宁波市开展智慧健康和网络医院试点，启动了宁波云医院建设，“宁波市区域卫生信息平台建设与应用”获得国家智慧城市应用成果奖。舟山市实施国际健康旅游先行区试点，拟进入韩国、中国台湾等地优质医疗资源，打造在国内外具有影响力的国际健康旅游示范区。

五是强化部门合力，推动产业融合发展。健康产业涉及面广、协调难度大，我委积极加强部门协调，切实发挥牵头作用。建立协调机制。2014年底，省政府成立了由袁家军常务副省长和郑继伟副省长共同担任召集人、由22个省级部门领导组成的省健康服务业发展联席会议制度，联席会议办公室设在我委，负责全省产业发展的统筹协调和工作推进。推动产业融合。会同省民政厅、省卫生计生委等部门出台了《关于推进医疗卫生与养老服务融合发展的实施意见》，并牵头推动相关部门培育打造养生旅游示范基地、中医药养生旅游示范基地，积极发展健康养老旅游、健康中医药服务等健康产业新业态。开展干部培训。6月，联合省委组织部等部门举办了全省健康产业专题研讨班，面向各地市发改、经信、卫生三个部门领导和29个县（市、区）政府分管领导开展专题培训。通过领导授课、专家辅导、案例教学等形式，研究探讨发展健康产业的模式和路径，进一步提升各级领导干部推进健康产业发展的水平和能力。启动统计监测。9月，会同省统计局联合印发了《关于开展健康产业统计监测工作的通知》，全面启动了全省健康产业统计监测工作。开展联合督查。12月，会同省政府督查室对全省健康产业政策落实情况开展集中督查调研，总结各地工作经验和成绩，分析研究产业发展问题和瓶颈，评估政策实施绩效，推动各项任务落实。

二、我省健康产业发展概况和主要短板

（一）发展概况

一是产业规模不断扩大。2014年全省健康产业总产出4958亿元，增加值1764亿元，增速12.1%，占GDP比重约为4.4%。医药工业总产值约1195亿元；中药材种植总产量突破14万吨，中成药及中药饮片加工总产值达167.8亿元；全省医疗器械生产企业超过1300家，数量居全国第四位，近年来产值年均增速达20%以上。

二是产业特色不断凸显。我省中药材种植和加工继续保持传统优势，其中铁皮石斛的产值占全国市场的80%。智慧健康和第三方诊断领域涌现出一批行业龙头企业，产业规模与实力在全国处于领先地位。现代医药产业形成杭州余杭、绍兴滨海和台州临海等在国内外具有较大影响力的产业集聚区块。医疗器械行业形成宁波温州医用磁共振成像设备、桐庐医用硬管内窥镜、金华人工关节与骨科植入材料等特色产业区块。浙北、浙西、浙南等区域发挥资源和生态优势，在养生养老、健康食品等领域形成鲜明特色。

三是要素支撑不断增强。人才培养力度加大，全省超过50所院校增设了生物制药、养老护理、健康管理等13个健康产业类专业及方向，重点加强健康产业人才培养。信息技术支撑加强，初步建成省级健康信息平台“一个专网”和“三个基础资源库”的健康信息服务基础架构。强化金融支持力度，省政府设立了包括健康产业在内的200亿元的省产业基金，由政府引导、金融机构和产业资本共同设立的各类健康产业基金不断涌现。

四是发展政策不断优化。省政府先后印发了《关于促进民营医疗机构加快发展的意见》《关于加快发展养老服务业的实施意见》《关于促进健康服务业发展的实施意见》等政策文件，引导和鼓励社会资本进入健康产业相关领域，探索创新医养结合、医师多点执业等新机制和新模式，健康产业市场化进程有效推进，市场活力有效释放。

（二）主要短板

12月，我委会同省政府督查室等7个部门对全省健康产业政策落实情况开展

集中督查调研。根据各地反馈情况，目前我省健康产业主要存在以下三方面短板：

1．**市场供求难以平衡的短板**。医疗养老领域，城乡资源布局失衡，优质资源供给不足。省市级公立医院、养老院等城市医疗养老机构人满为患，普遍存在“一床难求”问题；而乡镇卫生院、村卫生室等基层医疗机构难以满足群众需求。体育健身领域，体育健身市场虽需求强劲，但基础设施便民性、普惠性不足，新业态发展空间大，城乡居民体育健身需求难以有效满足。

2．**扶持政策难以落地的短板**。行政审批精简难。部分地区行业主管部门专网和政务网还未完全有效连接，医药企业技改项目环保审批、民办医疗养老机构登记等审批流程较长。优惠政策到位难。部分民办养老机构基本建设配套费、医疗仪器设备校验费、水电价格等收费减免和护理人员岗前培训补贴、床位补贴等方面政策落实困难。社会办医推进难。混合所有制医疗机构建设需顶层设计，PPP模式和混合投资涉及无形资产入股、土地评估作价难等问题，需要省级层面出台相关指导性文件。民办医疗机构转制需明确程序，否则在实际操作中难以执行。

3．**资源要素难以保障的短板**。人力资源保障难。基层医疗、养老、医药、养生护理等领域各类人才缺乏；部分县级医疗机构反映，医院业务骨干有流向大城市的倾向；鼓励大中专毕业生从业的“入职奖补”政策入职满五年才兑现，往往不到五年时间人员就已经流失。土地资源保障难。民办小型医疗养老服务项目难以得到用地保障。部分乡镇民办养老机构反映，随着“三改一拆”等工作推进，在乡镇工业企业亟须用地的背景下，中小型养老机构用地非常困难。

三、2016年健康产业工作思路

2016年是《浙江省健康产业发展规划》实施的开局之年，也是我省打造万亿级健康产业的关键之年。我委将按照省政府健康产业工作部署，贯彻落实李强省长在全省促进健康产业发展电视电话工作会议讲话精神，推进健康产业供给侧结构性改革，找准发展短板，制定年度目标，明确工作抓手，推进重点举措，为“十三五”我省健康产业发展开好局、起好步。

（一）工作目标

深入实施“健康浙江”发展战略，围绕“打造万亿产业，走在全国前列”的产业发展目标，以创新、集聚、融合、提升为主线，以“医、养、健、智”为重点，着力抓好政策实施、改革推进、平台培育和项目建设四篇大文章，全省健康产业增加值增速达10%左右，为“十三五”时期全省健康产业发展奠定坚实基础。

（二）重点举措

1．**抓好一批重大政策实施**。牵头启动《浙江省健康产业发展规划2015—2020年》实施，分解落实各部门、各地工作任务，做好规划宣传解读，督查各地出台当地健康产业规划，以规划实施为总纲推进各项工作。按照国务院办公厅关于促进社会办医加快发展的若干政策措施文件精神，抓紧制订出台我省贯彻落实政策文件。特别是要结合我省实际，在混合所有制医疗机构发展、非营利性医疗机构激励机制、人才支撑政策等方面争取突破，进一步优化社会办医政策环境。会同省卫生计生委、省民政厅等部门进一步完善健康产业配套政策，推动中医药健康服务、健康信息服务、卫生与养老服务融合发展等政策文件落实。

2．**抓好一批重大改革推进**。积极支持各地深入推进健康产业相关改革试点工作，以改革试点促面上工作。积极支持和指导宁波市智慧健康和网络医院试点、温州市社会办医（国家）联系点和舟山健康旅游先行区试点建设工作，启动健康产业各县（市、区）试点示范工作，支持和指导第一、第二批健康特色小镇创建单位结合各自产业基础，积极探索产业发展新路。会同省卫生计生委、省民政厅深入推进中医药健康服务基地示范点、放开放活营利性医院改革试点、养医结合示范点建设等试点工作。

3．**抓好一批重大平台培育**。按照全省特色小镇创建工作整体部署，指导第一批、第二批7个健康类特色小镇创建单位和5个培育单位做好创建工作，牵头开展第三批健康特色小镇调研审核工作。举办特色小镇健康产业项目招商推介会，搭建合作平台，推进项目建设，促进健康特色小镇加快发展。推进健康产业“四个一批”（即打造一批健康产业园区、开展一批试点示范、建设一批重点项目、培育一批骨干企业）载体建设工作，适时公布全省健康产业第一批“四个一批”

建设名单。积极争取专项资金和政策倾斜，支持和引导各地因地制宜加强健康产业平台建设，进一步促进全省健康产业集聚发展。

4. *抓好一批重大项目建设*。建立全省健康产业项目跟踪服务制度，做好7个健康类特色小镇创建单位和5个培育单位健康产业重点项目、2014和2015年省健康产业项目推介会签约项目以及浙江省健康产业联合会成立大会签约项目跟踪服务工作，指导各地做好集中签约项目协调服务，督查各项目尽早开展建设，早日建成投产，发挥社会效应。目前，我委已经建立全省健康产业项目库，其中46个项目已经开工建设，截至2015年底已完成投资96.8亿元。2016年，我委将指导各地集中推进健康产业各类项目92个，完成年度投资227亿元。

（三）保障措施

1. *以联席会议促部门合力*。健全省健康服务业发展联席会议制度，由袁家军常务副省长和郑继伟副省长牵头召开联席会议第一次会议，明确22个成员单位部门职责、工作分工，研究制订部门年度工作计划和重点工作任务，督促各部门分工负责、密切配合，积极推进各项重点工作。

2. *以统计监测促地方落实*。会同省统计局推进全省健康产业统计指标的监测工作，督促省级相关部门、各地市将健康产业发展指标纳入目标责任制考核，细化相关指标监测统计，完善全省健康产业指标监测体系，推动地方工作落实。

3. *以行业建设促产业发展*。按照省领导在浙江省健康产业联合会成立大会上的讲话精神，按照“政府搭台、企业唱戏、优势互补、合作共赢”的合作宗旨，抓好浙江省健康产业联合会建设。指导产业联盟制订联合会年度工作计划，加强分会建设，围绕整合资源、创新合作，重点在项目合作、产学研转化、会员发展等方面取得新进展，着力形成联合会自我运行和发展新格局。

浙江省房地产业发展情况

浙江省建设厅

2015年，我省各地认真贯彻落实国家和省房地产有关政策措施，因地制宜，因城施策，取得了积极成效，市场交易活跃，投资基本稳定，商品房库存在年中见高后逐步回落，住宅价格稳中略升，房地产市场总体平稳发展。

一、落实各项政策措施

一是专门研究出台政策。6月底下旬，省政府先后下发了《关于促进全省经济平稳发展创新发展的若干意见》（浙政发〔2015〕18号）、《关于促进房地产市场平稳健康发展的通知》（浙政办发〔2015〕76号）。**二是细化分解落实任务。**省城乡住房工作协调委员会办公室和我厅先后下发《关于省政府办公厅浙政办发〔2015〕76号文件工作任务责任分工的通知》和《关于确定2015年各市商品房销售面积目标任务的通知》。**三是落实公积金支持政策。**出台《浙江省住房公积金个人住房异地贷款管理办法》，开展住房公积金个贷资产证券化试点，推行“公转商”贴息贷款政策。**四是加大督促指导力度。**指导各地做好目标任务落实、政策研究制定、货币化安置、购房补助补贴、把控土地供应、规范市场秩序、帮助企业解困以及提高公积金贷款额度、进一步缩短贷款审批时限等工作。

五是推进物业服务业发展。下发了《关于加强人民调解化解物业管理纠纷的指导意见》，召开了全省物业管理纠纷人民调解工作现场会，提出了发挥住宅专项维修资金在老旧小区和电梯更新改造中支持作用有关意见。

二、房地产市场运行平稳

（一）投资趋稳、在建减少。1—12月，全省房地产开发完成投资7112亿元，同比减少2.1%。其中，住宅投资4451亿元，同比减少3.1%。从投资同比增速看，今年一季度、上半年、1—9月分别为12.7%、7.8%、2.4%。增速逐步回落，是消化库存、市场调整的正常表现，近期增速回落有所放缓。从在建指标来看，1—12月全省新开工面积6534万平方米，同比下降32.5%（一季度、上半年、1—9月分别下降31%、36.4%、40.7%），土地购置面积同比也在较大的负增长区间。

（二）销售活跃、住宅为主。1—12月，全省新建商品房销售面积5985万平方米，同比增长28%（一季度、上半年、1—9月同比增幅分别为15%、49.6%、39.6%）；销售金额6299亿元，同比增长28%。其中，新建商品住宅销售面积5132万平方米，占同期商品房销售面积的85.7%，高于往年水平，同比增长30.2%，增速明显高于商业（15.2%）、办公（10.7%）等其他物业。另外，杭州和宁波市（含所辖县、市、区）新建商品房销售面积分别为1481万平方米、1007万平方米，合计占全省总量的41.6%，同比分别增长32.1%和38.7%。

（三）供应减少、库存略回。从批准预售看，2015年11个设区市市区累计批准预售商品房3629万平方米，同比减少16.9%；其中批准预售商品住宅2584万平方米（229561套），同比减少18.7%。从库存来看，截至2015年12月31日，全省11个设区市市区新建商品房可售房源6571万平方米，较2015年年初（6883万平方米）减少4.5%，按近12个月的月均销售量测算，新建商品房库存消化周期为20.2个月，较当年初（28.7月）下降8.5个月；其中商品住宅可售房源3716万平方米（303969套），较2015年初（4196万平方米，348570套）减少11.4%，按近12个月的月均销售量测算，商品住宅库存消化周期为13.5个月，较当年初（21.6月）下降8.1个月。

（四）房价平稳、趋势回升。今年以来，全省新建商品住宅价格一季度持续下降，1—3月环比价格分别下降0.3%、0.4%和0.3%；4月份全省住宅销售价格环比止跌回升，至11月份实现环比八连涨，月度环比价格分别上涨0.2%、0.4%、0.8%、0.6%、0.5%、0.4%、0.4%和0.4%，前11个月总体上呈平“U”型走势，房价继续保持平稳。以2014年1月为基准月，全省11个设区市市区新建商品住宅价格指数走势如下：

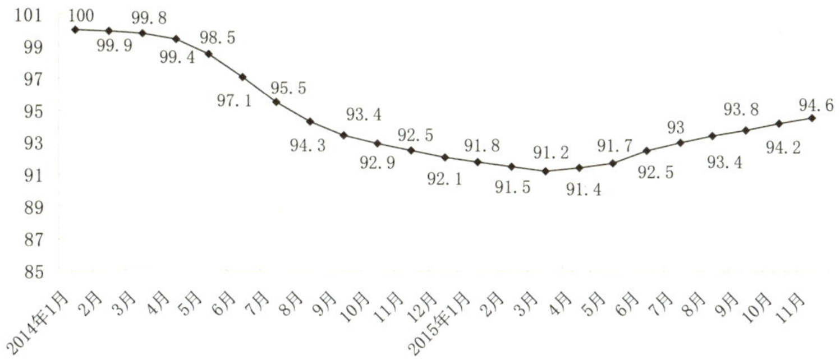

图1 11个设区市市区新建商品住宅销售价格指数走势

（五）税收增长、贡献稳定。房地产业地税收入1043亿元，同比增长2%，占地税总收入的27.1%；房地产业增加值2316亿元，同比增长9.9%，占全省地区生产总值（42886亿元）的5.4%。可以说，过去的2015年，房地产业回升势头进一步巩固，去库存工作已经走在全国前列，房地产市场总体上呈现“销旺价稳、平稳向好”态势。

三、下一步主要工作

目前房地产市场的向好形势，对经济社会发展意义重大。同时，房地产业面临的区域性、结构性库存压力依然较大，分化加剧。下一步，围绕“推进房地产供给侧结构性改革，化解库存，促进发展”要求，做好以下工作：

（一）明确目标任务。明确近期商品住宅库存消化周期合理水平，保持房地产投资、商品房销售和商品住宅价格基本稳定。中长期要加大兼并、重组、淘汰力度，提高强企名企市场占有份额，提升房地产业集聚发展能力。

（二）化解市场库存。推进棚改货币化安置，用足用好住房公积金政策，建立商品房供地与库存价格挂钩办法，促进租赁市场发展，加强公共配套设施建设，支持自住型和改善型购房需求，鼓励新市民购房和农民进城购房。

（三）优化产业结构。从供给侧结构性改革出发，推动发展跨界地产，提升房地产综合品质和服务，发展房地产总部经济，推动企业兼并与重组，落实企业减负各项措施，从而加快优化产业结构，加快推进产业转型升级。

（四）健全长效机制。将装配式建筑、住宅全装修、现房交付等要求纳入土地出让条件，建立房地产企业代建代管和资质综合认定制度，探索省内房地产开发项目实行总公司统一核算纳税制度，建立房地产开发企业信用体系等。

（五）落实工作责任。制定省内一、二、三、四线城市分类标准，开展区域市场分析。落实市、县（市、区）政府主体责任，发挥建设（规划、房管）、国土、财税、金融等部门职能作用，强化跟踪督查、目标考核、舆论引导。

浙江省电子商务发展情况

浙江省商务厅

2015年是“十二五”规划的收官之年，这一年来浙江省电子商务保持了快速发展的良好态势，产业规模不断扩大，发展水平持续提高，行业应用深入普及，跨境电商试点成效显现，电子商务与农业、制造业及服务业等领域的融合加快， 催生了一批新兴业态。电子商务对浙江经济的发展贡献日益提高，提升了流通效率，扩大了消费需求，促进了消费方式转变和消费升级，是“大众创业、万众创新”的重要阵地，成为促进我省经济转型升级和提升发展的新引擎。经过“十二五”时期的发展，电子商务已成为浙江践行“干在实处，走在前列”的标志性成果，也是继民营经济和专业市场之后浙江的又一张金名片。

一、2015 年浙江省电子商务发展概况

2015年浙江省实现网络零售额7610.62亿元，同比增长49.9%，总量居全国第二位，超额完成“十二五”规划目标。网络零售额与社会消费品零售总额比值达38%，远远高于全国约15%的水平。各类电子商务市场主体蓬勃发展，拥有各类活跃网店100多万家，天猫网店近4万家，跨境电商经营主体近4万个，电商服务企业3000家左右，其中规模以上电子商务服务企业约1000家；建有电商产业基地

204个；电子商务带动直接就业超过200万人。

（一）浙江省电子商务继续保持全国领先优势。浙江省电子商务产业发展水平显著提高。在发展规模上，浙江省网络零售额相当于全国网络零售总额的五分之一，活跃电商主体数约占全国的四分之一，电商园区数约占全国园区总数的五分之一，均居全国前列。从产业基础上看，以阿里巴巴为代表的浙江省第三方电子商务平台发展水平位居全国前列，还拥有3000家左右各类专业的电子商务服务商，在仓储物流、配送快递、软件开发、代运营、网络推广、数据分析、支付融资、信用认证、咨询培训等领域中小企业提供专业化的电商服务。从发展速度上看，浙江电子商务仍处于快速发展阶段，网络零售额同比增长高于全国18个点，电商业态创新加快，在全国同行中发挥着引领作用。

（二）电子商务对经济发展的贡献不断凸显。浙江省网络零售额占同期社会消费品零售总额的比值由2010年10%，提高到2015年的38%；2015年通过电子商务实现的网络零售额拉动社会消费品零售总额增长约19个百分点，对浙江地区生产总值（GDP）的贡献率约为23.9%。据初步估算，电子商务直接解决就业超过200 万人，间接带动就业约500 万人。“电商换市”速度加快，截至2015年底浙江省已登记网上市场名称167家（另外的说法：382个专业市场开展了电子商务应用），比去年增长10%，交易总额2.56万亿元，增长31%，义乌中国小商品城、绍兴中国轻纺城、海宁中国皮革城、永康中国五金城、四季青服装市场、余姚中国塑料城和永康中国科技五金城等重点市场均已开通网上平台。电商产业基地作为根植于地方经济的区域创新网络，与当地产业联系密切，及时传递最新的信息、知识、技术等创新要素，逐步成为“大众创业、万众创新”的主平台、孵化器和集聚区。电子商务有力地推动了我省区域经济的转型升级，增强了创新发展动力。

（三）农村电商发展量质并举。围绕农产品销售、农民消费和农村创业，我省率先实施“电子商务进万村工程”，共建成农村电商服务站点8800多个；积极搭建“淘宝特色馆”等农产品销售平台，浙江省实现农产品网上销售304亿元，均居全国首位。我省初步形成了以特色馆为主，区域性农产品平台为辅，专业性平台为有益补充的农村电商平台建设体系。2015年浙江省特色馆总数达到25个（新增14个），销售额超过18亿元，特色馆正不断成为浙江各地名特优农产品销售的重要渠道和平台。一批电子商务村、镇扎堆涌现，呈井喷式爆发发展，根据阿里巴巴发布的“2015中国淘宝村名单”，我省共有280个“淘宝村”、20个“淘宝镇”入围，村、镇数量分别占全国总数的35.9%和28.2%，淘宝村数量居全国第一，比2014年增加了218个，总数超出第二名的广东省123个。此外，浙江农村电商的新业态、新模式层出不穷，以义乌为代表的农村跨境电商既帮助电商村实现了产品升级和市场升级，也保持了义乌跨境电子商务的成本优势；诸暨的B2B模式紧密结合产业集群，采用“批发+零售”方式拓展交易规模；“山区旅游遂昌模式”呈现了从过去的“卖产品”转向“卖服务”的趋势。

（四）跨境电商试点成效显现。近年来，我省跨境电商总体上呈现良好发展态势，据初步统计，截至2015年底，浙江省共有4万多卖家，在各类平台上开设跨境出口网店30多万个，2015年浙江省实现跨境电商出口超40亿美元，约占全国的16%，居广东之后列全国第二位。2015年3月7日国务院批复杭州成为全国首个跨境电商综试区（国函〔2015〕44号），有效推动了跨境发展模式和监管服务制度创新。2015年杭州跨境电商综试区新引进跨境电商产业链企业366家，完成年度目标的183%，其中龙头企业99家，完成年度目标的198%。跨境电商平台发展良好，阿里巴巴旗下的“速卖通”、天猫国际分别是全国最大的跨境电商出口和进口平台。截至2015年底，我省共有20家省级跨境电子商务园区和32个省级公共海外仓，海外仓覆盖美国、日本、俄罗斯、德国、匈牙利等主要跨境电商出口国家，有效破解跨境电商物流问题，推动“浙江制造”建立境外自主零售体系，提升国际市场定价话语权。

（五）工业企业电商应用加快。2015年我省工业企业电商应用的企业数达到8.29万家，比2014年新增0.56万家，增幅为6.76%，其中，工业企业共开设天猫店2.5万家，销售额超过3000亿元。截至2015年底，浙江已开展电子商务应用的规上企业数量为18551家。建成阿里巴巴·区域产业带24个，入驻商家达11.5万家，交易额突破500亿元，居全国首位。

（六）电商服务业方兴未艾。我省拥有各类电商服务企业3000家左右，营业收入约1400亿元，约占全国30%左右的市场份额，总量居全国首位。浙江中小企业上网比重、B2B平台的服务收入、C2C综合交易平台的交易额均居全国第一。在2015年的“双十一”购物节上，阿里巴巴天猫的最终交易额达912.17亿元。阿里巴巴、淘宝网和支付宝分别已成为全球最大的中小企业电子商务平台、网络零售平台和网上支付平台。浙江电子商务第三方平台网站已逾1000家，浙江省行业网站数占全国的21%，全国行业电子商务网站100强中，浙江占54席，仅杭州地区就占全国总数的1/7。

（七）电商发展环境逐步优化。一是电子商务支撑服务体系逐步完善。物流配送能力持续提升，浙江省拥有快递企业1394家，快递业务量居全国第二，业务收入居全国第三，杭州成为全国首批电子商务与物流协同发展试点城市，电子商务与物流快递协同发展稳步推进；建成社区智能投递终端12000余个，有效解决了配送“最后一公里”问题，全年超额完成了省政府为民办实事任务。建成了覆盖浙江省的电商公共服务平台及50多个市县电商公共服务中心，举办了27场电商服务资源对接会；率先成立了电商大数据研究基地，并利用大数据开展统计监测和管理，是全国唯一分县（市、区）统计的省份；截至2015年共发布了9项电商地方标准，数量居全国第一。二是通信基础设施建设进一步优化。截至2015年底，浙江省固定互联网宽带接入用户达到1872.45万户，普及率达34%，比“十二五”期初提高了14.4个百分点。第三方支付平台继续领先，农村支付和跨境结算得以有效解决。

（八）地方电商发展各有特色。总体上，浙江省各地市都以电商园区为载体，把农村电商、跨境电商作为重点，发展速度普遍较快，网络零售额和居民网络消费额的增幅均为两位数。但在规模上，各地发展很不平衡，差距较大，杭州、金华、温州和嘉兴等四个地方占了四分之三，其中杭州就占了浙江省35.21%，是舟山的223倍。杭州电子商务发展继续领跑浙江省，网络零售、居民网络消费和网络零售顺差等主要指标均稳居浙江省首位。在排名前十的县（市、区）中，杭州市占据了70%。金华电商发展集聚效应明显，电子商务园区数量位居全国第二。嘉兴电商融入地方产业，海宁皮革市场、五芳斋等一批传统市场、传统企业实现了转型。温州组建温州鞋服、眼镜等电商联盟，推动新业态发展，电商创业集聚效应显现。宁波电商应用普及，同城物流配送和冷链物流配送的社区城市电商试点逐步扩大。台州网商创业亮点突出，居全国第七城市（省内第三），本地电商创新业态快速成长。绍兴专业市场转型电商发展取得突破，全市400多个专业市场中近百个市场开展电商应用工作。湖州紧抓电子商务发展机遇，助推集群产业转型升级。丽水的农村电商服务率先基本覆盖、电商全域化推进拉开框架，智慧旅游电商强势推进。衢州的电商市县布局逐步成形，电商氛围浓厚。舟山电商的一大特色是大宗商品交易，2015年共有品种34种，交易额1.38万亿元。

二、2015年电子商务主要工作

2015年，根据省委省政府决策部署，浙江省认真组织实施“电商换市”和“互联网+流通”的有关工作，进一步明确目标、突出重点、落实措施，扎实推进电子商务发展，不断做大产业规模，提升发展水平和创新能力，确保电子商务发展继续保持全国领先地位。主要工作有：

（一）明确思路，系统部署电商发展。先后召开了浙江省电子商务工作领导小组会议、中国（杭州）跨境电商综试区工作领导小组会议、浙江省农村电商现场会和浙江省跨境电商推进会，李强省长、王辉忠副书记和梁黎明副省长出席，进行了电商工作部署；制定出台了《浙江省关于大力发展电子商务加快培育经济新动力的意见》（浙政发〔2015〕49号）和《浙江省人民政府办公厅关于加快农村电子商务发展增强农村经济社会发展活力的实施意见》等政策文件，印发了《2015年浙江省电子商务工作要点》和《中国（杭州）跨境电子商务综合试验区实施方案》，为浙江省电商工作开展提供强有力的组织和政策保障。

（二）突出重点，全面推进电商应用。按照电商拓市场、兴农村、强外贸、惠民生的思路，扎实开展电商工作。大力发展农村电商。围绕农产品销售、农民消费和农村创业，深入实施“电子商务进万村工程”，农村电商支撑配套建设加快。下发《关于发展和提升电子商务村的指导意见》（浙商务联发〔2015〕80号）。2015年底浙江省电子商务公共服务平台共入驻企业620家。依托省级平台，浙江省新建29个县级公共服务中心，3688个村级服务点，分别同比增长96.7%和82.1%。其中，280个“淘宝村”已建成农村电商公共仓储中心48个，农村电商公共服务中心101个。形成了省、市、县三级联动的公共服务体系，为我省农村开展电子商务提供了全方位、一体化的服务。全面启动跨境电商。制定出台了《浙江省跨境电子商务发展三年行动计划（2015-2017）》（浙商务发〔2015〕23号），研究制定浙江省跨境电子商务业务试点和管理机制试点流程并绘制了流程图，以杭州跨境电商综试区建设为契机，推动跨境发展模式和监管服务制度创新。积极培育和引进跨境电商经营主体。深入推进工业电商和专业市场电商化。会同财政等部门制定了工业企业电子商务应用和专业市场电商化行动计划。建成阿里巴巴产业带24个，入驻商家达11.5万家，交易额突破500亿元。

（三）提升服务，优化电商发展生态。2015年6月在全国率先成立了省级电子商务促进中心，定位“电商数据权威、公共服务平台、创业创新工场和对外合作窗口”，探索电商促进新途径。10月设立了电商大数据研究基地，从事电商领域的数据采集、整理与分析。建成了覆盖浙江省的电商公共服务平台及50多个市县电商公共服务中心，举办了27场电商服务资源对接会。建立了电商人才培养培训机制，编写了电商教材，征集了题库，新建了技能鉴定系统，制定了各类培训的标准。出台了《浙江省商务厅关于开展电子商务专业人才自主评价的通知》《职业经理人培训认证办法》《电子商务职业技能培训机构和实践基地备案办法》《浙江省技能人才自主评价办法的通知》一系列文件，公布了《浙江省电子商务培训机构和实践基地名录》《浙江省电子商务百强名师》等一系列名录。

（四）创新举措，完善电商管理机制。率先成立了电商大数据研究基地，利用大数据开展电商统计监测和行业管理，目前是全国唯一将网络零售分县、市、区进行统计的省份；制定了《电子商务仓储管理与服务规范》等9项电商地方标准，数量居全国第一。积极推进电子商务地方立法工作，参与国家《电子商务法》的起草。积极申报国家电子商务示范城市、示范基地和示范企业，总数居全国首位。创建了一批省级电商示范县（市、区）、企业和基地，认定了一批农村电商带头人。

同时，浙江省各地进一步理顺了管理机制。截止去年底，浙江省11个地市中，9个地市和29个县单独设立了电子商务处（科），杭州和宁波还设立了跨境电商处和跨境电商促进中心。46个市县增挂了电子商务科的牌子。

浙江省养老服务业发展情况

浙江省民政厅

浙江省是全国老龄化程度较高的省区之一。截至2015年底，浙江省60岁及以上户籍老年人口984.03万人，占总人口的20.19%。其中，纯老家庭人口234.16万人，占老年人口总数的23.8%；失能、半失能老人69.55万人，占老年人口总数的7.07%；80岁及以上高龄老人155.83万人，占老年人口的15.84%；90岁及以上高龄老人19.27万人，占老年人口总数的1.96%；全省共有百岁老人2227人。

面对严峻的老龄化形势，省委、省政府高度重视，加强顶层制度设计，多措并举推进养老服务业综合改革，整体水平走在全国前列，为全国养老服务为发展提供了经验。到2015年末，和全国同中每期比，我省有社会养老床位56.1万张，每千名老人达到57张，高于全国水平的30.3张；其中养老机构床位达到35张；居家养老服务照料中心基本覆盖城市社区和80%以上的农村，高于全国农村平均水平的50%。

（一）完善体系，明确养老服务发展目标。《浙江省社会养老服务促进条例》是全国第一个由人民代表大会通过的地方性养老服务法规。这一《条例》和2014年出台的《浙江省人民政府关于加快发展养老服务业的实施意见》《浙江省人民政府关于发展民办养老产业的若干意见》，以及省级有关部门制订的20多个政策性文件，涉及设施建设、消防安全、医养融合、人才队伍建设、政府购买养老服务等各个方面，构成较为完整的政策法律体系。省政府明确，到2020年全省实现“9643”的养老服务总体格局，即96%的老年人享受居家养老服务，4%的老年人享受机构养老服务；不少于3%的老年人享受到政府提供的养老服务补贴。按现有老年人口预测，届时全省将建23000个城乡社区居家养老服务照料中心，有47万多张养老机构床位，超过35万人享有政府提供的养老服务补贴。

（二）多措并举，优化养老服务供给模式。以老年人多样化需求为导向，确保托底型养老、扩大普惠型养老、支持社会化养老。政府托底保障所有3.7万余名城市“三无”和农村五保对象，集中供养率在97%以上；25万老年人享受到政府提供的养老服务补贴，其中一类对象即低保家庭中的失能失智老人1.6万名。135.99万人享受高龄补贴，月人均60.61元。百岁老人长寿保健补助金省政府规定每人每月发放不少于300元，许多地方已发至每人每月500元。不少地方对90岁以上的老人每人每月发放100元的高龄补贴。在普惠型养老中，全省既有综合性的1.92万家城乡社区居家养老服务照料中心，也有以文化娱乐活动为主的3.5万家居家养老服务站、老年活动中心（室）、星光老年之家等；既有较为规范的1万家老年食堂，也有进行配送的6000多个助餐点；而且还有上千家上门提供服务的机构。在社会化养老中，开发建设了一批如绿城乌镇雅园、万科随园嘉树等高档次的老年地产项目。这些设施基本实现了低端有保障，中端有供给，高端有市场，做到了基本服务和选择性服务相结合。

（三）创新模式，分层分类推进养老机构改革。在增加养老机构床位供给总量的同时，优化养老机构的结构。一是国办机构继续发展。2015年底，共有国办机构150家，占比6.7%，床位55469张，占比15.9%。二是民办机构增长迅猛。截至2015年底，全省有民办养老机构1208家，养老床位19万张，占床位总数的54.6%。比去年同期增加3.1万张，增长率达19.5%。温州、台州民办床位数占比分别高达85.86%和69.38%。三是推动养老机构公建民营。2015年1月，“浙江省全面推行养老机构公建民营”被全国老龄工作委员会办公室评选为2014年全国“十大老龄新闻”。2015年7月14日，浙江省民政厅发布《关于开展第三批养老机构公建民营公开招投标的公告》，向国内外企业、社会团体和民办非企业单位进行招投标，推行由政府出资修建，再交由社会专业团队运营的“公建民营”模式。全省10家公办养老机构通过招投标实现民营，涉及床位数达5329张。截至2015年底，我省共有公建民营机构90家，床位1.8万张。

（四）细化措施，加强制度监管。以宣传贯彻《浙江省社会养老服务促进条例》为契机，一是强化机构安全管理。为进一步做好养老机构的设立许可及管理工作，根据《老年人权益保障法》及民政部《养老机构设立许可办法》精神，实施了养老机构设立许可制度。结合民政部、公安部关于印发《社会福利机构消防安全管理十项规定》的要求，制定了我省社会福利机构消防安全专项治理实施方案，并督导各地严格对照《十项规定》，切实强化养老服务设施消防安全管理。二是加强养老服务质量体系建设。省、市、县三级相继制发一批地方性服务质量标准和建设标准，涉及养老机构服务、居家养老服务、护理服务等级、智慧养老，以及城镇新建小区居家养老服务设施配建标准、老年活动中心建设标准等。三是加强机构质量建设。根据省政府《关于加快发展养老服务业的实施意见》和《关于促进健康服务业发展的实施意见》精神，会同相关部门下发了《关于开展养医结合示范点建设的通知》，确定杭州市社会福利中心等26家养老机构（医院）为省级养医结合示范点。开展了养老机构、居家养老服务照料中心星级评定工作，目前，全省已评定三星级以上照料中心300多家、养老机构150多家。同时，积极做好养老服务需求评估工作，累计评估老年人600万人次。

（五）提高服务质量，加快养老服务人才队伍建设。以培养专业化的养老服务队伍建设为重点，依托大中专院校，积极开展养老服务与管理专业教育，深入实施“入职奖补”政策，鼓励初高中毕业生报考养老护理相关专业，有力扩大了养老服务专业人才培养规模。目前，全省已有37所大中专院被开设了相关专业，近两年招收学生近3万名。指导各地各有关部门通过设立教育培训基地、定期举办职业技能竞赛等形式，大力开展护理员职业培训。目前，全省已建立养老服务人员培训基地144个，培训6万多人次，有1.1万人取得了初级以上职业资格。同时，广泛开展志愿为老服务。通过宣传发动、建立“时间银行”、完善注册登记制度等方式，大力发展为老志愿者队伍，为老年人提供理发、义诊、健康体检等免费服务。目前，全省共有为老服务志愿组织1.8万个、登记注册的志愿者达62万人。积极发挥基层老年协会作用，组织开展以低龄、健康老人帮助高龄、失能老人的“银龄互助”活动，据统计，全省共有2.4万多个老年协会开展了志愿服务活动，服务人数达385万，有力弥补了专业护理力量的不足。

浙江省科技服务业发展情况

浙江省科技厅

2015年，我省在推进科技服务业发展方面，实施了一系列有力措施，先后印发了《浙江省人民政府办公厅关于加快科技服务业发展的实施意见》（浙政办发〔2015〕126号）、《浙江省科技服务业“十三五”发展规划》（浙科发社〔2016〕128号）。科技服务业在推动大众创业、万众创新，培育新的经济增长点方面发挥了日益重要的作用。

一、发展现状与主要做法

“十二五”时期，全省科技服务业增加值从1066.2亿元增长到近2200亿元，按当年价计算，年均增幅比GDP的年均增幅高出约10个百分点以上。其中，信息服务对科技服务业营业收入增长的贡献最大，电子商务服务的增幅最快，检验检测服务、设计服务的增幅下降比较明显，研发服务、专业技术服务、科技成果转化服务、知识产权及相关法律服务、环境监测及治理服务的发展速度相对稳定。从区域发展情况来看，杭州、宁波比较成熟，湖州、绍兴、温州等市有一定基础，其他地区发展相对比较缓慢。

（一）激发载体集聚效应

大力实施以科技城和高新区为核心载体的科技服务业集群式发展，青山湖科技城、未来科技城、宁波新材料科技城、嘉兴科技城、舟山海洋科学城等建设不断加快，集聚了清华长三角研究院、中科院宁波材料所等一批新型科技服务机构。以打造特色科技服务业集聚区为目标，鼓励有条件的区域和行业申报国家科技服务业创新发展试点，促进科技服务业与产业集群融合，着力打造具有国际竞争力的科技服务业企业。截至2015年底，全省有8家国家级高新技术产业开发区和25家省级高新技术产业园区，高新区已经成为科技服务业快速增长的核心载体和集中发展的重要区域。

（二）创新服务发展模式

一是健全技术创新机制，加快发展研发设计服务。每年安排约1亿元省基金专项资金，同时通过与国家自然科学基金委设立的联合基金，进一步提升原始创新水平；立足问题和需求导向，通过主动设计、成果转化、厅厅会商等多种形式，促进信息、文化、体育等科技服务业发展，争取各类国家科技计划项目支持，进一步提高我省技术攻关与应用示范水平。2015年，全社会研发经费支出突破1000亿元，占生产总值的比重达到2.33%，科技进步贡献率达57%。

二是完善技术市场体系，加快发展技术转移转化服务。建设形成由1个省级中心、11个市级市场、94个县（市、区）分市场和29个专业市场组成的体系架构，网上网下相结合的技术交易新模式成效不断显现。提升浙江科技大市场整体功能，集“展示、交易、交流、合作、共享”五位于一体。发挥技术市场主体作用，组织科技成果竞拍，省级竞拍会已经成功举办了6届，累计成交634项，金额11.6亿元。据对前五届成交的521个项目的统计，已有204项实现产业化，新增销售额88.16亿元，实现利税5.67亿元。

三是建设高能级创新平台，加快发展专业技术服务。发放创新券，盘活省、市、县各级创新载体资源，降低广大中小微企业创新成本，并实现了跨省应用，如长兴县的“申请类”创新券可购买上海研发服务平台提供的检测服务，共有586家创新载体提供服务7002次，受惠企业6399家次。累计建有226家省级重点实验室、81家工程技术中心，86个创新服务平台，475家省级企业研究院和184家省级重点企业研究院。创新载体在攻克产业关键技术、实现成果转移转化、推动产业转型等方面发挥了重要的作用，成为科技服务业发展的重要基础力量。

四是推进大众创业万众创新，加快发展创业孵化服务。鼓励各地构建专业化、差异化、多元化的众创空间，提高绩效管理和资金支持，提高创业服务水平和服务质量。各类创新创业主体高速增长，高校系、阿里系、海归系、浙商系等“新四军”蓬勃发展。杭州全年举办的创新创业活动达1650场，平均每天4.5场；新增创业项目1364个，同比增长32.4%。

五是强化服务体系建设，加快发展科技金融服务。实施省级科技型中小企业扶持专项计划，通过信贷风险补偿、科技担保、专利权质押融资等引导银行为669家科技型中小企业融资25.06亿元。对科技支行通过再贷款、再贴现等货币政策提高流动性， 提高对科技企业的放贷能力，形成政府、保险、银行参与的企业信贷风险补偿机制。2015年融资额同比增长超过15%。杭州推进科技投融资体制改革，积极发挥创投引导基金、天使投资引导基金的市场资源配置作用；温州构建“创业投资服务中心”“政策性担保”“引导基金”三位一体的创新投入体系。

（三）完善产业生态环境

加强制度供给。为重点突破成果转化、众创空间建设、小微企业培育、知识产权保护、科技金融、人才培养等的发展瓶颈，加大了政策供给，加快科技体制机制建设。如规定浙江省高校、科研院所科技人员职务科技成果转化所得收益，除合同另有约定外，可按60%~95%的比例划归主要完成者及其团队拥有；经认定为高新技术企业的科技服务中介机构减按15%的税率征收企业所得税等。

加大资本投入。形成政府、保险、银行参与的企业信贷风险补偿机制，2015年融资额同比增长超过15%，为科技型中小企业和创新型企业的创业创新提供了资金支持。全省共发放创新券2.09亿元，使用8230万元。省创业风险投资引导基金达7.5亿元，引导各类社会资本放大投资达30倍。

加强知识产权保护。省人大常委会审议通过《浙江省专利条例》，省政府出台《深入实施知识产权战略行动计划（2015-2020年）》。鼓励各市建立省级知识产权维权援助中心，建设专利交易服务体系。2015年，完成专利授权234983

件，收缴各项专利费超过1.8亿元，累计培育省级专利代理机构58家，驻各地办事处54家，引进外省专利代理机构驻浙办事处21家。

加强人才队伍建设。从提高服务意识、完善服务能力、优化服务规程、强化服务手段等方面，加强技术中介服务人才的培养，加强对省重点科技中介服务机构的人员业务培训，同时在高校开设了技术经纪人选修课。按照“打造人才生态最优省”要求，制定落实《浙江省科学技术奖励办法》《关于省级事业单位科技成果处置权收益权改革有关问题的通知》等政策，充分激发人才创新创业活力和潜能。

二、下一步工作思考

据测算，到2020年，我省科技服务业总产出预计有望超过1万亿。因此，要转变思想观念，将大力发展科技服务业作为推进区域经济发展、产业转型的重要抓手，引导各地根据经济发展阶段和产业基础，加快前瞻布局，抢占科技服务战略高地。

（一）建设科技创新大平台

大力建设环杭州湾高新技术产业带、杭州城西科创大走廊、杭州自主创新示范区、宁波自主创新示范区等，以产业发展需求为导向，合理布局一批服务功能完善、资源要素有效整合的科技服务业集聚区，促进战略新兴产业、现代制造业和科技服务业协同发展。以全省科技城、高新区、特色产业基地、农高园区、可持续发展实验区等园区为核心载体，根据各园区的主导产业与当地发展基础，按照专业化、特色化、集约化的要求，引导园区做大做强科技服务业，抢占产业发展制高点，形成各具特色、错位发展的产业布局。以科技企业孵化器、重点实验室（工程技术研究中心）、企业研究院、科技创新平台等平台载体为重点，以市场需求为导向，充分发挥其技术、人才、信息的比较优势，大力发展研发设计、检验检测等科技服务业，推进制造业与科技服务业的融合发展。

（二）创造科技服务大需求

通过全面实施创新驱动发展战略，带动科技服务需求的快速增长，加快形成以创新为引领和支撑的经济体系和发展模式，促进科技服务业成为拉动经济发展和产业转型升级的重要支柱。着力推动供给侧结构性改革，发挥市场的决定性作用，围绕打好浙商回归、“五水共治”“四换三名”、小微企业成长、七大万亿产业培育和特色小镇建设等组合拳的科技需求，推动科技成果转化推广服务、专业技术服务、创新创业服务、科技金融服务、知识产权服务等的发展。

（三）构建科技服务大市场

进一步活跃科技服务业市场化交易。加快建设国内一流的科技大市场，进一步加大引进从事技术转移、成果转化、科技咨询、投融资等服务的优质市场化科技服务机构，强化科技大市场一站式科技服务功能；鼓励科技服务供需双方依托网上技术交易市场发布信息，并通过网下市场对接，提高交易成功率。依托省科技创新云服务平台建设浙江省科技服务业大市场，建设各类科技型数据库和公共信息共享平台，实现全省科技大数据互联互通、共享共治，为科技服务提供信息支撑；进一步强化云服务平台在创新券工作中的支撑作用，简化流程，提升创新券使用效率，推动和促成相关科技服务交易。谋划建设安全、可信、公平、透明的大数据交易中心，促成数据供需对接，构建开放的数据流通生态，为政府、机构、企业等进行数据“交易服务”提供平台。

（四）促进科技人才大集聚

进一步营造吸引人才、培养人才、使用人才、留住人才的生态条件，大力推动大众创业、万众创新。调动广大科技人员积极性，纵向经费规范使用。发挥技术创新联盟、科技社团等社会组织作用，搭建行业领军人才交流合作平台，充分利用各级各类人才计划，引进和培养一批懂技术、懂市场、懂管理的复合型科技高端人才，为科技服务业的发展提供强有力的人才支撑。

（五）推动体制机制大突破

深化科技体制改革，实施创新驱动发展战略，在众创空间建设和科技成果交易、检验检测市场准入、科技型中小企业和高新技术企业培育等方面，加强制度供给。全面落实科技创新法规政策，加强政策跟踪和宣传普及，重点落实好浙江省科技进步条例和研发费加计抵扣、高新技术企业税收优惠、科技成果处置收益、孵化器“四税”减免等政策举措，真正使各项政策落地落实、发挥效用。支持检验检测认证服务市场化发展，通过市场机制和信息手段整合资源，提高检验检测服务水平。进一步发挥财政经费的引导作用，吸引和带动社会资本加大对科技服务业的投资，做大产业规模，提升产业水平。

浙江省交通服务业发展情况

浙江省交通运输厅

2015年是全面完成“十二五”规划的收官之年。全省交通运输系统在省委省政府和交通运输部的正确领导下，深入实施“八八战略”，以“两富”“两美”现代化浙江建设和“四个交通”发展为统领，以改革求突破、以转型强后劲，积极服务国家战略，加快推进现代交通五大建设，努力构建“通达、便捷、经济、安全”的现代综合交通运输体系，提升交通运输在经济社会发展中的先行官作用。现将全省“十二五”及2015年交通经济运行情况分析如下：

一、“十二五”期交通经济主要指标发展成效

（一）扩大交通建设有效投资成效显著，交通保障能力明显增强

“十二五”期，全省综合交通基础设施建设（含铁路）累计完成投资6182亿元，较“十一五”增长40%。其中公路水运民用机场建设完成投资4304亿元、居全国第四位，投资密度达4.2亿元/百平方公里、居全国首位。从投资结构看，铁路完成投资1878亿元，年均增长5.6%；公路完成投资3224亿元，年均增长6.8%；水运完成投资719亿元，年均增长7%；民用机场完成投资127亿元，年均增长

19.8%；站场枢纽完成投资234亿元，年均增长24.5%。

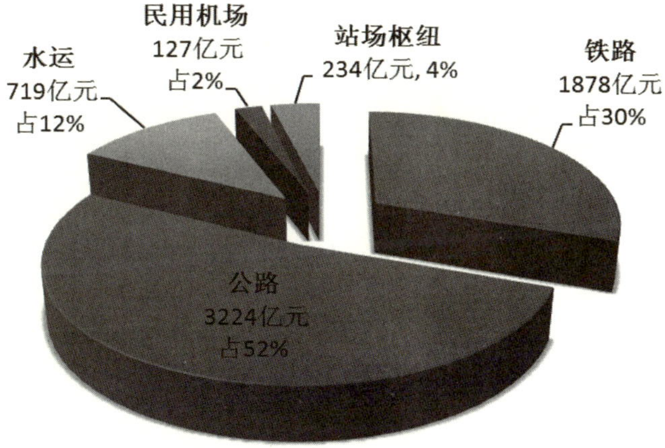

图1 “十二五”期综合交通建设完成投资结构

全省公路新增总里程7837公里，其中高速公路534公里、一级公路1725公里、二级公路940公里；沿海港口建成万吨级以上泊位60个，新增货物吞吐能力2.4亿吨；内河高等级航道新增通航里程134公里；民用机场新增航站楼面积18万平方米，新增旅客吞吐能力2125万人次；建成杭州东站、宁波南站等10个综合客运枢纽。

（二）综合交通运输结构进一步优化，生产服务能力显著提升

“十二五”时期，综合运输（含铁路）完成旅客运输量84亿人、5808亿人公里，年均下降3%、2%；完成货物运输量96亿吨、46176亿吨公里，年均增长3.7%、7.4%。

从运输生产结构看：传统公路客流向高铁、民航等运输方式转移特征较为明显，铁路、公路旅客周转量占综合运输的比重五年分别提高和下降20个百分点；水运优势进一步突出，货物周转量比重五年提高5个百分点，占综合运输比重达83%，占比份额进一步扩大。

从生产方式特征看：铁路运输客升货降。五年完成旅客运输量5.6亿人、2264亿人公里，年均增长14.2%、8.4%；完成货物运输量1.9亿吨、1309亿吨公里，年均下降3%、9.1%。公路运输客降货增。五年完成旅客运输量76.5亿人、

表 1　全省综合运输生产结构对比一览表

结构比例（%）		铁路	公路	水运	民航
客运量	2015 年	13.0	81.5	3.4	2.1
	2010 年	3.3	94.6	1.4	0.7
旅客周转量	2015 年	49.6	49.9	0.5	-
	2010 年	29.0	70.5	0.5	-
货运量	2015 年	1.6	61.1	37.3	-
	2010 年	2.3	60.6	37.1	-
货物周转量	2015 年	2.2	15.3	82.5	-
	2010 年	4.8	18.2	77.0	-

3515亿人公里，年均下降3.5%、3%；完成货物运输量56.9亿吨、7216亿吨公里，年均增长4.8%、6.2%。快递业从2010年的2.5亿件增长到2015年的38亿件，年均增长70%以上。内河加速转型。集装箱运输迅速发展，从2011年5.4万TEU、42.6万吨增长到2015年34.1万TEU、325.3万吨，年均增长50%以上，五年完成集装箱运量100万TEU、865万吨。民航客运快速增长。五年完成旅客发送量1.9亿人，年均增长9.5%。沿海港口平稳增长。五年完成货物吞吐量50亿吨、外贸货物吞吐量20亿吨、集装箱吞吐量9646万TEU，年均增长6.9%、8.5%和10%。

二、2015 年交通经济运行状况及特征

2015年，全省交通建设投资再创新高，运输生产缓中趋稳，港口生产艰难复苏，安全形势平稳向好，交通经济运行仍保持在合理区间运行，下行风险依然较大。

（一）交通建设投资首破千亿大关，重点项目有序推进

全省公路水运民用机场交通基础设施建设完成投资1002亿元，完成年度计划（700亿元）的143%，较上年增加82亿元、增长8.9%，投资总额首次突破千亿元大关，再创历史新高。其中，42项重点工程 完成投资373亿元，完成年度计划（282亿元）的132%；公路水运交通建设完成投资968亿元，位居全国第五、华东六省之首（参照公路水运交通固定资产投资 排名，低于四川、贵州、广东、

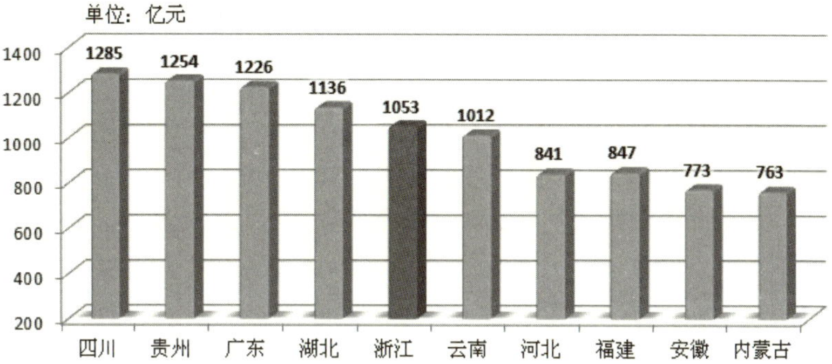

图2 2015年公路水运交通固定资产投资排名前十名情况

湖北）。

截至年末，全省公路总里程达11.8万公里，其中高速公路里程3917公里、密度3.85公里/百平方公里，居全国第四位（低于江苏4.48、福建3.96、广东3.90）；沿海港口万吨级以上深水泊位219个、居全国第三位，年货物综合通过能力达10亿吨、集装箱吞吐能力达1800万TEU，内河高等级航道通航里程1451公里；民用机场航站楼面积达49万平方米，旅客吞吐能力4600万人次，均位居全国前列。

1.从项目类型看，公路建设（含站场）完成投资820亿元，完成年度计划的148%，比上年增长10.2%。其中高速公路完成279亿元、增长40.9%，普通国省道完成228亿元、增长3.5%，农村公路受县道项目进展滞缓影响，完成投资211亿元、下降12.4%，公路站场完成55亿元、增长10.3%；水运建设完成投资147亿元，完成年度计划的130%，比上年增长1.1%。其中沿海建设完成计划的161%，内

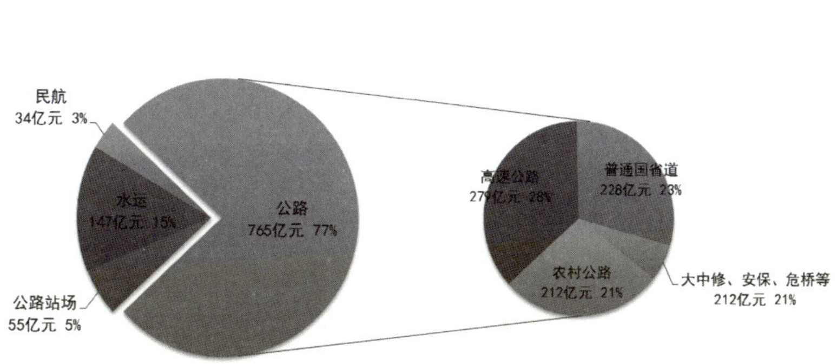

图3 2015年交通基础设施建设投资结构

河建设仅完成计划的89%，比上年增长8%；民用机场建设完成投资34亿元，完成年度计划的106%，比上年增长14.2%。

2.从重点项目看，今年计划完工的重点任务已全面完成，建成杭新景高速公路建德段、杭州绕城高速公路下沙互通至江东大桥段、杭长高速公路延伸线（吉鸿路）、杭金衢高速公路改扩建工程新岭隧道段等4项高速公路47公里（其中新建3项33.4公里、改建1项13.6公里），建成51省道遂龙线龙泉段、41省道南复线永嘉岩头至大若岩段、20省道浦江联盟至古塘段等10项普通国省道公路170公里。列入省政府十方面民生实事的“四个三千”农村公路改造提升工程（即提升等级3000公里、路面维修3000公里、安保工程3000公里、建成港湾式停靠站3000个）均超额完成年度计划的10%以上。建成衢山港区鼠浪岛矿石中转码头工程、海盐港区C区5号和6号多用途码头工程等11个万吨级以上泊位。开工建设龙丽温高速文成至瑞安段、杭绍台高速绍兴至金华段、台金高速东延段二期等项目，舟山实华二期原油码头、黄泽山石油中转码头、梅山集装箱二期码头等重大项目有序推进。

3.从投资贡献看，2015年公路水运民用机场交通基础设施建设完成投资占交通运输、仓储和邮政业基础设施建设投资（2311亿元）的43.4%，比例份额较上年进一步扩大，提高13.3个百分点；占全省基础设施建设总投资（7418亿元）的13.5%，受近年来环境及公共设施类等基础设施建设投资快速增长影响，交通建设投资份额呈现收窄趋势。

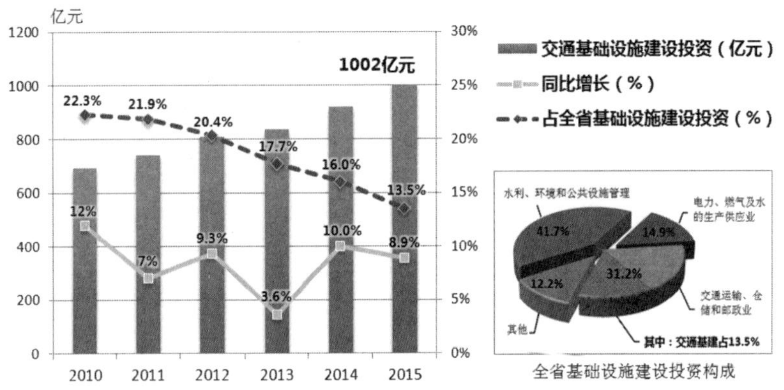

图4 交通建设历年投资情况及2015年全省基础设施建投资结构

（二）综合运输生产结构持续优化调整，客运生产基本平稳，货运生产企稳趋缓

1. 车船大型化专业化趋势明显，运力结构进一步优化

截至年底，全省拥有营运性客车2.7万辆、91.3万客位，比上年下降12.9%、9.7%；拥有营运性货车（不含牵引车）38.8万辆、279万吨位，比上年下降11.1%、1.6%，牵引车4.6万辆。拥有水上运输船舶1.6万艘、净载重吨2365.4万吨位、集装箱位2.1万TEU，分别下降8.2%、1.7%和增长7.9%。全省拥有公共汽电车3.3万辆、出租汽车4.4万辆、城市客运轮渡6艘，比上年分别增长9.6%、1.2%和持平。

营运客车受高铁、私家车快速发展和城乡客运班线公交化改造影响，总运力规模持续减小，其中县内、跨县班线最为明显，分别减少3008辆、440辆，下降24.1%、11.2%。营运货车受我省“自货自运车辆不纳入营运货车管理”新道条实施及换证管理办法影响，运力规模首现下降，但车辆大型化、专业化趋势继续保持，单车平均吨位达7.2吨、增加0.7吨。其中集装箱车73.4万吨、厢式车34.5万吨、专用货车106.2万吨，分别占总吨位的26.3%、12.4%和38%，较上年底均呈扩大趋势。营运船舶因宏观经济形势疲软造成产能过剩，大量老旧船舶拆解、淘汰，总运力规模一改往年增长态势，首现下降，但船舶大型化水平不断提升，运力结构进一步优化。内河船舶积极推进船型标准化，加速老旧船舶淘汰，特别是集装箱运输能力得到迅速发展，内河货船标箱位达3588TEU、比上年增长43.8%，其中集装箱船标箱位2751TEU、净载6.4万吨，分别增长45.8%、66.8%；海洋船舶大型化特征继续凸显，平均净载达6255万吨/艘，比上年增长3.6%，其中万吨级

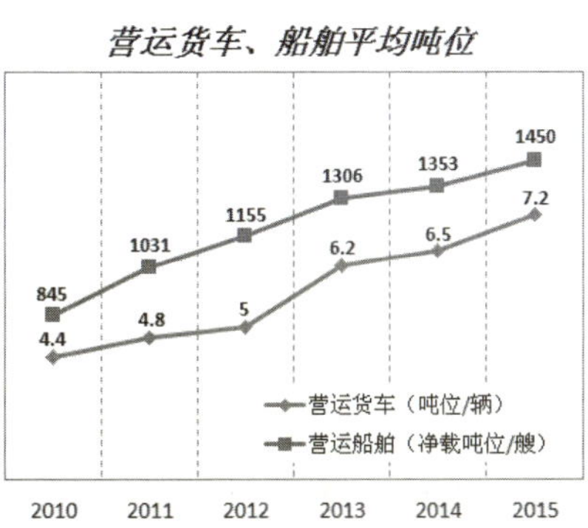

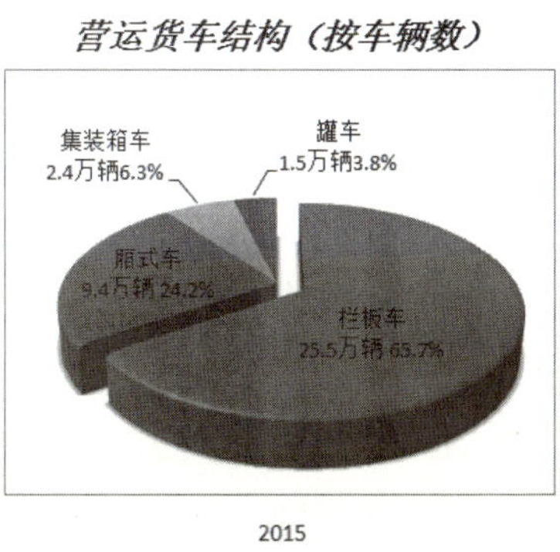

图5 营运货车、船舶平均运力变化走势及结构情况

以上海洋船舶523艘、净载1543万吨，较上年减少16艘、26万吨，占海洋总运力的76.7%。城市公共汽电车结构进一步优化，拥有清洁燃料及新能源车辆达1.3万辆，占总车辆数的39%，比上年提高8.6个百分点，拥有空调车占比达99.6%，提高0.5个百分点。

2. 客运生产基本平稳，综合运输结构持续调整

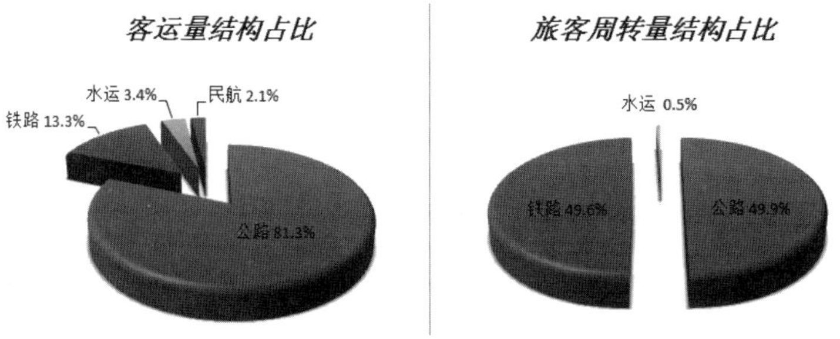

图6 综合运输客运生产结构占比

全省综合运输（铁路公路水运民航）完成旅客运输量11.3亿人、1092.5亿人公里，分别比上年下降13.8%、增长3.4%，客运生产总体保持平稳。

具体特征如下：

——铁路客运快速增长。得益于高速铁路的迅速发展，铁路客运生产形势平稳向好，全年完成旅客运输量1.5亿人、541.9亿人公里，比上年增长15.5%、9.8%。

——公路客运延续下行。受高铁替代效应及城乡客运班线公交化改造等影响，公路客运持续分化下探，完成旅客运输量9.2亿人、544.8亿人公里，比上年下降18.3%、2.4%。这与全省营运客车总运力规模不断减小的趋势及特征（趋势：车辆数和客位数下降12.9%、9.7%，特征：县内及跨县班线车辆减少尤为明显）具有一致性。从客运站场经营情况看，全省8家重点联系客运站主要指标继续下跌，班次、投入运力、旅客发送量和周转量比上年下降8.7%、6.3%、11.2%和11%。

——水路客运总体向好。随着全省加快生态建设、完善陆岛码头及水上旅游配套设施，水路客运生产形势总体向好，全年完成旅客运输量3841万人、5.8亿人公里，比上年增长7.2%、5%。受下半年台风、暴雪、寒潮等恶劣天气多发影响，以观光旅游为主的内河客运增速较上半年有所放缓，完成客运量比上年增长

2.1%、旅客周转量基本持平；沿海客运从一季度的低迷态势稳健回暖，完成客运量、旅客周转量比上年增长9.1%、6.1%。

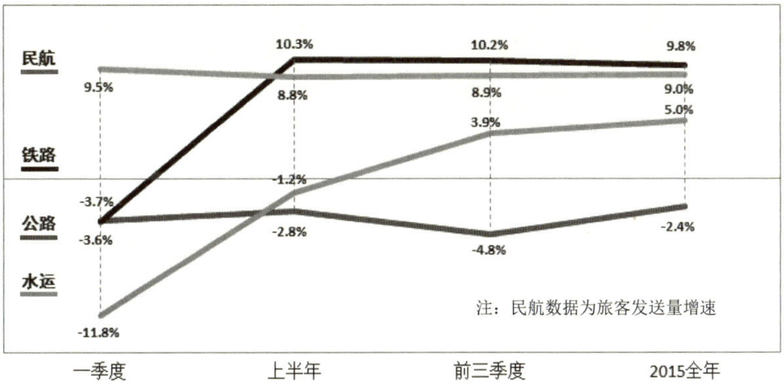

图7 综合运输旅客周转量同比增速走势

——民航运输基本平稳。七大机场完成旅客吞吐量4521万人、货邮吞吐量58.7万吨、起降38.8万架次，比上年增长9.4%、5%和7.8%，三大指标继续保持较快增长，综合排名居全国第五。其中萧山国际机场完成旅客吞吐量2835万人、位列全国第十，出入境旅客达365万人、成为全国第五大航空口岸。

——城市公共交通分担率持续扩大。全省城市公共交通完成客运量54.7亿人次，比上年增长1.6%，设区市市区公交分担率达到25.2%。其中公共汽电车完成客运量38.8亿人次，增长2.6%；城市轨道交通（地铁）完成客运量2.6亿人次，增长64.3%。

总体来看，综合客运生产结构更趋合理，组合效益进一步凸显。铁路、民航运输比较优势进一步释放；公路在中长途运输中的传统优势正逐步向高铁等高等级运输方式倾斜，县内、跨县客运班线向公交化运营模式转变步伐持续加快，运输服务更加机动、灵活；内河客运休闲观光和沿海客运交通功能更加明显，客运出行的多层次、多样化需求得到更大满足。

3.货运生产总体放缓，增长形势不容乐观

全省综合运输（铁路公路水路）完成货物运输量20.1亿吨、9869亿吨公里，比上年增长3%、3.4%，货运生产总体小幅增长，增速趋缓。从运输结构看，公路水运承担了约98%的物资运输，而铁路作为大宗物资中长途运输的重要方式之

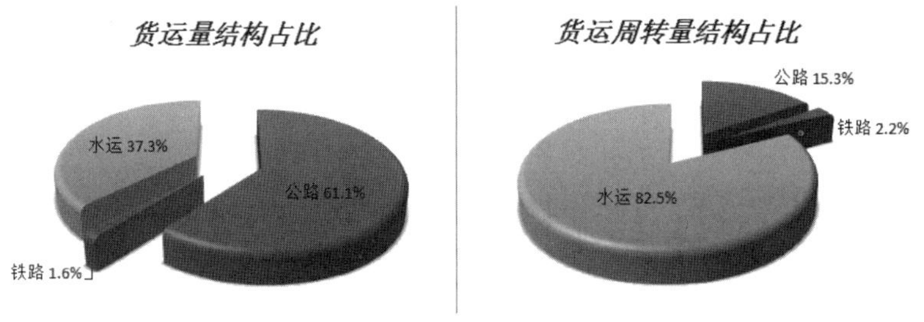

图8 综合运输货运生产结构占比

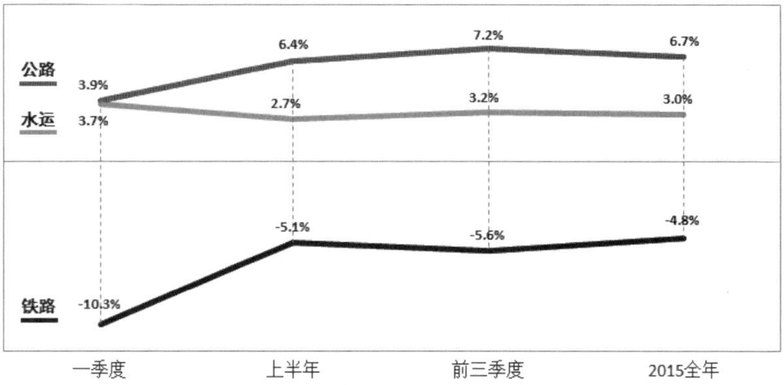

图9 综合运输货物周转量同比增速走势

一，比较优势仍未充分释放（仅占2%左右）。水路运输中以海运为主，内河货运量及周转量分别占水运总量的27.5%、3.5%，份额呈持续减小态势（2010年占比42.3%、6.9%）。

具体特征如下：

——铁路货运延续下跌，降幅收窄。完成货物运输量3332万吨、212.4亿吨公里，比上年下降6.1%、4.8%，降幅大幅收窄。（2014年下降12.1%、17.5%）

——公路货运低开稳走，保持增长。完成货物运输量12.3亿吨、1513.9亿吨公里，同比增长4.7%、6.7%，全年呈现“低开、稳走”态势，但受宏观经济形势疲软影响，总体较上年增速有所放缓（2014年同比增长9.2%、7.4%）。从重要货运枢纽看，下行压力依然较大。全省10家重点联系货运站场车流量比上年下降0.5%，其中杭州传化物流车流量下降2.6%、义乌国际陆港车流量下降5.5%。

——水路货运全面放缓，形势严峻。完成货物运输量7.5亿吨、8142.6亿吨公里，比上年增长0.7%、3%，总体保持小幅增长。内河运输加速结构转型，完成集装箱运量34.1万TEU、325.3万吨，比上年增长36%、52.9%，但受杭嘉湖地区深化矿山综合整治影响，以矿建材料等为主的内河传统货源持续萎缩，货运总体延续下跌，完成货运量、货物周转量下降8.4%、6%，其中杭州下降12%、12.3%，嘉兴内河分别增长1.8%、下降2%，湖州与上年基本持平。海洋运输受宏观经济疲软影响，总体生产形势不容乐观。2015年波罗的海综合运价指数（BDI）总体低迷，海洋运输增长后劲疲软乏力。特别是占全省总量近1/4的省海总、省远洋公司运输生产形势日趋严峻，完成货物周转量下降7%。其中，沿海运输在前5月出

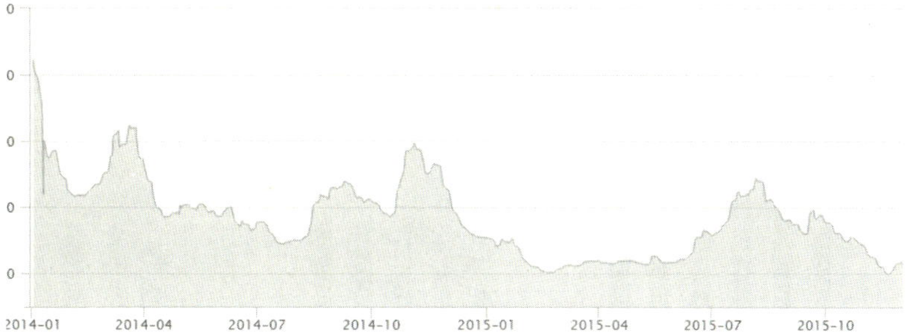

图10 波罗的海干散货运价指数（BDI）走势

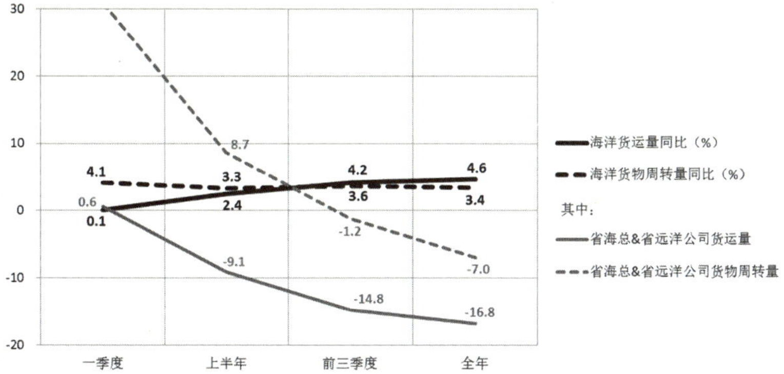

图11 2015年海洋货运生产同比增速变化走势

现“十二五”以来首次下降，至6月底与上年同期基本持平、止跌向涨，全年完成货运量、货物周转量同比增长5%、5.3%，变化趋势上虽表现出稳健回暖态势，但增长后劲仍显不足；远洋运输完成货运量同比增长0.2%、货物周转量同比下降1.3%。

在全国宏观经济形势普遍放缓的大背景下，我省运输生产总体趋缓，但与兄弟省份的比较优势仍较为明显。我省完成公路水路货物周转量增速均高于全国水平（全国分别下降5%、1.1%），其中，公路货物周转量增速居华东六省第一位（高于江苏4.8%、福建4.7%、山东2.9%、江西-1.6%、安徽-36.1%）、全国各省区第四位；水路货物周转量增速居全国八大沿海省份第四位（福建17.6%、山东12.4%、河北4.8%、广东0.9%、辽宁-0.2%、海南-21.8%，江苏-27.2%）。

（三）沿海港口集装箱吞吐量继续保持良好增长态势，货物吞吐量增速趋缓

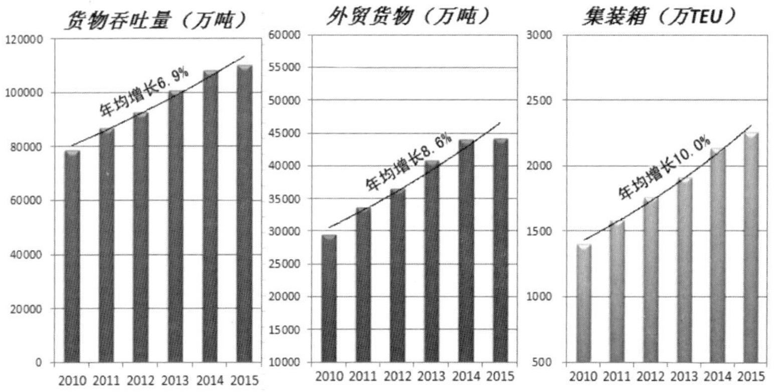

图12 沿海港口生产变化走势

全省沿海港口完成集装箱吞吐量2257万TEU，比上年增长5.7%，总体上保持良好增长态势；完成货物吞吐量11亿吨，比上年仅增长1.6%，增速趋缓。宁波舟山港完成货物吞吐量8.9亿吨，比上年增长1.8%，总量连续七年居世界首位。具体特征表现如下：

1.**集装箱吞吐量实现平稳增长**。在经济软着陆及外贸形势不佳的压力下，我省沿海港口集装箱吞吐量依然实现平稳增长。特别是，宁波舟山港完成集装箱吞吐量实现连续突破，完成2063万TEU，继2014年底超过韩国釜山港后，2015年再超香港，跃居世界第四位。国际航线完成集装箱吞吐量1720万TEU、增长7.4%，国内航线与内支线完成集装箱吞吐量537万TEU、增长0.5%。在国际航线完成集装箱吞吐量中，北美航线413万TEU、增长22.4%，非洲航线完成96万TEU、增

长8.2%，亚洲航线完成721万TEU、增长4.8%，南美航线92万TEU、增长2.9%，欧洲航线完成330万TEU、增长1.2%，大洋洲航线完成45万TEU、下降3.2%。

2.*货物吞吐量增幅明显回落*。沿海港口货物吞吐量增速较2014年回落5.9个百分点，是我省沿海港口十年多以来货物吞吐量增速最低的一年。从2004年以来港口货物吞吐量增速分析，2004-2006年保持在20%左右快速增长，2007-2011年保持在10%以上较快增长，2012-2014年连续三年增速跌破二位数，降至8%左右的中速增长，2015年沿海港口货物吞吐量仅增长1.6%，增速大幅趋缓。同时，伴随着2015年国内外贸形势陷入萎靡（2015年我省外贸进出口总额同比下降1.1%），我省沿海港口外贸生产深度低迷，全年完成外贸货物吞吐量4.4亿吨，比上年仅增长0.3%。

3.*大宗物资吞吐量增长乏力*。受港口腹地经济持续低迷、社会经济结构调整转型、节能减排政策等诸多因素影响，腹地对大宗散货需求有所放缓，导致港口煤炭吞吐量出现大幅下跌，金属矿石吞吐量首现下降，大宗物资吞吐量增长乏力，直接导致沿海港口货物吞吐量增速大幅回落。2015年沿海港口完成煤炭

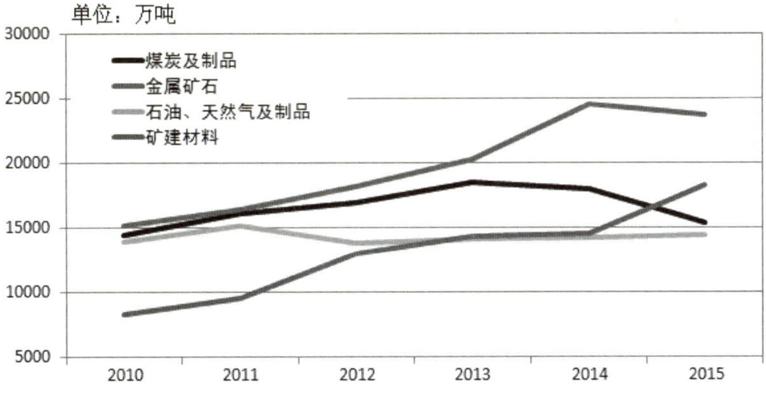

图13 沿海港口大宗物资吞吐量变化情况

吞吐量1.5亿吨，比上年下降14.6%，已连续两年下降；完成金属矿石吞吐量2.4亿吨，比上年下降3.2%，金属矿石吞吐量从以往的二位数较快增长变为2015年的负增长，且下行趋势更为明显；完成石油及制品吞吐量1.4亿吨，比上年增长1.3%，延续了以往的小幅增长态势。

（四）干线公路通行不断攀升，ETC 成效进一步扩大

全省高速公路车流量累计达4.6亿辆次、日均125万辆次，比上年增长8.3%。其中客车3.4亿辆次、货车1.2亿辆次，分别增长10.2%、3.4%；高速公路通行费收入达270亿元、比上年增长5%，日均每公里通行费收入1.9万元、比上年增长3.9%；高速公路计重收费车流量达1.1亿辆，占货车总量的93.3%，计重车货总重18.5亿吨、收费总额127.9亿元，比上年增长2.9%、2.5%。根据全省交通量调查成果，高速公路断面日均当量3.6万辆，比上年增长2.9%；普通国道断面日均当量2.5万辆，比上年下降1.6%；普通省道断面日均当量1.6万辆，比上年下降0.7%。

1.从ETC成效看，用户总量突破百万户。在全国率先实现省界主线收费站ETC“二通道”全覆盖，率先实现ETC按实际行驶路径收费。截至年底，全省共拥有ETC车道808条，规模居全国前列；ETC用户总量达111万户，车流量达8012万辆次，比上年增长34.9%;ETC通行费收入达29.2亿元，占通行费总额的10.8%，比上年增长36.8%；ETC通行率达27.2%，比上年提高4.7个百分点。

2.从服务水平看，干线公路容量仍显不足。我省国省道干线公路断面日均交通量居全国第二、华东六省之首，仅低于广东（排名参照2014年交通运输部公布数据）。高速公路平均交通拥挤度为0.57，总体表现为“畅通”，其中杭州绕

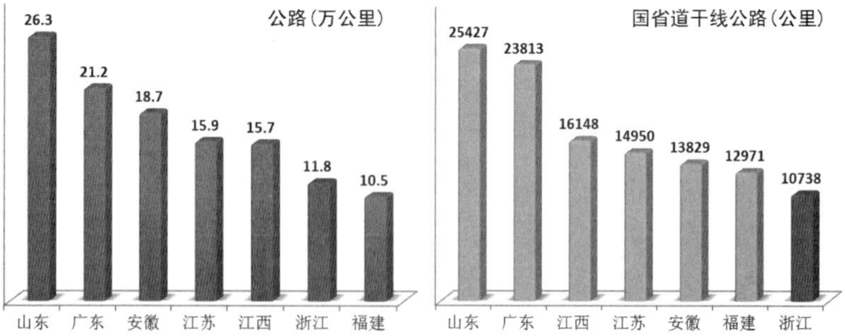

图14 2015年华东六省及广东省公路里程对比情况

城高速公路G2501拥堵状况较为严重，拥挤度达1.36；北仑支线S1较为拥挤，拥挤度为0.94。普通国道、省道拥挤度分别达0.94和0.83，道路服务水平虽较上年略有好转，但整体水平不高，分别表现为“拥挤”“一般”。对比公路网规模，我省公路总里程及国省道干线公路里程在华东六省及广东省中分别排第六位和

末位，相比于持续高位运行的通行量，现有路网规模尤其是干线公路容量仍显不足。

（五）平安交通主要指标实现八年连降

连续八年坚持开展“安全生产规范年”活动，扎实推进安全生产攻坚、安全生产隐患大排查大整治、港口危化品安全生产专项整治、公路综合治超、道路运输平安年等专项行动，“两客一危”重点车辆联网联控安装率达99.92%、入网率达99.24%，均居全国前列。完成世界互联网大会等交通安保工作和重大节假日小车免费通行、防台及雨雪冰冻灾害应急保畅任务，全年交通安全形势总体稳定。2015年全省共发生道路水路运输死亡事故247起、死亡274人，同比下降12.7%、14.4%，实现连续八年下降，年均降幅达6.4%、6.9%。

三、2016 年全年交通经济运行趋势预测

从国际看，2016年世界经济仍将维持在低利率、低通胀、低增长、高负债的“三低一高”态势，复苏动力依然乏力。国际货币基金组织预计，2016年世界经济将遭遇连续第五年国际贸易增长低于趋势线，增长2.9%，略高于2015年水平；世界贸易组织预计，2016年全球贸易量将增长2.8%，仍低于过去20年5%的平均水平。从国内看，我国经济发展进入新常态，并持续处于结构转型、动力转换的关键期，但国民经济基本面总体向好、改革红利逐步释放以及中央“稳增长”的工作重心，预计2016年全国经济仍将保持平稳增长。从我省看，随着参与国家“一带一路”、长江经济带等重大战略实施，各项改革不断深入，传统产业转型升级步伐加快，新型新业态持续涌现，经济提振效应不断增强。结合宏观经济形势，预计2016年全省交通经济运行走势如下：

（一）交通基础设施投资保持“稳增长”

2016年浙江交通将启动实施“万亿交通工程”，其中全省公路水运民用机场交通建设计划完成投资850亿元，比2015年计划投资增加150亿元，增长21%，预计全年实际投资总额仍能保持在千亿以上，实现平稳增长。但受交通建设成本加大、筹融资愈发困难等因素影响，投资实现大幅增长的难度仍然较大。

（二）综合客运格局继续整合优化

综合客运量受私家车等自主出行方式快速发展影响，总体将延续下行，周转量得益于运距优势仍保持小幅增长。随着高铁网络日趋完善，特别是金丽温高铁等客运专线对客流集聚效应逐步显现，带动全省综合客运格局不断整合优化。预计铁路客运量增速将保持在15%左右；公路客运量向铁路运输及公交化改造运营的转移特征将持续显现，降幅约为5%~7%；水路客运受惠于观光游、海岛游等需求旺盛，生产形势继续向好，预计增长5%以上；民航客运预计保持在10%以上较快增长。

（三）货运生产总体呈现中低速增长

全省货运生产总体平稳向涨，但受产业结构深度调整、生产结构全面转型等因素影响，运输生产难以实现大幅增长。预计综合货运将维持3%~5%的小幅增长，其中以煤炭、铁矿石等传统大宗物资运输为主的铁路货运受货源内需外贸需求不振、高附加物资挤压等影响持续下跌，预计降幅在5%左右；公路货运呈现平稳回暖，预计完成货物周转量维持5%~6%的中低速增长水平；水路货运受区域性政策及宏观经济艰难复苏影响，总体将保持3%~4%左右低位增长，但集装箱运输迅速发展的势头将继续得到延续。其中内河货运受房地产市场回暖以及重大国际活动等利好拉动，将实现止跌见涨。海洋货运预计与今年增速基本持平，增幅在3%-4%左右。

（四）沿海港口生产缓中趋稳小幅增长

受制于国内外宏观经济增长持续疲软，2016年煤炭、矿石等大宗商品价格继续波动下行的可能性较大，石油及制品吞吐量有望回暖，我省沿海港口增长仍显乏力，预计总体将延续2015年小幅增长的生产态势，货物吞吐量维持在2%左右增长。受深入落实稳定外贸增长和实施“一带一路”战略影响，外贸货物生产总体将表现出艰难复苏迹象，预计全年吞吐量增速将突破2%（2015年仅增长0.3%），集装箱生产缓中趋稳，预计全年吞吐量维持在6%~7%左右的中速增长。

附表：2015 年浙江交通主要统计指标一览表

指标名称	计算单位	2015 年达到数	2014 年达到数	2015 年比上年增减 %
一 、交通固定资产投资（含民用机场）	亿元	1086.9	992.0	9.56
其中：公路水运固定资产投资	亿元	1052.8	962.2	9.41
1. 交通建设投资	亿元	1001.8	919.7	8.92
公路建设投资	亿元	820.4	744.3	10.24
水运建设投资	亿元	147.3	145.6	1.09
民用机场建设投资	亿元	34.1	29.8	14.20
2. 交通运输企业更新改造投资	亿元	82.8	69.7	18.86
公路运输业	亿元	60.4	53.9	11.97
水上运输业	亿元	22.4	15.7	42.48
二 、公路里程	公里	118015	116367	1.42
其中：国道里程	公里	4356	4325	0.73
省道里程	公里	6382	6364	0.28
县道里程	公里	29413	29162	0.86
乡道里程	公里	19293	19159	0.70
专用公路	公里	669	669	0.00
村道里程	公里	57902	56689	2.14
公路里程中				
等级公路	公里	115568	113730	1.62
其中：高速公路	公里	3917	3884	0.86
一级公路	公里	6018	5679	5.97
二级公路	公里	10041	9819	2.26
等级公路所占比重	%	97.93	97.73	—
二级以上公路所占比重	%	16.93	16.66	—
公路密度	公里/百平方公里	115.93	114.31	—
乡镇数量	个	920	924	—
公路通乡率	%	100	100	—
行政村数量	个	28216	28526	—
不通公路行政村	个	79	96	—
公路通村率	%	99.72	99.66	—
三 、内河航道通航里程	公里	9769	9769	0.0
其中：一级航道	公里	14	14	—
二级航道	公里	12	12	—
三级航道	公里	239	225	6.5
四级航道	公里	1186	1190	-0.4
五级航道	公里	487	476	2.4
六级航道	公里	1581	1591	-0.6
七级航道	公里	1473	1473	—
等外航道	公里	4777	4788	—
四、沿海港口泊位	个	1175	1094	7.4
年货物综合通过能力	万吨	100701	96210	4.7
其中：集装箱吞吐能力	万 TEU	1430	1423	0.5

指标名称	计算单位	2015 年达到数	2014 年达到数	2015 年比上年增减 %
其中：万吨级以上	个	219	208	5.3
内河港口泊位	个	3388	3596	-5.8
年货物综合通过能力	万吨	36850	36800	0.1
五、公路营业性运输汽车	辆	414104	466311	-11.2
其中：载客汽车	辆	26587	30517	-12.9
	客位	912585	1010836	-9.7
载货汽车（不含牵引车）	辆	387517	435794	-11.1
	吨位	2790464	2836024	-1.6
六、水路运输船舶	艘	16316	17781	-8.2
净载重量	吨位	23654116	24053074	-1.7
1. 机动船	艘	16241	17447	-6.9
净载重量	吨位	23631797	23988753	-1.5
载客量	客位	81257	78133	4.0
总功率	千瓦	6352236	6568896	-3.3
其中：客船	艘	1314	1285	2.3
载客量	客位	79278	76154	4.1
功率	千瓦	274651	263954	4.1
货船	艘	14857	16069	-7.5
净载重量	吨位	23622801	23980744	-1.5
功率	千瓦	5968557	6191469	-3.6
2. 驳船	艘	75	334	-77.5
	吨位	22319	64321	-65.3
七、全社会客货运输量				
1. 全社会旅客运输量	亿人	11.33	13.15	-13.8
	亿人公里	1092.53	1056.99	3.4
公路客运	亿人	9.23	11.29	-18.3
	亿人公里	544.76	558.06	-2.4
水路客运	亿人	0.38	0.36	7.2
	亿人公里	5.84	5.56	5.0
铁路客运	亿人	1.48	1.28	15.5
	亿人公里	541.93	493.37	9.8
民航客运	亿人	0.236	0.217	13.3
公路运输所占比重	%	81.46	85.88	—
	%	49.86	52.80	—
水路运输所占比重	%	3.39	2.72	—
	%	0.53	0.53	—
2. 全社会货物运输量	亿吨	20.07	19.49	3.0
	亿吨公里	9868.98	9548.09	3.4
公路货运	亿吨	12.25	11.71	4.7
	亿吨公里	1513.92	1419.43	6.7
水路货运	亿吨	7.48	7.43	0.7
	亿吨公里	8142.64	7905.64	3.0
铁路货运	亿吨	0.33	0.35	-6.1
	亿吨公里	212.42	223.02	-4.8
公路运输所占比重	%	61.07	60.07	—
	%	15.34	14.87	—
水路运输所占比重	%	37.27	38.11	—

指标名称	计算单位	2015 年达到数	2014 年达到数	2015 年比上年增减 %
	%	82.51	82.80	—
八、沿海港口货物吞吐量	亿吨	10.99	10.82	1.6
集装箱吞吐量	万 TEU	2257	2136	5.7
其中：宁波 - 舟山港	万吨	88929	87346	1.8
温州港	万吨	8490	7901	7.5
台州港	万吨	6237	6049	3.1
嘉兴港	万吨	6273	6880	-8.8
九、内河港口货物吞吐量	万吨	28206	30894	-8.7
其中：杭州港	万吨	9372	10084	-7.1
湖州港	万吨	8052	8487	-5.1
嘉兴港	万吨	8586	10110	-15.1

浙江省教育服务行业发展情况

浙江省教育厅

一、2015 年教育服务行业发展情况

2015年，全省教育系统广大干部群众坚持以党的十八大和十八届三中、四中、五中全会精神为指导，认真贯彻习近平总书记系列重要讲话，全面落实中央和省委省政府各项教育改革发展要求，主动担责，积极尽职，大力深化改革，切实维护公平，不断提高教育质量，各项工作和发展继续取得新的进步和成绩。

（一）教育综合改革有新拓展

积极推动课程改革向职业教育、义务教育领域延伸。全省参与课改的中职学校已有242所（不含技工学校、成人中专），占学校总数的93.8%，其中整体推进学校达到170所。现代学徒制探索在一些地方和学校有了实质性启动，全省有3个设区市和8所职业学校被列入国家试点。出台深化义务教育课改的指导意见，提出完善课程结构、加强课程建设、改进课程实施、变革教学方法、深化评价改革等5方面具体要求，重点推进学校适应不同年龄段学生特点，开发建设内容逐步深化的拓展性课程。深化普通高中课改，引导学校选修课建设朝着系统化方向

推进，省级新开发上线选修课网络课程167门，使全省选修课网络课程总数达到1073门，总访问量突破725万人次。适应高考招生制度改革需要，必修课分层走班渐趋普遍化，同时及时指导各地防范出现新的应试教育倾向。资助全省公办普通高中学校启动建成创新实验室140个。指导和督促高校开展课堂教学创新行动，落实对学生学业的严格管理。

深化考试招生制度改革。高考招生制度改革有序落地，完成公布2017年在浙招生1368所高校、2.37万个专业的选考科目、单独考试招生有外语要求的专业（类）；首次实施高职提前招生试行“一档多投”，15所高职院校录取4251人；顺利实施首次学考选考工作，全省涉及考生24.9万名、57.48万科次。推动各地完善中考招生制度，严格规范特长生和推荐生考试招生，探索学生综合素质评价纳入中考升学的重要参考。加大监督检查力度，小升初不进行学科知识考试工作成果得到巩固。完善中高职“3+2”和五年一贯制人才培养模式，增加职业教育“中升本”“专升本”招生规模，实际录取学生分别达到2900余人和7000余人。推动各地深化民办教育改革，温州、宁波等地进一步完善政策措施，鼓励引导社会力量参与兴办高质量民办教育。

推进教育对外开放，目前全省高校新开设全外语课程2725门、双语课程2351门，分别比上年增长6.4%、17.43%。在我省高校就读海外留学生达到25608人，同比增长7.5%，占我省全日制在校生总数的比例达2.46%。其中，学历生11423人，同比增长22.2%。新审批本科及以上中外合作办学项目4个、高职高专项目7个。新设立和获准举办海外孔子学院3所。

（二）育人工作取得新进展

经积极筹划，省委先后召开全省高校思想政治工作会议、全省中小学育人工作座谈会，夏宝龙书记到会讲话，对教育系统对全社会育人工作做出部署，提出要求。我厅围绕贯彻两次会议精神，全面推进育人工作。面向高校，会同省委宣传部出台高校思政理论课改革实施方案，从拓展教学内容体系、优化教学组织形式、强化师资队伍建设、提升学科建设水平等方面探索进行思政理论课改革；实施“百校联百镇”，推动高校思政教师走进基层，增长才干；会同省委宣传部、团省委部署开展百所高校结对县（市、区）暨百万大学生走进基层、走进群众“双百双进”活动；深化高校文明寝室建设工作，已在8所高校建立社区制、书院制管理机制，30491名干部教师建立与文明寝室联系制度。面向中小学，从加强作风建设入手，提出3方面12项要求，促进各地各学校关心了解国家和省里大事、党委政府中心工作，积极贯彻落实上级部署和要求；研究制订新时期全面加强中小学德育工作若干意见；加强和改进中小学时政教育，推进校园时政宣传栏建设，运用新媒体组织开展面向全体教师和学生的时政知识竞赛，吸引全省152万师生踊跃参加。对省编地方德育教材进行修订。举办首届高校“大学生戏剧周”活动和高校及中小学艺术节，多形式倡导和推动全省学校广泛传唱《大禹纪念歌》。启动开展首届中小学生游泳联赛、首次“面向人人”中职技能项目比赛。

（三）教育科学和谐发展进一步提升

1. 高标准普及十五年教育取得新成效。全省所有县市区全部通过国家义务教育发展基本均衡县评估认定，我省成为全国首批5个获得全面评估认定的省市之一。首批评估确定了13个县市区为省基本实现教育现代化县。遴选11个基础教育最为薄弱的重点县加强指导和督促，11个县三年计划投入48亿元，已完成投入21.93亿元，着力抬高基础教育“底部”。在全省实施薄弱学校改造工程，建成项目251个，完成投资27.61亿元。指导和推动农村自然小班学校开展小班化教育，全省已有近500所农村自然小班学校开展小班化教育试点，覆盖面达到50%以上。以信息化助推教育提升发展，全省已基本实现“宽带网络校校通”，为中小学新增配备计算机9200台、班级多媒体1500套，为31个相对薄弱县市区小学配备移动学习终端及配套数字资源12000套。完善了义务教育阶段农村留守儿童关爱和教育工作的措施。

2. 各类教育协调发展。加强学前教育发展，督促推进无证幼儿园整治工作，全省已基本消除“无证园”。多形式促进幼儿教师参加取证培训，全省幼儿教师持有教师资格证比例达到84.9%。提出并开始落实幼儿园非在编教师人均年收入不低于当地社会单位在岗职工平均工资问题。收集并编写游戏课程，推进幼儿园游戏活动。提升特殊教育发展内涵，新增建成特殊教育资源教室150个，职教实训基地13个，探索依托普通学校布点建设特教卫星班18个。推进高中段教育普职融合，出台推进普通高中和中职学校学生相互转学的规定，在普通高中选修课中加强职业技能课程开发开设，在中小学校推进劳动教育，在中职学校加大文化知识培养。新评估认定省一级普通高中特色示范学校28所、省一级中职学校5所。

3．高等教育在服务经济社会发展中发展能力进一步提升。省政府出台推动高等教育新一轮发展的政策。启动实施重点高校建设计划，首批遴选5所重点建设高校。促进本科高校加强应用型建设，已有42所高校主动申报应用型高校建设试点，在此基础上遴选10所院校进行示范性建设。开展独立学院发展调研，研究制订促进独立学院发展意见。首批选取5所高职院校6个优势专业进行四年制人才培养试点。不断加强高校重点学科和优势特色专业建设。全省已有32个学科进入ESI排名前1%，其中省属高校进入排名前1%的有14个学科，比上年增加了6个学科。加大专业调整优化力度，高校调整撤销专业33个。浙江音乐学院等5所高校申请去筹、更名、升本、转设顺利通过国家评议，实现“满堂红”。支持和促进高校及大学生投身大众创业、万众创新，推进高校全面建设创业学院。据调查，我省2014届大学毕业生1年后的自主创业率突破5%。加强产学研联盟工作，全省13个高校产学研联盟中心联合企业申报各类政府项目105个，争取到项目经费1.53亿元；促成校企合作项目339个，落实合作经费1.36亿元，建立校企共建实践基地59个。启动开展高校科技经纪人试点，会同省科技厅完成高校经纪人培训360余人。

（四）教师队伍建设取得明显成效

启动11个省级重点中小学教师培养基地建设，全面推进教师发展学校建设，探索构建高校、地方政府和中小学校协同全过程参与师范生培养机制，全省已建有教师发展学校937所。扩大“三位一体”师范专业招生，录取考生599名。加大小学全科教师定向招生培养力度，19个县实际录取考生147名。落实中小学教师专业发展培训自主选择权，全省参加自主选课教师达到115.9万人次，已完成培训并获得相应学时教师达到82.7万人。完成中小学各类骨干教师省级培训5859名。着手启动中小学教师信息技术应用能力提升工程试点。确定建立职业学校新招聘非师范类大学毕业生入岗前先用一年时间参加“师范教育+企业实践”的见习培训制度。组织开展建设150个中小学名师网络工作室。争取到国家留学基金委提供全额奖学金，支持我省单独组织96名高校教师赴海外开展教育教学法研修，新录取159名高校优秀中青年骨干教师出国研修。推进高校普遍建立教师发展中心，开展青年教师助讲培养，新进校教师参与助讲培养的比率达到97%。首次组织在省委党校对公办高职高专院校和民办高校、特色示范普通高中书记校长进行培训。

（五）学校管理进一步规范提升

全省公办高校大都完成章程制订工作。制订推进公办中小学章程建设的指导意见，4031所公办中小学完成章程制订，占公办中小学总数的81%。出台中小学校“美丽校园”创建活动指导意见。督促文化校园建设试点高校加大工作力度。推动高校学生事务中心进一步丰富服务内容，提升服务水平。从严规范办学，全省所有县市区均向社会公布实现公办义务教育学校招生零择校。严格对义务教育公办学校接受捐赠的管理，明确规定捐赠不得强行摊派，不得以任何形式与学区划分、招生入学相挂钩。把校园安全稳定工作放在首要位置，在全省中小学全面推进建立心理危机识别与干预制度，依标准排查心理高危学生，并一一落实干预措施。组织开展“中小学生安全千万家”教师家访活动，以外来务工人员子女和农村留守儿童为重点，今年暑假前后全省23万余名教师走访了385万余名学生家庭。全省中小学生非正常死亡比上年下降了14%。认真开展“百日维稳”工作，深入做好各类安全稳定隐患排查整治工作，突出加强高校继续教育校外办学点、实验室危险品的监管，重点加强少数民族学生、留学生的教育管理和服务，加强校园防范宗教渗透工作。新完成25所高校等级平安校园的实地考评工作。

（六）积极为民办实事

全面完成去年年初布置的十方面教育为民办实事项目。新建成义务教育标准化学校766所，全省标准化中小学校比例达到88%。完成建设3493所中小学校加热保温饮水设施，全省义务教育学校加热保温饮水设施覆盖面达到99%。启动实施中小学校塑胶跑道建设工程，改造建成中小学校塑胶跑道运动场地项目916个，完成投资12.8亿元。首次资助引进30名外籍教师到偏远地区中小学校任教。

（七）制订完成各类教育规划

在充分调研的基础上，认真编制“十三五”教育规划，全省教育事业发展总规划和高等教育、职业教育、特殊教育、教师队伍建设、教育信息化等5个子规划已完成并陆续发布。明确了今后5年教育发展的基本思路、工作原则和主要目标，筹划设计了一系列重大措施、工程和项目。经过五年的努力，全面完成了“十二五”规划确定的各项主要目标任务，15年教育普及率达到98.47%，高等教育毛入学率达到56%，教育改革、教育公平在全国产生重大影响，浙江教育继续走在全国前列。

二、2016 年教育服务行业展望

2016年，我们将紧紧围绕中央和省委关于十三五规划的建议，全面贯彻创新、协调、绿色、开放、共享的发展理念，坚持以问题为导向，进一步深化教育改革，提升教育质量，深入实施全省“十三五”教育事业发展规划及其子规划，重点从补短板、扬长项、夯基础、强作风四个方面入手，全面做好各项教育工作。

（一）补短板，抬高发展底部

强化立德树人。全面贯彻落实好全省高校思想政治工作会议和中小学育人工作会议精神，使政治意识、政权意识、阵地意识和践行社会主义核心价值观在教育系统转化为实实在在的行动和措施。在高校，重点推动思想政治理论课程改革，强化专业课育人责任和功能，建立并落实教师每月政治理论学习和研讨制度，完善干部教师经常性进学生公寓和寝室制度，深入开展“双百双进”“百校联百镇”等活动，组织师生多形式走向社会、亲近民众、认知国情。在幼儿园和中小学，切实加强美育教育、劳动及实践教育，中华传统文化教育，开齐开好德育、艺术、体育课程，打造德育精品课程和学科德育精品课程，用好省编地方德育教材，建好校园时政宣传栏，着力培养学生的文明习惯、认知能力、家国情怀、公民责任和理想志向。加强大中小学学生体质状况监测通报工作，试点开展中小学艺术素养监测。改善家校互动和合作机制，加强家校委员会建设，用心办好家长学校，完善教师家访制度。

高标准普及15年教育。推动学前教育上等级，切实巩固消除无证幼儿园成果，把幼儿园教师持证率提高到90%以上，等级幼儿园比例提高到85%以上，大力发展普惠性幼儿园。着力抓好义务教育薄弱学校改造工程和中小学校标准化学校建设，严把“标准”关。认真解决城镇学校“大班额”问题。着力提升乡村教育质量，一方面把确需保留的学校下功夫办好，另一方面在妥善解决学生吃住行困难的前提下，有序调整生源难以为继的学校和教学点，确保所有的农村学生都能接受到较高质量的教育。继续推进高中学校特色化、多样化办学。督促和支持11个基础教育重点县按计划完成建设任务，启动实施第4轮教育对口帮扶工作。

进一步提高15年教育质量。推动各地各学校聚焦课程、教材、课堂和教学方法，积极推广小班化教学和个性化教育，基本实现农村自然小班学校实施小班化教学全覆盖。坚持不懈地强力推进中小学生减负工作，严格落实取消小学低年段区域性“统测”，一年级新生“零起点”教学，降低小学低年级语文和数学教学要求等规定。加强对中小学生作业管理，坚决纠正作业过多、过难以及需要家长代做作业等现象。着手整治“阴阳课表”等问题。

深化产教融合，完善现代职业教育体系。加大探索推进“校企合作、双元育人”工作力度，支持建设“校企合作共同体”、示范性职业教育集团，以及共建实习实训平台。鼓励各地职业学校进行现代学徒制试点，开展“双证融通、两考合一”试点。扩大和加强社会培训。继续开展中高职衔接、中职和本科衔接人才培养试点，完善“3+2”和五年一贯制人才培养模式，适当扩大四年制本科职业人才培养规模和专业范围。

积极提升高等教育水平。加强重点高校建设，制订评估考核办法。全面启动本科院校的一流学科和优势特色专业建设，职业院校的“名校名师名专业”建设。积极推动绝大多数本科院校加强应用型高校建设，发挥示范建设院校的引导作用。促进独立学院加快规范设置，启动省级先期评估验收，并参照民办高校落实扶持政策。推动高校全面加强教学管理，把从严管理和关心帮助贯穿始终，打好加强教学组合拳，切实做好教学业绩考核、教学质量巡查诊断、校（院）长教学述职、高校学生毕业后就业和职业发展跟踪调查等工作。强化高校服务创新驱动、“一带一路”等国家战略和我省“五水共治”“四换三名”、特色小镇以及7大万亿产业等重大举措的意识和责任，提升协同创新中心、产学研联盟建设的水平和影响力，落实各项鼓励高校和科研人员参与创新创业的政策，发展壮大科技经纪人队伍。着眼于引导和促进高校特色发展、错位发展，按照综合性、多科性和研究型、教学研究型、教学型的二维结构思路，探索开展对高校的分类管理。

加强继续教育、终身教育。加快各类教育相互衔接贯通的平台和制度建设。深化成人（社区）学校标准化建设，支持社会化培训机构参与继续教育和终身教育。完善自考制度，依托电大系统加快建设学分银行，促进形成不同类型教育成果登记、认同、转化制度。推动发展老年人教育，鼓励各类高校和职业教育学校多形式开展老年教育。

（二）扬长项，扩大发展优势

大力深化以选择性教育思想为指导的中小学课程改革。做实做深普通高中课程改革，增强选修课程与必修课程开发开设的关联性、系统性，鼓励与高校合作建设和开设大学先修课程，共建创新实验室，推广建设学科教室，全面落实必修课分层走班教学和选修课分类走班教学，完善生涯规划教育和指导，优化学生管理机制。推进中职学校和义务教育学校全面开展课程改革。在中职学校进一步健全学生选课程、选专业、选直接就业或继续升学的机制，着力提升核心课程水平，丰富优化选修课程，启动进行文化课程及教材改革，强化做中学、学中做，深度推行理实一体教育。推动普高、职高加强合作，互相开放共享课程及资源。在义务教育学校按学生认知特点，循序渐进、科学合理地开发开设拓展性课程，小学侧重行为习惯和兴趣爱好，初中侧重品格和学习能力。组织幼儿园开发建设游戏课程，推广生动多样的游戏型教育。以课程改革带动和促进中小学课堂改革和评价、管理、机构设置等各方面的改革。

以开展创新创业教育为突破口，深入改革高校人才培养模式。加大课堂创新行动计划实施力度，优化课程结构，推广小班分层，完善教学形态，增进理论与实际的紧密联系，切实加强对学生的社会责任感、创新精神、实践能力培养。建立健全学分制度、休学制度和学业考核制度，扩大学生专业学习和创业实践的选择机会和空间。在各个高校全面建立创业学院，选择若干高校进行“2+1”“3+1”“4+2”创业人才培养试点，把创业学院当作改革特区，积极探索高校培养创新创业人才的有效形式。

有序推进考试招生制度改革。深入进行高考招生制度改革的政策解读和工作宣传，努力打消各类疑虑，把各方面的思想进一步统一到试点方案上来，确保改革试点顺利实施。认真统筹组织好高考、选考、学考和提前招生、单独考试招生、“三位一体”招生，创造条件扩大提前招生、“三位一体”招生的规模和参与院校数量。引导高中学校切实按照教育教学规律和学校办学条件，围绕深化素质教育，统筹课程开设和教学安排，坚决防止和制止“强制分类”、抢赶进度、组织“考试会战”等偏离改革试点方向、加重学生和教师负担、违背学生选择意愿等现象的发生。落实高中学生综合素质评价客观记述、民主评定的要求，积极推动高校在招生录取中参考使用综合素质评价结果。深化中考招生制度改革，提高命题水平，规范特长生招生，落实优质高中按不低于50%的比例把招生计划分配到初中的要求。切实把小升初不进行文化考试和就近入学要求落实到位。

鼓励和支持社会力量办学。宜民则民，宜公则公，从规划和资源配置上为社会力量办学留出空间。引导民办学校把办学重点转到提升教育质量上来，努力向着有特色、高质量、满足群众多样化需要的方向发展。完善购买服务政策，积极鼓励社会力量参与举办学前教育、老年教育，探索在公办高校二级学院多形式开展混合所有制办学试点。促进民办学校加强财务和资产管理，切实防范财务风险。依法规范民办学校办学行为，实行跨区域统筹招生与高中学校学考通过率相挂钩。会同工商部门研究加强对社会教育培训机构的监管。

扩大教育开放。启动“浙江国际化特色高校和示范性中外合作办学项目”建设，增加开放一批全外语、双语教学专业和课程群。发挥政府和学校奖学金作用，继续扩大留学生教育规模，优化生源结构，提高招生质量，重点发展学历生教育。支持应用型本科和职业院校引进国外先进的职业培养标准、职业技术专业课程。配合国家“一带一路”战略，支持高校帮助我省“走出去”企业开展面向当地员工的职业教育和技能培训。认真办好孔子学院和孔子课堂。扩大中小学“千校结好”覆盖面，丰富形式和内容。尝试建设境外教师培训基地，为开展各类教师境外培训创造良好条件。把握办学方向，完善监管制度，依法规范各类中外合作办学行为。

推进深化教育管办评分离综合改革试点。今年首先把工作重点放在解决管和评的问题上。在管的方面，努力建立健全权力清单、责任清单制度，简政放权，切实把已确定下放的权力下放到位；完善政府经费保障机制，推动在全省分级建立农村义务教育阶段贫困家庭寄宿学生生活费补助制度；强化教育督导，加强对重大工作部署的督政督学，切实落实片区责任督学的日常督导责任。在评的方面，加强省级教育评估机构建设，积极引入第三方评估机构，尝试开展评估项目社会公开招标；继续开展高校毕业生就业质量跟踪调查，开展本科教学、义务教育标准化学校、等级幼儿园、等级特色示范高中、等级中职学校等评估，组织创建教育现代化县（市、区）评估，建立各市、县（市、区）教育现代化实现程度自评数据公布制度，加强评估结果的开发和利用，充分发挥教育评估对管理、对办学的促进作用。

切实维护教育公平。坚决维护考试招生公平，严格高考、中考招生管理，从严控制和管理中高考加分政策，加快取消各种鼓励类加分项目。巩固落实义务教育公办中小学招生“零择校”成果。加强对各类困难学生的帮扶。推动残疾学生教育加快向学前、高中以至高等教育阶段延伸，向重度残疾人家庭延伸。推广融合教育，在部分普通中小学校及幼儿园建设卫星班，选择职业学校建设残疾人教育基地，有分有合，医教结合，努力创造让残疾学生与正常学生一起学习生活的条件。积极研究加强对自闭症儿童少年的教育。以学校为单位建立健全困难家庭学生排查资助制度，不让一个孩子因贫困而辍学，并让他们在学校吃得饱、穿得暖、睡得安心、学得快乐。加强对留守少年儿童和进城务工人员子女的关心帮助。推动各地按照新的居住证管理政策，让符合条件的进城务工人员子女享受与当地居民子女同等的就学升学政策。帮推动各中小学校切实落实学习成绩后20%学生的帮助制度。加强对高校就业困难学生的帮助，努力为他们推荐更多的就业选择。做好高校面向相对困难地区农村学生定向招生工作。坚持不懈地抓好扫盲工作，进一步巩固和扩大扫盲教育成果。

（三）夯基础，强化发展支撑

加强教师队伍建设。认真落实各项师德师风规定，开展省级优秀教师评选工作，面向全社会开展“最美教师”评选活动，大力宣传优秀教师的先进事迹。继续出重拳治理伤害学生身心、学术不端、有偿补课等违法违规和有损师德的行为。对严重违反师德的教师，坚决依法依规严肃处理。在教师考核、职称评聘、评先评优中，全面落实师德一票否决制。研究提高教师培养质量。努力扩大师范类专业“三位一体”招生和小学全科教师定向招生，启动本科院校与示范性高职院校、大中型企业联合培养职教师资试点。推进省级重点教师培养基地建设，实施教师发展学校建设计划，在全省加快建设师范院校和中小学协同培养师范生制度。加强和改进教师专业发展培训。积极引进优质培训机构和培训资源，完善培训质量监控体系，推行培训学分制管理，优化中小学教师选择培训机制。督促落实职业学校新入职教师参加1年理论和实践培训制度。全面加强高校高水平人才培养和引进工作，一方面用好各类引进人才的政策和平台，积极引进各类急需的高水平人才及研究团队；另一方面，加大自身人才培养力度，切实办好教师教学发展中心，落实青年教师助讲制度，实行“访问学者”和“访问工程师”培训制度，形成能够满足自身需要的教师专业发展培训体系。

深化教师管理制度改革。认真落实义务教育公办中小学校长教师交流制度，重点促进骨干教师向农村学校和薄弱学校流动。积极鼓励各地进行义务教育学校教师“县管校聘”试点和中小学校长“职级制”试点。全面开展中小学教师职称制度改革。做好高校教师职称评聘权下放后的相关完善工作，从严控制校领导申请破格参与职称评审，指导高校严格依照规定和学校职称评聘规划控制评聘职数和职称结构。在高校全面实施教师实名制和员额制管理，推动普通高校和职业院校按国家规定标准逐步降低生师比。深入研究放开二孩生育政策后可能会出现的教师编制不足，以及女教师因生育请假增多等新情况，提前制订相关对策。研究探索依托相关社会机构、组织持有教师资格证的人员进行派遣制试点，尝试建立教师短期聘用周转补充机制。认真落实乡村教师支持计划实施办法，指导各地完善农村教师津贴和特岗教师津贴制度，促进提高学前教育非在编教师收入。建立健全养老保险制度，增强绩效工资的激励作用，多形式促进改善教职工待遇。

把加强学校管理放在突出位置。继续把推进章程建设和校园文化建设作为加强学校管理的两大着力点。争取在各级各类学校全面完成章程制订工作，指导学校以章程为基本规范，完善治理结构，健全科学民主的决策机制和完善的管理监督制度。组织学校开展校内规章制度立、改、废、释工作，全面建立学校法律顾问制度。推动高校建立校院两级权力清单和责任清单制度，把管理重心向院系下移。加强环境为主的美丽校园建设，整饬校园环境，坚持不懈地开展文明寝室创建活动，彻底清除脏乱差现象。合理规划校园公共文化空间，广建读书角，让各类功能教室及实验室、展览馆更经常性地向学生开放。鼓励支持学生开展丰富多彩的社团活动及公益活动，切实增强广大师生在校园文化建设中的主体意识和责任。在高校及初中以上学校多形式地组织开展仪容仪表和文明礼仪教育活动。面向社会分类开展点赞最美丽校园、最浓书香校园活动。支持学校把校园文化建设由环境层面推向课程、制度、精神等更高层面，积极开展创建快乐校园以至幸福校园活动。

坚决维护校园安全稳定。扎实开展安全隐患排查活动，深入查找隐患，认真整改问题。把防暴恐摆到突出位置，着力提升校园人防物防技防水平。进一步加强和改进消防、校车、实验室安全管理。多形式开展交通、防溺水、禁毒、防艾滋病等安全教育。加强应急演练和师生自救能力培训，继续开展“学生安全千万家”教师暑期家访活动。加强对学生心理问题的排查，对有严重心理问题的学生要建档立卡，实施有针对性的强有力的干预措施。切实做好校园意识形态工作，严格讲台、论坛等管理，加强网上舆情的引导和应对，坚决抵制和有效防范各类错误思潮、违法活动向校园渗透。

大力推进教育信息化。努力通过“互联网+教育”，缩小城乡、区域教育差距，深化课程课堂改革，促进个性化教育，加强教育交流和合作，搭建互通互认教育立交桥，实现精细精准的教育管理和评价。把教育信息化工作的着力点提升至智慧教育上来，在全系统研究设计和组织实施智慧教育工程，启动实施智慧校园环境、智慧学习服务体系、智慧管理精准化、智慧应用能力提升等项目。扩大移动学习终端应用试点，开展信息技术与教育教学融合示范试点，建成省级教育数据中心，扩大建设高中段、义务教育段网络精品课程库，全面实施中小学教师信息技术应用能力培训，推动高校开展慕课平台建设。

（四）强作风，增强发展自觉

不断提高思想认识和理想信念。增强“政治意识、大局意识、核心意识、看齐意识”，委厅领导班子率先牢固树立共产主义的远大理想，不渝坚守中国特色社会主义的伟大信念，始终坚持和践行正确的教育理念。在暑期组织主题为校园文化建设的高职高专书记校（院）长读书会，主题为依法治教的设区市教育局长读书会，主题为创建教育现代化的县市区教育局长培训班，组织引导全系统领导干部坚定理想信念，秉持先进教育理念，为深化改革、维护公平、推进教育现代化，提供思想认识基础。

努力为师生办实事。推动完成今年的10个方面实事项目。1.新建成标准化学校251所，把义务教育标准化学校比例提高到93%以上。2.推动全省90%的公办中小学校食堂达到餐饮服务食品安全A、B等级水平。3.新建成中小学塑胶跑道163条，配以加强全过程环保安全检测和管理，使全省义务教育学校建有塑胶跑道比率达到90%以上。4.为中小学校配备20000套移动学习终端和200个校园网络中心，新开发开放10000个微课资源，新开发开设100门普通高中网络选修课程。5.为农村中小学10000个教室改造照明环境。6.资助中小学校建成300个创新实验室。7.资助偏远地区建设100个标准化中学心理健康辅导站。8.资助山区和海岛县（市、区）引进外聘一批中小学外籍教师。9.资助200名高校教师赴境外访学，150名本科生赴境外高校修学。10.完成杭州祥符桥高校人才公共租赁房建设并交付使用，开工建设下沙高校人才公共租赁房项目。

浙江省新闻出版广播影视业发展情况

浙江省新闻出版广电局

一、行业概况

图书出版　2015年，共有图书出版社14家，出版图书13701种（其中新出6940种），总印数3.68亿册，比上年下降0.54%，总印张26.07亿印张，比上年下降0.54%，定价总金额51.15亿元，比上年增长11.60%。

音像电子出版　2015年，共有音像电子出版社7家。出版音像制品213种、432.32万盒（张），种类比上年下降8.58%、数量比上年增长2.62%；出版电子出版物282种、141万张，分别比上年下降28.32%和84.94%；

报刊出版　2015年，共出版报纸68种，总印数31.14亿份，总印张122.64亿印张，定价总金额27.51亿元，与上年相比，分别下降7.68%、17.10%和0.94%；共出版期刊226种（其中综合类期刊21种，哲学社科类期刊48种，自然科学类期刊109种，文化、教育类期刊32种，文学、艺术类期刊16种），总印数7743.82万册，总印张3.61亿印张，定价总金额5.66亿元，与上年相比，下降0.27%、4.25%和上升1.04%。

印刷复制业　2015年，共有印刷企业14731家（其中出版物印刷企业481家，包装装潢印刷企业9245家，其他印刷品印刷企业4803家，排版、制作、装订专项印刷企业202家），打印复印影印单位6848家，印刷园区7个。印刷企业资产总额1867.36亿元，营业收入1198.60亿元，总产出1233.70亿元，增加值330.29亿元，同比分别增长0.45%、2.90%、2.99%、6.96%；其中出版物印刷企业营业收入129.29亿元、增加值32.88亿元、总产出133.08亿元，同比分别持平、上升10.71%和上升0.48%。

共有复制企业3家（其中只读类光盘复制单位2家、磁介质音像复制单位1家），总资产1.11亿元，只读类光盘复制量2040万张，只读类光盘复制量上升10.63%。

发行业　2015年，共有各类出版物发行单位和经营户7414家〔其中批发企业381家（新华书店系79家、系统外302家）、零售企业7033家〕。新华书店系统和出版社自办发行共销售出版物11.21亿册、销售码洋160.87亿元；与上年相比，销售数量下降1.99%、码洋增长9.93%。

数字出版和网络视听　2015年，共有获得互联网出版资质企业55家、网络视听节目单位45家。杭州国家数字出版产业基地营业收入达91.68亿元，同比增长8.82%。2015年杭州国家数字出版产业基地营业收入、资产总额、利润总额分列全国数字出版基地第6位、第6位和第9位。

广电播出机构　2015年，我省78家广播电视播出机构共办有113套广播节目、118套电视节目，其中付费电视节目3套。共制作广播节目51.39万小时，播出广播节目76.18万小时，制作电视节目16.2万小时，播出电视节目75.38万小时。

电影业　2015年，全省制作电影60部，院线内影院418家，观影人数达到9695万人次，院线内影院票房收入34.92亿元，与去年同比增长47.46%。

电视剧业　2015年，全省影视制作单位达1435家，居全国第2位，上市公司32家居全国首位。全省生产电视剧66部2906集，产量居全国首位；共制作动画片55部27256分钟；纪录片题材备案44部，全年推优4部。

有线广播电视传输　2015年，全省有线广播电视传输干线网络总长达287478.76公里；共有有线电视用户1783.63万户，比上年增加283.92万户，其中有线数字电视用户数1716.46万户。

新闻出版广播影视公共服务 2015年，全省农村应急广播体系建设提前实现全省27000余个行政村全覆盖。完成全省28.5万场农村电影年度放映任务；全省镇级影院新增30家达65家，累计放映电影42.68万多场，实现票房2.09亿元。全省城乡公共阅报栏（屏）达到9925个、漂流书亭达到300个、农村出版物发行小连锁达到401家；组织100场全民阅读专家巡展巡讲活动。全省各报刊共刊发公益广告4222版、社会公益捐赠达8247万元；深化对农服务工程建设，征集制作通用性电视对农节目300个，组织出版服务“三农”重点出版物68种。2015年浙江成年居民综合阅读率达90%以上，位居全国前列。

版权业 2015年，共办理版权合同登记506件，作品自愿登记15354件，计算机软件著作权登记15168件，引进版权368项、输出版权344项。

总体经济规模 根据总局2016年8月发布的2015年新闻出版产业分析报告，浙江省新闻出版业总体经济规模居全国第3位。其中：营业收入达1485.01亿元，居全国第3位，占全国的8.5%；总产出达1509.71亿元，居全国第4位，占全国8.55%；增加值达422.42亿元，居全国第4位，占全国的8.92%；资产总额达2261.83亿元，居全国第2位，占全国的10.89%；所有者权益（净资产）达1081.11亿元，居全国第3位，占全国10.2%；利润总额达102.02亿元，居全国第5位，占全国的7.68%；纳税总额达76.39（应为88.93）亿元，居全国第2位，占全国的9.89%。此外，单位数量、企业法人数量、直接就业人数分别为 29312家、17416家、41.31万人，分局全国第3、第2、第3位，在全国的占比分别为9.32%、11.82%、9.22%。

2015年，全省广播影视经营收入469.6亿元，同比增长16.27%，其中广告收入147.45亿元、有线电视网络业务收入70.55亿元、广播电视节目销售收入84.24亿元，分别居全国第2位、第3位和第1位。

二、重点工作

【公共服务好戏连台】

倡导全民阅读，建设“书香浙江”。成功举办首届浙江全民阅读节暨浙江书展。首届中国数字阅读大会在浙举办并永久落户杭州，运行“书香浙江”公益数字免费阅读平台，全省10个城市入选全国城市数字阅读排行榜百强榜，我省引领数字阅读潮流。阅读服务设施更加完善，城乡公共阅报栏（屏）达到9925个、漂流书亭达到300个、农村出版物发行小连锁网点达到401家，印制《百种推荐书目》并向社会免费发放；组织100场全民阅读专家巡展巡讲活动。组团参加全国图书博览交易会、江苏书展、上海书展及贵州首届孔学堂国学图书博览会。加强农家书屋使用管理，提升影响力和服务力。农村应急广播体系建设提前实现全省27000余个行政村全覆盖，中波应急广播管理平台建设和各中波发射台升级改造有序推进，应急广播建设重点逐步向“以用促管”、探索建立管理使用长效机制转变。农村电影改革加快攻坚。农村电影统一供片实行公开招投标，制定农村电影放映机制改革指导意见，初步建立农村电影公共服务的政府购买标准，进一步改善农村电影影片质量和放映场次结构、放映点布局，完成全省28.5万场农村电影年度放映任务。制定农村室内固定放映点建设指导意见和扶持政策，建成室内固定放映点1000余个，覆盖全省农村地区的室内放映网络初步形成。加快镇级数字影院建设，培育农村电影市场，全省镇级影院新增30家达65家，累计放映电影42.68万多场，实现票房2.09亿元。推进中央和地方广播电视节目无线数字化覆盖工程。加强媒体公益服务。全省各报刊共刊发公益广告4222版、社会公益捐赠达8247万元；继续深化对农服务工程建设，征集制作通用性电视对农节目300个，开展广电对农节目服务工程考核和政府奖评选，组织出版服务“三农”重点出版物68种。

【新广产业稳步增长】

2015年全省新闻出版广播影视业实现营业收入1954.63亿元，比上年增长6.04%。全省印刷企业14000多家，印刷产值1100多亿元，分别居全国首位和第2位，影视制作机构达1435家居全国第2位，上市公司32家居全国首位。制发《关于加快推动我省传统出版和新兴出版融合发展的通知》，开展新闻出版与广播影视融合发展调研，推进媒体融合转型取得新硕果。4家单位入选第二批全国数字出版转型示范单位（我省入选总数达7家），9家单位被评为省级数字出版转型升级示范单位；浙江日报、杭州日报、阿里巴巴、《浙商》入选全国报刊业融合发展十大案例；全省持证互联网出版企业和网络视听节目单位达100家；“浙江新闻”移动客户端、浙江手机报用户近2000万，中国蓝TV用户近1000万，“博库网”实现销售码洋11亿元。三网融合加速推进，省IPTV集控平台用户已达130万，“一省一网”全资整合完成比例达93.75%。支持建立文成、嘉善微电影基地和径山微电影小镇。加快推进绿色印刷进程，在全面实施中小学教材绿色印刷基础上，进一步推动其他印刷品企业发展绿色印刷。制发《关于扶持县级广电台发展的若干意见》，促进县级广电台转型升级发展；研究制定《浙江省新闻出版广播影视业发展“十三五”规划》，进一步明确实现新闻出版广播影视“行业监管先行者、产业发展副中心、公共服务模范省”三大目标的时间表、任务书、路线图；探索建立传媒业发展评价指标体系和方法制度，加强新闻出版广播影视统计工作，省局等3家单位和3名个人被评为全国新闻出版统计工作先进单位和个人。

【精品生产成果丰硕】

电影《大圣归来》获第30届金鸡奖最佳美术片奖，《烈日灼心》获第18届上海国际电影节最佳男主角奖，《刺客聂隐娘》获第52届金马奖5项大奖；《陈云家风》等24种出版物获全国性奖项，创历年之最，10个项目获中华优秀出版物奖；《木木部落》获总局动画片一等奖；《千岛湖》等3部作品入选总局优秀国产纪录片；《浙江日报》等5种报纸和《浙江大学学报（英文版）A辑》等3种期刊入选全国“百强报刊”，11种出版物和6种报刊入选总局向全国少年儿童和老年人推荐优秀出版物、优秀少儿报刊，入选数量居全国前列；17件新闻作品获第25届中国新闻奖。制定《浙江省“十三五”重点出版物出版规划》，共列重点选题341种；生产电视剧66部2906集、动画片55部27256分钟，电视剧年产集数居全国首位；生产影片60部，获总局电影局立项163部，18部登陆全国院线；生产网络游戏44款。做好创新创优节目（栏目）分析评价和重点培育节目（栏目）跟踪评议，利用“大数据综合评价系统”推进节目综合评价工作，促进节目栏目创新创优不断深化。9部影视作品入选中宣部、总局影视扶持项目，居全国首位；12种出版物列入国家出版基金项目，数量为历年之最；22个新闻出版广播影视项目获中央文化产业专项资金1.2亿元，占全省总额70%。联合有关部门制定《关于促进我省纪录片发展的十条意见》《浙江省优秀精神文化产品生产和推广专项资金分配管理办法》，加大对影视出版精品的政策扶持力度。一批精品力作产生重要影响，《大圣归来》《捉妖记》分创中国内地动画电影和电影票房纪录，赢得口碑；《天生要完美》《抗倭英雄戚继光》等4部电视剧已在央视黄金档播出，《三探跨湖桥》等3部纪录片和《杰米熊》等5部动画片在央视播出；《中国历代绘画大系》《浙江文丛》等标志性出版工程获得良好反响。

【国际合作步伐加快】

围绕国家“一带一路”战略，用足用好现有政策，推动新闻出版广播影视业加快“走出去”。省局与英国驻沪领事馆达成影视、版权合作备忘录，并举办中国（浙江）—英国“新媒体时代的版权与创意产业”交流活动，推动版权交流；我省相关单位与土耳其、吉尔吉斯斯坦等国家的广电行业协会、电视台等达成影视出版合作意向和共识；组织省内相关单位赴斯里兰卡、马来西亚举办“浙江版权贸易图书展”；联合省商务厅组织重点影视企业参加法国戛纳和捷克电视节，促进影视对外合作出口影视产品20部以上，金额超过600万美元，其中动画产品10部以上；浙江少年儿童出版社全资收购澳大利亚新前沿出版社，成为中国专业少儿社海外并购第一案；我省12家企业被总局评为“中非影视合作工程”作出贡献单位，30家企业入选省文化出口重点企业；省新华书店在中国台湾连开4家实体书店，成为祖国大陆在台最大的简体图书销售企业。加强“引进来”工作，审核引进境外影视剧400多部，推动中国（浙江）影视产业国际合作实验区列入杭州都市经济圈转型升级综合改革试点项目。

三、存在问题和努力方向

存在的问题：

1. **能力手段比较欠缺。**各级新闻出版广电行政管理部门在推动产业发展方面，服务、引导、调控的能力不足，手段、办法也不多，如在支持全省各级广电特别是基层广电发展方面的办法不够多，特别是对公益性频率频道、节目栏目和公益性广告的扶持，缺少配套的政策和资金，与每年仅公益广告扶持就投入几百万的兄弟省市如北京、广西、湖北等相比，还存在相当明显的差距。

2.影视产业存在薄弱环节。由于政策激励扶持不够等原因，我省影视产业发展存在三大“短板”：一是影视创意能力弱，二是人才尤其是各条线上的领军人才十分紧缺，三是后期制作能力弱，80%的影视剧要拿到省外、国外做后期制作。浙江影视产业规模居全国前列，但在产业价值链中还处于中低端。

3.精品力作的创作生产亟待加强。无愧于时代和民族的，具有重要价值、重大影响、“双效”突出的优秀新闻出版广播影视作品的数量还不多。从新闻出版广播影视单位来看，原创能力不强，产品结构不合理，实施IP战略、品牌战略不力，缺乏长远规划，转型升级、融合发展仍然停留在表面和浅层。从管理部门看，缺乏有效的对精品力作生产传播的激励扶持引导机制，与先进省份相比在投入保障上有较大差距。

4.在人才队伍方面，专业人才欠缺，领军人才不多，人才储备不够。编剧、导演、演员、后期制作等核心专业人才80%以上出自外省，有出版商、缺出版家，国内外有影响的高端领军人才严重匮乏。新闻出版广播影视从业人员的思想觉悟、理论水平、业务素质和能力还不能完全适应日益复杂的意识形态工作要求和产业发展需要，对从业人员特别是体制外人员的教育管理需要进一步加强。新闻出版广播影视管理和执法队伍的能力、素质也不能完全适应要求。

努力方向：

1. 积极发展新媒体。推进媒体融合发展，在新媒体上占有话语权，具备议题设置和舆论引导能力，同时积极探索盈利模式。

2.积极发展“媒体+”产业。促进相关媒体向媒体服务商转型，以公信力作背书，充分利用和发挥自身优势，积极发展与媒体相关的产业，并用发展产业的成果来反哺新闻、反哺新媒体。四是走联合发展之路。支持促进市县媒体优化结构、整合资源，实现跨媒体联合发展；引导促进省级媒体与市县媒体联合发展，在互利互惠基础上实现多方共赢、共同发展；推进新闻出版与广播影视联合发展，实现出版和影视的共享双赢。

3.加大对影视业发展的扶持引导。以省政府主要领导开展影视业专题调研为契机，研究提出促进我省影视业发展的政策措施，加大扶持力度。制订并实施影视剧本扶持计划；深化与浙江传媒学院的战略合作，开展与中国美院、北京电影学院的战略合作，加快华策电影学院建设，创办纪录片节展；支持广电集团国际影视中心、横店基地等大力发展后期制作，切实提高我省影视创意能力和后期制作能力。积极推进网络剧、微电影、微视频等新兴影视业态发展。

4.促进融合转型。研究制定推进新闻出版与广播影视融合发展、资源互补的政策意见；进一步支持推动传统媒体和新兴媒体融合发展；全面推进广电科技创新，大力推进市县广播电视台内数字化、高清化工作；继续深化“三网融合”；进一步推进印刷园区化建设和绿色印刷、数字印刷、按需印刷发展。

5.建好发展平台。加强对影视、数字出版网络视听新媒体、印刷、版权等基地（园区）、小镇建设的专题研究，促进资源整合和功能优化，引导其特色发展、错位发展、集约发展，扩大集聚辐射力，实现优化升级。进一步做大做强横店、海宁等影视基地，杭州国家数字出版基地，温州印刷基地，文成、嘉善、余杭径山微电影基地（小镇）。办好国际动漫节、青年电影节、中国数字阅读大会等节展平台，提高影响力，强化交易功能。加强银企对接融资平台建设。

6.推动“走出去”。积极融入“一带一路”战略，主动参与国家有关出版影视对外推广工程和计划，加大出版影视精品走出去力度，提升浙江文化产品在国际市场的份额和影响力。

7.完善政策扶持。用足用好中央和省委省政府已出台的有关财政、税收优惠政策。发布实施《浙江省新闻出版广播影视业发展“十三五”规划》。力争省委省政府制定实施扶持浙江影视产业发展的意见。加强和改进新闻出版广播影视统计工作，特别要完善新媒体统计制度。

8.加强人才培养。继续实施高端影视人才海外培养计划和青年影视人才培养“新光”计划，深化和开展与省内外相关专业高校的合作，加强影视人才培养；会同浙江出版联合集团制定实施出版人才培养计划，造就出版大家。

浙江省动漫产业发展情况

浙江省文化厅

党的十八大明确提出了坚持以人民为中心的创作导向，提高文化产品的质量，为人民群众提供更好更多精神食粮的新思想、新论断，对文化发展提出了新要求、新希望。浙江省第十三次党代会提出了建设“物质富裕、精神富有”的社会主义现代化浙江这一新的奋斗目标。这些新要求、新规划都为我省动漫产业发展指明了方向，注入了活力。动漫产业是新兴业态，有很好的成长性和很强的产业带动能力，同时，动漫产业在社会治理、年轻人意识形态引导上有着很强的“润物细无声”的渗透力，如何通过“以文化人”来解决当前社会发展中的矛盾和一些怪现象是摆在我们文化部门面前的一个重大课题。因此，无论是从经济发展还是社会责任的角度，动漫产业无疑是十分重要的，也是一个很好的切入点。近年来，我省动漫产业稳步发展，取得了一些进步，但是动漫产业求量不求质、求经济效益没有社会责任、求眼前利益不顾长远问题一定程度的存在，为更好地推进我省动漫产业快速优质发展，也为了让文化产业特别是动漫产业在追求经济价值的同时更好的发挥其社会文化属性，需要我们做些思考和总结。

一、基本现状

目前，我省共有各类动漫游戏企业近300家，杭州动漫游戏企业220家，宁波动漫游戏企业50余家，有24家动漫企业通过国家动漫企业认定，其中重点动漫企业两家。十多年来，在各级政府的支持下我省动漫企业在市场中不断锤炼、脱颖而出，取得了一些成绩。

1.产业发展势头良好，各项产值稳步上升。2015年十一届中国国际动漫节有78个国家和地区人617家中外企业、机构参展参会。共有137.29万人次参加了动漫节各项活动，其中主会场35.49万人次；达成签约交易、意向合作项目325项，涉及金额93.54亿元，现场实际成交和消费涉及金额54.92亿元，总计148.46亿元。2016年第十二届中国国际动漫节共有2531家中外企业机构、5300余名客商展商和专业人士参展参会；共有138.15万人次参加了动漫节各项活动，其中主会场35.87万人次；实际成交及达成签约交易、意向合作项目948项，涉及金额129.37亿元，动漫节消费涉及金额22.26亿元，总计151.63亿元。

浙江动漫企业宁波民和影视动画股份有限公司出品的《少年阿凡提》获中宣部五个一工程奖。在第20届上海国际电视节“白玉兰”奖中，杭产动画电影《昆塔·盒子总动员》获得最佳中国动画奖。在首届中国动画品牌十强调查报告中，《秦时明月》《阿u》品牌获选中国动画十强。在目前国内含金量最高的动漫类政府奖项——中国文化艺术政府奖第二届动漫奖颁奖中，宁波民和影视动画有限公司《少年阿凡提》荣获最佳动画电视片奖，杭州定格文化创意有限公司、杭州玄机科技信息技术有限公司双双获得“最佳动漫创作者或团队奖”。在文化部2015年弘扬社会主义核心价值观动漫扶持计划活动中，浙江中南卡通股份有限公司的《郑成功》、横店影视制作有限公司的《西游记之大圣归来》、杭州阿优文化创意有限公司的《阿优之神奇萝卜》等三个项目入选产品类项目名单，杭州漫奇妙动漫制作有限公司的《绿茵少年》、宁波卡酷动画制作有限公司的《回马亭》等两个项目入选创意类项目名单。在2015年国家动漫品牌建设和保护计划活动中，浙江中南卡通股份有限公司的《魔幻仙踪》、美盛文化创意股份有限公司的《星学院》等两个项目入选动漫产品名单，杭州蒸汽工场文化创意有限公司的《口袋森林》、宁波大慈文化传播有限公司的《布袋小和尚》等两个项目入选动漫创意名单。

2.动画行业集中度开始提升，一批优秀公司、优质作品脱颖而出，效益显著。2011年杭州玄机科技以1200万元人民币的价格将《秦时明月第四部万里长城》的网络播映权正式售给土豆网，开创了动画网络播映权的先河。玄机科技出品的《秦时明月》是中国第一部3D武侠系列动画，其细腻唯美的画面，跌宕起伏的剧情，深厚的文化底蕴，赢得观众的好评。2012年9月，浙江动漫企业美盛文化创意股份有限公司在深圳证券交易所正式挂牌上市，成为中国动漫服饰行业上市第一股，浙江动漫企业第一股，成为我省动漫产业发展里程碑。浙江长城影视在2014年期间先后收购湖南宏梦卡通、杭州东方国龙影视动画、北京新娱兄弟网络科技、杭州宣诚科技等公司的全部股份，开启了传统实力大型企业兼并整合行业优质资源的序幕。浙江博采传媒有限公司，历时3年斥资7000万打造的3D动画电影《昆塔传奇》成功开拓了亚洲影视产品最难攻破的北美市场，受到了业内的高度肯定。中南卡通的“乐比悠悠Playtime梦想乐园”获得首届中国商业地产最佳配套游乐园项目奖，其打造的中南动漫主题购物广场（中南乐游城）也是动漫和商业地产联姻的成功案例。

3.新的有特色的动画企业正逐步成长，大有后来者居上之势。如2012年10月成立的杭州阿优文化创意有限公司，其主打品牌《阿U》已在央视少儿频道、上海炫动卡通卫视、北京卡酷少儿卫视、湖南金鹰卡通卫视等全国100多家主流省级少儿及县市级电视台播出，全国网数据中的收视率，居同时段（17:30-18:30）所有频道的全国网排名前十，省级卫视排名第二位，收视率和覆盖率进入全国前5强。并且，于新媒体点击播放数据获爱奇艺少儿风云榜第一名。动画片在各大视频网站点播量累计已超过10亿次，连载《阿U》漫画的报刊发行量（如《中国动漫周刊》等），每月累计超过700万份。阿U的主题游戏，已开发上线70多款。公司的营业收入已超过一亿元人民币。

杭州蒸汽工场文化创意有限公司，2015年成立，是一家以定格动画制作技术为核心，涉及原创动漫、影视广告创作、动漫发行、衍生品开发等业务的文化创意型公司。是目前国内专业的定格动画制作公司。目前公司有多部定格动画片正在同步进行制作：52集电视动画片《口袋森林（第一季）》，网络剧《呀！小鬼》《恐龙快递站》，实景系列短片《灯泡人》。其中《口袋森林（第一季）》是一支针对2~6岁学前儿童的学教认知动画片，在参加法国昂西动画节，戛纳秋季电视节等多个海外展后，预售金额近70万美元。网络剧《呀！小鬼》是一支中国风武侠搞笑定格动画片，故事源起、建筑、服装、人物造型等都借鉴中国的传统文化，希望打造一支有中国文化特色和底蕴的动画片，不管是定格动画的制作技术，还是片子内容本身，都收到众多影视投资人的合作投资意向和好评。《恐龙快递站》则是一支办公室情景剧，讲述的是石器时代，四只思想前卫，进化超前的史前生物——恐龙和一只壁虎的创业故事，该片旨在体现普通年轻人的创业故事。

二、存在问题和思考

一是产量多，精品少。市场竞争，企业的生存压力很大，导致大部分企业浮躁、缺乏耐心，快餐作品充斥，而文化产业的核心是内容，创新、创意才是文化产业的绝对竞争力。原创不是一天而就的，需要积累，厚积薄发。由于缺乏优秀的动漫剧本和良好的创意策划，使得大部分动画作品一开始就失去了进入高端国际动漫市场的可能。

二是产业赢利模式不清，依赖政府现象依旧存在。主要体现在：国际模式难以照搬——虽然市场有对动漫消费的需求，却难有和国外类似的动漫产业发展环境；国内经验难以借鉴——许多企业自主创新力不足，忽略高回报必须高质量这一客观规律，迷信动画片分钟数的累积效应；依赖政府现象严重，一些动漫企业把政府补贴当成动画片生产的收入来源，部分企业更以低成本低质量的方式制作动画片，同时通过各种非正当手段在一些电视台播出，以此获得政府的补贴盈利，对产业的健康发展造成了负面影响。

三是部分动漫作品缺乏社会责任感。企业是逐利的，无可厚非，但企业不能没有底线。真正的百年企业一定是有着社会责任感的企业。文化企业更应如此，因为提供的是文化产品，没有社会责任感的文化产品对社会产生的负面作用远远大于其经济效益。动漫作品面向受众主要是青少年，对青少年的成长和心理健康有很大的影响。目前一些动漫游戏企业为了利益、吸引眼球，作品十分低俗、影响十分恶劣。

四是在传统文化资源挖掘上有待进一步提高。我们有着丰富的历史文化资源，自盘古开天地、三皇五帝，春秋战国百家争鸣，孔子删诗书定礼乐，儒家的经典、道家的传说等等都是动漫业资源开发可利用的基本素材。也是传播中国传统优秀文化净心育人的一条好路子，道德的传播和底线是法治社会的有益补充。

五是动漫人才结构性缺乏，培养与需求衔接不畅。虽然目前杭州已经吸引了一些漫画名家落户，在动画领域也汇聚了一批专业人才，但就全省而言，以及相对于迅猛发展的动漫产业，人才紧缺仍然是一个比较严重的问题。主要是具有一流原创能力的创意人才匮乏，具备良好艺术素养的制作人才不足，学校的动漫专业教育又因为培养与需求错位而暂时难以向企业输送真正合格的人才。

四、对策和建议

1、进一步完善投融资政策体系。鼓励引导各类文化产业投资基金、中小企业创业投资基金加大对动漫产业的投资，鼓励有实力的大型企业通过参股、控股或兼并等方式进入动漫产业。引导社会资本以多种形式投资动漫产业，参与各类动漫产品的研发、创作和生产，参与重大项目实施。推动杭州银行文创支行等政策性银行对符合条件的动漫企业提供融资支持。支持动漫企业上市融资。

2.加快市场培育，引导产业健康发展。建议财政每年拿出部分资金，可专门设立弘扬中国优秀传统文化的动漫项目对市场公开招标，鼓励动漫企业积极参与。同时挑选优秀的招标项目，联合教育部门开展优秀传统文化动漫进校园活动，抵制低俗暴力动漫作品，以优秀文化作品占领年轻人的主阵地，净化学生娱乐生活空间，寓教于乐，培养学生积极向上的人生观价值观。

3.进一步加大力度保护知识产权。提高我省动漫创作企业和个人的知识产权保护意识，鼓励创作者进行动漫产品、形象的著作权登记和商标注册，加大对原创动漫形象、品牌和衍生产品的知识产权保护力度。保护优秀民族动漫品牌，规范知识产权交易秩序，强化动漫市场监管，加强对优秀知名动漫产品的保护和数字版权保护，开展动漫市场专项整治行动，严厉查处侵犯动漫知识产权的行为，建立公平竞争的市场秩序，营造良好的市场环境。

4.强化人才培养。实施“引进来、走出去”战略，引进和培养动漫行业高端人才，规范人才培养机制。

浙江省服务贸易发展情况

浙江省商务厅

一、2015 年浙江省服务贸易发展情况

2015年，全省服务贸易整体发展平稳，实现进出口总额为442.16亿美元（折人民币2747.84亿元），同比增长16.05%（17.39%）；其中出口为284.58亿美元（折人民币1761.90亿元），同比增长16.48%（17.38%）；进口为157.58亿美元（折人民币976.71亿元），同比增长15.28%（16.30%）。2015年服贸总额占全省外贸总额11.31%，同比提高1.62个百分点。服务贸易发展的主要特点：

一是规模进一步扩大，增速较快。全省服务贸易规模进一步扩大，2015年度服务贸易进出口达442.16亿美元，继续保持在全国第一方阵。从各领域看，服务外包、金融、通信、教育、医疗、其他商业服务等6个领域进出口增幅超过20%。服务贸易进出口额的规模发展较快，从2008年的150亿美元发展到2015年的442亿美元，已经翻了将近两番。

二是结构进一步调整，不断优化。传统领域仍然占据主导地位，但在服务贸易总量中所占比例持续下降，而新兴领域增幅快于传统领域，所占比例也持

续上升，同比上升5.69个百分点。2015年度全省运输、旅游和建筑三大传统领域进出口平均增幅6.24%，低于全省服务贸易进出口平均增幅9.81个百分点。离岸服务外包首次超越三大传统行业，成为出口第一大行业，占全省服贸出口比重达24.91%；金融、通信、教育、文化等新兴领域增幅均在20%以上。文化出口增幅达到24.78%，在服务贸易出口规模中从2014年的第十上升到第九。

三是国际市场分布进一步多元化，加快调整。我省服务贸易出口市场遍布五大洲200多个国家和地区。从大洲分布看，欧美市场出口额达128.6亿美元，出口份额占全省45.2%，同比提高了18.2个百分点，为我省最主要海外市场，主要出口领域为运输服务、旅游服务、工程承包、服务外包、文化服务、金融服务、通讯服务等。对亚洲出口额达122.83亿美元，市场份额占43.16%，同比下降了23.71个百分点。我省出口到亚洲的主要领域为运输服务、旅游服务、工程承包、服务外包、文化服务、金融服务、通讯服务等。非洲和大洋洲是服务贸易出口新兴市场，出口额达38.14亿美元，市场份额占11.64%，同比增加5.5个百分点，主要出口领域为工程承包、运输服务等。从国别地区看，2015年度服务贸易出口至美国为40.05亿美元，占全省出口总额的14.07%，为我省服务贸易出口第一大市场。香港为第二大出口市场，出口额达39.81亿美元，占全省总额的13.99%。第三、第四为日本、卢森堡，出口额分别为29.12亿美元和21.67亿美元，分别占全省总额的10.23%、7.62%。第五至第十大市场分别为新加坡、韩国、英国、中国台湾、委内瑞拉和德国。

四是顺差进一步扩大，趋势明显。2015年度达到了127亿美元，同比增加了19.37亿美元。几大顺差行业分别为运输、建筑、国际服务外包、分销等，其中顺差最大的行业是国际服务外包，截至12月底，国际服务外包顺差达66.88亿美元，其次是建筑，顺差达59.37亿美元，第三是运输，顺差达41.06亿美元，这三大行业顺差超160亿美元且仍在继续扩大。几大逆差行业分别为旅游、教育、文化等，其中教育逆差最大，达25.58亿美元，且随着出国留学生源继续扩大逆差正在加大，其次是旅游，逆差达14.69亿美元，一定程度体现了我省居民生活质量良好，出境旅游增长明显，旅游逆差扩大。

二、浙江省推进服务贸易发展的主要做法和面临的困难问题

（一）领导重视，构建服务贸易发展的促进机制

一是强化规划引导。浙江省政府把包括服务外包在内的服务业作为战略性新兴产业予以推进，早在2010年就制定了浙江省服务外包“十二五”规划，是全国为数不多的制定服务贸易相关产业五年规划的省份之一。2015年国发〔2015〕8号文下发后，对服务贸易战略性重要意义的认识进一步提高，首次将服务贸易正式纳入作为省政府重点规划的“十三五开放型经济规划”，把服务贸易作为我省开放型经济向更深层次、更宽领域推进的重要内容，必将对浙江省未来服务贸易发展起到积极的引领作用。

二是加强统筹协调。浙江省在“十二五”初就成立了全省服务外包领导小组，由常务副省长和分管副省长担任领导，成员为省级各相关部门及全省十一个市。领导小组成立后，充分发挥其统筹协调作用，制定出台了一系列指导意见和扶持政策，有力地促进了服务外包的快速发展。浙江省的服务外包规模“十二五”以来一直保持全国领先地位。

三是健全考评机制。目前浙江省已基本建立了一套服务贸易的考评机制。省委省政府从2015年开始将服务贸易列入对全省各市及省直单位经济工作责任督察考核内容。省政府多年来都把服务贸易作为一级指标列入考核目标。省委组织部将服务贸易进出口占货物和服务贸易进出口的比重的指标列入市、县（市、区）党政领导班子和领导干部实绩考核评价体系。省委宣传部把文化服务贸易出口纳入浙江省文化发展指数评介内容。省现代服务业领导小组也把服务贸易工作列入每年服务业展发展的工作内容。

四是完善政策体系。除用足用好国家现有的服务贸易各项扶持政策，积极争取国家的支持外，浙江省每年都安排一定规模的资金对服务贸易进行扶持，重点用于市场开拓，充分发挥导向作用。

（二）市场拓展，扩大服务贸易规模

一是通过线上搭建平台来拓展市场。全省首个线上文化对外交易平台自2014年上半年正式启动后，发展势头良好。2015年与英国Propeller（Sino）电视台及土耳其CTV电视台正式签订了在上述电视台开设“华麦频道”的合作协议，内容包括面向MEGAMEDIA平台注册会员定向采购近60万美元的作品，并在“华麦频道”中分设“动漫专场”和“纪录片专场”；与中东签订的2014—2015年度采购计划100万美元，也正在积极实施中。全省首个线上服务外包集成交易平台—“西天取金”于2015年6月初上线试运行，目前已邀请了5家公司参与平台测试。该平台的建成，将对推进我省外包企业特别是中小企业扩大对美国接包业务，进而扩大我省离岸服务外包规模起到积极作用。

二是通过线下组织参展和对接活动来拓展市场。2015年全省共组织企业参加服贸境内外重点展会15个，展会主要涉及文化影视、服务外包、IT软件、国际运输物流等，展位面积超过1600平方米，参加企业超过300家，结识新客户1200多家，成交及意向金额5000万美元，无论是参展面积、参展企业还是成交额均同比增长20%以上。

（三）品牌培育，优化服务贸易结构

在积极扩大浙江服务贸易规模的同时，我省充分利用境内外各类活动、展会多个平台，进一步打响“浙江服务”品牌，整体推进“浙江服务，浙江未来”宣传推广。培育一批服务贸易领域的品牌企业，组织参加相关的品牌对接会，同时推动建立全省梯度服务贸易品牌企业培育体系，努力优化服务贸易结构。经过若干年的努力，目前我省的服务贸易结构趋于优化，服务外包、文化服务、设计咨询、金融服务、教育服务、国际海事等高附加值、具浙江特色的新兴领域比例逐年上升，至2015年年底占比近40%。

（四）产业做强，培育服务贸易产业基础

一是充分发挥我省唯一的中国服务外包示范城市——杭州在全省服务贸易

产业构建中的领头羊作用，同时积极鼓励和支持宁波市、金华市申请国家服务外包示范城市。

二是依托现有各类开发区、高新区及其他产业集聚区认定和培育了一批省级服务贸易发展基地和园区。

三是进一步壮大服务贸易主体。积极培育一批文化、服务外包等重点服务贸易出口企业和出口项目，努力培育国家、省、市三级梯度培育体系。

四是加大人才培养力度。除积极支持企业做好日常人才培训外，加大政府、学校、企业联合培养力度，特别是高级人才和应用型人才的培育。在境内，我省已连续四年举办“浙江省大学生服务外包创新应用大赛”，参加的高校、企业和大学生积极性日渐高涨，内容也日趋丰富，效果更趋明显。2015年大赛参加的企业增加了40%，高校参加的队伍增加了35%，参赛大学生达到2000人，作为大赛重要内容的服务外包应用人才专场招聘会，参加企业和大学生分别超过100家和近千人，达成意见近500人。在境外，我省已连续三年在美国举办服务贸易高级人才培训班，受训人员近60人次，主要来自服务贸易相关产业的企业高级管理人员。通过培训，学员不仅了解了当今世界服务贸易的发展趋势和产业特点，还广泛接触美国的服务贸易的相关企业，拓宽了眼界，了解了市场，增加了商务渠道，广大企业普遍反响良好。

（五）改革创新，探索服务贸易可持续发展的新模式和新路子

我省认真贯彻国务院关于促进服务贸易发展的意见，以制约服务贸易发展的体制机制障碍为着眼点和突破口，加大了改革创新促进力度，努力释放服务贸易发展活力，在全省选择若干个城市推进服务贸易示范城市、文化服务贸易城市、在岸服务外包试点城市工作。通过改革创新，积极促进服务贸易和国内服务业的协调发展，货物贸易和服务贸易协调发展，服务贸易各领域间的协调发展，努力探索一条适合浙江特色的服务贸易可持续发展的新的发展模式和新的发展道路。

（六）基础加固，加快服务贸易统计监测运行分析体系建设

近年来，浙江省高度重视服务贸易统计监测运行分析建设，实现了“五个创新”，走在了全国前列。1.统计频率上的创新。在全国多数省份只能做到省级

统计季报的情况下，浙江省率先在全国建立设区市服务贸易统计数据月报制度。2.统计分析内容上的创新。在加强服务贸易市场、内容、区域、速度、结构等整体运行走势分析的同时，重点加大了外包、文化、旅游、境外工程、教育、商业服务等领域的分析；3.统计数据采集手段上的创新。开发省级服务贸易统计监测运行软件，采取部分领域重点服贸企业数据直报系统的方式来采集数据。4.统计监测体系的创新。初步建立了全省各市的服务贸易统计监测运行体系，正在进一步健全完善各市服务贸易监测点建设，逐步推进行业监测点建设。5.统计研究上的创新。定期与国家及省级研究机构和相关部门对服务贸易统计分类、数据集成方式等进行研讨。

（七）面临的困难、问题

当然，今后一段时期，我省服务贸易也面临着严峻的形势，主要表现在以下方面：一是全球经济复苏乏力，汇率波动频繁，服务贸易发展的国际外部环境趋于紧张。特别是汇率将成为制约我省服务贸易发展的重要因素。近两年来日元的大幅贬值，导致我省不少对日服务外包企业停工或是缩小业务规模，影响对日外包企业的健康发展。欧元近期进入贬值通道，也将影响我省对欧洲的服务贸易市场份额。二是服务贸易扶持政策还呈现碎片化的状态。从政府层面看，虽然中央日益重视服务贸易，但无论是现有的管理体系还是政策体系等仍然呈现出碎片化、断层化的特征，尚未将服务贸易作为一个整体产业加以推进。服务贸易的扶持政策还没有形成到货物贸易扶持政策的整体性、可操作性，国家政策还没完全落地，许多服贸企业尚未享受到国家的扶持政策。三是各级地方政府对发展服务贸易重视程度不够。国家及省里对服务贸易工作高度重视，地方政府和部门尽管也出台了一些政策，但总体仍处于认知了解、提高认识阶段，工作氛围不浓，一些国家层面明确的扶持政策难以在地方落地。四是我省目前服务贸易人才状况严重制约服务贸易快速发展。服务贸易各领域，无论是外包、文化、设计、金融、国际海事等，大多需要高端人才来支撑，这些人才不仅需要较强的专业知识，还要求懂外语、法律等知识。目前我省这些领域的高端人才严重匮乏。此外由于人力成本大幅上涨导致企业本身现有的人才难以留住。

服务贸易作为新兴的产业，虽然我省近年来取得了快速发展，年均增幅均保持较高水平，但整体仍处于起步阶段，主要体现在存在“不大、不强、不均、不全、不牢”五大问题。所谓“不大”，指规模不大，服务贸易进出口占外贸进出口总额占比不大，低于全国和世界平均水平，服务贸易对经济转型升级的促进作用有待进一步释放。所谓“不强”，指服务贸易竞争力不强，结构有待优化，人才和市场开拓能力有待加强。所谓“不均”，指服务贸易结构和地区分布不均，旅游服务、计算机和信息服务（国际服务外包）、建筑及相关工程服务、运输服务为我省服务贸易四大领域，占总数的约80%，其余8大领域仅占20%。所谓“不全”，指全省服贸统筹协调机制缺乏，服务贸易管理体系缺失，国家政策无法落地，服贸政策支撑体系不全。所谓“不牢”，指工作基础不够牢固，主要是服务贸易运行统计监测体系有待进一步加强和完善。

浙江省城乡社区服务业发展情况

浙江省民政厅

2015年，全省按照《浙江省城乡社区服务业“十二五”发展规划》要求，积极创新城乡社区治理体制机制，切实推动城乡社区治理的重点领域改革，加快推进全省城乡社区服务重点建设项目，不断完善以党委为核心、政府主导、社会参与、民生为导向的社区服务体系。

一、社区服务业发展总体情况

目前，全省社区服务业发展形势良好，政府组织提供的公共服务、市场主体提供的商业服务、社区组织和社会组织提供的非营利服务等多种形式服务水平明显提升。2015年，全省城乡社区服务业增加值2760亿元，占全省生产总值（GDP）的6.44%，比上年提高0.08个百分点。

1.基层群众性自治组织。全省共有城市社区居民委员会3461个，居民委员会932个，村民委员会27901个。各地积极探索基层群众性自治组织能力，成效明显。杭州市推动社区居委会本土化建设，激发社区自治活力；海曙区推行“开放空间”参与治理模式，搭建民主协商平台；德清县推行“乡贤理事会”促进农村社区多元参与；宁海县村级权力清单36条规范农村小微权力运行体系。

2.社区社会组织。省委办公厅、省政府办公厅印发《关于加快推进现代社会组织建设的意见》，深化登记管理制度改革，在全省范围内开展城乡社区服务类等四类社会组织直接登记工作，支持城乡社区成立枢纽型社区社会组织。社区社会组织积极参与社区服务和建设，社区服务与自治能力进一步提高。全省备案社区社会组织86346个。杭州市探索社区发展基金会助力社区治理创新；宁波在外来人员100人以上的村全部建立融合性社会组织;普陀区组织新居民成立社会组织，实现与本地居民“同服务同管理”，促进与当地居民的融合；温州市积极培育发展社区慈善类别的社区社会组织；嘉善县启动了“善人家”社区公益街项目建设；平湖市建立“公益储蓄银行”信息平台；越城区评选“民间人才”推动社区社会组织发展。

3.社区工作者。社区工作者队伍建设进入到政府主导的职业化时期。各地建立较为齐全、规范的社区专职工作者管理制度体系，全面实行向社会公开统一招录、动态管理的社区工作者职业准入制度，开展以岗前培训、学历教育、轮岗实践、学习考察等为内容的职业素质提升工程。到2015年底，全省城乡社区工作者总人数128833人，其中城市社区工作者29871人（其中专职工作者26541人），专职率为88.85%，比上年减少0.45%；农村社区工作者98962人（其中专职工作者47514人），专职率为48.01%，比上年减少1.19%。（见图1和图2）。

图1：城市社区工作者与社区专职工作者人数

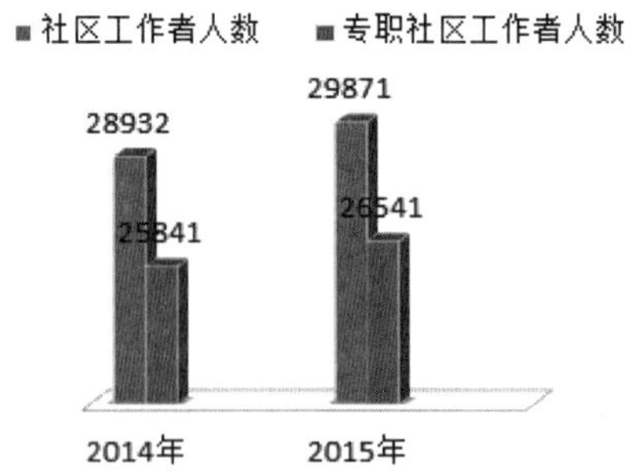

社区工作者性别、年龄、学历结构进一步优化。城市社区工作者中妇女

18922人，占63.34%；平均年龄38.39岁，其中30岁以下的7954人，31岁至50岁的18003人，51岁以上的3907人（见图3）；大专以上学历22738人，其中研究生学历147人。农村社区工作者中30岁以下的17481人，31岁至50岁的58084人，51岁以上的23400（见图3）；大专以上学历29350人。

图2 2014-2015年农村社区工作者人数统计图

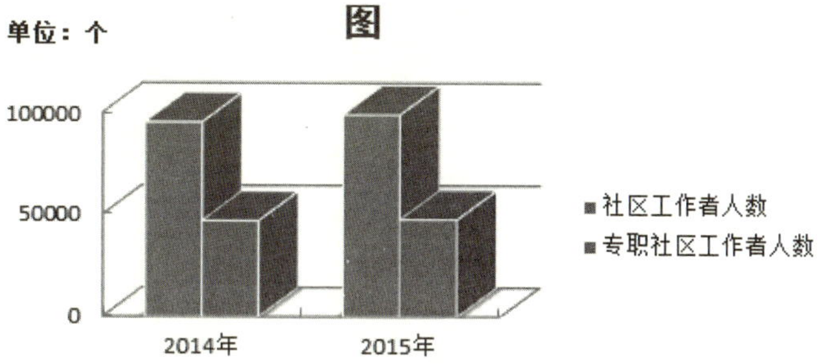

社区工作者待遇稳步提高。按照社区工作者年收入不低于当地上年度全社会单位在岗职工平均工资水平的要求，已经全面解决社区专职工作者工资福利和各项社会保险待遇，实现社会保障全覆盖。全省城市社区专职工作者人均年收入62300元（各地城市社区专职工作者人均年收入见图4）。各地建立健全社区工作者待遇保障和激励机制，杭州、宁波等地建立了长期服务社区津贴制度。杭州市、宁波市、温州鹿城区和瓯海区等地出台相关政策定向招考优秀社区工作者进入乡镇（街道）工作。

图3 专职社区工作者年龄结构

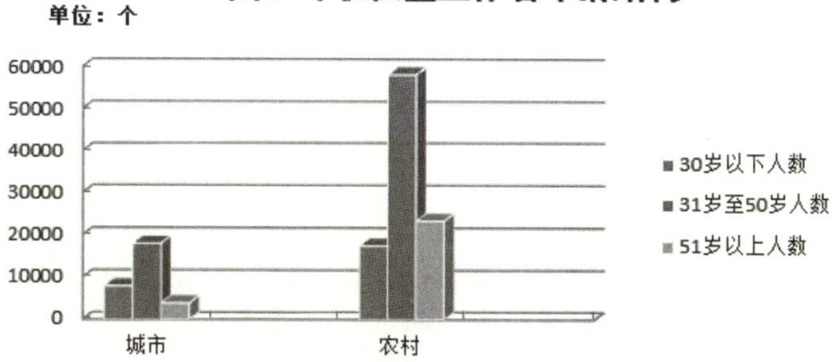

图4 各地城市社区工作者人均年收入情况图

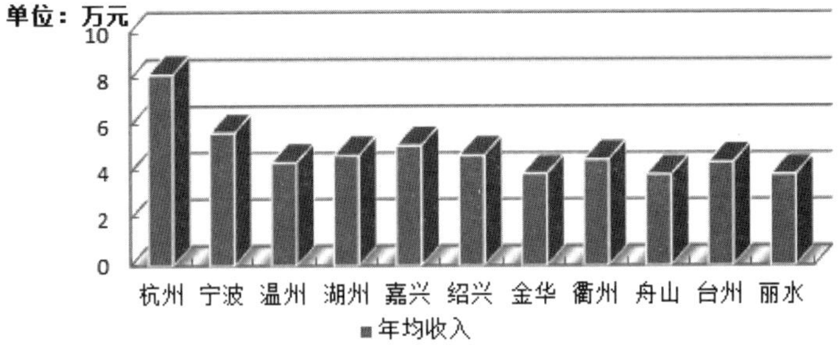

4.社区社会工作。积极推进社区社会工作，开展社会工作实务训练、专业督导和案例实践运用，着力提升社区社会工作者专业化水平。截至2015年底，全省取得社会工作职业资格人数16133人，其中，社区工作者10550人（社会工作师3285人，助理社会工作师7265人），占全省社会工作职业资格人数的65.4%。

已建成城市社区社会工作室2472个，农村社区社会工作室1773个。社区社会工作室为社会工作实践搭建平台，整合律师、医生、心理咨询师等社会人才资源，促进社会资源广泛运用，提高了社区社会工作者的组织化、专业化程度。

5.社区服务设施。全省新建及扩建15个乡镇社区服务中心、34个街道社区服务中心，乡镇（街道）社区服务中心基本做到全覆盖。截至2015年底，全省共有城镇社区服务设施3.04万个。乡镇社区服务中心总面积达82.9万平方米。全省城市社区工作服务用户面积达到289.5万平方米。继续推进村级社区服务中心建设，新投入使用的村级社区服务中心707个，累计建成19549个，总面积达878.02万平方米，覆盖25931个村，覆盖率92.94%，比上年增加2.81个百分点。杭州、

图5 全省各地村级社区服务中心覆盖情况图

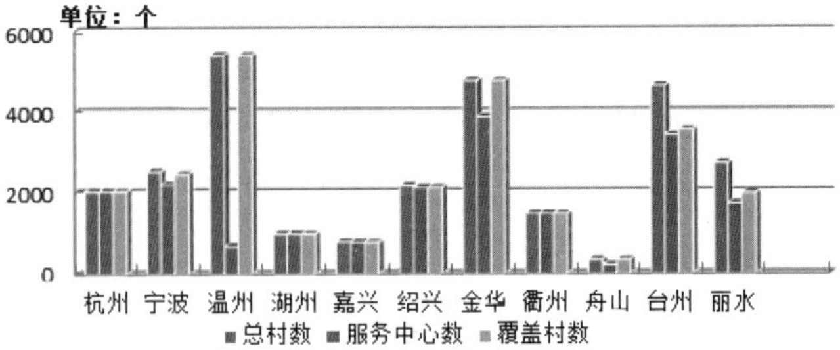

温州、嘉兴、金华、衢州、舟山等地实现村级社区服务中心全覆盖（各地覆盖情况见图5）。

二、社区主要公共服务发展情况

我省在社区公共服务上强调从资金投入、服务设施、服务队伍、服务保障等各个机制上予以统筹考虑，积极推动政府公共资源和管理职能向社区公共服务延伸，与群众生产生活息息相关的社会事务、劳动保障、卫生计生、社区警务等100多项服务事项已经统一纳入到农村社区“一站式”服务大厅，统一实行柜台式服务，形成了“一门受理、分级办理、全程代办、承诺办结”的社区服务体系。

1.社会公共服务信息平台建设。整合社区信息化服务平台资源，拓展服务平台功能，完善服务平台网络，积极推进联网建设，提升社区服务资源的有效配置和利用，推动社区服务从民政领域走向民生领域。全省建成社会公共服务信息平台77个，覆盖90个县（市、区），工作人员1319人，累计话务量达2800万人次以上。

2.最低生活保障。深入开展城乡最低生活保障工作。不断提高救助水平。全省在册低保对象（含五保对象）64.08万人，全年支出低保金26.44亿元；其中，城镇居民最低生活保障对象7.32万人，支出低保金4.49亿元；农村最低生活保障对象（不含农村五保对象）56.76万人，支出低保金21.95亿元。全省城乡低保平均标准分别为每人每月653元和570元，分别增长11.24%和17.04%；农村低保标准已达到城市低保标准的87.29%，同比提高4.3个百分点，杭州城区、宁波市、嘉兴市、义乌市、舟山市、德清县、玉环县已实现城乡统一的低保标准。

3.残疾人保障。进一步落实残疾人共享小康工程，累计建成社区残疾人康复站（室）10179个（含省级社区残疾人康复示范站181个），其中2015年新增97个；康复协调员配备11858名，其中2015年新增622人；17572个社区（村）开展康复服务，享受社区康复服务的残疾人449140名。已建“残疾人小康·阳光庇护中心”940家，庇护照料残疾人18498名。

4.社区卫生服务站。截至2015年底，全省共有社区卫生服务站5553个，村卫生室11867个，分别比2014年减少132个、175个。社区卫生服务站（村卫生室）减少的主要原因是部分地区行政村的撤并、服务人口外流导致村级医疗机构撤销或关闭。

5.社区警务室。全省设立社区警务室（站）4327个，其中城市2541个，农村1786个；社区警务室共配备民警6883人，其中城市3581人，农村3302人；配备协警19461人，其中城市10705人，农村8756人。（见图6）。

6.社区教育。全省11个设区市均依托电大成立了社区大学（城市大学）；

图6 全省社区警务室（站）及民警、协警配备情况图

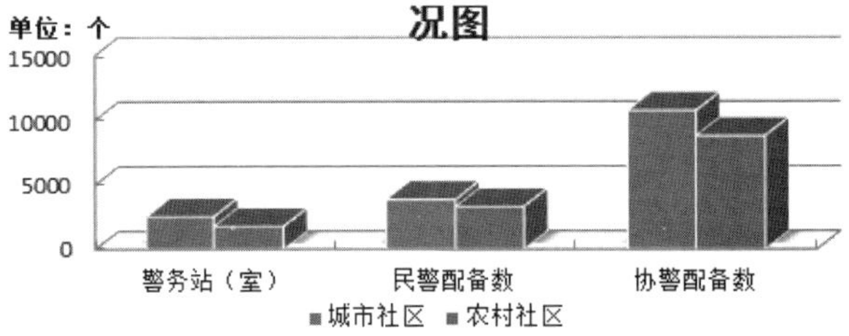

91个县设立社区学院，覆盖率达98.9%；建有乡镇社区学校1289所、村居市学校17283所， 农村文化礼堂5993个。全省专职教师7425人，兼职教师21026人，志愿者198996人，初步建立了一支以专职人员为骨干、兼职人员和志愿者为依托的社区教育教师队伍和管理队伍。我省有全国社区教育示范区14个，居全国第一；我省全国社区教育实验区有11个，居全国第二；建有省级社区教育实验区（示范区）40个。形成了比较完善的以国家级和省级社区教育示范区、实验区和示范校为引领，以市、县（市、区）社区学院为龙头，以镇街社区学校为骨干，辐射村居的城乡社区教育网络。

三、经费保障情况

通过各级财政预算安排，福彩、体彩公益金支持，村级集体经济投入，共建及自筹经费投入等方式，各地积极保障城乡社区的工作经费和人员报酬补助、服务设施和社区信息化建设等社区服务经费。

1.城市社区工作经费。按照社区规模和服务人口，各地建立健全城市社区工作经费保障机制。2015年全省城市社区工作经费228918.7万元，其中政府财政资金204491.5万元，共建资助7347.5万元，社区自筹17079.7万元（见图7）。

2.农村社区工作经费。通过专项资金投入，各地持续保障农村社区建设，

图7 城市社区工作经费 单位：万元

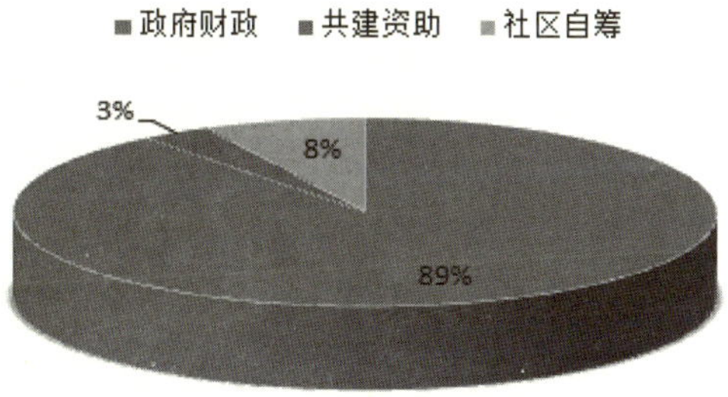

扩大村级社区服务中心覆盖面。2015年全省农村社区工作经费185967.17万元，其中政府财政资金107685.6万元，共建资助3853.4万元，村级自筹74428.2万元（见图8）。

图8 农村社区工作经费构成图 单位：万元

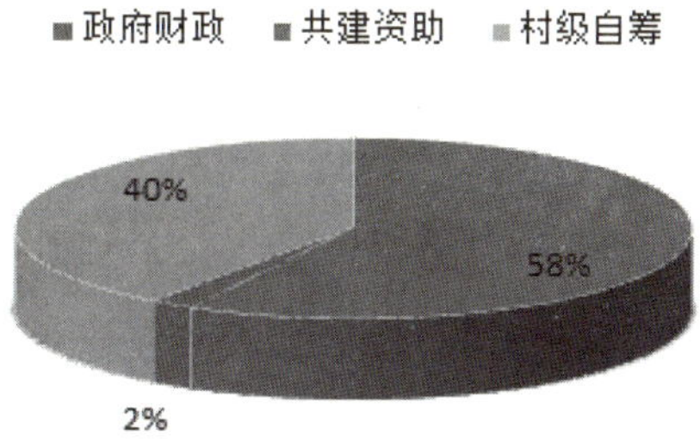

3.省级福彩公益金资助情况。福利彩票公益金继续发挥积极作用。全年省级福彩公益金安排2500万元，资助321个社区服务设施建设项目。其中，城乡社区服务中心项目70个，共资助1400万元，示范型街道社区服务中心18个，资助910万。县（市、区）96345社会公共服务信息平台共5个，共资助190万元。

浙江省快递业发展情况

浙江省邮政管理局

一、快递市场发展现状

快递业是国家现代服务业的重要组成部分，在改善民生福祉、推动流通转型、促进消费升级、引领物流发展和服务经济社会等方面具有不可替代的重要作用。快递服务不仅关系到经济社会的发展和人民群众的日常生活，还关系到国家安全和通信信息安全。

（一）快递业基本情况

截至2015年底，全省依法取得快递业务经营许可资质的企业已有1328家，获得分支机构名录的企业3544家，场地面积一万平方米以上的分拨中心108个，机动车近3万辆，从业人员超12万人。

（二）行业整体发展迅猛

2015年全年，全省快递服务企业业务量累计完成383145.9万件，同比增长55.9%，增速是全省同期GDP增速的5.7倍，占GDP比重从0.68%提升到0.9%；业务收入累计完成3838082.6万元，同比增长39.9%。其中同城业务收入累计完成471615.0万元，同比增长57.4%；异地业务收入累计完成2444002.2万元，同比增长39.8%；国际及港澳台业务收入累计完成444958.1万元，同比增长14.1%。全省快递业继续呈现出发展快速、结构优化、提质增效的良好态势。

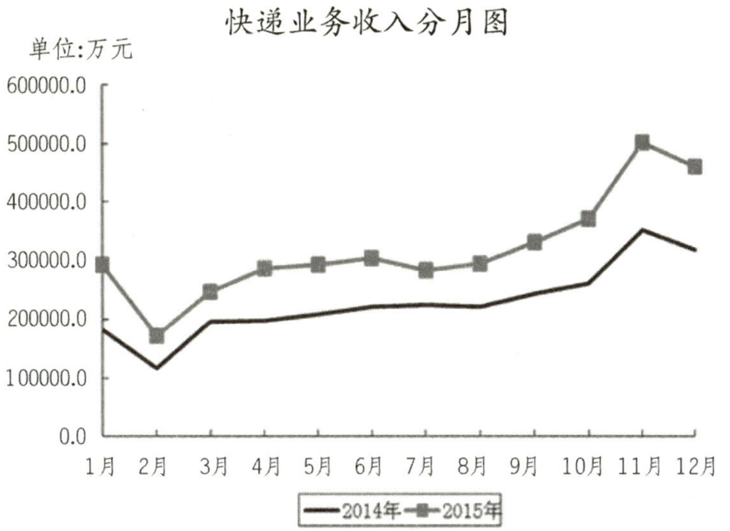

2015年全年，全省同城、异地、国际及港澳台快递业务收入和其他快递业务收入分别占全部快递收入的12.3%、63.7%、11.6%和12.4%;业务量分别占全部快递业务量的20.8%、77.8%和1.4%。与去年同期相比，同城快递业务收入的比重上升了1.4个百分点，异地快递业务收入的比重与上年持平，国际及港澳台业务收

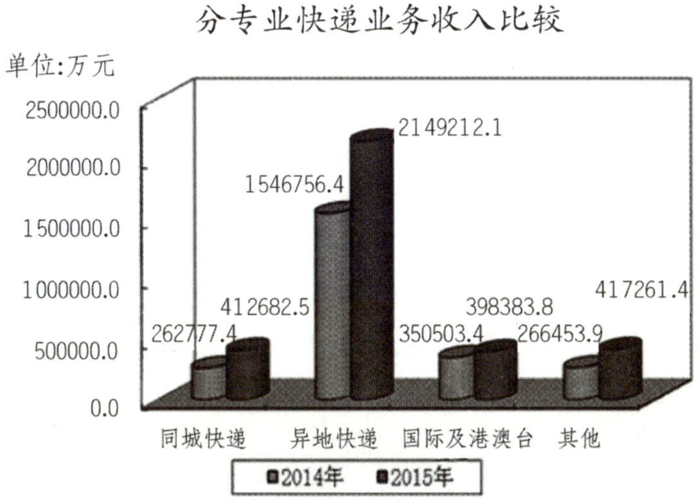

入的比重下降了2.6个百分点。快递服务品牌集中度指数CR8为85.5。

分地市看，在快递业务量方面：杭州市（125707.3万件）、金华市（97095.0万件）、温州市（37641.1万件）、宁波市（30496.5万件）、台州市（29479.3万件）排名全省前五位，占全省快递业务量的83.6%；在快递业务收入方面：杭州市（1437542.2万元）、金华市（768336.3万元）、宁波市（400443.0万元）、温州市（354718.4万元）、嘉兴市（272519.3万元）排名全省前五位，占全省快递业务量的84.2%.

2015 年分市快递业务发展情况表

地区	累计业务量(万件)	同比增长（%）	累计业务收入（万元）	同比增长（%）
杭州	125707.3	48.7	1437542.2	40.6
宁波	30496.5	44.4	400443.0	31.3
温州	37641.1	73.6	354718.4	43.1
嘉兴	23878.7	64.8	272519.3	36.7
湖州	11807.2	57.9	95225.6	32.9
绍兴	15683.5	66.5	157144.9	31.4
金华	97095.0	58.8	768336.3	44.5
衢州	4740.7	55.2	45056.2	61.2
舟山	882.4	30.7	13977.3	19.7
台州	29479.3	58.9	242916.6	39.3
丽水	5734.3	61.0	50202.8	53.3
合计	383145.9	55.9	3838082.6	39.9

（三）政策环境不断优化

2015年10月23日，快递业迎来《邮政法》后在快递领域法律效力最高的一项政策支持——《关于促进快递业发展的若干意见》，这是国务院出台的第一部全面指导快递业发展的纲领性文件，提出了促进快递业发展的总体要求、重点任务和政策措施，对行业发展具有里程碑式的意义。

同时，本年度我省陆续出台了《关于推进快递服务制造业工作的实施意见》（浙邮管〔2015〕105号）、《关于推进快递服务进校园工作的通知》（浙邮管〔2015〕162号）、《关于推进“快递向下”加快农村电商快递协同发展的实施意见》（浙邮管〔2015〕175号）、《关于促进我省“快递向外”发展的意见》（浙邮管〔2015〕183号）等一系列政策性文件，行业发展环境进一步得到优化，有效促进行业平稳、有序、健康发展。

二、快递发展存在的问题

（一）企业自我管理较差

行业发展初期，绝大部分民营企业采取的是加盟制经营方式，该方式优点在于企业起步时规模及网点覆盖面扩大迅速。但对行业内部管理来说，加盟制极易导致企业自我管理的主体责任未真正得到落实，企业对基层网点经营者和从业人员的管理过于粗放，“以罚代管”等情形普遍存在。

（二）企业利润率偏低

目前，行业整体处于高速发展时期，业务量每年都以一个极高的速度增长，但是由于行业整体处于产业链下游，议价能力不强，导致目前行业内部价格竞争极为激烈，绝大部分企业目前已进入微利甚至负利阶段。过低的利润导致企业无法有效进入企业高速发展的良性循环，如遇上大环境变动，极易导致行业大规模动荡，不利于行业可持续发展。

（三）企业服务能力不足

目前，行业产业集中度不高，企业规模普遍偏小，服务能力不足，服务水平不高，服务创新不够，依然还不能完全满足社会生产和人民生活日益增长的快递服务需求。消费者对于快件延误、破损、丢失赔偿难的投诉、申诉比例居高不下。部分企业守法经营意识和社会责任意识薄弱。

（四）安全生产和邮路安全保障形势严峻

目前行业过高的人员流动性，导致企业对员工的培训成本较高，企业基层网点经营者和从业人员缺乏安全培训，安全意识淡薄，在行业安全形势艰巨的当下，易为不法分子所趁。且部分快递企业对于寄递渠道安全、生产安全的必要性、重要性认识不足，安全意识淡薄。行业目前在大力推行的“收寄验视+实名收寄+过机安检”三项安全制度离监管部门的要求还有一段距离。

三、快递市场监管与发展基本思路

以全面贯彻落实《国务院关于促进快递业发展的若干意见》（国发〔2015〕61号）和《浙江省人民政府关于促进快递服务业健康发展的意见》（浙政发〔2015〕?号）为契机，依托浙江快递业现有基础，加快转型升级，壮大产业规模，提升服务水平，增加综合效益，率先从快递大省朝快递强省迈进。2016年，全省快递市场继续保持持续快速增长势头，预计年业务量达50亿件。

（一）率先引领转型发展新常态

坚持目标导向和问题导向相统一，坚持规范秩序与创新发展相统筹，坚持市场主导和政府引导相结合，改变以往“草莽式”粗放发展路子，促进信息化、市场化、规范化、协同化发展。

一是以推进“互联网+”为切入点。支持快递企业充分利用移动互联、物联网、大数据、云计算等信息技术，优化服务网络布局，提升运营管理效率，拓展产业协同空间，不断创新商业模式、服务形式和管理方式。

二是以优化发展环境为着力点。积极有为，主动对接地方政府及相关部门，争取政策支持，着力创建快递示范城市。利用人缘地缘优势，引导快递企业总部在我省设立独立法人性质的区域中心，支持其快递物流园区、快件集散中心用地在各市的土地利用规划和年度用地计划中统筹安排。继续推进智能快件箱进小区、进机关、进校园工程，争取纳入公共服务设施规划。争取城市人民政府改进快递车辆管理，对快递车辆通行和停靠给予便利。

三是以培育做大做强为落脚点。鼓励各类资本依法进入快递领域，支持快递企业兼并重组，整合中小企业，优化资源配置，实现优势互补，培育壮大快递企业。鼓励快递企业差异化竞争，进一步细分市场，扭转低价竞争局面。

（二）率先建立快递服务新体系

坚持共享快递发展成果理念，鼓励快递企业“下乡”“出海”，提高快递服务通达性、便捷性、可靠性、安全性，不断扩大服务范围“辐射区”，增加服务群体“朋友圈”，改善服务体验“舒适度”。

一是实施“快递向下”工程。立足快递企业自身实际，加快基础设施、信息网络、末端网点的健全完善，切实提升农村地区快递网络覆盖，打通“工业品下乡”和“农产品进城”双向通道。2016年底，快递企业在乡镇的网点覆盖率要到达85%以上。

二是实施“快递向外”工程。鼓励快递企业发展跨境电商快递业务，利用跨境电商园区“一站式”通关平台，加快进出境快件便捷通关。鼓励快递企业在杭州、宁波及义乌等跨境电商园区建设快件处理中心，引进快递企业在浙江设立航空总部或航空基地，带动跨境快递业务发展。

三是实施“网络净化”工程。不断完善末端投递网络，规范末端投递服务，鼓励快递企业与物业部门、商业机构、便民服务设施、社区服务组织等开展多种形式的投递服务合作。推进智能快件箱等新型服务模式运用及使用过程管理。

四是实施“消费维权”工程。认真做好快递用户消费维权，畅通用户申诉渠道，引导企业落实《快递服务》系列国家标准，加强服务质量监管，降低快件延误率、丢失率、损毁率。

（三）率先构筑安全管理新机制

以推进快递企业安全生产标准化建设为抓手，以落实企业安全生产责任体系五落实五到位规定为重点，全面实施寄递渠道安全监管“绿盾”工程，夯实快递业安全基础。

一是落实主体责任。落实快递企业安全责任，完善从业人员安全教育培训制度，筑牢寄递渠道安全基础。建立事故隐患排查治理制度，及时消除事故隐患。引导快递企业加大安全投入，强化安全检查措施，严格执行收寄验视制度。

二是落实监管责任。加强对快递企业安全生产工作的监督检查，对重大事故实施挂牌督办，督促事故隐患整改，加大对违法行为处罚力度，严肃责任追究。指导企业建立重大事故应急预案并组织演练。

三是实行部门联动。认真落实省综治办等10部门《关于加强邮件快件寄递安全管理工作的实施意见》（浙综委办〔2015〕3号），发挥好寄递业安全管理领导小组的作用，实行分工负责制，齐抓共管，共同推进寄递安全管理。集中力量做好G20杭州峰会等重点时期寄递安保工作。

浙江省体育产业发展情况

浙江省体育局

贯彻落实国发〔2014〕46号文件、浙政发〔2015〕19号文件精神，2015年我省体育产业围绕“增品种、提品质、创品牌”战略，推进“十大扩消费行动”、促进消费结构转型升级，以补短板、供给侧改革为着力点，大力引导群众体育消费，丰富体育产品供给。

一、政策引导消费

贯彻落实《国务院关于加快发展体育产业 促进体育消费的若干意见》（国发〔2014〕46号）文件精神，浙江省政府于2015年6月出台了《浙江省人民政府关于加快发展体育产业促进体育消费的实施意见》（浙政发〔2015〕19号）文件，其中在政策措施部分明确要完善健身消费政策：各级政府要将全民健身经费纳入财政预算，并保持与国民经济增长相适应。要安排一定比例体育彩票公益金等财政资金，通过政府购买服务、发放消费券等方式，提高群众的体育消费意愿，引导、支持各级各类体育组织及机构提供多元化的体育产品和服务。开展医保卡年度结余部分用于特定场所体育健康消费试点。支持企事业单位、学校、个人购买运动伤害类保险。在省内举办或承办的各类体育赛事和体育活动中，同等条件下优先采购有利于促进我省体育产业发展的体育产品和服务。

二、丰富产品供给

一是全面推动体育场馆免费低收费向社会开放。省体育局会同省财政厅于

2015年联合发文《关于进一步推进公共体育设施免费或低收费向社会开放的通知》（浙体经〔2015〕181号），明确公共体育场馆免费低收费开放范围、开放要求、开放职责和落实办法等。同时要求我省公共体育场馆在元旦、五一、端午、中秋、国庆、全民健身日8天全面免费开放，目前国家仅要求大型体育场馆在全民健身日1天全面免费开放，是国家要求开放天数的8倍。为规范管理公共体育设施服务收费行为，省体育局会同省物价局联合发文《关于规范公共体育设施服务收费管理的通知》（浙价费〔2015〕270号），明确公共体育设施服务收费的定价范围、定价原则、定价形式及行为规范。2015年，全省144家体育系统公共体育场馆全部全面免费、低收费向社会开放，开放率和开放面积覆盖率均为100%，免费、低收费开放天数平均超过345天，每周对外开放时间平均达80小时，公休日、法定节假日、学校寒暑假期间每日开放时间平均超过12小时，户外公共区域及健身器材每日免费开放时间平均达16小时。2015年共接待群众健身2082万人次，举办赛事活动3264场（其中免费举办公益性体育赛事活动1788场），免费举办体育讲座、展览次数805场，开展体育健身技能培训55万人次，免费体质测试20万人次，实现总收入达4亿元。

二是丰富体育赛事与活动。浙江每年举办全国以上商业体育赛事数量位居全国第2位。2015年，全省各级各类马拉松赛事达130多场，参加人员达到18.7万人次，位居全国前列。全省群众参与全民健身热情高涨，各级体育组织达3万余个，会员近150万人，社会体育指导员12万余人。伴随群众对健身需求的日益旺盛，我省体育产品和服务的供给日益多元化，九龙山运动休闲度假区、环千岛湖自行车骑行、德清Discovery极限探索基地、文成天鹅堡市内滑雪等都成为大众休闲时代的宠儿。

三是民间投资体育产业活跃。杭州市的莱茵体育成为国内首家由房地产企业整体转型为体育产业的上市公司。此外，阿里巴巴、广厦集团、绿城集团、横店集团、银江股份等浙江民营企业也纷纷布局体育产业，投资体育项目。引入智美体育集团参与杭州马拉松的商业开发，取得了良好的成效。通过政府购买服务的方式联合绿城集团、莱茵体育、立峰集团建设省男子足球队、省女子足球队和省马术队，并在辽宁全运会上取得了3枚金牌的佳绩。民间资本参与体育场地设施建设尤为活跃，如“屋顶球场”东联体育公园、“集装箱球场”踢慕运动馆、

“厂房球场”雪狼体育中心等。近期，温州市正在申报全国“民办体育试点城市”。我局今年报送的信息——《浙江省民间投资进入体育行业的进展、存在问题及建议》得到李克强总理的批示。我省体育产业发展引导资金自2014年设立以来，已有161个项目获得资助或奖励，带动社会各界资本投资体育产业70亿元，其中80%以上是民办体育产业项目。

四是体育融合发展加速。以莱茵体育、阿里体育为代表的“体育+资本”布局快速，在体育资本市场掀起阵阵“浙江旋风”；以富阳、淳安、宁海、平湖、德清、江山为代表的“体育+旅游”业态丰富，逐渐成为中国最佳运动休闲目的地；以浙报传媒和横店体育为代表的“体育+文创”正迅速崛起，电子竞技、体育影视、体育动漫、体育传媒等体育文创业异军突起；以尤看体育诊所为代表的“体育+健康”业态不断涌现，体育正成为健康浙江健身的重要组成部分；以大丰实业、富士钓具、飞神集团为代表的体育用品制造企业延伸产业链条，发展服务型制造。体育产业主动适应经济发展的新常态，逐渐与国民经济的诸多产业渗透和融合。目前，我省前两批79个省级特色小镇中，体育类的已有5个，占总数的 6.3%，柯桥酷玩小镇、平湖九龙山航空运动小镇等已颇具知名度。

三、实施品牌战略

一是打造“中国运动休闲目的地”品牌。充分发挥浙江山水资源丰富、海岸线漫长、海岛众多、老百姓生活水平相对较高的优势，培育运动休闲产业。富阳市被命名为首个也是目前惟一一个国家级运动休闲示范区，淳安县、宁海县、温州市瓯海区、永嘉县、九龙山运动休闲度假区被认定为浙江省运动休闲基地。2012年开始，浙江省体育局联合浙江省旅游局举办了4届浙江省运动休闲旅游节，共同认定浙江省运动休闲旅游示范基地12个、精品线路10条、优秀项目52个。

二是打造“浙江体育特色小镇”品牌。根据《浙江省人民政府关于加快特色小镇规划建设的指导意见》精神，我省体育部门适时启动了省级体育特色小镇创建工作。在进行了深入的调研、培育之后，目前两批共79个创建单位中，体育类省级特色小镇共有5个，占总数的6.3%。涌现出绍兴柯桥酷玩小镇、嘉兴平湖九龙山航空体育小镇、建德航空小镇、龙泉宝剑小镇、杭州富阳永安“飞翔小镇”、德清莫干山“裸心小镇”、宁海胡陈户外运动小镇、泰顺百丈时尚体育小镇、海宁盐官马拉松小镇、金华永康龙山体育小镇、鹿城时尚体育小镇、龙游汽车拉力特色小镇、临海经济开发区运动休闲产业小镇等十余个体育特征突出、产业基础较好、产业融合潜力较大且宜居、宜游、宜创业的体育特色小镇。

三是打造“浙江体育用品制造业和体育服务业示范企业”品牌。联合省发改、经信、科技、工商、统计等六部门共同认定省级体育用品制造业和服务业示范企业，截至目前已认定省级体育用品制造业示范企业20家，省级体育服务业示范企业13家。拥有一大批全地形车、滑板车、轮滑等体育企业，永康市被命名为首个“浙江省体育用品制造业基地”称号。

四是打造“浙江体育产业引领人物”品牌。今年年初，召开了首届浙江省新体育新经济分享大会暨“体彩杯”首届浙江省体育产业领军人物、“伊思佳杯”第二届浙江省运动休闲旅游达人颁奖大会。通过集中选树一批为我省体育产业发展做出突出贡献的典型，以群体示范为引领，分享新常态下体育产业的发展趋势与从业经验，进一步激发社会资本投资体育产业的热情，也为体育产业生产者、消费者、创业者的深度合作奠定了基础。这是省体育局为拉动体育消费，促进体育产业大发展推出的一大举措。近期，正在联合青年时报等媒体开展“2016浙江省第二届最受欢迎运动休闲地”评选、“首届浙江省大学生体育产业创新创业大赛”等活动。

四、推动转型升级

一是推进体育场馆运营管理改革。近期，国家体育总局将我省作为全国体育场馆运营管理改革试点单位（全国共三个试点，分别为浙江、江苏、重庆）。体育场馆运营管理改革的核心是在管理体制、运营模式、运行机制、运作主体、服务内容、多元功能等多个方面进行改革创新，通过引入社会资本和现代公司化运营机制等，推广“所有权属于国有，经营权属于公司”的分离改革模式，尝试在省内打造体育场馆联盟。目前正计划在全省开展相关调研工作。

二是引导体育企业“提品质”。全省体育及相关产业总产出1209.1亿元，居全国第4位，体育产业占GDP比重为0.88%，高于全国平均水平0.25个百分点。引导体育企业转型升级，我省开展了“体育用品制造业示范企业”和“体育服务业示范企业”评比，目前拥有20家体育用品制造业示范企业、13家体育服务业示范企业。我省生产的一些体育产品，市场占有率较高。如皮划艇、赛艇、龙舟产销量占全国95%以上；羽毛球占全国60%；网球占全国60%以上；大丰场馆座椅、无敌赛艇、高飞蹦床等，是奥运会用品提供商。

三是搭建体育产品博览交易平台。自2010年开始，联合上海市体育局、江苏省体育局，分别在我省嘉兴、杭州、宁海、淳安等地举办了五届长三角国际体育休闲博览会。2015年的第六届长三角国际体育休闲博览会在杭州市举办，由专业会展公司承办，通过市场化运作扩大了会展的影响力，今年将延续这种办展方式。

四是做好体育企业服务平台。浙江省在全国最早成立了省级体育产业联合会，目前有会员企业近150家，通过传达政策信息、举办会员沙龙、组织展会活动、开展评选推优等工作积极为会员企业提供服务，是目前浙江众多体育社团中最活跃、作用发挥最明显的社团之一，并被民政部门评为5A级社团。目前，杭州市、宁波市、湖州市、金华市、台州市、嘉兴市、丽水市也成立了市级体育产业协会。

浙江省工业设计产业发展情况

浙江省经济和信息化委员会

一、2015 年工业设计推进情况

2015年，我省工业设计按照省政府“深入推进工业设计产业发展，抓好工业设计重点平台建设”一类目标的要求，在省级相关部门以及各地政府的共同努力下，以建设省级特色工业设计示范基地为载体，积极推进全省工业设计产业发展，取得了较好的业绩。现将有关情况总结如下：

（一）出台进一步推进全省工业设计产业发展的政策文件。根据《浙江省人民政府办公厅关于加快推进工业设计发展的指导意见》（浙政办发〔2014〕154号）精神，聚焦工作重点，推动任务落实和政策扶持创新，联合省财政厅共同印发了《关于进一步推进全省工业设计产业发展的通知》，提出了下一步工作的推进重点、措施要求、支持政策和程序要求，进一步明确了对符合要求的省级重点企业设计院、工业强县（市、区）省级示范基地给予一次性500万元的补助，对已有的省级特色工业设计示范基地进行考核奖励制度，以及对各地积极推动省级工业设计中心培育和开展各类工业设计对接活动进行补助等相关政策措施。同时，省财政年初下拨了2015年度战略性新兴产业工业设计专项资金9460万元。省地税局支持省级特色工业设计基地建设，落实各项税费优惠约3200万元。

（二）扎实推进省级特色工业设计基地建设。年初，由省经信委、省科技厅、省科协领导分别带队，省联席会议各成员单位共同组成3个督查组，分赴16个省级基地开展督查工作，进一步推动了机器换人、产品创新和转型升级。截止到2015年底，全省16家省级特色工业设计示范基地集聚工业设计企业789家，专职从事工业设计人员10259人，累计实现各类设计服务收入54.8亿元，新增专利授权2.06万个。其中，2015年实现设计服务收入20.5亿元，同比增长20%，新增专利授权6733项。设计基地集聚作用显著，服务当地块状经济的能力进一步增强。

（三）积极培育省级工业设计中心和优秀工业设计企业。根据《浙江省省级工业设计中心认定管理办法（试行）》，在对第一批省级工业设计中心复核的基础上，新认定了93家制造企业设计中心、工业设计企业为第二批省级工业设计中心，截至目前，全省共有150家省级工业设计中心。与此同时，积极做好国家级工业设计中心的组织申报工作，菲达环保、泰普森集团、瑞德设计被工信部认定为2015年度国家级工业设计中心。

（四）积极开展工业设计人才的培育和引进。在省人力社保厅的大力支持下，我省充分借助工业设计职业资格制度试点的开展，在促进本省工业设计人才培育的基础上，进一步吸引了外省工业设计人才来我省创业发展，及时进行了2015年度工业设计职业资格考试相关工作部署，组织了334人参加职称考试。开展了2015年度高级工业设计师考评结合有关工作。截至2015年底我省已拥有65名高级工业设计师、192名工业设计师以及117名助理工业设计师。组织20多人赴新加坡开展工业设计高端人才培训，学习、交流工业设计方式、方法，扩大工业设计领域合作。省人才办继续将工业设计人才纳入“千人计划”。

（五）做好设计企业与科研院所、制造企业、高等院校的对接。组织设计企业、省级设计基地和省级工业设计中心到中科院宁波材料研究所和宁波和丰创意广场对接。引导设计企业从产品设计积极向创新设计推进，推崇设计与科技结合、产品与芯片结合、单个装备与整体流程相结合的高端设计。省经信委、省教育厅、省人力社保厅联合组织省级工业设计基地、设计企业、企业设计中心等60家企业现场与省内52所高校设计类专业师生在嘉兴学院进行了对接，1000多名师生参加了对接活动，达成合作意向152个、毕业生就业意向844人次。在第20届永康五金博览会期间，举办首届中国五金工业设计周，期间举办了中国五金产品工业设计大赛颁奖、中国五金工业设计展暨设计与制造对接会、国际五金工业设计论坛等活动，共有50家工业设计企业对接客户5200余人次，与制造企业达成850多个项目合作意向。

（六）开展多种形式的工业设计推广活动。为打造浙江工业设计大赛品牌，吸引更多的企业和设计师参与比赛，发掘和展示一批优秀工业设计成果，推动创新设计成果与省内制造企业对接，积极发动各地和高校申报第二届浙江省工业设计大赛，并征集作品近700件。在装博会期间举办浙江智造“好设计·好产品”展，来自80多家企业的240多件优秀设计作品进行了展示展览，成为人气最旺的展区。指导省工业设计协会开展工业设计高端培训并依托广大会员企业做好工业设计的推广工作。鼓励设计企业参加各类比赛并屡获IF、红点、红星等国际国内设计大奖。继续办好《设计与制造》杂志，在浙江日报推出了“中国好设计”专栏。

二、2016 年工作重点

2016年全省推进工业设计产业发展工作的总体要求是：认真贯彻落实党的十八届三中、四中、五中全会精神和习近平总书记系列讲话精神，以创新、协调、绿色、开放和共享的发展理念为引领，按照《中国制造2025浙江行动纲要》、省政府办公厅《关于加快推进工业设计发展的指导意见》的要求，坚持企业化、市场化、网络化、职业化、专业化、特色化发展之路，持续推进我省工业设计产业发展。

（一）支持中国美院举办“中国设计智造大奖”。按照省政府的工作部署，充分发挥省工业设计发展工作联席会议的作用，积极支持中国美院举办“中国设计智造大奖”，做好扶持、指导和协调工作。通过设计成果交流、设计项目对接、设计人才奖励、设计机构推介、创新设计推广和创投基金对接等工作，努力打造一个有国际影响力的工业设计奖项，进一步营造我省工业设计发展的氛围，提升我省工业设计发展水平。

（二）打造一批优秀设计企业和基地。集聚中国工业设计协会、浙江大学、中国美院、省工业设计协会等设计资源，推动工业设计小镇建设。同时，选择一批符合条件的制造企业和工业设计企业开展省级重点企业设计院建设试点工作。继续在工业强县（市、区）创建一批省级特色工业设计示范基地。推荐符合条件的省级工业设计中心申报国家级工业设计中心。加强对省级特色工业设计示范基地、工业领域省级重点企业设计院的考核评价，完善评价激励机制。

（三）推动设计基地特色化发展。根据专业分工与区域产业发展特点，深化创新设计发展的主攻方向和布局，增强我省设计的特色优势。鼓励省级特色工业设计示范基地（园区）与当地块状经济转型升级紧密结合，围绕解决区域内制造企业的共性设计问题，进一步明确设计定位，创新服务方式，实现专业化、特色化发展。根据各省级工业设计基地的建设发展情况，加强对各基地实行分类指导，实施差异化扶持举措。

（四）拓展工业设计市场。鼓励设计企业通过兼并重组或设立分支机构，做大设计服务规模，提升设计能力和影响力。引导制造企业分设研发和设计机构，成立专业设计公司，在服务本企业的同时，向配套企业及其他企业提供服务。积极引进境外著名设计机构来浙设立分支机构，支持有条件的企业开拓跨国设计业务，提升浙江工业设计国际竞争力。支持制造企业购买工业设计服务，做大工业设计服务市场，带动工业设计产业发展。推动建立制造企业与设计企业的协同发展机制，开展订单式、契约式、股权式等多种形式的工业设计服务。鼓励支持高端设计、研发机构或个人，通过线上、线下平台，承接国内外企业、机构发包的设计项目，努力提升浙江工业设计品牌。

（五）创新工业设计载体支持。鼓励有条件的机构搭建工业设计网络服务平台，开展网络众创设计、网络对接交易、设计配套服务等全产业链工业设计服务，建立工业设计的众创平台。支持设计人才在省级特色工业设计基地创办工业设计企业、创建在线创客平台和创客设计基地，将省级基地培育成为创业创新的重要载体。继续举办设计机构与高校设计类专业，以及制造企业对接的各类活动。

（六）加强设计人才队伍建设。加强与省内高校“卓越工业设计人才培养计划”的交流合作，鼓励优秀工业设计师到高校兼职，深化“双导师”培养制度，加大国内复合设计人才的培养。继续做好工业设计职业资格的考评工作。选送一批优秀工业设计人员赴日本培训。支持高端设计团队的建设，鼓励工业设计公司积极引进国外优秀工业设计师，重点引进一批设计能力强、创新意识好、专业资源广的工业设计领军人才。

（七）优化工业设计的发展环境。着力创造有利于工业设计发展的社会环境、市场环境、法制环境和产业生态。重点抓好企业家和领导干部的培训，引导企业家和各级领导干部进一步提高工业设计对制造企业转型升级重要作用的认识。支持各地举办的各类设计赛事和工业设计推广、宣传活动。充分发挥浙江日报“中国好设计”专栏，《设计与制造》杂志等在宣传工业设计中的作用，加大工业设计的宣传力度。鼓励工业设计成果申请专利，加强依法保护知识产权，打击各类侵权行为。

浙江省商品交易市场发展情况

浙江省工商局

面对近年来经济“三期叠加”下行压力的逐步加大，特别是2015年“四降一升”的经济发展特点，浙江商品交易市场发展顺应中央“五大发展理念”和“五大重点任务”部署，坚持有保、有增、有促、有调的发展思路，积极求变、求新，促进结构转型、活跃商品流通、保障百姓需求，提前一年超额完成省委省政府制定的“两个两万亿”发展目标。

一、商品交易市场总体运行情况

（一）全省商品交易实体市场整体继续稳步向前

截至2015年底，全省4243家商品交易实体市场共实现成交总额2.05万亿元，

2005-2015 年实体市场成交额（单位：亿元）

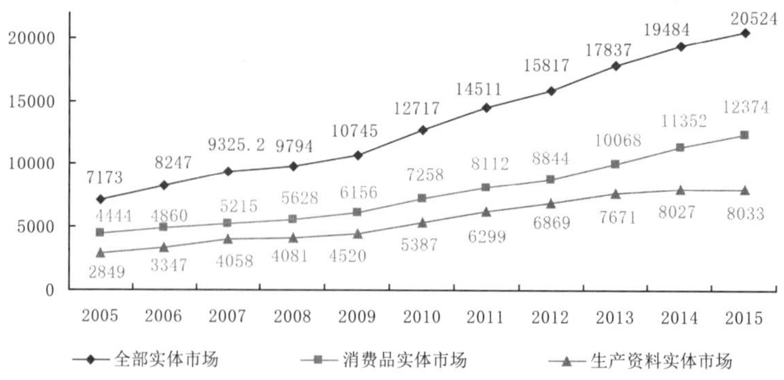

同比增长5.3%，较2010年底增长61.4%，年均复合增长率达到10%。

1.从地区成交总额体量来看：杭州、宁波成交总额稳居全省前两位；绍兴、金华、嘉兴、台州紧随其后，依次分列第三至六位；温州、湖州、衢州、丽水、舟山排名靠后。

2015 年各市实体市场成交总额

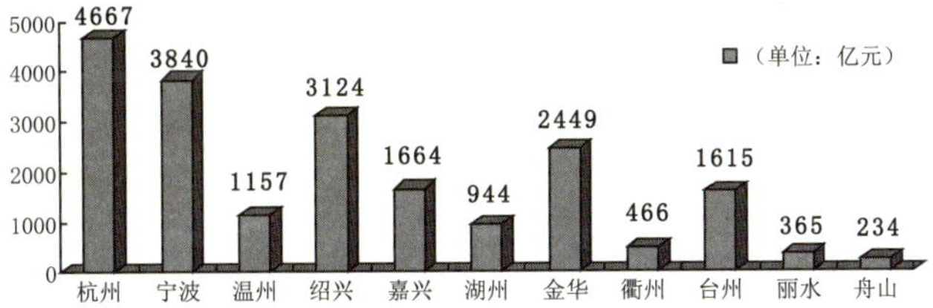

2.从地区成交总额增速来看：宁波、丽水在消费品市场、生产资料市场双双大幅增长的带动下，同比增幅位于全省前两位，均达到12%以上；嘉兴在消费品市场的推动下，同比增幅达到11.4%，全省排名第三；金华、绍兴、台州、衢州增幅均高于全省平均增幅；湖州、温州、舟山增幅则小于全省平均水平；杭州市受钢材市场持续疲软拖累明显，成交总额出现负增长。

2015 年各市实体市场成交总额同比增幅（单位：%）

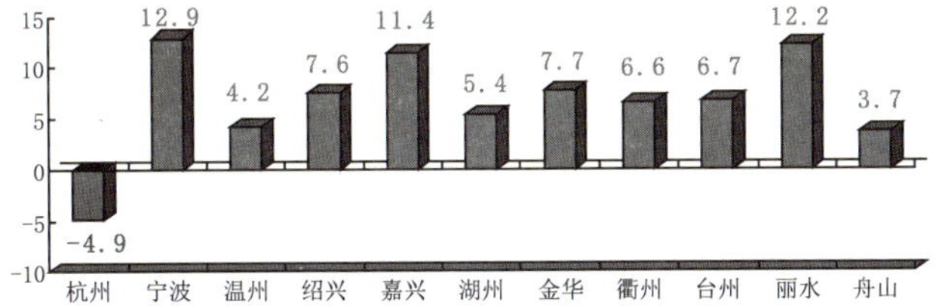

3.从实体市场单体规模来看：龙头市场的稳固发展稳定了全省的增长趋势。截至2015年底，全省41家省重点（重点培育）市场，共实现成交总额6113.2亿元，占全省商品交易实体市场年成交总额的29.8%，场均年成交额近150亿元/家。年成交额亿元以上实体市场达到836家，同比增加63家，较2010年底增加168家，占实体市场总数的19.7%；年成交总额达到1.75万亿元，占实体市场年成交总额的85.4%。其中，年成交额百亿元以上实体市场达到33家，较去年同期持平，较2010年底增加11家，年成交总额达到8163.5亿元；年成交额十至百亿元实体市场243家，较去年同期增加18家，年成交总额达到7436.9亿元。年成交额居前5名的实体市场分别是：

义乌中国小商品城	982.2亿元；
绍兴中国轻纺城	865.8亿元；
余姚中国塑料城	550亿元；
钱清中国轻纺原料城	516亿元；
永康中国科技五金城（不含网上）	410亿元。

（二）网上市场成交总额继续呈现高增长

1.市场数和成交总额均呈现增长。截至2015年底，全省共有各类网上市场185家，较去年同期增加18家，较2010年底增加118家，2015年成交总额达到3.6万亿元，同比增长40.6%，是2010年底的15倍，其中网上消费品、生产资料成交额总额分别达到2.82万亿元和0.78万亿元。

2.亿元以上市场数量增长较快。2015年，全省年成交额亿元以上网上市场达到34家，较去年同期增加12家，年成交总额达到3.59万亿元，其中年成交额万亿元以上的市场1家，年成交额千亿元以上市场2家，年成交额百亿元以上市场4家，年成交额十亿元以上市场14家。温州、衢州、丽水2015年均实现了亿元以上网上市场数零的突破；目前除湖州市以外，全省其他地市均已出现年成交额亿元以上的网上市场。按全年成交总额看，杭州、宁波、绍兴分列前三位。按数量来看，杭州、宁波、金华分列前三位。

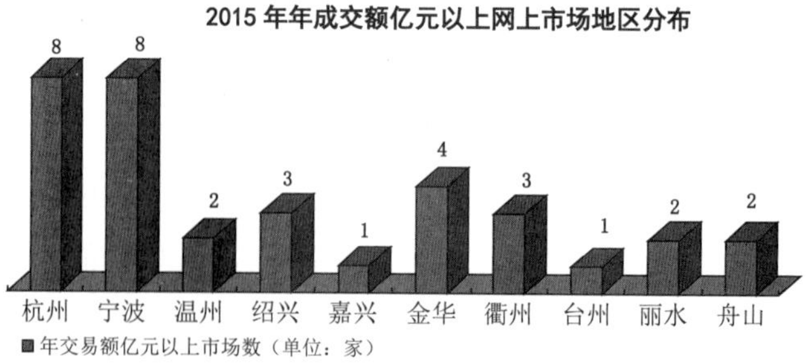

3.龙头市场占据成交总额绝对性份额。在消费品市场领域，浙江淘宝网上商

城、浙江天猫网上商城2015年成交总额分别达到1.94万亿元和0.75万亿元，位列全省前两名，分别占消费品网上市场成交总额的68.8%和26.6%。在生产资料市场领域，宁波大宗商品网上交易市场位列榜首，市场成交总额7200亿元，占生产资料网上市场成交总额的92.3%。

（三）“个转企”快速提升市场内经营者组织化程度

近年来，特别是2012年以来，在省委省政府“个转企”工作的推动下，全省实体市场内经营者组织化程度迅速跃升，并带动市场从业人员数量快速提升。截至2015年底，全省实体市场内共有内资企业72085家，比2011年同期增长113%，

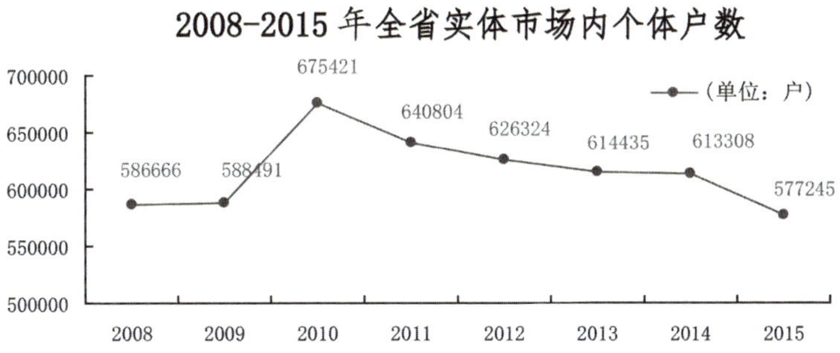

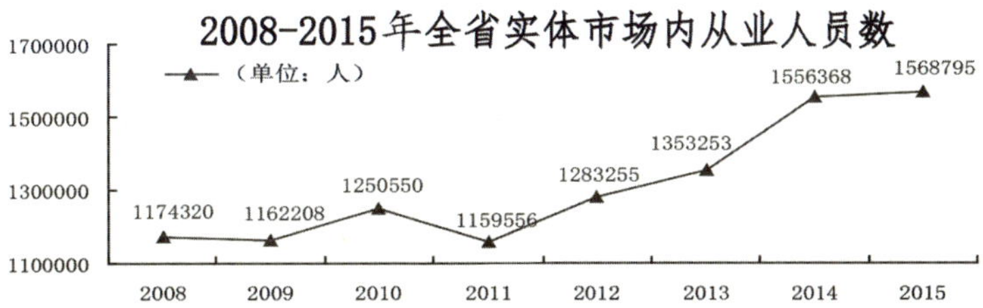

占市场内经营主体比例由2011年的5%上升到11.1%；市场从业人员数由2011年的116万人，增长到2015年的156.9万人，增长34.2%。

二、全省商品交易市场运行特点

（一）消费品需求热情不减，分化格局已趋于稳定

截至2015年底，全省3626家各类消费品实体市场，共实现成交总额12373.7亿元，同比增长9%；133家网上消费品市场成交总额28209.4亿元，同比增加19.1%。

从近几年的发展趋势看，在2010-2012年网上消费市场成交总额呈跳跃式增长期间，我省消费品实体市场受其冲击影响明显。随着网上分流销售消费品的种类、品类及消费人群、消费习惯、消费价格区间的日趋稳定，电商（网商、微商等）抢占消费品市场份额和部分流通环节的矛盾已被市场逐步消化，场商扮演电商的市场+网络的销售模式日渐普及，消费品实体市场的增长趋势逐渐得到修复。从具体商品看，家用电器、电子及其外围产品受网上销售冲击最为明显；服装、针织、面料等商品“市场+网络”的模式逐步走向主流；日常消费或价格较高的商品，如奢侈品、珠宝首饰、家居、家具、日用百货、农副产品受网络冲击较小。

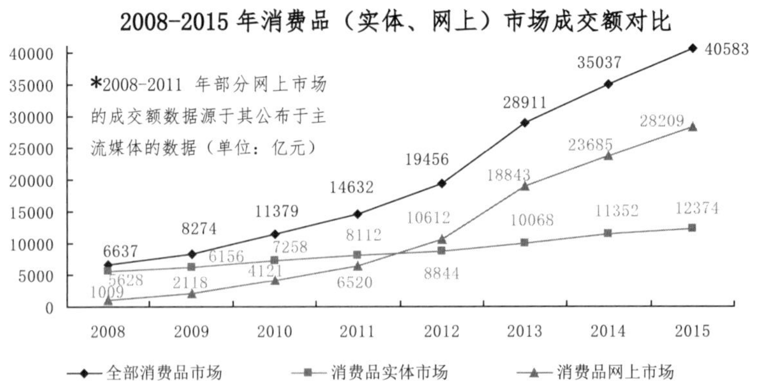

（二）农副产品价格整体涨势趋缓

2335家农贸市场（含农村以销售农副产品为主的综合性消费品市场）共实现成交总额2855.8亿元，同比增长8.4%。从全省实体市场内成交总量和成交总额的增幅对比情况看，蔬菜、水果的成交总额增幅大于总量增幅，整体价格呈现较为明显上涨；猪肉价格处于周期型的回归性上涨，以嘉兴为例，猪肉价格从2012年底的24.4元/公斤，下跌至2013年5月份的最低16.4元/公斤后，价格开始逐步回升，2015年底猪肉价格稳定在24.9元/公斤左右；水产品价格涨幅较为温和，成交总额、总量增幅趋同，同比分别增长12.8%和13.9%；粮食、油、禽蛋等商品成交总额增幅略小于总量增幅，整体价格趋于稳定。

（三）生产资料市场受国际大宗商品价格冲击较为严重

截至2015年底，国际原油、铁矿石、黄金等大宗商品较2010年分别下跌68.4%、76.6%和25.2%。受其影响，近年来我省生产资料市场发展举步维艰。

2006-2015 年全省生产资料市场成交总额同比增幅

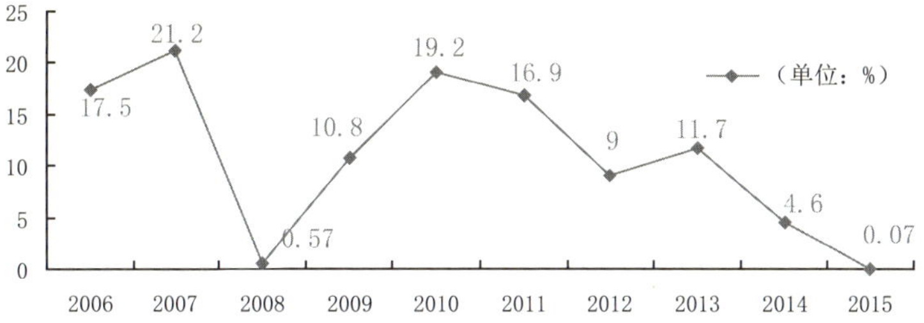

受冲击最为明显的是成交额权重最大的钢材市场。2008年受“4万亿”政策刺激，一批融资杠杆较大的钢材经营户先后退出市场，随后在价格继续攀升的支撑下，成交总额增幅迅速回升；2011年后受钢材价格的持续走低，虽然市场销售量保持平稳，但盈利能力持续下行，目前国内螺纹钢价格已由2011年7月5450元/吨下跌到最低1580元/吨。2015年全省市场内销售钢材6700万吨，成交总额2048.8亿元，同比下降6.4%。部分生产资料市场内的钢材交易已出现暂停。

塑料、煤炭市场受国际、国内大宗商品价格冲击影响亦较为明显，但由于占我省生产资料市场中成交总额权重较小，对生产资料市场整体影响微弱。

2015年，全省市场内销售煤炭1149万吨，成交额109亿元，同比分别下降21%和36.4%。余姚中国塑料城2015年成交总额550亿元，与去年持平。宁波中国液体化工产品交易市场2015年成交总额 156.5亿元，同比下降14%。

（四）汽车市场特别是二手车市场发展成为近年热点

近年来，汽车市场成为支撑我省生产资料市场成交总额增幅的主要力量，特别是二手车成交额远大于新车，增速明显。2015年，实体市场内共成交机动车112.6万辆，较2008年增长135.3%。其中成交新机动车39.4万辆，成交旧机动车73.2万辆，是新车成交量的1.86倍。

2008-2015 年市场内新、旧机动车销售量（单位：辆）

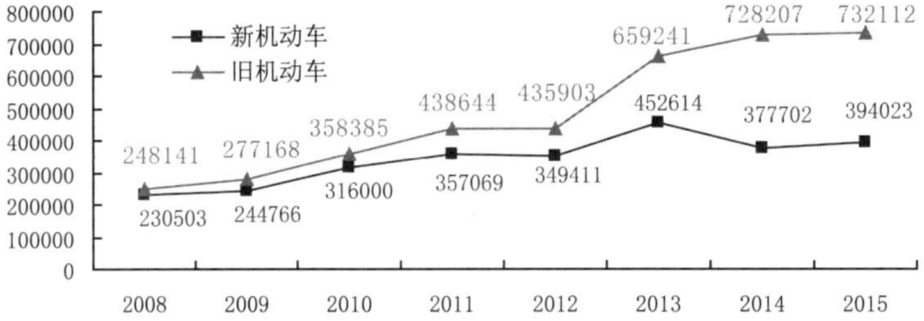

三、全省商品交易市场发展趋势研判

纵观近年来我省商品交易市场的发展趋势和2015年全省商品交易市场的发展实际，我省商品交易市场的基础牢固、实力雄厚、业态多样、需求旺盛，长期向好的基本趋势没有改变，后续发展的韧劲好、潜力足、回旋余地大。但同时面对的压力依然明显，市场成交总额的增速预计将会放缓：

——国际大宗商品价格虽已形成历史底位，但市场价格、市场需求的修复仍需时日，钢材、塑料、液体化工等生产资料实体市场短期内形成翻转增长的条件尚不成熟。

——汽车市场的成交量呈现饱和趋势。虽然旧机动车成交均价继续呈现上涨态势，但新机动车成交均价已趋于稳定，势必将拖累整体增速。

——消费品实体市场成交总额增速将遭遇瓶颈。随着国家“供给侧结构性改革”的不断深入，消费品市场总体需求将继续保持旺盛，但在去产能、去库存、调整需求结构的过程中，消费品价格预计将会出现明显承压，以其中成交总额比重较大的终端农贸市场为代表，成交总额增速已出现疲态。

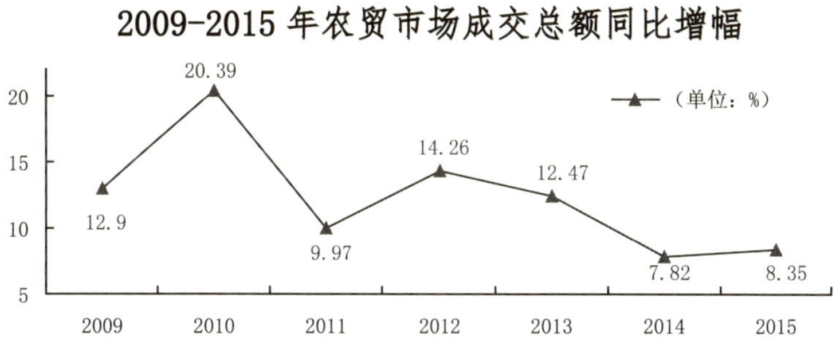

——随着网上消费品市场长期以来的良好增长势头，其体量已日趋庞大，继续保持高增速的可能性在逐步降低。

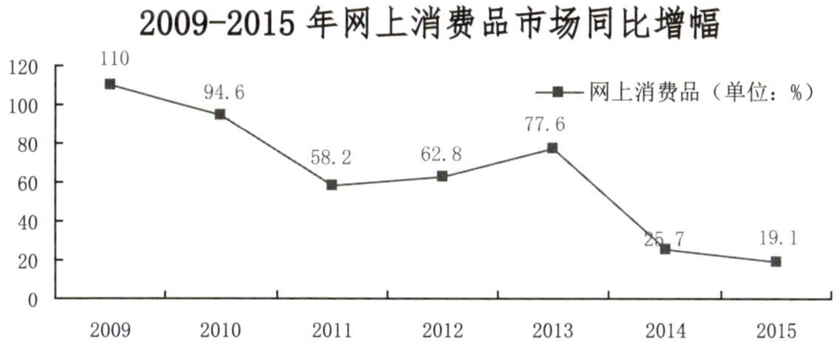

四、2015 年工商部门提升发展商品市场的主要举措

（一）顺应民生需求，继续推进放心农贸市场建设。承继2014年全省225家放心农贸市场建设成效，2015年创建活动力度不减、质量不降、热情高涨，又有241家农贸市场申请创建。截至9月底，省商品交易市场建设专项资金已落实补助3889.6万元，撬动全省投资额2.8亿元，实际已投入1.8亿元，惠及近500万城乡居民，社会整体满意率超过95%。圆满完成省政府工作报告提出的“200家城镇农贸市场改造成为放心市场”任务。

（二）顺应市场发展，探索新型运营理念。引用竞争性考核机制，对47家申报“省智慧市场、现代商品市场集群和网上网下融合示范市场建设试点”单位进行综合评审，确定17家市场开展试点探索。海宁皮革城积极引用微信软件，整合停车、购物、餐饮等功能，加大对外地旅游观光客特别是年轻消费者的吸引力度。舟山群岛新区水产品交易中心经过重组改造，完善金融、物流、采购等配套，开展仓单质押业务，全年仅远洋鱿鱼一项就实现成交额24.5亿元，同比增长137%。

（三）顺应转型竞争，加快人员素质提升。根据《浙江省人民政府关于进一步推进商品交易市场提升发展的意见》，省工商局、省人力与社会保障厅、省市场协会通力合作，于2014年在全省范围内启动市场管理员资质培训（认证）工作，成为全国首个启动该项职业技能培训的省份。两年来共开展培训17期，参训人员达1739人，超过半数参训人员获得全国“市场管理人员”四级资质认证。2015年国家工商行政管理总局再次对我省的28家商品交易市场授予“2015年度诚信示范市场”，总数占全国首位。

（四）顺应监管新需求，辅助网上市场发展。成立网络商品交易及有关服务监管工作领导小组，明确网上网下一体化监管思路。筹建浙江省网络监管电子数据取证分析实验室、浙江省网络智慧监管指挥中心。主动对接阿里巴巴集团，出台支持阿里巴巴发展的20条具体措施，签署《联合打假合作协议》，共建打击“互联网+”领域侵权假冒违法行为协作处理机制。全面推广网络电子链接标识进行网上亮照，重点推进阿里系平台公示网络经营者信用信息。截至12月底，全省建档网络经营主体25.35万户，发放网络标识48.32万只。部署“红盾网剑”专项行动，查办一批反映强烈的网络交易违法案件。近两年，全省共检查网站40余万个，立案查处网络案件2000余件，罚没款近3000万元，责令整改网站2700余个，提请关闭网站186个。

浙江省会展业发展情况

浙江省会展行业协会

一、2015年我省会展业发展的基本状况

2015年，我省会展业在克服来自国内外大环境、长三角区域竞争和省内相关不利因素的背景下，会展业保持了持续稳定的发展。主要体现在以下方面：

（一）会展业转型升级成为发展主旋律。会展业对产业的提升作用、对消费的拉动作用以及对文化产业的促进作用，使省内各级政府都十分重视发展会展经济。近年来国家为推进廉政建设，从多个层面对举办大型活动提出明确要求，省内相关城市在落实中央群众路线教育工作的同时，都在积极推进政府主导型会展项目向市场化推进。其中杭州把办好西博会项目与市委市政府大力发展智慧经济、信息经济，建设美丽杭州、提升城市国际化水平等中心工作紧密结合起来，提出打造“国际会议年”目标，不断提升展览项目市场化水平；积极鼓励和吸引国内外机构、行业、企业承办西博会项目，形成“企业主体、市场运作、政府支持保障”的办会新模式；宁波对政府主导型会展项目进行系统转型，把市场化、项目招投标作为获得政府财政扶持资金的基础性指标；嘉兴调整了政府扶持政策，创新谋划储备一批政府合作项目，为政府向社会购买服务奠定坚实基础；随着政府主导型会展项目的进一步转型升级，市场化会展项目的发展空间也逐步得到拓展。统计表明，2015年全省市场化会展项目有较大比例提升，运作模式不断创新、效果明显。

（二）管理体系不断提升完善。我省是国内会展管理体制比较完善的省份之一。相关的政府主管部门、行业协会发展都比较成熟，政策法规也相对完善。

2015年，相关城市在这方面也有较大的提升。如杭州市正在结合举办G20峰会系统探索会展业转型升级的战略思路；宁波市已初步完成“十三五”规划制订，正在着手制订政府主导性展会财政资金的使用标准；温州市设立会展办，正在积极开展调研，探索出台会展业政策和规章。

（三）会展场馆建设日臻完善。近年来，我省各地在各级政府的引导和市场机制双重作用下，各地区会展业市场呈现快速增长的发展势头。已形成北部杭州、中部义乌、东部宁波、南部温台的四个特色会展业区块快速发展的态势，呈现以杭州、宁波、台州、温州、义乌组成的会展城市群，杭州、绍兴、宁波、舟山等地市形成的节庆产业带和由杭州、宁波、嘉兴等城市构成的会议三角形的格局；截至2015年12月，全省共有1000平方米以上可对外出租的专业会展场馆（包括会展中心、博物馆、美术馆等）57个，总面积达到110万平方米；为我省会展业提供了必要保障。杭州奥体博览中心即将投入使用，使我省会展基础设施建设又添“重头戏”；宁波国际贸易会展中心三期工程中将展馆扩建作为重要组成部分，预计2017年建成后场馆面积可拓展到10万平方米以上，同时也在思考“十三五”期间新场馆规划建设。这都为我省提升会展基础设施水平奠定坚实的基础。

（四）会展项目质量不断提升。统计表明，2015年全省共举办展览项目590余个（专业场馆），总面积超过700万平方米。杭州市系统推进西博会创新，举办智慧经济、智慧金融、文化创意、休闲保健类的项目活动，受到省委常委、杭州市委书记赵一德和梁黎明副省长的高度肯定。引进世界创业论坛在中国举办，举办2015英国《金融时报》中国年度高峰论坛、中国能源互联网大会暨智慧能源产业博览会、联合国妇女署“性别平等与企业社会责任国际会议”等；宁波成功申办2016年东亚文化之都活动，再次举办中东欧特色商品展，展客商数量、展品质量都有较大的提升，同时还首次举办台湾名品展和宁波文创产业博览会；嘉兴市在乌镇再次成功举办世界互联网大会，还开发了亲子嘉年华、HAPPY童玩节等面向市场消费热点的项目。义乌市成功举办世界电子商务大会和2015丝绸之路经济带城市国际论坛。温州冬季家博会重视展品创新，展示了许多新奇特的高科技智能家居产品，受到关注。2015年，杭州中华老字号精品博览会、中国柯桥国际纺织品博览会（秋季）、台州中国塑料交易会、永康中国五金展、中国（永康）国际门业博览会、温岭泵与电机展、余姚中国塑博会、宁波中国国际机械工业展览会等8个项目被列为商务部引导支持的项目。

（五）会展服务质量日趋优化。2015年协会会同成员单位，重点推进会展信息化、会展标准化等工作。其中浙江万里学院会同杭州相关企业，完成了上海市劳动局会展实训基地会展实训软件项目的开发工作，并通过有关部门组织的验收；长三角会展专业委员会工作进一步推进，完成长三角会展业报告和城市指数测算工作，省协会网站质量也有进一步提升。省会展标准化技术委员会在做好标准化试点和《会展业服务规范》宣传贯彻的基础上，正在着手起草会展项目评级、企业评价、项目评估和城市会展业综合指数测算等四个地方性行业标准等。

（六）学科专业建设成效明显。2015年，也是我省会展专业学科建设取得显著成效的一年。在理论研究方面，杭州、宁波等城市的会展研究人员，在政府决策理论、城市会展业发展理论、国际会议目的地建设、区域合作等方面开展深入研究，先后出版《城市会展业决策研究》《城市会展业发展的理论、方法与应用》等专著和研究论文；围绕贯彻落实国务院文件精神，先后在杭州、宁波等城市举办落实文件精神报告会、研讨、座谈会，邀请中国会展经济研究会袁再青会长、厦门会展业协会郑智会长等对文件及落实情况进行专题报告；嘉兴、义乌等城市也积极开展落实国务院文件精神的报告会、座谈会等。浙江外国语学院、上海财经大学浙江学院新设会展本科专业，进一步强化了人才培养平台。这一切，都有利于浙江省会展业核心竞争力的提升。

（七）会展国内外合作逐步拓展。2015年杭州市被国际会议联合会（ICCA）列为中国会议城市第三名；宁波市积极参与国际展览联盟的相关活动；通过招商引展等手段加强了同美国、意大利、法国等国家会展企业的合作，通过举办会展项目等强化了与台湾、香港、澳门等地区的合作；与此同时，通过长三角会展专业委员会、长三角城市会展联盟、上海市会展行业协会等进一步加强与上海等周边地区会展业的合作；省内各城市间的会展合作更趋紧密，跨城市推介等合作手段不断创新。

二、浙江省会展业发展目标及工作思路

2016年是“十三五”开局之年，国内各级政府都在研究制订相关产业发展规

划。因此，对于浙江省会展业而言，工作任务更加繁重，面临的压力也非常大，需要我们携手努力，积极推进会展业的快速发展。

（一）浙江省会展业发展目标

1. 发展目标。通过持续创新，努力保持在国内会展业第一梯队的地位。

2. 管理体制。期望在现有的基础上，进一步完善管理体制，完善制度法规建设，加大政策支持等；营造更好的发展环境。

3. 项目方面。期望能够形成一批在国内外具有较大影响的会展项目，提升全省会展业的综合竞争力；使会展业成为浙江产业转型升级、创新发展的有效手段。在具体操作层面，应优先发展先进制造业会展；结合浙江海洋经济上升为国家战略，积极推进海洋会展；落实省文化产业发展规划，创新发展文化会展。

4. 服务方面。希望能够在会展评级评估、教学科研、智慧会展等方面实现突破。加强城市合作和服务融合，系统提升浙江会展业的服务质量。

（二）浙江省会发业发展工作思路与要点

当前我国正处于经济增长速度换挡期、结构调整阵痛期、前期刺激政策消化期“三期叠加”阶段，“一带一路”战略、经济新常态、供给侧改革等都将对会展业的发展带来影响。这种影响突出表现在全省的会展业要从重视发展速度、重视项目规模逐步向重视展会的质量、重视参展商客商结构、重视展客商对接效果转变。在这种大背景下，协会2016年的工作将通过推进生态会展、智慧会展、国际会展和专业会展，促进全省会展业提升。具体包括以下方面：

1. 协助、指导做好思路转变和制度建设。一是协助城市开展会展业发展思路分析。很多城市都重视发展会展业，但如何发展、重点发展哪种类型的会展项目，需要认真研究。二是争取参与有关主管部门制订规划、标准和政策法规等，重点是“十三五”规划和会展业管理办法、政策等。有些城市会展业发展迫切需要政府出台政策，如果需要省协会出面，我们义不容辞；三是协助相关城市完善会展管理体制。包括政府管理体系的设立、相关的职能设定研究等。也希望得到有关城市会展主管部门的大力支持。

2. 积极参与政府会展管理服务工作。充分发挥社会组织在政府公共服务采购中的作用。重点考虑在省商务厅的指导下参与会展业的调研、政策制定、相关服务等；协会也希望在行业主管部门的指导下，对全省的会展企业、会展项目、会展场馆尝试评级工作，为政府推进分级管理提供服务；另外也希望能够承担一些政府项目评估、评审工作，也希望得到商务厅等部门的支持。

3. 努力参与G20峰会的服务工作。加强与主办机构的合作，争取能够承担一些适合协会参与的工作，包括会议接待服务、志愿者服务等；也希望能够通过协会等渠道，将G20峰会的品牌价值和影响力逐步扩大，使之成为全省会展业创新提升的重要突破点。

4. 进一步协调服务会展项目提升。一是努力做好县域会展城市的服务工作，包括继续支持县域会展场馆管理服务以及会展项目策划等；二是做好优势产业会展项目的创新发展工作，包括通过发展海洋会展项目促进浙江海洋经济的发展上升为国家战略，结合“一带一路”战略吸引沿线国家到省内城市参展观展；三是结合新常态大背景，协助指导相关会展企业优化参展商客商结构，不断提升我省会展项目的质量；四是进一步推进会展人才质量的提升，今年还将继续开展会展人才的培训工作，为省内会展企业提供服务。

5. 进一步提升优化我省会展业的服务质量。一是提升会展信息化水平。继续优化完善浙江会展网建设，希望使外界对浙江会展有一个系统全面的了解，成为对国内外开展宣传推介平台；二是做好会展相关资讯服务工作。在办好《浙江会展》的同时，进一步完善《浙江会展信息》简报功能，为政府和企业沟通信息提供服务；三是做好相关标准和规范的制订。省政府主管部门高度重视会展标准建设，省会展标技委今年也设立四个项目，争取取得较好成效；四是努力为省内城市争取企业资源和项目资源。协会也将进一步加强与省政府相关机构的汇报和交流，争取获得更多更好的管理资源，为省内会展产业发展提供高层次服务；五是开展会展知识产权服务、会展场馆公共危机管理研究，为企业制订会展公共危机管理预案等提供服务。

6. 进一步强化产学合作提升会展教育科研工作。一是系统提升会展学术研究工作。支持、参与长三角协调会会展专业委员会的工作，继续争取省政府有关部门开展会展项目的课题立项工作；二是开展产业调研，通过热点分析、案例剖析、思路设计等为领导决策提供参考；三是努力为企业提供科研服务。通过为政府和企业开展会展业发展研究、承接政府和企业的会展项目评估、开展会展统计分析评价、整合高校资源建设跨城市的志愿者服务队伍等；四是支持院校做好会展专业建设。通过举办浙江会展策划大赛、协调会展企业支持高校会展实习基地建设、发布会展人才的供需信息等，全面推进产学合作，提升会展教学及人才培养质量。

7.进一步推进国内外交流合作。一是进一步强化与国际组织的合作，争取合作举办高层次的国际会展项目；二是强化与台港澳的合作，包括引进台港澳的会展项目，与相关机构联合招展招商等；三是重点做好与上海会展业的合作。尤其是争取上海市举办的大型会展项目能在杭州、宁波等地设立分会场，希望能在管理衔接、项目推进、服务合作等方面有所突破。四是逐步提升省内会展城市和会展企业的合作。协会正在积极构建省内会展业的合作平台，包括信息化平台、城市合作机制、企业及项目合作机制，包括筹备会议活动、展览工程等专业委员会，筹备河南会展企业分会，会展沙龙，搭建交流平台，期望能够达到相互提供服务，合力打造品牌，共同推进浙江省会展业发展的目标。

浙江省广告业发展情况

浙江省工商局

一、广告产业继续增长，但增速放缓。

2015年，我省广告产业继续平稳发展。据统计，全省广告经营单位为34230户，同比增长14%，从业人员为217261人，同比增长17%。全省广告经营额继续稳步增长，为366.74亿元（不含淘宝、阿里巴巴等互联网龙头企业经营额），同比增长16%，位列全国第一阵营。但受全省高速公路广告牌专项整治和城市户外广告整治活动的影响，全省户外广告经营额继续明显下滑。全年全省户外广告营业额为13.06亿元，与2014年的16.57亿元相比，下降了21%。

全年度广告排行前五类的广告与2014年比并无明显变化，分别为房地产，食品，化妆品，汽车类，家用电器，具体情况见下表。

行业排名前五位的广告经营情况

类　别	2015年度广告经营额（亿元）	同比 +-%	占广告经营总额的 %
广告经营总额	366.74	+16%	
房地产	45.43	+3%	12.3%
食品	43.05	+7%	11.7%
化妆品	37.34	+23%	10.2%
汽车	36.1	+51%	9.8%
家用电器	26.56	+16%	7.2%

二、广告市场格局深刻改变，市场平稳发展背后仍有隐忧。

2015年，传统媒体和新媒体在广告市场份额的格局发生了巨大改变。

一方面，电视、电台、新媒体仍是全省广告市场的主体，但市场格局发生了深刻变化。全年三者广告市场经营额分别达到65.53亿元、12.88亿元和55.22亿元（不含淘宝、阿里巴巴等互联网龙头企业经营额），同比增长-13%、2%和363%，三者占全省广告市场总份额的36.4%，同比增幅3.8%。虽然全省广告市场继续平稳发展，但在其发展的背后仍存在隐忧。一是省级媒体的广告经营额权重较大，各地市媒体受到属地资源和平台的限制，广告市场份额比例仍较低，地市级广告市场潜力并未充分发掘。2015年，省级媒体广告经营额为93.95亿元，占全省广告经营总额的27.9%，其中电视电台广告经营额为48.68亿元，占全省电视电台广告经营额的69.88%。二是各地市广告市场发展不平衡，地市级广告市场仍集中在杭州、宁波、温州。杭宁温三市的年度广告经营总额为151.16亿元，占全省广告经营总额的44.9%，其他地市的广告市场份额仅占27.2%。三是传统媒体受到新媒体的冲击，均出现颓势。电视媒体的霸主地位正在受到动摇，出现下滑趋势。四是随着广告投放方式的日益丰富和受众接受信息习惯的改变，广告主也将广告投放方向向互联网市场进行战略性调整，新媒体广告市场发展迅速。但同时，新媒体广告市场运行中存在着大量的违法行为和不正当竞争手段，市场秩序仍比较混乱。急需制定相关的法律法规和业内准则来对市场进行规范和引导。五是广告市场的资源配置方式发生了转变，广告资源配置逐渐由媒体主导型向媒体企业并重型转变，资源配置结构更适合市场经济发展的需要。

另一方面，报纸、期刊则延续下滑趋势，2015年报纸和期刊的广告营业额分别为21.35亿元和0.5亿元，同比分别下降25%和2%。主要原因是因为受到新媒体市场的冲击和媒介受众阅读习惯和关注度的转移，纸媒广告市场进一步萎缩。纸媒如何更快的找到市场定位，寻找发展突破点，适应受众关注习惯和关注方向的改变，加快与新媒体的融合，实现转型升级迫在眉睫。

2016年传统媒体广告经营压力仍然突出，今日早报和都市周报停止发行，体现平面媒体的寒冬已经来临，电视和广播除了浙江卫视外，总体下滑趋势不可避免。

三、个体私营广告企业发展活跃，国有、集体广告企业是广告市场的重要组成部分。

统计显示，2015年，全省个体广告户数为7161户，同比增长3%，私营企业户数为23964，同比增长21%，个体私营广告企业是我省广告经营户的主力军，占广告经营总户数比率的90.9%；两者广告经营额为143.76亿元，占全省广告经营额的39%。国有、集体广告企业继续保持稳步发展，广告经营额分别达到87.1亿元， 25.3亿元，同比增长14%，9%，占据着31.23%的广告市场份额，是广告市场的重要组成部分。

四、加快广告产业发展，广告园区建设成效明显。

2015年，杭州、宁波、温州国家广告园区发展势头良好。经统计，杭州广告园区现有广告及关联产业企业757家，预计实现广告经营额40.8亿元、广告关联产业经营额100亿元。宁波广告园区拥有广告及广告关联企业412家，全年广告营业额14亿元。温州广告园区拥有广告及广告关联企业64家，全年广告营业额1.92亿元，设计成果转化值超10亿元。与此同时，8个省级广告产业园区根据本地实际情况，加快本地区广告产业发展，形成产业聚集，进一步开拓地市级的广告市场，发掘潜力，促进广告市场的活力。

三

地区篇

Part III
Chief Opinion of Region

杭州市服务业发展报告

杭州市发展和改革委员会

2015年，面对复杂严峻的国内外宏观环境，全市坚持以新理念引领新常态，认真贯彻落实各项政策措施，强化改革与创新的合力驱动，有效推动了服务业发展。全年实现服务业增加值5855.29亿元，增长14.6%，增速比GDP高4.4个百分点，占全市GDP比重达58.2%，对GDP增长的贡献率达74.6%。

一、服务业发展总体情况

（一）服务业投资增速较快

全年完成服务业投资4593.07亿元，增长14.3 %，增速比全市固定资产投资和工业投资分别高2.1和12.5个百分点，占全市固定资产投资的82.7 %。从行业看，水利环境和公共设施管理业、金融业、租赁和商务服务业投资增速位列前三，分别达49.7 %、47.1 %和43.0 %。从总量看，房地产开发投资仍是服务业投资主体，完成投资2472.07亿元，增长7.4%，占服务业投资的53.8%。

（二）服务业招商引资成效明显

内资方面，共引进服务业项目2056个，到位资金1008.24亿元，增长15.81%，占总到位资金的80.7%。其中，引进当年到位资金亿元以上项目131个，到位资金524.39亿元。浙商回归引进服务业项目856个，到位资金609.47亿元。外资方面，服务业实际利用外资52.02亿美元，增长3.0%，占全市实际利用外资的73.1%。引进世界500强企业项目6个，分别为美国摩根士丹利投资的杭州百佳医院管理有限公司、苹果贸易（上海）有限公司杭州上城分公司、苹果贸易（上海）有限公司杭州万象城分公司、英特尔移动通信技术（上海）有限公司杭州分公司、东京海上日动火灾保险（中国）有限公司浙江分公司、杭州西农贸易有限公司。

（三）服务业对地方财政贡献突出

服务业实现税收790.92亿元，增长15.9%，占一般公共预算收入的64.1%。信息传输、软件和信息技术服务业超过批发和零售业，成为服务业第一大税源。从增速看，信息传输软件业、租赁和商务服务业、科学研究和技术服务业增速位居前三，分别为39.8%、26.0%和20.2%。同时，2015年以来“营改增”直接减轻税负77.83亿元，通过向试点企业购买服务抵扣进项税额等间接减税30.47亿元。

二、主要行业发展情况

（一）文化创意

实现增加值2232.14亿元，增长20.4%，占GDP比重达22.2%。一是数字内容产业成为新增长点。全市数字内容产业实现增加值1234.45亿元，增长35.5%。全国最大的数字阅读运营企业咪咕数字传媒有限公司落户杭州。二是龙头企业发展态势良好。前十大企业主营业务收入平均增长68.1%，蓝狮子、米奥兰特、中南卡通、南广影视、金海岸等10家文创企业成功挂牌新三板。三是文创实力全国领先。文创实力居大陆城市第三，杭州文博会已成为公认的中国文化产业领域四大综合性展会之一。

（二）旅游休闲

实现增加值719.68亿元，增长12.8%，占GDP比重达7.2%。一是国内游市场较快增长。接待国内游客12040.4万人次，增长13.5%，实现国内旅游收入2046.25亿元，增长17.3%。二是出入境游市场稳步增长。接待入境游客338.37万人次，实现旅游外汇收入24.79亿美元，增长7.0%。全市旅行社组织出境游人数为150.73万人次，增长26.5%。三是景区创建再上新台阶。16家景区成为首批“全国旅游价格信得过景区”，湘湖度假区入选首批17家国家级旅游度假区。

（三）金融服务

实现增加值978.03亿元，增长15.2%，占GDP比重达9.7%。一是存贷款增速双双位居全省首位。12月末，全市本外币存款余额29863.83亿元，增长13.9 %；贷款余额23327.95亿元，增长9.3%。二是上市挂牌稳步推进。全年新增9家上市企业（其中1家境外上市），IPO募集资金34.69亿元，上市公司累计总数为118家；19家上市公司实施定向增发募集资金211.28亿元；61家上市公司发生143起并购事件，涉及金额807.18亿元。三是私募股权机构快速增长。全市新增备案私募基金管理人838家，备案基金873支，管理资金规模853.05亿元。

（四）电子商务

实现增加值826.54亿元，增长34.5%，占GDP比重达8.2%。一是规上电商企业经营良好。全市规上第三方电子商务服务业企业主营业务收入1262.35亿元，增长44.2%，实现利润499.67亿元，增长19.9%。二是网络零售稳居全省第一。全市实现网络零售额2679.83亿元，增长42.6%，占全省的35.2%。三是重点企业贡献突出。天猫、支付宝、淘宝、阿里巴巴等4家企业对全市电子商务产业收入贡献率达62.7%。

（五）商贸服务

实现社会消费品零售总额4697.23亿元，增长11.8%。一是汽车类零售额止跌回升。全市实现汽车类零售额773.08亿元，增长7.1%，增速较2014年提升12.7个百分点。二是农村消费市场增速高于城镇。乡村实现零售额239.62亿元，增长

13.3%，增幅高于城镇1.6个百分点。三是传统商场零售放缓。据市场监测，受电子商务及消费外流影响，百货业销售增长6.8%，超市业销售增长 3.1%。

（六）房地产业

实现增加值623.87亿元，增长14.3%。一是商品房成交活跃。全市商品房成交面积1481.45万平方米，成交总金额2136.78亿元，其中商品住宅成交1291.64万平方米，成交总金额1905.14亿元。二是商品房库存趋于下降。据住保房管局统计显示，截至12月底，市区可售商品房面积1956万平方米，其中商品住宅面积1139万平方米，下降10.2%。

三、2015 年主要工作情况

为加快现代服务业发展，推动全市产业结构优化升级，2015年杭州市主要开展了以下七个方面工作：

（一）抓改革创新，着力优化发展环境

一是出台一系列事关服务业改革创新的政策文件。包括《关于推进“互联网+”行动的实施意见》《关于深入推进文化创意产业与相关产业融合发展的实施意见》《关于推进跨境电子商务发展的通知》《关于加快我市私募金融服务业发展的实施意见》《关于加快特色小镇规划建设的实施意见》等。二是创新举措推动跨境电子商务发展。中国（杭州）跨境电子商务综合试验区首批创新举措超50条，在通关便利、检验检疫监管、税收简化、金融支持和物流服务等方面的创新持续推进。三是改革服务业财政专项资金使用。按照《杭州市产业发展类财政专项资金管理办法》，服务业各领域主管部门积极探索采用竞争性、因素法、产业基金等方式提升财政资金绩效。

（二）抓载体建设，着力提升集约水平

一是推动服务业特色小镇建设。谋划了一大批服务业特色小镇，杭州市首批32个市级特色小镇创建名单中超半数为服务业特色小镇。积极争取市服务业特色小镇纳入省创建名单，首批入选的9家特色小镇中8家为服务业特色小镇，实施土

地、资金、人才等各类服务业政策向服务业特色小镇倾斜。二是推动服务业集聚区提质发展。开展服务业集聚区2014年度发展综合评价，积极协调解决服务业集聚区发展过程中面临的困难与问题。在全省100家服务业集聚示范区发展综合评价中，7家单位入选前20名，远超其他设区市。同时，积极开展市级服务业集聚区评估工作。三是推动楼宇经济健康发展。根据《关于创新楼宇用地管理促进楼宇经济发展实施意见》精神，草拟存量楼宇分割盘活操作细则。鼓励与指导区、县（市）以腾笼换鸟等方式推动楼宇转型升级，编制楼宇管理指数。

（三）抓重点领域，着力推动产业聚焦

一是推进“四中心”产业持续发展。文创方面，成功举办第十一届中国国际动漫节，完成签约项目129项，达成实际成交及意向成交（含项目融资）金额约28.82亿元。联合杭州师范大学共同创建杭州师范大学文创学院，打造杭州文创产业发展的专家智库。金融方面，推动创新型企业利用多层次资本市场进行挂牌上市融资，出台《互联网金融创新中心建设三年行动计划》。先后举办2015中国（杭州）财富管理论坛、第22届全球金融年会、首届全球对冲基金西湖峰会、“创新中国”2015总决赛等高端论坛峰会，营造杭州区域金融服务中心的氛围。电子商务方面，中国（杭州）跨境电子商务综合试验区已有下城、下沙、空港、临安、江干、萧山、余杭、邮政速递等8个产业园区，2015年已累计入驻各类跨境电商企业近500家。开展电子商务与物流快递协同发展试点工作，确定了邮政等17家企业的29个试点项目，涉及职能投递箱、分拨中心、物流园区、电商创新等。旅游方面，强化与阿里集团合作，启动实施“杭州旅游护照”项目。与中国旅游研究院等单位合作，共建杭州旅游休闲经济实验室。启动智慧旅游示范企业创建，着力打造一批杭州市级智慧景区、智慧酒店、智慧旅行社和智慧乡村。二是推进新兴产业培育工作。信息经济方面，立足于创新创业的“三镇三谷”（云栖小镇、梦想小镇、基金小镇；云谷、西溪谷、传感谷），通过“孵化+基金”，推动“人才”与“资本”深度对接。健康产业方面，组织编制《杭州市大健康产业发展“十三五”规划》，开展2015年杭州市健康服务业发展试点工作，通过区、县（市）自主申报、专家评审、对外公示等环节，确定下城、滨江、上城、桐庐、建德5个区、县（市）先行开展健康服务业发展试点。

（四）抓有效投资，着力夯实发展基础

一是多方联动共推产业招商。制定《杭州市产业招商工作方案》，组建了文化创意、金融服务、信息经济、总部经济等10个产业招商组。二是推进服务业重大项目建设。进一步完善服务业重大项目区、县（市）长负责制和市区联动协调机制，杭州创意设计中心、华策影视国家试验基地项目等一批服务业重大项目进展良好。三是召开服务业协调例会。协调解决嘉里中心4号楼分割销售、华润万家城东新城欢乐颂项目桩基先行、杭州筑家易网络科技有限公司新三板挂牌事项等问题。

（五）抓服务质量，着力建设质量强市

一是做好全国质量强市评估工作。针对群众反映强烈的医疗、养老、公共交通等问题，通过政策引导、标准试点、扶持补助等举措，着力解决服务质量中的重点、热点、难点问题。二是规范电商市场秩序。与阿里巴巴签订《打假维权合作备忘录》，成功争取电子商务产品质量风险监测中心、12365投诉举报处置指挥中心和国家电子商务产品质量信息服务平台落户杭州。三是开展服务业标准化试点示范。开展“智能配网抢修服务规范”等27项地方标准规范（服务业类）制定、“跨境电子商务智能物流服务标准化试点”等10项服务业标准化试点。

（六）抓产业西进，着力统筹区域发展

一是“三江两岸”绿道单线贯通。完善沿线驿站、旅游码头、旅游厕所、标志标线等配套设施，加快推进“三江两岸”绿道转化为旅游休闲产品。二是加快农村电子商务发展。深入实施“电子商务进万村”工程，支持区县（市）建设电子商务产业园，有条件的乡镇、街道和行政村建设电子商务楼宇、创业园和孵化园。三是加强医疗资源合作共享。贯彻浙江省委、省政府“双下沉、两提升”部署，组织市级三甲综合性医院与县级医院建立全面托管或重点托管的紧密型合作办医模式，促进区域内优质医疗资源的合作共享。

（七）抓考核督查，着力落实目标任务

一是加强目标任务的分解和考核。对各区、县（市）2014年度服务业发展

目标完成情况进行考核和表彰。根据市委、市政府年初确定的2015年服务业发展目标，加强各区、县（市）2015年度服务业工作目标和发展指标的考核。在省政府对全省11个设区市2014年服务业指标完成情况考核中，列综合考核第一名。二是开展服务业发展形势监测分析。每季度开展服务业发展形势分析，定期召开各区、县（市）和部门形势分析例会，及时了解和掌握服务业发展过程中出现的新情况、新问题，提出有针对性的对策建议。

四、2016 年服务业工作思路

下一步，杭州市将继续按照省、市有关部署，积极培育“杭州服务”品牌，加快构建以服务经济为主的现代产业体系，把杭州市打造成具有国际影响力的现代服务业中心城市。重点抓好以下五方面工作：

（一）进一步深化服务业领域的改革创新。一是推进中国（杭州）跨境电子商务综合试验区建设。及时总结跨境电子商务综合试验区工作经验，形成规范和制度，发挥示范推广作用。继续编制完善跨境电子商务综合试验区三年发展规划，招引与推动重点跨境电商项目加快落地发展。二是应用互联网+、文化创意+改造提升传统产业。制定《杭州市推进“互联网+”工作实施意见》，落实《关于深入推进文化创意产业与相关产业融合发展的实施意见》精神，通过“互联网+传统产业”提升生产效率、“文创+传统产业”提升产品附加值。三是推进审批制度改革。坚持“三办合力”并联审批工作机制，加快审批制度改革，缩短审批时限，为重点内外资和浙商项目开辟审批绿色通道和项目代办制。四是开展服务业强县（市、区）培育工程。根据各县（市、区）不同的经济发展阶段、资源禀赋、功能定位和产业优势，按不同方向分类培育。

（二）进一步做好服务业战略的谋篇布局。一是围绕G20、亚运会等大事件谋划服务业发展。开展服务业系列规划政策研究，做好“十三五”服务业发展战略的谋篇布局，开展建设国际消费中心城市等思路研究。二是对接和服务国家、省重大战略。明确杭州市在“一带一路”战略、长三角城市群、省域龙头领跑示范带动的定位、功能和使命，主动加强与上级部门沟通衔接，争取更多重大项目、工程和政策纳入上级规划。三是推进服务业重点领域再聚焦。结合现代服务业发展趋势和服务业发展基础，对服务业十大重点领域作微调。按照全国文化创意中心、国际重要的旅游休闲中心、区域性金融服务中心、国际电子商务中心的产业定位，继续提升“四中心”产业。围绕经济社会发展动向，培育大数据、健康服务业等新增长点。

（三）进一步促进服务业载体的提质发展。一是有序推动服务业特色小镇建设。认定市级服务业特色小镇，积极争列省级特色小镇创建名单，加快打造产业明显、分工协作、配套完善、品牌效应显著的新平台。二是优化市级现代服务业重点集聚区管理。探索建立能进能退的动态管理机制，累计培育15家税收超亿元、5家营业收入超百亿元的服务业集聚区。三是搭建楼宇四级联动机制。加强市、区、镇（街）、楼宇四级联动，鼓励镇街以单幢楼宇或楼宇集群为单位划分片区，组建专员服务团队，提高楼宇利用率。

（四）进一步加快服务业项目的招引落地。一是推动市场化服务业招商。探索实施奖励激励、服务外包、“市场换产业”、引进专业招商团队等市场化服务业招商方式。开展形式多样的招商活动，实现总部回归、资本回归和产业回归。二是推动重大服务业项目建设。积极谋划“十三五”服务业重大项目，探索建立服务业重大项目储备库。通过领导联系项目和并联服务、项目代办、部门领办、定期通报督查等工作机制，重点推进省、市重点项目建设。三是帮助企业协调解决问题。做好省、市服务业重大项目建设进度的监测工作，发挥市服务业三级协调机制，解决项目推进中的相关问题。

（五）进一步加强服务业风险的监测防范。一是积极引导房地产去库存。进一步加大已出台政策的国有和集体土地房屋征收货币化力度，充分发挥市场资源配置作用，促进房地产市场健康稳定发展。通过降低公积金及商业贷款首付款比例等手段，加大支持居民自住和改善性住房需求力度。二是加大对金融风险处置力度。继续发挥杭州金融仲裁院在处置风险上的优势，联合在杭金融管理部门，加强化解企业“两链”风险力度。在依法严厉打击非法集资的同时，引导民间融资纳入规范化轨道。三是积极引导传统商业触网。继续研究完善延安路、武林路等传统商贸区振兴方案，着力做大做强四季青等专业市场，努力实现“网上网下”互动良性发展、共同繁荣局面。

宁波市服务业发展报告

宁波市发展和改革委员会

一、2015 年工作总结

2015年是“十二五”规划收官之年，也是谋划“十三五”发展的关键之年。今年以来，按照市委市政府总体部署和委年度工作计划安排，我处重点围绕“十三五”服务业发展思路和有关规划编制、统筹发展服务业、现代物流业和大宗商品产业、开展重大发展谋划和课题研究等核心工作，立足创新、深化研究、强化统筹、注重落实，各项工作取得了积极进展。

（一）全力做好“十三五”服务业和物流业发展思路梳理和规划编制工作。“十三五”规划编制是今年全市工作的重中之重。围绕“十三五”服务业规划编制，我们着力开展了以下工作：一是系统开展规划前期研究。围绕宁波服务业“十三五”发展重点问题、重大政策梳理，和港航物流业提升发展、物流电子商务发展等，开展了一系列前期重大课题研究。目前均已基本完成，相关前期研究为谋划编制好服务业和物流业“十三五”规划打开了思路。二是起草形成我市服务业发展思路。在前期系列研究成果的基础上，我们于10月初起草完成初稿，而后组织召开了服务业有关部门、各领域专家座谈会等多种形式的规划讨论会，重点围绕目标设定、重点发展行业和领域展开研讨。经多次修改完善，即将向主要领导做专题汇报。研究成果——《关于我市服务业发展思路的汇报》主要包括我市服务业发展现状和存在问题、“十三五”全市服务业发展指导思想、目标和重点产业、推进服务业发展的政策举措、重大战略任务、加强完善工作推进机制等方面，全面总结“十二五”我市服务业发展成果，科学提出“十三五”促进服务业发展的指导思想和主要目标，谋划推进服务业发展的政策举措和战略任务，对进一步做好服务业规划编制起到了较好的指导作用。三是启动服务业和物流业规划编制。今年以来，经与两个规划的编制单位——万里学院、市物研院多次沟通会商，起草了两个规划的编制大纲，明确了规划编制思路和框架。在此基础上研究细化了规划编制方案，将服务业和物流业规划纳入市“十三五”规划“1+5+21+24X”体系。集中起草期间我们还召集市统计局等部门，多次对两个规划编制进行了座谈研究，达成了一系列共识，为进一步指导规划编制起到了很好的作用。四是加强调查研究。为做好服务业和物流业规划，今年以来，我们先后与市商务委、经信委、交通委、金融办等相关市级部门进行对接，就规划目标定位、产业体系、重大战略等深入调研座谈。

（二）圆满完成市政协全体提案办理工作。由我处承担的市政协十四届四次会议全体会议提案《关于以一带一路建设为契机构建宁波现代国际物流中心的建议》（提案1号）的办理工作是我委年度工作重点之一，通过提案办理，我们全面梳理了“十三五”时期大力发展港航物流，加快构建现代国际物流中心的思路，起到较好成效。一是研究编制办理工作方案，强化领导和协调。为顺利开展此项工作，与市政协、市政府办公厅及各有关单位加强沟通协调，起草印发了《市政协十四届四次会议全体会议提案办理工作方案》。方案明确，全体提案由卢子跃市长亲自领办，我委主办，市政府研究室配合，市交通委等市级有关单位协办。为切实加强全体会议提案办理工作的组织领导，请市政府王建社秘书长总牵头，市政府办公厅联系协调，相关单位成立由市发改委主任柴利能任主任的办理工作领导小组。3月25日召开了第一次主协办单位交流会，基本明确了各单位主要任务分工。二是组织开展活动采纳各方意见和建议。提案办理期间，我们跟踪进展，及时协调相关工作。各协办单位对全体提案内容，提出了有针对性和建设性的意见和建议，我们进行了采纳和吸收。还组织开展了政协领导和委员赴宁波港等地现场考察指导等活动，以及市政协主席团会议视察机场与物流园区。三是起草完成答复意见圆满完成主办任务。我们整理汇总了各协办单位报送的相关工作进展、提案建议落实情况、困难和问题、下步推进举措，以及需要争取国家、省支持和市里统筹推进的重要事项。在此基础上，我们组织工作力量集中起草了答复意见，期间经过多次调研和征求意见，对初稿进行了反复修改完善。7月以来，我们把答复意见送审稿分别上报市政府和市政协主要领导，卢市长、王建社秘书长分别对送审稿批示肯定，市政协多位领导以及经科委、提案委等也对送审稿内容表示同意并提出了一些建设性意见，我们都进行了吸收采纳。9月15日，市政协举行主席议政会，卢市长受邀出席，会议听取了柴主任关于政协全体会议提案办理情况以及答复意见的汇报，市政协主要领导均表示高度肯定，办理工作取得圆满成功。

（三）统筹加强服务业协调推进工作。进一步完善服务业统筹推进工作体系，形成市县联动、部门协同、先进激励的工作机制。一是做好服务业形势监测分析工作。完善监测形势分析工作方案，健全工作体系，每季度对各监测项目进展情况进行深入分析，对全市服务业发展情况研判运行趋势、存在问题和潜在风险，及时提出对策措施。二是贯彻实施《宁波市服务业发展绩效考核办法》。加强省对市考核和市对县（市）区考核的衔接协调，合理制定各地发展目标，明确以服务业增加值、服务业占GDP比重和服务业投资完成额3大定量指标为主，结合工作机制、项目推进、创新发展等5项定性考核内容，增强科学性、公平性和可操作性，建立全市服务业发展情况通报制度，鼓励先进鞭策后进，更好地督促调动各地加快发展服务业的积极性。三是增强部门协同。加强对市经信委、市交通委、市贸易局等15家服务业主要行业主管部门涉及的18项重要服务业发展目标分解考核工作，会同市统计部门一起做好每月、每季度指标完成情况监测分析，开展定期督查，召开部门联席会议，开展督查指导工作，多方面研究完善服务业发展工作。协调金融业财务指标反映事宜，研究推进其他营利性服务业主营业务收入指标统计工作，促进服务业主要业务指标提升，真实反映服务业增加值。四是实施考核激励。完成对县（市）区和市级有关部门服务业工作年度考核，下发相关表彰文件；完成年度宁波市服务业企业“纳税20强”“成长之星”“创新之星”评选表彰和宣传活动，培育和激励我市服务业企业探索新型商业模式、不断做大做强。五是积极探索市级服务业引导资金使用新模式。根据《国务院关于深化预算管理制度改革的决定》（国发〔2014〕45号）和《宁波市人民政府办公厅关于印发宁波市市级财政专项资金管理暂行办法的通知》（甬政办发〔2014〕247号）等文件精神，积极探索市级服务业引导资金使用新模式，在年初会同市财政局共同制定并印发了《宁波市促进服务业发展专项资金管理办法》（甬财政发〔2015〕397号），明确了六大投资类重点项目和八项非投资类平台项目，采取因素法，按照各县（市）区上年度服务业综合考评得分和获得的服务业引导资金占全市比重分配，将9000万元市级服务业引导资金以专项转移支付的形式切块下达各地使用。截至十月底，已有15个县（市）区上报备案扶持项目70个，涉及补助资金8000余万元，预期的政策效应基本实现。

（四）深入开展国家服务业综合改革试点工作。一是加强统筹协调。在广泛调研的基础上，制定《2015年宁波市开展国家服务业综合改革试点工作要点》，并将工作任务分解落实到各地、各部门，同时，对各地、各部门2014年开展国家服务业综合改革试点情况进行综合评价。二是加强改革典型经验的宣传和推广。对推进综合改革试点中可复制、可推广的典型经验在《宁波日报》头版头条发了新闻稿，并在用两个整版进行了系统报道，推广改革的典型经验。三是加强试点工作总结和汇报。向国家发展改革委上报改革工作总结工作，并在广泛调研的基础上，上报了要求国家支持的重大政策。

（五）积极谋划服务业重大项目、集聚平台建设推进工作。一是着力推进服务业重大项目建设。编制《宁波市经济社会转型发展三年行动计划2016年服务业项目建设计划》，并下发到县（市）区和“六区二岛”。对20个市级服务业重大项目进行调查分析，总投资达1982亿元，从调查来看，已开工项目和开展前期工作的项目，进展比较顺利。二是加强服务业重大项目谋划工作。编制宁波市“十三五”服务业重大项目规划和产业空间布局规划，加快推动一批带动强、辐射广的服务业重大项目和平台建设。做好省服务业重大项目、重大产业项目的申报工作，做好国家三年滚动计划项目储备编制的初审工作，以及经贸领域中央预算内投资项目的申报工作。三是开展省服务业重点领域试点申报工作。上报“宁波国家高新区生产性服务业集聚平台”等5个试点工作方案，争取列入省生产性服务业集聚平台建设试点；上报“宁波梅山保税港区物流园区提升发展”“宁波国际航运服务中心提升发展”等2个试点工作方案，争取列入省现代服务业集聚示范区提升发展试点。上报宁波溪口雪窦山风景名胜区申请省级现代服务业集聚示范区试点。

（六）系统推进物流业统筹发展工作。一是开展申报国家现代物流创新发展试点城市工作。根据柴主任在全国发展改革工作第38期研究班物流业专题材料上的批示精神，以及《国家发展改革委关于开展现代物流创新发展城市试点工作的通知》（发改经贸〔2015〕2008号）要求，为更好发挥“互联网+”背景下城市在物流创新发展中的集聚、引领和提升作用，率先在物流管理体制机制方面进行突破，我们组织开展了现代物流创新发展城市试点创建工作。通过组织编制、征求意见和汇报衔接，研究提出了宁波市创建现代物流创新发展城市试点“1510”的总体思路，即“围绕一条主线、实施五大创新任务、推进十大重点工程”。二是推进重大园区和项目申报工作。为积极配合国家物流业发展重大战略，并结合宁波参与国家“一带一路”和长江经济带建设的实际情况，我们经认真梳理，遴选上报了23个项目列入国家物流业重大储备项目。组织开展2015年物流业转型升级项目申报工作，推荐宁波顺丰速运有限公司城乡物流配送工程宁波快件转运中心项目申报2015年物流业转型升级项目，获中央预算内投资补助300万元。还根据国家有关要求，推荐有关物流项目申报中央债券资金项目。此外组织开展了省级和国家示范物流园区申报工作，镇海物流枢纽港获批为首批省级示范物流园区，并被推荐上报国家级示范物流园区。三是加快推进宁南贸易物流区建设。牵头召开国际宁波综合物流港项目部门及专家联席会审会议，并对项目设计方案提出了具体调整和完善要求配合市商贸集团做好宁波农副产品物流中心项目的土地预审、勘察设计招投标、规划设计方案等前期工作。

（七）大力推进大宗商品产业发展工作。一是继续推进宁波大宗商品交易所健康发展。截至2015年9月底，甬商所累计交易额达12089亿元，其中，2014年交易额4482亿元；2015年1-9月交易额4376亿元，比上年同期增长28.88%。累计实物交收量超过40万吨，其中，2014年实物交收量13.2万吨；2015年1-9月实物交收量达到17.9万吨，比上年同期增长75.46%。为推动其加快发展，主要做好以下工作：继续做好宁波大宗商品交易所（简称甬商所）监督管理委员会办公室职能。完成2014年度甬商所考核工作，兑现年度建设运营扶持资金。启动研究制定甬商所新一轮扶持政策。配合做好新品种上市、新模式推出等工作。积极促进甬商所与国内主要期货交易所的合作。主要是继续开展与大连商品交易所合作，协助做好双方签约等重要事项，朱从玖副省长见证签约仪式。发挥试点优势，争取政策支持。继续创新交易模式研究票据质押借款发售交易模式，拓宽交易所的业务范围，延伸服务实体经济的深度和广度。获批成为全国唯一的国家发改委“电子商务交易技术国家工程实验室”。落实刘奇书记调研甬商所期间有关指示精神，研究讨论甬商所关交易方式报批工作事宜。二是稳步推进航交所发展。宁波航运交易所设立航运舱位交易、船舶交易、航运服务人才三大市场，2015年1-9月，完成交易额37.65亿元，同比增长38.16%，航运仓位交易市场完成交易量70.7万TEU，同比增长154.68%。发布的“海上丝路指数”被列入国家“一带一路”建设重点工作之一，打造的航运交易服务平台分别被国家发改委、工信部列入全国唯一的航运交易示范项目和电子商务集成创新试点项目，获国家外汇管理局批准开展境内海运费美元在线支付试点业务。三是协助甬易第三方支付平台业务拓展。截至9月底，已累计与98家企业签署合作协议，其中68家企业已正式上线；1-9月份支付结算额400亿元，1-9月份结算量35万笔。和宁波市第一医院的智慧医疗支付项目已经在6月份正式落地开始运作，为甬易支付带来超过7万的新注册用户，并且因方便易用得到了医院和患者的广泛好评，更多贴近甬城民生的支付合作在跟进洽谈之中。与美的集团正式签署了战略合作协议，明确了战略合作的意向：美的积极协助甬易申报银行卡收单业务增项的工作，甬易为美的集团提供行业支付解决方案。甬易杭州代理已初步达成意向，届时将引入途牛网等知名网站支付结算资源。

（八）积极开展重大发展谋划和课题研究工作。一是参与《浙江江海陆联运服务中心建设方案》的修改，争取将宁波大宗商品交易所、宁波海铁联运综合试验区、港航智慧物流信息服务平台等重大平台的政策突破纳入建设方案。起草我市向省里申请将中国浙江大宗商品交易中心设在宁波的情况材料。二是研究起草《宁波市物流业发展三年行动计划》，研究起草“物流工作建议”专题报告。三是参与宁波海铁联运示范区申报工作。积极配合委交通处、市交通委做好示范区申报工作，组织参加有关座谈会，提出具体建议，并对示范区申报方案提出修改意见。四是再次征求市级有关部门意见基础上，进一步修改完善形成《宁波市关于加快发展生产性服务业促进产业结构调整升级的实施意见》。五是完成《宁波中心城城市配送物流基地空间布局规划》。提出了“3+2”城市配送空间布局体系及其主导功能。1月29日，我委召集市有关部门，以及宁波机场与物流园区管委会和江北区、北仑区、奉化市相关园区管理机构召开了规划的部门会审及技术论证会，并印发了会议纪要。5月12日，我们向王剑侯副市长作了专题汇报，王市长就规划落实工作提出了指示，要求进一步统一思想，明确功能定位，发动各部门共同配合，确保规划落地。完成《2013年度宁波市物流业发展报告》。六是组织开展《加快港航物流体系建设的思路对策研究—基于宁波港口经济圈构建和国家重大战略实施的现实背景》课题研究，并申报2015年市委市政府重点课题。七是开展宁波大宗商品产业发展战略对策研究。八是开展宁波市物流电商平台发展现状及对策研究，在研究分析宁波市物流电子商务平台现状及存在问题的基础上，立足宁波优势及发展方向，对我市加快建设物流电子商务平台提出对策建议。九是开展2014年度宁波市服务业发展水平评估报告及2015年宁波市服务业满意度调查研究等年度例行研究课题。十是启动研究宁波市服务业产业发展基金组建各项前期工作。

二、2016 年工作思路

2016年是实施“十三五”规划的开局之年，统筹推进全市服务业发展，要全面贯彻党的十八大和十八届三中、四中、五中全会精神，落实国家“四个全面”和省委“八八战略”、建设“两美”浙江总体要求，围绕市委“两个基本”目标，深入实施“六个加快”战略和“双驱动四治理”决策部署，牢固树立并切实贯彻创新、协调、绿色、开放、共享的发展理念，以建设港口经济圈为引领，以高端、融合、创新发展为方向，突破发展十一大重点产业重点领域，继续打造与国际强港相配套、与工业发展相融合、与城市发展相适应的服务经济体系，推进规划编制、落实重大战略任务、推进重大战略举措、扶持重大平台载体、加强统筹协调。力争实现服务业增加值增长8.5%，服务业增加值占全市GDP比重增加一个百分点的发展目标。

（一）前瞻谋划，发布“十三五”服务业发展规划。一是全面推进规划编制。进一步深化完善服务业和物流业发展规划，确保在年内形成比较成熟的讨论稿，与“十三五”规划纲要充分对接后，在明年人大会议后形成征求意见稿，力争3月份根据所征求意见修改形成送审稿并提交市政府常务会议讨论后发布。

二是加强对上衔接。在前期衔接汇报成果基础上，根据市里统一部署，会同市级有关部门，及时分头做好衔接汇报，力争将我市服务业和物流业重要功能定位、重大战略、重点工程项目和重大改革政策，纳入省、市“十三五”规划或工程项目库，为未来发展争取主动。

（二）先行先试，贯彻落实重大战略任务。一是创建国家物流业创新城市试点。按照国家相关试点工作要求和推动时序，积极做好试点创建和实施工作。二是启动研究申报国家多式联运城市试点。邀请国家发改委运行局组织有关专家对研究成果进行评审，以利于今后正式申报多式联运城市试点成功。联合市交通委，配合做好多式联运示范工程、海铁联运综合示范区的申报和实施工作，切实服务“一带一路”、长江经济带物流通道建设大局。三是继续实施国家服务业综合改革试点。在总结成效和经验的基础上，继续深化改革试点的各项工作，跟踪国家政策导向，通过国家服务业综合改革试点，在规划指导、要素保障、项目安排等方面争取国家对我市加大支持力度，促进宁波服务业加快发展。四是贯彻实施国家生产性服务业和生活性服务业指导意见。根据国家政策要求，研究起草发布符合我市产业发展实际情况的实施意见。五是配合做好保险创新综合示范区建设。

（三）聚焦政策，推进服务业发展重大战略举措。一是支持服务业专业园发展。组织开展市级服务业专业园认定工作，并推荐符合条件的服务业专业园积极申报浙江省服务业发展重点领域试点，并参照省里标准给予配套财政支持。二是支持城市楼宇经济发展。要按照行政推动与市场主导相结合的原则，聚财聚力，聚焦支持总部型、品牌型项目，以及现代物流、金融、服务外包、电子商务、科技研发、工业设计等高端业态和具有较大建筑体量规模、经济总量规模，且年度总税收、单位面积年税收产出、单位GDP能耗需达到一定要求的重点特色楼宇。三是支持服务业特色小镇发展。对具有明确产业定位、文化内涵、旅游和一定社区功能，在产业上聚焦十一大重点产业的省级服务业特色小镇，在市里统一政策的基础上，对每个符合产业方向的小镇给予一镇一专项政策。四是支持服务业企业技术改造。根据全市服务业发展的形势和需要，鼓励服务业企业广泛运用新一代信息技术实施技术改造，推动移动互联网、云计算、大数据、物联网等与制造业跨界融合，实现智能化、网络化升级。组织实施一批具有突破性、带动性、示范性的重点服务业技术改造项目，对有关服务业企业技术改造项目的资金投入给予贴息补助。五是设立服务业产业发展基金。按照“政府引导、市场运作、科学决策、风险可控”的原则，在市级产业发展基金下设立服务业产业发展基金，重点投向现代物流、国际贸易、金融业、科技信息、人力资源服务、服务外包、节能环保服务、文化创意、医疗健康等领域，扶持重大项目、科技成果转化、创业创新和总部经济发展。

（四）突出重点，继续扶持重大平台载体建设。一是履行好主管部门责任，牵头制定并实施甬商所、航交所新一轮财政资金扶持政策，协调解决“两所一台”在发展中遇到的困难和问题，积极推进其融入和服务我市重大发展战略。二是支持甬商所国内外大宗商品产业龙头企业开展品种合作，拓展辐射面。三是促进宁波航交所做大做强，引领宁波航运服务业加快发展。四是引导甬易第三方支付平台完善功能、做优服务、拓展领域，吸纳更多资金通过该平台支付和集聚。五是继续协调推进宁南贸易物流区建设。配合奉化市政府做好园区招商选资等工作，协调解决园区工作推进中的困难和问题。

（五）统筹协调，进一步加强推进服务业发展工作合力。一是加强组织领导。调整市服务业发展领导小组，完善工作机制，调动各方面的积极性，形成合力，推进全市服务业和物流业快速发展。二是落实行业分部门推进机制。要明确每个产业有一个产业牵头部门，落实相关部门负责该产业的发展，制定产业的发展规划并提出年度计划，制定实施产业政策，谋划提出本产业的细分领域、重大事项、产业集聚区和重大平台培育，实施监测分析，推进统筹协调等。三是建立季度服务业联席会议制度。争取由常务副市长每季度主持召开全市服务业联席会议，分析服务业形势监测项目进展情况，研判运行趋势、存在问题和潜在风险，及时提出对策措施，督促、推进工作，统筹协调服务业发展综合政策。四是调整修改服务业发展政策。“十二五”以来我市出台了《关于进一步加快发展服务业的若干政策意见》（甬政发〔2011〕103号）文件，并配套设立了每年2.2亿元的服务业发展引导资金。下一步建议开展对该文件的修改准备工作。同时要加大对服务业产业发展基金的谋划力度。开展服务业发展政策体系研究，借鉴先进城市服务业发展政策经验，研究提出构建宁波服务业政策体系的构建思路、总体框架和对策建议。

温州市服务业发展报告

温州市发展和改革委员会

一、2015 年服务业发展情况

2015年，全市上下认真贯彻市委市政府和省发改委有关服务业发展的决策部署，着力提高重点服务业行业发展能级，推进服务业重大项目建设，提升服务业集聚示范区发展水平，全市服务业增长动力不断积聚，服务业呈现稳中向好的发展态势，为全市经济健康运行提供了有力支撑。

（一）发展特点

1.服务业增加值增速持续回升。2015年，全市实现服务业增加值实现2395亿元，同比增长9.9%，比全市地区生产总值、第二产业分别高1.6、2.6个百分点，拉动GDP增长4.6个百分点，贡献率达到56.1%，已经成为经济增长的主力军。2015年服务业增加值占地区生产总值达到51.8%，比上年同期提高了2.1个百分点，高于全省2个百分点。

2.服务业投资结构不断优化。2015年，全市服务业投资2442.47亿元，同比增长10.6%，占全部固定资产投资比重的70.7%，继续成为全市固定资产投资的重要支撑。扣除房地产外的服务业完成投资1676.18亿元，同比增长19.8%，高于固定资产投资增速6.6个百分点，对全市投资增长贡献率达到68.7%。

3.服务业财税收入平稳增长。2015年，全市实现服务业实现国、地税收入306亿元，同比增长4.1%，占税收比重为46.5%，其中服务业国税收入115.6亿元，同比增长10.3%，占国税比重为32.5%；地税收入190.8亿元，同比增长0.7%，占地方税收比重为63.0%。

4.服务业运行指数略有回升。2015年四季度，全市555家服务业企业监测调查，四季度服务业运行指数为49.5，环比上升3.5个点。分行业看，信息服务业（56）、社区服务业（55.2）和商务服务业（53.7）运行指数较高，明显高于全市服务业平均水平。房地产业（47.6）和现代物流业（47.3）运行指数仍低于全市平均水平，但上升较快，环比分别提高5.2和5.1个点。

（二）重点行业发展概况

1.商贸业稳中向好。2015年，全市社会消费品零售总额

2674.38亿元，同比增长11.0%。受益于汽车消费的主导拉动，全市限额以上消费品零售总额953.53亿元，增长11.9%，增幅居全省第2位；其中，批发业72.6亿元，同比增长56.5%，零售业820.76亿元，同比增长9.4%，住宿业19.1亿元，同比增长6.4%，餐饮业41.1亿元，同比增长10.2%。网络经济快速发展，2015年实现网络零售额893.55亿元，同比增长50.32%，居民网络消费568.39亿元，同比增长44.05%，总量均居全省第三。荣获创建“国家电商示范城市20强”称号，苍南、乐清等6个县（市）入围“全国电商百佳县”名单。

2.物流业平稳增长。2015年，全市铁路、公路、水路、航空货物运输总量13428万吨，比上年增长5.1%。其中，公路货物运输量8566万吨，增长11.5%；水路运输4387万吨，下降2.6%；铁路货物运量471万吨，下降34.6%。全年温州港货物吞吐量8490万吨，比上年增长7.5%，集装箱吞吐量56万标准箱，比上年下降7.2%。温州机场航空货邮吞吐量7.26万吨，比上年增长5.5%。快递行业高速发展成为亮点。2015年，全市邮政企业和快递服务企业业务收入43.26亿元，增长32.6%，增幅比上年提高10.9个百分点。从业务总量看，全市快递业务总量3.76亿件，同比增长73.6%，居全国各大城市第12位，省内仅低于杭州、金华；从业务收入看，快递业务收入35.47亿元，增长43.1%，居全国各大城市第15位，省内

仅低于杭州、金华、宁波。

3.金融风险仍然存在。2015年，我市积极推进金融综合改革，银行信贷投放增加，“两链”风险处置和不良贷款化解进程明显加快。至12月末，全市本外币贷款余额7637亿元，贷款比年初增加253亿元，同比多增177亿元，同比增长4.0%，居全省第10位、位次比上年前移2位；全年本外币存款余额9578亿元，比年初增加968亿元，同比多增565亿元，同比增长11.0%，居全省第3位，比去年前移8位。“不良贷款余额和不良贷款率分别控制在300亿元和4%以内”，连续两年不良贷款余额与不良贷款率“双降”，但金融形势仍较为严峻。一是新发不良贷款仍在上升。2012-2015年新发生不良贷款分别为312亿元、345亿元、374亿元、396亿元，呈逐年上升趋势。二是企业贷款难现象依然存在。截至2015年12月末，企业贷款余额3446亿元，比年初减少262亿元，比上月减少186亿元，已连续6个月环比下降。

4.房地产价稳量放。受房地产“330新政”、降准降息、“温八条”等系列楼市政策刺激，市场总体呈现“价稳量放，库存去化周期大幅下降”的态势。2015年，全市销售商品房43591套，同比增长8.2%;建筑面积526.09万平方米，同比增长19.3%。其中市区销售商品房16944套，同比增长14.7%;建筑面积186.74万平方米，同比增长42.5%。按照前12个月平均销售面积计算，截至2015年12月末，全市商品住房去化周期为15.3个月;其中市区去化周期为8.2个月，比2014年下降了一半，商品住房库存压力得到了有效化解。根据国家统计局2015年12月份公布的住宅销售价格指数，我市价格指数环比已呈现持续9个月回升态势， 12月新建商品住宅价格指数和二手住宅价格指数环比分别上升0.5%和0.2%，同比分别上升1.8%和1.6%。

5.旅游业平稳增长。2015年，全市接待海内外游客7681.56万人次，同比增长16.8%；实现旅游总收入16.77亿元，同比增长18.1%。其中全市入境旅游保持了较快增长，接待入境游客105.81万人次，增长17.5%，国际旅游外汇收入5.49亿美元，增长14.5%；国内旅游市场增速稳中有升，全市接待国内旅游人数7575.75万人次，增长16.8%，国内旅游收入770.32亿元，增长18.3%；全市出境旅游增幅较为明显，全市纳入统计的旅行社累计组织出境客16.52万人次，同比增长20.0%，增幅高于去年14.6个百分点。

二、2015年服务业发展工作推进情况

（一）抓规划编制，发挥导向作用。全面评估“十二五”服务业发展规划目标完成情况、行业结构变化、投资成效、空间引导和发展环境等五个方面，启动编制“十三五”服务业发展规划，充分衔接全市“十三五”国民经济和社会发展规划纲要，提出今后五年全市主要奋斗目标：服务业增加值年均增长9%以上，服务业投资年均增长10%左右，“十三五”末服务业增加值占地区生产总值比重达到55%以上，努力把温州打造成东南沿海服务业重要中心。

（二）抓平台建设，促进集聚发展。自2012年开展市级服务业集聚示范区评定以来，分3批共认定了27个（含省级9个），包括旅游休闲度假区、总部基地、科技创业园、创意产业园、商贸综合体、新型专业市场、物流园区等7大类。为进一步促进服务业集聚示范区提升发展，重点围绕建设发展水平和工作推进情况等8项指标，首次开展了集聚示范区综合评价工作，评价结果作为下步集聚示范区动态调整的主要依据，并安排90万资金，对综合评价位居前列的瓯海总部经济园、温州粮食物流中心、温州市“印象南塘”文化休闲旅游区等3个集聚示范区予以奖励，有力地发挥了优秀示范带动作用。

（三）抓重大项目建设，扩大有效投资。一是全力推进实施温州市服务业重大项目计划，加快推进现代物流、旅游休闲、现代商贸、总部经济、科技信息等8大类121个重大项目建设。二是生产性服务业平台试点取得重大突破。重点围绕研发设计、现代物流、信息技术、金融服务、商务咨询等5大领域，先后包装谋划2批16个总投资84.8亿元生产性服务业集聚平台项目，成功争取到省级服务业专项资金1100万。对首批进展情况良好的龙湾区科技创新中心等6个试点项目通过竞争性方式给予资金补助900万，其中市级配套补助400万。

（四）抓重点产业发展，稳定经济增长。牵头制定《2015年全市服务业发展行动计划》，明确服务业发展思路、目标任务，提出优先发展物流、金融、科技等生产性服务业，提升发展商贸、旅游、房地产等生活性服务业，加快发展网络经济、生命健康、文化创意、总部经济等新兴服务业（新型业态），15项任务分解到各县（市、区）、相关责任部门，年度计划完成情况良好。牵头制定《2015年全市现代物流业发展行动计划》，重点推进物流平台、智慧物流、城市配送、物流企业、人才培养、环境优化和措施保障等7大领域28项重点任务。积

极推进4大物流园区和16个物流中心项目建设，29个重点物流项目全年累计完成投资18.7亿元，占年度计划的103%；开展物流信息化建设、物流设施装备提升、物流特种车辆更新、物流企业品牌提升等领域提升试点，下达奖励资金132万元；加强物流业人才培养，举办超百人规模的“温州市现代物流专题研修班”；培育扶持重点物流业企业，全市新增3A级物流企业8家。

（五）抓服务质量，提升发展水平。开展9个市级服务业标准化试点项目进行验收，对体育健身服务、技术转移服务、质量检验服务、家政服务等6个项目给予33万元奖励。创新服务业标准化试点项目立项方式，通过竞争性方式下达2015年立项计划，重点突出现代物流、科技信息、知识产权、农业旅游等生产性和生活性服务业领域。委托温大瓯江学院对11个县（市、区）首次开展教育、物流、行政审批3大领域服务质量满意度测评，作为考核的重要依据，有效促进各地服务质量提升发展。

（六）抓综合管理，凝聚工作合力。成立了由常务副市长任组长，28个市级部门为成员的市现代服务业发展工作领导小组，印发了《领导小组工作规则》，明确了领导小组工作制度和成员单位工作职责，强化了服务业工作的组织领导和统筹协调。坚决贯彻市委市政府关于将2015年服务业增加值增速指标由年初人代会确定的6.2%，调高到确保8%，力争9%的决策部署，将指标再分解落实到各县（市、区）。开展现代服务业发展调研，重点围绕挖掘温州消费潜力，研究提出2016年抓服务业发展的思路、目标和7大举措，课题成果受到市政府领导充分肯定。

三、2016年温州市服务业发展展望

2016年是全面实施“十三五”规划的开局之年，也是我市深入推进服务业大发展的关键之年。坚持以“创新、协调、绿色、开放、共享”五大发展理念为引领，以促进服务业提质增效为目标，以服务业领域供给侧改革为动力，推动重点服务业行业发展，充分发挥服务业经济增长的稳定器、结构优化的催化剂、动力转换的增长点作用，确保全年服务业增加值增长9.5%，服务业增加值占GDP的比重达52.1%，服务业限额以上固定资产投资增长11%。

（一）编制“十三五”服务业发展规划。该规划是温州市“十三五”重

点专项规划之一，安排服务业增加值实现年均增长9%以上，到2020年全市服务业增加值达到3650亿元以上，占地区生产总值比重达到55%以上；着力构建信息经济、现代金融、现代物流、科技服务、文化创意、商务服务、现代商贸、休闲旅游、健康服务、房地产业“6+4”服务业产业体系，推动生产性服务业向专业化和价值链高端延伸、生活性服务业向精细和高品质转变。实施服务业平台提升、服务业企业培育、服务业投资千百、服务业品质塑造、服务业改革深化等“五大工程”。

（二）推动服务业重点产业“双发展”。一是加快发展六大生产性服务业。信息服务业，发展壮大软件与信息服务业，新增省级信息经济企业技术研发中心和重点企业研究院4家以上，培育认定市级企业技术中心10家以上。大力推进“电商换市”，支持传统产业发展电子商务，建成一批电子商务平台，培育发展一批跨境电商服务企业。金融服务业，推动设立证券公司、保险公司、财务公司等地方法人金融机构，鼓励和推动服务业龙头骨干企业到主板、中小板和创业板上市融资。现代物流业，加快物流企业信息化建设，打通物流信息链，建设智慧物流重点示范企业2家。完成重点物流园区信息与国家平台互联，推进3家上下游互联项目。扶持培育物流龙头企业，新增3A以上物流企业5家以上。科技服务业，推进浙南科技城建设，构建国家级高新区、国家级经开区、产业集聚区、特色小镇、众创空间等多层次创新创业平台，新认定市级众创空间20家。文化产业，提升浙江创意园等市级重点园区发展，积极做好省重点文化产业园区申报创建工作。举办2016温州国际时尚文化创意产业博览会和第二届亚洲国际（温州）青年微电影展。商务服务业，大力发展楼宇经济，改善商务楼宇和总部企业的经营环境，培育一批税收“亿元楼”。制定出台会展业管理办法，推进区县会展经济共享发展。规范发展法律、会计、评估代理、工商咨询等专业服务机构，培育一批广告、策划、创意设计等领域的服务企业。二是大力发展四大生活性服务业。现代商贸业，提升发展环五马千亿级商圈，加快培育滨江商务区等新兴商圈。推进老街区改造提升，发展培育一批具有产业特色、经营特色、文化特色的多功能、多业态商业街区。推进“互联网+ 商贸”，促进传统商业模式创新。旅游业，实施旅游项目投资和引资的“双百亿”工程，加快精品景区开发和重大旅游项目建设。推动平阳、文成、泰顺、苍南融入浙皖闽赣国家东部生态旅游实验区建设，加快推进雁楠、环飞云湖一体化。培育三月三畲族风情旅游节等一批特色乡村旅游节庆品牌，发展乡村旅游产品。

健康服务业，鼓励社会资本办医，引进国内外优质医疗资源。优化居民网上医疗服务平台，形成区域一体化生命健康信息云服务体系。培育一批护理型示范养老机构，新增养老机构床位2000张、居家养老服务照料中心600家，培训家庭养老护理员30000名。房地产业，科学把握供地结构和节奏，加大货币安置优惠力度，促进商品住房库存消化。制定关于发展住房租赁市场的若干意见，推动住房租赁市场的发展。建立物业服务业联席会议制度，规范行业发展加快培育一批物业服务“龙头”企业。

（三）制定服务业企业“双百”培育计划。围绕电子商务、金融服务、现代物流、科技信息、文化创意、中介服务、商贸流通、健康养老等重点领域，做大做强100家产业关联度大、主业突出的区域行业龙头企业，培育扶持100家创新能力强、发展前景好的成长型企业。完成“规下”服务业小微企业升“规上”70家、“限下”批发零售和住宿餐饮业小微企业升“限上”250家，鼓励各地自行筹措资金，对新增“规上”“限上”企业给予补助。

（四）开展省服务业强县（市、区）创建。贯彻落实《浙江省人民政府关于开展服务业强县（市、区）培育工作的通知》（浙政发〔2015〕46号）要求，结合各地发展阶段、资源禀赋、功能定位、产业优势，对服务业强县（市、区）创建工作的指导。扎实推进鹿城、瑞安两地服务业强（区、市）申报工作，为全市服务业加快发展树立标杆、积累经验、提供支撑。

（五）提升服务业发展平台。一是大力推动服务业集聚示范区建设。开展对9个省级集聚区和18个市级集聚区发展情况的综合评价，引导各集聚区明确1-2个主导产业，提升主导产业核心竞争力。评选认定第四批市级服务业集聚示范区，鼓励县（市、区）培育发展集聚示范区，形成提升、建设、培育等梯次发展格局。二是大力推动16个省级生产性服务业集聚平台建设。督促华中科技大学温州先进制造技术研究院基地等第1批7个项目完成竣工验收，投入运营，招商入驻一批优质生产性服务业企业，推进服务要素向试点平台集中。加快推进温州生物材料与工程研究所工程、温州现代冷链物流中心等第2批9个平台建设，争取竣工一批。

（六）推进服务业项目重点项目建设。制定实施 2016年市级服务业重大项目计划，强化季度监测分析，加强协调服务。加快推进温州中心、温州传化公路港等133个服务业重点项目建设，狠抓重点项目开工率、竣工率和投资到位率，争取全年服务业投资完成2700亿元以上。积极争取一批带动全局的项目进入国家、省服务业布局规划和项目计划。加大服务业重大项目招商工作力度，谋划推出一批重大服务业项目，引进一批总投资10亿元以上的服务业大项目。

（七）提升服务业发展质量。推进信息、物流、科技、商务、商贸、旅游、健康、养老、居民服务等服务领域的标准化建设，开展知识产权中介服务、公众物业服务、旅游服务等12个标准化试点项目验收。对不具备标准化条件的行业领域，推行准入资质认定、市场行为规范制度。探索建立服务标准自我声明公开和监督制度。对县（市、区）开展服务质量满意度测评。培育一批能够展示“温州服务”优质形象的品牌和企业，全年新增3枚市级服务业知名商标和1枚省级服务业著名商标。

嘉兴市服务业发展报告

嘉兴市发展和改革委员会

2015年，全市上下认真贯彻落实党中央、省、市服务业发展的各项决策部署，加快发展生产性服务业、提升发展生活性服务业、培育发展新兴服务业。服务业实现稳步增长，成为加快经济结构调整、转变经济增长方式和新增就业的主要渠道，较好地完成了“十二五”规划规定的各项目标任务。

一、服务业发展总体情况

服务业规模持续扩大。2015年，全市第三产业增加值1526.93亿元，同比增长9.6%，较2014年提升1.6个百分点，第三产业增加值占GDP比重为43.4%，较2014年提高1.8个百分点。2015年，全市服务业投资1365.30亿元，同比增长14.3%，快于全市固定资产投资增速1.1个百分点。服务业投资占全部投资的比重54.3%，较去年同期提高0.5个百分点。2015年全市共新设服务行业市场主体53208户，占全市新设市场主体数的84%。

行业提升转型发展。互联网+带动信息、金融等生产性服务业加快发展，2015年信息传输、软件和信息技术服务业、金融业增加值分别为46.38亿元、242.89亿元，同比分别增长20.8%、11.9%。生活性服务业稳定增长，房地产、批发零售业增加值增速高于全市平均增速，分别为153.67亿元、478.10亿元，同比分别增长8.7%、8.2%。传统型服务业低速增长，2015年交通运输及邮政业、住宿餐饮业增加值分别为127.91亿元、69.84亿元，同比分别增长4.6%、6.4%。

重点项目加快发展。2015年全市服务业“百项千亿”工程共完成投资371.1亿元，完成年度计划的123.7%。其中服务业重点平台的投资进度最快，共完成投资54.8亿元，完成年度投资计划的172.9%；文化创意类项目的进度相对较缓，共完成投资10.8亿元，完成年投资计划的99.4%；现代商贸类项目完成投资额最大，共完成投资115.7亿元，占整个重点项目投资的三成以上，

集聚平台初见成效。大力推进服务业平台建设，嘉兴现代服务业集聚区在省级产业集聚区综合考核中排在良好单位前列，实现服务业增加值40.35亿元，同比增长18.9%，服务业营业收入达到220.67亿元， 同比增长17.6%。新增1家省级服务业示范区和8家市级服务业集聚区。截至目前，我市省级服务业集聚示范区达到12家，服务业集聚区累计达36个。在全省第二次省级服务业集聚示范区综合评估中，嘉兴科技城、乌镇国际旅游区分获科技创业园、旅游休闲产业集聚区专业类排名第一。

二、服务业主要行业发展情况

物流业稳中有升结构调整。道路水路运输平稳，全年完成道路营业性货运量9933万吨，同比增长0.7%。在全省排名第5位。完成水路营业性货运量8526万吨，同比增长2.8%。嘉兴港口码头集群初见稚型，海盐港区C3C4泊位投入试运行、C5C6泊位通过交工验收，全年完成港口建设投资17.5亿元，完成货物吞吐量6273.42万吨，集装箱吞吐量122.78万标箱。嘉兴内河港口全年完成货物吞吐量8586万吨，吞吐总量列第十二位，列浙江省内河港口第二位，全年完成集装箱中转量18.5万标箱，同比增长15.1%。

消费市场平稳网络销售较快。2015年，全市实现社会消费品零售总额1494.57亿元，同比增长11%；限额以上零售总额513.3亿元，同比增长2.7%；限额以上住宿和餐饮业营业额33.11亿元，同比增长3.4%。全市电子商务网络零售额835.6亿元，同比增长36.8%。总量位列全省第四。全市13个农产品市场累计实现交易额166亿元，同比增长25.1%。其中比重占八成以上的嘉兴水果市场果品交

易额达131亿元，同比增长28%。全市重点监测的27家零售企业实现商品销售额171.86亿元，同比下降4.4%；其中7家批发企业实现商品销售额205.85亿元，同比增长20.4%。全市41家限额以上百货（超市）销售总额94.25亿元，同比下降1.7%。

银行增速趋缓证券交易倍增。银行存贷款增长趋缓， 12月末全市金融机构本外币各项贷款余额4919.8亿元，比年初增加278.6亿元，同比少增232.8亿元，余额同比增长6.0%。12月末全市金融机构本外币各项存款余额5957.0亿元，比年初增加322.7亿元，同比少增163.0亿元，余额同比增长4.6%，比上年同期下降4.6个百分点。融资利率全面下降，降息效应明显，企业融资成本下降国际收支总量下降，保险收入平稳增长，证券交易增长较快全市累计保费收入108.5亿元，同比增长12.3%；累计赔款和给付支出48.2亿元，同比增长28.3%。全年全市累计证券交易额2.96万亿元，同比增长218.0%；证券保证金余额100.6亿元，同比增长79.0%。

旅游趋旺景点项目有亮点。全年接待海内外游客6382.65万人次，同比增长18.39%，实现旅游总收入679.44亿元，同比增长20.25%，是“十一五”末的2.2倍和1.9倍，实现年均17.04%和13.82%的快速增长。全年实施旅游开发项目82个，其中10亿元以上20个，列入省、市重点16个。计划总投资749.07亿元，当年计划投资63.07亿元，实际完成投资88.08亿元，同比增长4.37%。云澜湾温泉、湘家荡风车乐园、江南乌村等23个项目初步建成，秀洲区嘉天乐园、濮院古镇改建、港龙木屋庄园等59个在建项目进度加快。招商引资实现重大突破，总投资100亿的宇宙大世界项目落户湘家荡，总投资300亿的山水六旗主题落户海盐，总投资5亿元的国际汽车露营地项目落户乌镇。

房产市场回暖住宅销售领先。嘉兴商品房销售迅速回暖，2015年，全市商品房销售面积640.63万平方米，同比增长28.8%，一季度是下降2.4%，上半年是增长36.5%，前三季度是增长37.0%，四季度以来虽逐月有所回落，但仍保持较快增长。商品房销售额460.23亿元，增长30.0%。其中：全市住宅销售面积550.83万平方米，增长35.6%。办公楼销售面积18.36万平方米，增长19.4%，商业营业用房销售面积48.99万平方米，下降1.0%。待售面积呈较快增长。2015年，全市待售面积532.44万平方米，增长24.9%。

三、服务业发展存在的主要问题

1.行业发展进入换档期增速趋缓。传统服务业增长难度加大。我市服务业增长依然较为依赖批发零售等传统行业，批发与零售业占我市服务业的比重近31%。大宗商品的价格一路走低，电子商务的普及、高星级酒店需求不振，这些行业近年来增长难度正逐步增大。同时尽管各类时尚、主题、特色小餐饮行情火爆，但受统计制度制约未能完全纳入统计口径。另一方面，新兴服务业产业发展动力不足。目前我市新兴服务业比重仍然偏低，缺乏信息服务等新的增长点来提供可持续的增长动能。

2.服务业投资增速放缓后劲不足。近年来，我市服务业投资高位运行，2015年服务业投资1365亿元，在全省位于第四位。与此同时，服务业大项目数量不多，投资增长后劲令人担忧。从资金来源分类看，民间投资仅增长6.9%，主要靠政府项目拉动，基础设施增长较快，水利、环境和公共设施管理投资完成221.97亿元，同比增长65.9%。从行业投资看，房地产开发投资完成458.41亿元，同比下降12.8%。信息传输、软件和信息技术服务业虽然增速较快，但基数较小，完成投资36.53亿元。

四、2015年服务业发展主要工作举措

1.培育新的经济增长点。一是深化服务业改革创新。稳步推进资源要素配置市场化改革，引导和培育一批服务业特色小镇和物流示范园区。二是促进楼宇经济提质发展。通过招商促进、特色培育集聚和优化政务商务服务等方法，建立健全楼宇经济发展的体系和机制，加快形成与新型城市化相适应的经济布局和发展方式。三是推动以互联网为纽带的产业跨界融合。积极引导传统服务业企业积极用互联网思维武装自己，加速服务业与互联网融合。鼓励互联网教育、互联网娱乐、互联网医疗等新型的服务业创新。通过大数据、云计算、移动互联网的发展，联袂向生产、消费领域的广度和深度渗透，促使生产、消费、服务和流通一体化。

2.扩大服务业发展规模。一是狠抓项目有效投入。加强对服务业重点项目的准入管理、政策扶持、动态监管，继续编制实施服务业投资“百项千亿”工程

计划。加强对服务业平台建设项目、物流、金融、科技、旅游、现代商贸等重点领域项目的督查和推进。完善平台动态管理办法，切实提高集聚区建设发展水平，提升平台能级。二是加大招商引资力度。制定年度招商计划，鼓励专业化精准招商。拓宽招商渠道，加强对外联系，不断提高招商质量。三是扩大对外开放领域。通过推进贸易和投资自由化，积极衔接和运用上海自贸试验区可复制改革试点经验，提升我市服务业发展水平和规模。完善扩大开放基础设施建设，积极推动嘉兴出口加工区整合升级为综合保税区后的落地实施工作，加快建设跨境电子商务园区。

3.提升服务业发展水平。一是促进产业提档升级。以国家创新型试点城市、国家物流园区规划等为契机，突出发展生产性服务业。进一步扶持壮大我市特色优势服务业，重点发展科技信息服务、文化创意、现代物流、市场商贸、金融等产业。牢牢抓住上海迪斯尼即将开园、大运河成功申遗等旅游业发展契机，支持各类健康养生类旅游项目开发建设。二是提升服务质量水平。以创建“全国质量强市示范市”为契机，努力构建政府主导、部门协作、社会参与的服务质量工作推进机制。强化企业的主体责任，鼓励服务业企业开展服务业质量标准化建设，树立服务品牌意识，实现从自发创牌向自觉创牌的转变。引导企业创新发展方式，提升企业发展质量，推动企业做大做强。梯度培育服务业企业。三是优化服务发展环境。以深化“转型发展服务年”为契机，协调解决企业发展面临的困难，营造良好的服务业发展环境。优化审批流程，提高企业办事效率。做好农产品进口配额审核转报工作。加快发展众创空间等新型创业服务平台，营造良好的创新创业生态环境。有效发挥行业协会服务作用，建立政府购买服务机制，鼓励行业协会在提供服务、反映诉求、行业自律、维护权益以及促进企业转型升级中发挥更大的作用。

五、2016年服务业发展工作思路

2016年是“十三五”开局之年，要进一步发挥服务业在稳增长、调结构、惠民生中的重要作用，坚持服务业兴市不动摇，积极推进加快发展现代服务业行动，培育新的经济增长点，促进服务业增量提质。

（一）突出重点提升产业发展

重点发展现代物流业、科技与信息服务业、金融业、文化旅游业和健康服务业，围绕发展重点编制“十三五”服务业发展规划及相关产业专项规划。拓展招商渠道，主动接轨上海。深化服务业领域改革创新，实施省服务业强县（市、区）培育工程，推进交通运输综合改革试点、全国健康促进县（区）项目试点、全国旅游综合改革试点等省级以上改革试点。积极发展“互联网+”新业态，推进服务业模式创新。

（二）抓好“三个一百”示范建设

1. 推进百个服务业重点项目。编制实施2016年度服务业投资“百项千亿”工程计划，实施重大项目领导联挂制，重点推进未名智慧物流产业园、北大青鸟上海自贸区嘉兴服务中心一期项目等一批项目开工建设；加快嘉兴阿里巴巴菜鸟项目、云澜湾温泉国际等一批续建项目建设进度，确保项目按期投入运营。

2. 培育百家服务业重点企业。出台嘉兴市服务业重点企业认定和扶持办法，确定重点企业100家。通过龙头企业的示范带动作用，进一步提升服务业企业的市场竞争力，评选年度嘉兴市服务业20强领军企业。鼓励服务业企业模式创新，评选年度嘉兴市服务业十佳创新企业。

3. 提升百幢重点特色楼宇。制定“十三五”嘉兴市楼宇经济发展规划，以“招商一批、盘活一批、提升一批”等“三个一批”为工作重点和抓手，着重提升楼宇入驻率、市场主体注册率和税收贡献率。赴北京、上海等地开展系列服务业（楼宇）投资环境宣传和项目推介活动。搭建楼宇信息平台，创建楼宇行业协会、商会等。

（三）提升发展服务业集聚平台

围绕“十三五”重点发展领域，全力建设嘉兴现代服务业集聚区，并重点打造嘉兴科技城、嘉兴“基金小镇”金融服务集聚区、嘉兴现代物流园、嘉兴创意创新软件园、嘉兴港区综合物流园、长三角嘉善科技商务服务区、平湖市九龙山旅游度假区、海盐县秦山核电生产性服务业集聚区、海宁潮文化旅游集聚区、乌镇国际旅游区等十大产业平台，进一步发挥好平台示范引领作用。

湖州市服务业发展报告

湖州市发展和改革委员会

一、2015 年服务业发展回顾

2015年，湖州服务业在省发改委悉心指导下，全市服务业以“集聚、融合、创新、提升”为工作方针，以“四大建设”为工作抓手，深入实施服务业发展工作推进计划。全市服务业呈现了持续平稳较快发展的良好态势，成为经济增长的主要支撑、地方财税的重要来源和新增就业的重要渠道。

（一）主要成效

1. 增速全省第三，占比大幅提高。2015年，全市服务业实现增加值935.15亿元，同比增长11.9%，比上年同期提高3.3个百分点，增速位居全省第三。服务业占全市生产总值的比重达44.9%，比上年同期提高了2.3个百分点；服务业增加值对全市GDP的增长贡献率高达55.6%，成为我市经济平稳较快向好的“新引擎”。

2. 投资增长较快，项目推进有力。全市服务业完成投资781.62亿元，同比增长17.3%，快于全省平均水平3.2个百分点，居全省第三位。服务业投资占全社会固定资产投资比重达55.7%，成为我市扩大有效投资的重要支撑。全市审核认定服务业“大好高”新项目67个，其中，首期固定资产投资10亿元以上项目11个。

134个服务业“大好高”项目累计完成投资203.03亿元。140个服务业“双百”项目当年累计完成投资222.3亿元，为年度计划的147.2%。

3.税收较快增长，贡献半壁江山。2015年，全市服务业实现国地税130.96亿元，增长11.7%，快于面上4.1个百分点；实现地税91.31亿元，增长18.1%，快于面上8.6个百分点。服务业税收占比提高，实现国地税占比为43.3%，较去年同期提高1.6个百分点；实现地税占比为61.1%，较去年同期提高4.5个百分点。服务业税收对全市税收的贡献率达63.31%。

4.平台建设加快，集聚效应渐显。全市纳入统计的10家省级服务业集聚区完成投资93.89亿元，为年度计划的184.3%，180个在建产业项目当年完成投资78.52亿元。10家省级服务业集聚区实现营业收入321.32亿元，同比增长18.6%；实现利润20.17亿元，同比增长25.2%；实现税收6.69亿元，同比增长43.9%。湖州南太湖科研设计服务集聚区、南浔古镇文化休闲旅游集聚区和湖州太湖旅游休闲集聚区3个集聚区分别位居2014年度全省集聚区综合评价第8名、第17名和第19名，居同类的第2名、第5名和第6名；并将获得省服务业引导资金的分档奖励。

5.新兴产业领跑，多数行业回升。以互联网为特征的信息服务业和财富金融等新兴业态领跑发展，2015年，信息服务业增加值增长22.8%，比上年同期提高15.5个百分点，比上半年加快4.1个百分点，成为增长最快的行业；金融服务业增长12.7%，比上年同期提高3.5个百分点。电子商务发展迅猛，全市网络零售额增长83.9%，增幅全省第二。多数行业迈出“提速”新步伐，中介服务业增长12.7%，比上年同期提高8.8个百分点；房地产业增长10.4%，比上年同期提高7.7个百分点；科技服务业增长13.5%，比上年同期提高7.4个百分点；休闲旅游业增长13.4%，比上年同期提高3.3个百分点。

6.消费增长平稳，网络消费较快。2015年，全市实现社会消费品零售总额963.92亿元，增长10.6%，增幅是今年以来最高点。其中，限上消费品零售额372.72亿元，增长9.2%。从限上商品零售额看，基本生活类商品增长较快，服装类和食品类商品零售额分别增长33.7%和21.7%；而中草药及中成药类、金银珠宝类商品零售额呈下降趋势，分别下降24.1%和8.4%；石油及制品类商品零售额小幅增长0.7%。网络消费增长较快，全市共实现网络零售额223.57亿元，增长83.9%，增幅全省第二，居民网络消费额163.43亿元，增长54.7%，增幅列全省第一位。

（二）存在问题

1.我市服务经济总量不大，占比不高。近年来，尽管我市经济发展速度较快，但经济总量在全省还属于中下水平，同时，中心城市产业、人口集聚能力的不足和城镇居民收入增长趋缓，人均GDP低于全省平均水平，使服务业发展缺乏强有力的人气和消费能力的支撑。这在一定程度上导致了服务有效需求不足。2015年服务业增加值935.15亿元，仅为嘉兴的3/5多点，绍兴的1/2不到，宁波的1/4不到，杭州的1/6不到，排名全省第8位；服务业增加值占GDP的比重为44.9%，列全省第10位，仅高于嘉兴，比全省49.8%的平均水平低了4.9个点。

2.服务业内部结构不尽合理、传统服务业为主、企业总体规模偏小。目前，我市服务业还是以传统服务业为主，主要行业占比参差不齐。交通运输仓储及邮政、批发和零售业、住宿和餐饮、房地产业占到整个服务业比重的50%左右，而文化创意、科技服务、信息服务等知识密集的现代服务业发展相对滞后，占比在15%左右。从服务业投资来看，尽管创了历史新高，但商务服务、科学研究、文化新闻出版等高端服务业投入却很少，仅占4.2%。服务业企业规模偏小、综合实力和竞争力不强，规范化管理水平不高。全市近1万家服务业法人单位，限额以上仅有672家。服务企业整体信息化程度在10%左右，远低于制造企业信息化水平在30%以上的平均水平。

3.人才支撑不足。我市现有服务业从业人员多集中在传统服务行业，而研发设计、文化创意、资本运营、商务运作等方面高端人才相对欠缺，高层次专业技术服务人才、领军人才短缺，人才要素成为制约湖州服务业跨越式发展的重要瓶颈。

二、2016年湖州市服务业发展展望

2016年，作为全市服务业“十三五”开局之年，做好明年的服务业发展工作意义重大。经过前期的调查研究和沟通衔接，现对明年全市服务业发展的思路和目标等提出如下建议：

（一）总体思路

深入贯彻党的十八大、十八届三中、四中、五中全会精神和习近平总书记在浙江考察时的重要讲话精神，湖州市服务业发展工作将在市委市政府坚强领导下，在省发改委重视支持下，以绿色发展为统领，以“创新、协调、绿色、开放、赶超”为工作方针，围绕“三大目标”，实施“六大工程”，突出重点行业，聚焦重大项目，建设重大平台，服务“双新”企业，推动服务业扩量提质赶超发展。

（二）发展目标

2016年，服务业增加值增长10%，服务业增加值占GDP比重提高1个百分点，服务业投资增长14%以上。

（三）工作重点

1.实施规划引领工程。根据《浙江省“十三五”服务业发展规划》《湖州市国民经济和社会发展第十三个五年规划纲要》和有关专项规划、政策，结合湖州实际，深入调研，广泛听取意见，科学编制《湖州市“十三五”服务业发展规划》，作为湖州市“十三五”时期的一项重要专项规划，具体阐述“十三五”时期湖州服务业发展的指导思想、发展目标、产业体系、产业布局和保障措施，成为指导我市服务业优质高效发展的行动纲领，并为编制服务业领域其他专项规划提供重要依据。围绕“六重”清单，精心谋划一批“十三五”服务业重大项目、重大平台、重大改革举措等，主动向上对接，争取更多地纳入到国家、省“十三五”发展规划之中。

2.实施产业优化工程。围绕我市加快构建“4+3+N”产业体系的要求，我市服务业领域要大力培育战略性新兴产业，加快提升传统优势产业，积极构建“4+4+2”的产业体系，即：积极发展科技服务、特色金融、信息服务、现代物流4大生产性服务业，培育发展休闲旅游、健康养生、文创服务、社区服务4大生活性服务业，提升发展商贸服务、房地产2大传统支柱行业，努力打造新的增长极，提升服务业占比。顺应产业跨界发展的新趋势，推动生产性服务业向专业化和产业链高端延伸，生活性服务业向精细化和高品质转变，大力促进三次产业融合发展、创新发展和赶超发展。

3.实施项目推进工程。坚持项目为主，努力扩大服务业有效投资，按照“新建项目抓开工、开工项目抓竣工、竣工项目抓开业”的要求，分解推进计划，落实责任到人，优化协调服务水平，为项目顺利实施、如期竣工运营创造良好的环境。不断增强服务业发展后劲。突出休闲旅游、现代物流、健康养生和信息服务、金融服务、商务服务等重点行业，全年新引进服务业“大好高”项目48项，完成投资140亿元。实施服务业重大项目“双百”计划，120个项目当年计划投资137亿元。争取更多省重点服务业项目，争取更多国家专项建设资金，加强要素资源的保障力度。

4.实施平台提升工程。统筹发展11家省级现代服务业集聚示范区，不断增强集聚能力和提升质量效益，重点推动太湖旅游度假区的国家级旅游度假区建设，南浔古镇的5A级旅游景区建设，以及长兴综合物流园的国家级示范物流园建设；加快实施吴兴区生产性服务业平台发展试点、南浔古镇集聚区提升试点和长兴综合物流省级示范物流园提升发展试点等3个省级试点；积极推进德清地理信息小镇、湖州太湖健康·蜜月小镇、安吉影视小镇、安吉天使小镇和南浔善琏湖笔小镇等服务业特色小镇建设。依托中心城市、县城、小城市和中心镇，在商贸、旅游、社区等领域推动生活性公共服务平台建设。围绕推进块状经济向现代产业集群转型升级，突出物流、金融、科技、信息等重点领域，推动生产性公共服务平台建设。

5.实施企业帮扶工程。坚持政府引导和市场主导，提升服务业企业实力。围绕6家省级服务业重点企业、50家市级服务业重点培育企业，以及面广量大的服务业小微企业。积极帮助企业降低成本，宣传并落实好国家、省级层面出台的降低制度性交易成本、企业税费负担、社会保险费、财务成本、电力价格、物流成本等在内的政策措施；结合本地实际，对涉企成本负担进行全面清理、集中整治，进一步让利于企业，使企业轻装上阵。鼓励引导传统企业加快品质提升，推动企业导入先进质量管理和先进标准采用，做强研发设计、品牌推广，推动服务由低端低价向优质优价转变。发挥服务业产业基金的绩效效应，鼓励兼并重组、淘汰落后、转型升级，整合产业链，提升竞争力。

6.实施省级服务业强县（区）培育工程。根据省政府《关于开展服务业强县（区）培育工作的通知》精神，按照“因地制宜、分类培育、多元扶持”的原则，采取“面上推进+试点培育”的方式，对照省服务业强县（区）指标评价体系，进一步增强各县区对这项工作的组织领导、政策扶持和配套服务，通过鼓励县区对现代服务业发展理念、模式、实践的探索总结和推广，积极引导县区发挥优势、形成特色、差异发展，从而发挥我市服务业在推动经济转型升级、加快供给侧改革步伐、带动就业改善民生等方面的重要作用。2016年争取入围省级服务业强县（区）1家。

绍兴市服务业发展报告

绍兴市发展和改革委员会

2015年，全市各级各部门紧紧围绕“四个全面”战略布局，学习贯彻“创新、协调、绿色、开放、共享”新发展理念，大力实施市委市政府“重构绍兴产业、重建绍兴水城”战略部署，积极适应新常态、构筑新优势，把加快发展服务业作为推进经济转型升级、保障和改善民生的重要举措，服务业工作扎实有效，总体呈现平稳发展态势。

一、发展特点

1.规模贡献不断扩大。2015年，全市服务业实现增加值2014.15亿元，居全省第4位；比去年同期增长9.2%，增幅高于同期地区生产总值增速2.1个百分点；服务业增加值占地区生产总值比重达45.1%，比去年同期提高1.5个百分点；全市服务业对经济增长的贡献率达51.9%，拉动生产总值增长3.7个百分点。

2.重点行业不断发展。旅游、商贸等生活性服务业增长迅速。2015年，全市共接待国内外游客7275.94万人次，比去年同期增长15.0%；旅游总收入762.37亿元，比去年同期增长16.9%；住宿餐饮业实现增加值74.04亿元，比去年同期增长5.2%。2015年，全市批发零售业实现增加值759.16亿元，比去年同期增长

10.2%；全市社会消费品零售总额1621.06亿元，比去年同期增长9.0%。金融、商务等生产性服务业增长平稳。2015年，全市金融业实现增加值247.74亿元，比去年同期增长10.0%；2015年12月底全市金融机构中长期贷款余额达1769.39亿元，同比增长8.4%；商务、科技等其他服务业实现增加值538.71亿元，比去年同期增长9.1%；交通运输仓储和邮政业实现增加值149.17亿元，比去年同期增长4.7%；全市全社会货运量12271万吨，比去年同期增长15.7%。健康服务、电子商务等新兴高端服务业蓬勃发展。2015年限额以上健康服务业企业（非企业）增加45家，总数达161家，其中限额以上服务业非企业实现营业收入113亿元，比去年同期增长3.4%，限额以上服务业企业实现营业收入88.86亿元，比去年同期下降3.3%。全市全年网络零售总额235.44亿元，同比增长58.58%；居民网络消费总额288.80亿元，同比增长49.80%。

3.投资推进不断加速。2015年，全市完成服务业投资1308.9亿元，占固定资产投资总额的50.7%，比去年同期增长10.7%。全市服务业重大项目完成投资296.2亿元，完成年度计划的123.2%。“双百双千”工程中40只服务业项目，完成投资115.7亿元，完成年度计划的139.1%。

4.主体培育不断加快。2015年，100家市级服务业重点企业2015年实现营业收入629.21亿元，同比增长3.46%；实缴税收28.56亿元，同比增长1.01%。28家市级服务业集聚示范区当年完成投资29.7亿元，累计完成投资447.3亿元；实现营业收入2203.72亿元，同比增长1.26%；实缴税收38.95亿元，同比增长3.19%。

二、主要工作

1.抓工作机制完善。一是召开全市服务业发展推进会暨集聚区建设现场会。会上，明确2015年全市服务业工作重点任务，分解落实年度目标任务，与各区、县（市）及市直开发区签订2015年服务业发展工作责任书，提出当年全市服务业发展目标。二是开展考核工作。完成各地服务业发展工作考核，评选出服务业发展工作先进集体；根据今年服务业工作重点，修订完善2015年全市服务业发展工作考核办法及服务业有效投资考核办法，强化考核导向，建立量化目标和工作情况相结合的服务业工作考核机制。三是完善服务企业制度。在全市范围内实施企业服务业制度，选派领导干部联系入驻所有规模以上企业，切实帮助企业排忧解难，打通政府服务管理的“最后一公里”。

2.抓研究分析通报。一是组织编制规划。在《绍兴市“十三五”服务业发展规划研究》基础上，组织编制完成《绍兴市“十三五”服务业发展规划》。二是开展课题研究。开展《越城环北现代服务业集聚区发展业态研究》等课题研究。三是完善通报制度。继续对各地服务业发展目标、“310”培育工程、服务业重大项目、服务业重点企业、服务业集聚示范区等进展情况进行季度通报分析。

3.抓龙头拳头培育。一是加强目标管理。分解落实310工程2015年年度目标任务，工程取得明显成效。2015年，10只重大项目完成投资74.96亿元，完成年度目标的121.69%。10个重点企业实现营业收入315.77亿元，完成年度目标的161.22%。10个重大平台完成投资40.05亿元，完成年度目标的133.03%；实现营业收入1481.72亿元，完成年度目标的120.68%；实现利税155.2亿元，完成年度目标121.25%。二是加强督查考核。在去年考核办法基础上进一步细化完善310工程培育工作考核办法，确保培育工程稳步有序推进，督促各地及时协调解决业主单位在推进过程中遇到的困难问题。

4.抓重点载体建设。一是实施百项千亿工程。制定出台2015年全市服务业重大项目“百项千亿”工程计划，通过每月通报、季度督查、年底考核等举措保证项目顺利推进。二是开展企业评比工作。根据评比办法开展企业评比工作，确定2014年度绍兴市直经济服务业3强企业和全市服务业龙头企业突出贡献奖20强，并发文表彰。三是组织开展集聚示范区综合评价工作。在省发改委的工作部署下，开展省级服务业集聚示范区综合评价工作，会同有关部门指导汇总、审核把关有关材料，协助省发改委实地核查。会同市统计局开展市级服务业集聚示范区综合评价工作，并进行动态调整，调整出5家连续两年内排序末位的集聚示范区。

金华市服务业发展报告

金华市发展和改革委员会

今年来，全市积极应对新常态下错综复杂的经济形势，围绕“百姓富裕、浙中崛起”总目标，以国家现代服务业综合试点为突破口，加快网络经济等现代服务业发展，推动全市服务业快速发展。

一、服务业发展基本情况

（一）服务业总体保持较快增长

1—12月，全市实现服务业增加值1726.33亿元，同比增长10.5%，高于GDP增速2.8个百分点，高于二产增速4.9个百分点，低于全省0.6个百分点，增速排名全省第六。服务业增加值占GDP比重为50.7%，比去年同期提高2.8个百分点。

（二）服务业投资全面超越工业

1—12月，全市完成服务业投资1065亿元，同比增长24.8%，高于固定资产投资整体速度9.7个百分点，高于工业投资22个百分点；服务业投资占固定资产投资比重为58%，高于工业17.7个百分点，服务业投资总额和增速双双赶超工业。同时，服务业投资结构进一步优化，除去房地产的服务业投资为714.8亿元，占全部服务业投资比重的67.1%，比去年同期提高10.2个百分点，服务业投资过度依赖房地产的情况得到有效改善。

（三）服务业集聚建设成效显著

重点推进浙中信息产业园、横店影视产业实验区、义乌国际商贸城等11个省级服务业集聚示范区建设。1—12月，11个省级集聚区当年实际完成投资196.9亿元，入驻企业6.3万余家，从业人数25.6万人，实现营业收入1682.8亿元、同比增长19.9%，营业利润143.9亿元、同比增长11.4%，缴纳税收50.6亿元、同比增长7.8%。

（四）服务业主要行业稳步发展

1.批发零售业稳步增长。1—12月，全市批发零售业增加值377.9亿元，同比增长12.5%，占全市服务业总量的31%。我市社会消费品零售总额1783.1亿元，增长12%，增幅高于全省1.1个百分点，居全省第一，比去年同期回落1.2个百分点。其中城镇和乡村消费品零售总额增幅分别为11.5%和15%，乡村消费高于城镇消费；从比重上看，城镇市场消费品零售总额1557.89亿元，占社会消费品零售总额比重为87.4%；乡村市场消费品零售总额225.21亿元，占比为12.6%，城镇市场依旧占主导地位。

2.金融业总体运行平稳。1—12月，全市金融业增加值301.47亿元，同比增长8.1%，占全市服务业总量的18.49%。全市金融系统本外币存款余额为10892.8亿元，同比增长3.4%；全市金融系统本外币贷款余额为6127.17亿元，同比增长6.9%。

3.网络经济总量持续稳步增长。1—12月，全市信息经济产业规模达4156亿元，实现电子商务交易额3360亿元，网络零售额1344亿元，分别增长42.6%和58.4%；全市软件与信息服务业营业收入404亿元；规模以上电子信息制造业产值392.1亿元。同时与电子商务紧密相关的快递业务量达9.71亿件，同比增长58.8%，居全国第6位，快递业务收入达76.8亿元，同比增长44.5 %；全市电子商务企业4.6万家，同比增长62.6%；全市软件与信息服务业企业4106家，同比增长43.57%。

4.旅游业发展情况良好。2015年1—12月，金华市共接待游客7087.57万人次，同比增长18.48%，实现旅游收入756.62亿元，同比增长22.03%，其中接待国内旅游者6989.67万人次，同比增长18.51%，实现国内旅游收入720.81亿元，同比增长22.06%；接待入境旅游者97.9万人次，同比增长16.32%，实现旅游外汇收入57992.0万美元，同比增长20.89%。

（五）谋划研究工作成效显著

一是做好全市服务业发展“十三五”规划编制工作，认真总结分析“十二五”时期全市服务业发展成效及存在问题，完成了《“十三五”时期加快发展现代服务业的战略研究》。二是重视经济形势分析，每季度完成《全市服务业发展形势分析》。三是围绕我市申报金义综合保税区这一重点工作，完成了《加快金义综合保税区建设的对策研究》。四是探索改进市区服务业引导资金管理方式，完成了《改进市区服务业政府专项资金管理方式的建议》。五是针对当前市区商业综合体过剩的问题，研究完成了《引导市区商业综合体合理布局的建议》。

（六）服务业重点领域试点成功获批

认真做好2015年浙江省服务业发展重点领域试点工作，经过积极争取，目前全市共有金华市高新技术产业园生产性服务业集聚平台、永康市生产性服务业集聚平台、义乌内陆口岸场站（义乌港）3个项目入选，获得资金补助共计1150万元。

（七）金义综合保税区申报工作圆满完成

根据金义综保区申报建设工作协调会要求，全力做好与省发改委、国家发改委的申报对接工作。在市领导的高度重视下，在委领导的直接参与下，经多次向国家发改委、省发改委汇报，克服困难、保质保量完成国家发改委要求的申报补充材料，确保申报工作顺利推进。10月21日，国务院批复同意金华设立金义综合保税区。

二、当前服务业发展中需要关注的问题

（一）消费市场增速趋缓

1—12月，全市限上企业社会消费品零售额742.23亿元，同比增长6.3%，增幅比上半年提高4.3个百分点，呈回升态势。分商品类别看，金银珠宝类、药品类消费增长较快，分别增长26.4%、21.2%；粮油食品类、烟酒类、服装类、汽车类消费平稳增长，分别增长16.6%、12.4%、11.8%、7.7%；但家电类、石油及制品类消费增长持续乏力，增幅分别下降-6.4%、-11.8%。

（二）服务业企业营收、利润增长缓慢

1—11月，全市413家规上服务业企业营业收入355.2亿元，增长6.7%；比1-8月提高1.6%，营业利润48.51亿元，同比下降-8.9%。

（三）服务业重大项目进展较为缓慢，但地区之间差距较大

2015年全市110个服务业重大项目共完成投资167.8亿元，完成年度投资计划的128%；项目开工率为97.3%，比去年上升6.8个百分点。分地区看，年度计划投资完成情况很不平衡，11个县（市、区）中有7个地区未达到平均水平，其中完成情况较好的地区为义乌市、东阳市、开发区、兰溪市，完成率分别为157.34%、150%、134.77%、125.2%；婺城区、金东区的完成情况不太理想。

三、2016 年服务业工作思路和举措

（一）总体思路和要求

紧紧围绕市委、市政府“十三五“开局之年的各项决策部署，围绕现代服务业各项重点改革任务，以政策研究、协调服务、项目资金争取等为重要抓手，在工作层面上切实提升市发改委在服务业工作的统筹职能，在实际效果上的努力促

进全市和市区服务业的创新发展。

总体的工作要求是：按照 “三严三实”的要求，围绕“善于学习、开拓创新、勤政务实、敢于担当”这4句话，积极开展各项工作。

（二）发展目标

2016年，全市服务业增加值突破1700亿元，市区达到300亿元，年增长9%；全市和市区服务业增加值占地区生产总值比重达到51%；服务业投资增长20%以上。

（三）主要举措

1.抓政策研究。一是要认真贯彻落实省政府部署的服务业强县（市、区）建设工作，结合我市实际，研究出台我市推进服务业强县（市、区）建设政策文件；二是要按照省政府出台的相关文件，结合我市“五大千亿”产业发展政策，深入研究推进全市健康服务业发展的政策意见；三是针对综保区建设和运行等重点和热点问题，开展专题调研，形成调研课题；四是完成每季度的服务业发展和社会发展分析报告。

2.抓规划编制。加快推进“十三五”服务业和公共服务均等化等2个专项规划的编制工作，确保在3月份完成规划编制和报批工作。

3.抓综合协调。制定《2016年全市服务业工作要点及责任分工》和《2016年服务业发展综合配套改革试点工作重点任务分解方案》；分解落实2016年各县（市、区）服务业发展目标；会同相关部门完善服务业重点行业的扶持政策。

4.抓项目推进。一是编制《2016年金华市服务业重大项目计划》，争取列入省服务业重大项目12个，安排市服务业重大项目60个左右，全年完成服务业重大项目投资110亿元；二是加强服务业和社会事业重大项目谋划和储备前期工作，建立项目储备库，做好跟踪服务；三是积极争取服务业和社会事业各类专项资金争取，近期重点是积极做好民政、卫生、教育、文化等领域11个专项的项目申报工作。

5.抓集聚示范区。加强11个省级集聚区的指导和协调，做好年度考核评价工作；积极争取新的一批省级服务业集聚示范区；利用好省级服务业集聚示范区统计系统数据，认真分析和研究服务业集聚区发展状况、带动作用，提出对策建议。

6. 抓服务质量评价。这项工作作为今年的创新工作，按照市政府“质量强市”建设工作要求，委托第三方机构，开展全市范围的服务质量评价，形成服务质量评价报告。

衢州市服务业发展报告

衢州市发展和改革委员会

今年以来，我市服务业在市委市政府的正确领导下，紧紧围绕“四个一”建设，按照“做大总量规模、优化产业结构、提升发展层次”和全市服务业大会的总体要求，加强领导、突出重点、强化措施、狠抓落实，全市服务业呈现平稳较快增长态势。

一、全市服务业总体情况

（一）服务业增速保持领先。2015年，全市实现服务业增加值524.4亿元，同比增长10.6%，增长速度排名全省第五，与同期GDP6.6%和二产增加值4.2%的增幅相比，分别高出4个百分点和6.4个百分点。服务业增加值占GDP比重为45.8%，比去年同期提高3.9个百分点，服务业对GDP增长的贡献率为64%。服务业增加值增速保持领先，成为稳增长的重要引擎。

（二）投资增速平稳增长。2015年，全市完成服务业投资470.65亿元，增长16.8%，增速快于二产投资增速13.3个百分点，高于全社会固定资产投资增速4个百分点，增长速度排名全省第四。服务业投资占全社会固定资产投资比重达53.5%，较去年提高1.8个百分点，服务业投资对全社会固定资产投资的贡献度达

50%。

（三）服务业重大项目高速推进。2015年，全市共计划安排97个实施类服务业重大建设项目，总投资473.94亿元，年度计划投资93.86亿元，截至12月份完成投资117.9亿元，超过年度计划投资的25.6%，完成率为125.6%。其中，现代物流业年度完成投资16.37亿元，超额完成153.2%。商贸流通业年度完成63.60亿元，超额完成20.4%。旅游休闲年度完成投资14.1亿元，超额完成9.1%。文化教育业年度完成投资12.06亿元，超额完成44.2%。金融保险、科技信息、公共服务业等行业也都超额完成年度投资计划。

（四）税收继续保持增长。2015年，全市第三产业入库各类地方税收44.75亿元，同比增长12.4%，占全部地税的比重为63.9%，较上年提高1.2个百分点。各行业中，新兴行业入库税收依旧保持高增长，其中：金融业增长27.2%，租赁和商务服务业增105.1%；房地产业地方入库税收19.79亿元，增长8.4%，较上年提高7.3个百分点。

二、服务业主要行业发展情况

（一）商贸业平稳增长。2015年，全市线上社会消费品零售总额159.75亿元，同比增长7.1%，增幅较去年下降7个百分点，降幅较大。其中城镇消费品零售额472.65亿元，增长9.2%；乡村消费品零售额78.33亿元，增长10.4%。一是汽车销售快速增长。受10月1日汽车“购置税实施减半征收”新政影响，车市又出现了井喷式增长。2015年，全市累计新车上牌量再创新高，首次突破5万辆大关，达51152辆，比上年增长17.2%。与此同时，我市二手车交易也大幅增加，全年达20399辆，比上年增长25%。二是大型住餐销售回升，住宿餐饮双双增长。经过近2年的调整，我市大中型住宿餐饮企业已逐步走出低谷，销售收入明显回升。据对20家住宿餐饮样本企业监测统计，今年累计销售额4.7亿元，同比增长6.6%，增幅比去年增加21.1个百分点，其中餐饮业总营业收入2.6亿元，同比增长4.6%，较去年同期增加11.5个百分点；住宿业总营业收入1.6亿元，同比增长8.7%，比去年同期增加15.2个百分点。三是网络零售保持高速增长。2015年，全市实现网络零售额66.9亿元，同比增长90.2%，增幅位居全省第一。

（二）金融业持续分化。一是存款增长总体趋缓。11月末，全市金融机构本外币各项存款余额1691.75亿元，同比增长5.08%，增速比去年同期下降4.49个百分点，存款增速在全省的排位快速下降，由全省去年同期第3位降至第8位。二是贷款增速稳中趋缓。11月末，全市金融机构本外币各项贷款余额1598.67亿元，同比增长10.29%，高出全省增速2.73个百分点，增速为全省第1位。三是个人消费贷款整体上升。11月末，全市个人贷款余额660.52亿元，比年初增加95.01亿元，同比多增20.16亿元。其中受降息降准、限购政策取消、税收政策、公积金政策调整等利好因素推动，房地产市场成交有所回暖，个人住房贷款保持较快增长，1-11月新增33.80亿元，同比多增8.80亿元。

（三）旅游业平稳趋好。2015年，全市共接待旅游总人数达4370.82万人次，同比增长16.01%，旅游总收入287.45亿元，增长19.58%。乡村休闲旅游发展速度加快，涌现了荆溪、耕读、下淤等一批乡村休闲旅游特色村、致富村。旅游景区建设不断突破，龙游红木小镇、常山赏石小镇、开化根源小镇，被纳入第一批省级特色小镇创建名单，江郎山文化旅游区创建5A景区通过国家级资源评估，白菊花景区创建4A级景区通过省级资源评估。

（四）交通运输稳中有升。一是运输生产总体平稳。2015年，全市道路货物运输量8936万吨，比去年增长0.7%，周转量964604万吨公里，比上年增长1.5%。全市道路旅客运输量4688万人，比去年增长-8.3%，周转量204860万人公里，比去年增长-12.7%。道路客货运综合周转量增速为1.2%。二是邮政快递业快速增长。2015年，全市快递企业业务量4740.7万件，同比增长55.2%，业务收入完成45056.2万元，同比增长61.2% ，增速位于全省第一。

（五）商品房销售面积创历史新高。2015年央行共5次降息降准，商品房贷款利率降至10年最低，我市也陆续出台个人转让两年以上住房免征营业税、二套房首付比例降至2成、中低收入职工公积金贷款额度上调、市区个人购买首套房将最高有4万元补助等一系列房地产利好政策，2015年全市商品房销售面积达到172.65万平方米，高于2013年的170.19万平方米和2014年的166.81万平方米，创下历史新高。

三、主要工作举措

（一）规划引领有新局面。为全面做好我市“十三五”服务业发展规划编制工作，用规划指导实践，按照市政府提出要以开放的视野和管用的办法编制“十三五”规划，引领衢州市经济又好又快发展要求，我们结合衢州工作实际，深入研究服务业新政策、新标杆、新现象，前瞻性的梳理“十三五”服务业规划编制的发展重点。并借智借力，邀请省发展规划院，上海同济规划院来我市就“十三五”服务业发展规划、“十三五”健康养生产业发展思路、“十三五”现代物流发展思路等三大层面开展课题研究，通过规划思路带出服务业重大产业、重大项目和重大政策，进一步明确我市“十三五”期间服务业发展目标、重点行业、重点区域。

（二）扩大投资有新力度。一是精心编制2015年衢州市服务业重大项目建设计划。以项目建设为突破口，精心谋划现代物流、商贸流通、金融服务、科技信息、旅游休闲、文化教育、公共服务等7大类158个市重大服务业项目，总投资1011亿元，充分发挥市服务业重大项目计划的引领和带动作用。二是夯实要素保障。完善《衢州市区服务业项目决策推进制度》，进一步增强服务业项目布局的合理性和决策的科学性，加快项目落地和推进工作，目前该机制已完成定稿，并向市政府作了汇报。三是全力推进项目实施。加大衢州工业新城物流园区货运配载服务中心、衢州城市物流综合体项目、衢州凯泰汽车商贸综合体项目等一批服务业重大项目推进力度，积极协调项目推进过程中的困难和问题，确保前期类项目及早落地、及早开工，确保已开工项目及早建设、及早竣工。

（三）向上争取有新突破。今年以来，市服务业办紧紧围绕中央、省服务业投资动向和重点领域，抢抓宏观经济预调微调重大机遇，强化项目策划和申报力度，争取中央、省级资金工作取得新突破。目前，已争取中央、省级资金7058万元，创历年新高，为全省第一。一是针对省发改委今年省服务业发展专项改革资金竞争性分配要求，我们结合实际，认真比选，最终选择衢州市本级、江山市、开化县等三地以建设生产性服务业集聚平台为我市服务业改革方向，进行省专项资金竞争性申报。最终我市在100多个申报市、县（市）当中脱颖而出，三地均成为省生产性服务业集聚平台建设试点，并获得省服务业改革专项资金。二是提前谋划，积极申报省服务业重大项目。2015年浙江省服务业重大项目中，我市共有衢州市城南（智能）仓储物流中心、衢州传化智能公路港项目等14个市服务业重大项目进入省服务业重大项目盘子，为近年来入库省服务业重大项目盘子最多的一年。三是做好2014-2015年粮食仓储设施建设项目中央资金申报指导。按照申报文件要求，认真筛选粮食仓储设施项目，最终开化县粮食收储有限责任公司浙西粮食中转储备库、衢江区粮食收储有限公司区中心粮库、浙江省常山粮食收储有限责任公司县中心粮库扩建改造等3个项目获得粮食仓储设施项目2015年第一批中央内投资。

（四）平台搭建有新创新。一是建设服务业生产性集聚平台。围绕衢州产业发展特点，鼓励开发区、产业集群、服务业集聚区、各县（市、区）等区域，建设研发设计、第三方物流、信息技术服务、节能环保服务、检验检测认证、商务咨询、售后服务等生产性服务业集聚平台，建立专业化生产性服务业体系，推动当地产业发展水平明显提升。目前我市的衢州专业市场生产集聚平台、江山市生产性集聚平台、开化县生产性集聚平台均被评为2015年省级生产性集聚平台。二是建设服务业特色小镇。按照省政府特色小镇建设工作要求，因地制宜引导服务业在中心城市、制造业集中区域、现代农业产业基地和有特色资源优势的城镇等区域集聚，实现规模效益和特色发展，形成一批服务功能强、带动作用大的服务业特色小镇。目前我市开化的根缘小镇、常山的赏石小镇、龙游的红木小镇被评为省级特色小镇。三是全力做好对全市五个省级现代服务业集聚区的建设发展情况和工作推进情况的评估调研。根据省发改委每年对全省100家省级集聚区评估的要求，我们对全市五个省级服务业集聚区发展的不同阶段，进行分类指导和推进，特别强化对去年排名末位的衢州工业新城物流园区和开化根艺文化产业园进行督促和指导，确保通过省级服务业集聚区的评审。从2015年全省服务业集聚示范区评价结果看，我市五个园区排名总体上升，结果好于去年。其中，衢州工业新城物流园区更是取得全省总分排名第17位、物流类排名第2位的好成绩。

（五）课题调研有新成就。针对舟山建设江海联运服务中心国家战略机遇，我委率交通、发改等部门，专赴舟山、金华、湖州、安吉等地调研，深入开展前期工作对接，抢抓机遇，并形成“深入对接江海联运的若干思考”调研报告，上报市政府领导参阅；针对快递业恶性竞争等一些发展突出问题，市服务业办深入市场、快递企业调研，撰写《提升快递业发展水平促进我市电子商务快速发展》建议，并获市领导批示。我们还围绕市服务业发展中其他热点、难点开展课题研究，如“我市健康养生产业发展思路”“ 我市服务业发展投资分析”等数篇课题研究，为领导决策和政策完善提供参考。

四、2016年服务业重点工作安排

2016年是“十三五”规划的开局之年，我们将继续深入学习贯彻党的十八届五中全会精神及习近平总书记系列讲话精神，按照省发改委及市委市政府的总体工作部署，坚持“创新、协调、绿色、开放、共享”五大发展理念，紧紧围绕“四个一”主战场，大干项目、干大项目，加强服务业供给侧改革，补齐短板，努力使我市服务业总量持续扩大、结构有效优化、质量显著提升，进一步增强服务业对全市经济社会发展的支撑作用。2016年全市力争实现服务业增加值560亿元以上，增长9%；完成服务业投资540亿元以上，增长15%；服务业增加值占GDP比重较2014年提高0.5个百分点。

（一）着力完善规划体系。一是科学编制衢州市“十三五”服务业发展规划。以《浙江省“十三五”服务业发展规划》为指导，结合衢州服务业发展实际及各部门、专家意见，进一步充实完善《衢州市“十三五”服务业发展规划》初稿，争取四月底前编制印发。并积极指导市有关部门做好信息服务业、金融业、现代物流业、旅游业、商贸流通业等支柱服务业和健康服务业、电子商务、科技服务业、文化创意等新兴服务业规划编制工作，力争形成“1+X”的“十三五”服务业规划体系，从而引导衢州服务业又好又快的发展。二是研究编制市区服务业重大项目空间布局规划。合理布局市区服务业重大项目，按照突出重点、科学布局、差异发展、注重前瞻、适度控制的原则，研究和编制市区服务业重大项目空间布局规划，根据服务业项目的功能、定位、特性等做好项目布点，避免无序发展、重复布点、过度竞争。三是做好衢州市“十三五”服务业项目规划编制。重点围绕现代物流、电子商务、信息服务、商贸会展、总部经济、科技服务、休闲旅游、文化创意、养老养生、社区服务等产业，继续挖掘谋划投资项目，完善“十三五”服务业项目规划文本，全面推进“十三五”期间服务业有效投资。

（二）深化政策扶持。一是加强服务业政策统筹。全面贯彻国家出台的加快发展信息、养老、健康、文化、金融、科技、体育等各项服务业扶持政策，切实抓好各项政策举措的统筹推进。根据《国务院关于加快发展生产性服务业促进产业结构调整升级的指导意见》（国发〔2014〕26号）及我省《关于加快发展生产性服务业的实施意见》，抓紧研究出台符合我市生产性服务业发展的实施意见。同时抓紧推进《关于促进现代物流仓储业发展的若干政策意见》的出台，优化生产性服务业发展环境。二是充分发挥服务业发展引导资金的引领作用。完善修订服务业引导资金使用管理办法，规范资金使用程序，加强引导资金的使用绩效，切实发挥资金导向的示范作用。三是强化政策保障。落实好《关于进一步加快发展服务业的若干政策意见》（衢政发〔2011〕89号）中对服务业项目用地的政策要求，提高服务业用地比重，增加服务业用地总量。

（三）突出重大项目建设。一是抓好项目谋划和储备。竭力挖掘一批我市投资大、带动作用强、业态新的现代服务业项目，不断充实服务业项目库，做深服务业重点项目前期工作，储备形成一批2016年全市服务业的好项目、大项目，进一步扩大服务业有效投资。二是抓项目机制建设。着重推进《衢州市服务业项目决策推进制度》的制定出台，建立决策后的项目建设服务绿色通道机制，切实解决项目落地难、推进难的问题，进一步提高项目服务水平。上半年可选择1-2个大项目先行先试，为决策咨询出台奠定更好的基础。三是抓重大项目推进。以《2016年全市服务业重项目项目计划》为抓手，将重大项目推进工作纳入年度考核。定期汇总、梳理项目推进存在的问题，对项目推进情况进行通报，确保完成全年工作计划，促进服务业有效投资。四是创新项目招商。在编制重大项目空间规划和谋划重大招商项目的基础上，制作服务业招商文本。不断创新招商模式，结合我市生态资源优势，梳理一批健康养生、休闲旅游的重点对外推荐招商项目，坚持大力招商引资与激活民间投资并重，运用好项目“PPP”模式，引进市外企业到衢州投资发展服务业。

（四）提升各类集聚平台。一是打造服务业强县。根据省政府《关于开展服务业强县（市、区）培育工作的通知》（浙政发〔2015〕46号）精神，我市要依托良好的生态优势和资源环境，主动对接，积极开展申报服务业强县、强区工作，引导县（市、区）政府转变发展理念和工作方向，把更多的精力和资源投放在服务业领域，强力打造绿色生态型服务业强县（市、区）。二是继续推进省级服务业集聚区建设。衢州专业市场城要结合改造提升，明确电子商务、产城融合、工贸联动三大功能定位。衢州综合物流园区要进一步理顺管理体制，推动健康发展。工业新城物流园区，要加快基础设施建设、提升配套功能。开化根艺文化创意产业园要搭建好招商平台，吸引全国的根雕产业集聚。江郎山国际文化旅游产业集聚区要尽快完善规划，突破征迁难题，加快推进实施。三是深化生产性服务业试点平台建设。以服务业改革创新试点和2016年生产性服务业集聚平台建设试点为重要抓手，加强衢州、江山、开化三地生产性服务业集聚平台建设，加强统筹管理和指导服务，根据试点方案扎实推进各项年度试点任务，充分发挥生产性服务业集聚平台对产业转型升级的引领促进作用。

（五）强化综合协调。一是加强统筹协调。充分发挥市服务业工作部门联席会议的统筹协调作用，定期召开市服务业工作部门联席会议，进一步明确服务业年度工作要点、发展目标、重点任务，形成统分结合、齐抓共管抓服务业的工作局面。二是加强目标分解。根据省政府下达的衢州市服务业发展目标，结合衢州自身实际，做好年度县（市、区）服务业发展目标和市直重点部门年度服务业发展重点任务的分解工作，强化目标约束和引导。三是加强考核监督。建议在市综合考核内容里面增加服务业考核权重及考核事项，建立完善“季度通报、半年检查、年度考核”制度，按季通报各部门服务业工作进展情况，强化考核监督，全面真实反映各地、各部门服务业发展质量和水平。四是加强调研分析。组织召开好服务业形势分析会，及时做好服务业形势分析，并围绕我市服务业发展中的热点、难点，做好调研，为领导决策提供参考。

舟山市服务业发展报告

舟山市发展和改革委员会

2015年以来，按照新区“四岛一城一中心”的建设要求，依托舟山自身优势，以发展重点行业、培育重点企业、建设重点平台、推进重大项目为抓手，加快发展培育现代服务业，全市服务业总体保持平稳发展态势。但同时，服务业整体效益不佳，缺乏新的增长点，发展压力较大。

一、2015 年服务业发展总体情况

（一）服务业规模及贡献稳步提升。2015年实现服务业增加值529亿元，增长8.5%，服务业增加值占GDP比重为48.4%，较上年同期提高0.2个百分点。服务业增加值对GDP的贡献率达43.9%，拉动GDP增长4.1个百分点。服务业完成地方税收50.3亿元，尽管下降2.3%，但仍占地方税收比重为63.3%，成为地方财政收入的主要来源。全市规模以上服务业企业平均从业人员4.74万人，增长2.3%。

（二）服务业投资快速增长。2015年全市服务业固定资产投资807.9亿元，增长23.5%，比全社会固定资产投资增速高5.4个百分点，其中信息传输业、文教卫体娱乐业、交运仓储邮政业等行业投资增速较快，分别达到284.1%、90.5%、16.3%。全市服务业投资占全市固定资产投资比重为71.2%，比上年同期提高3.1个百分点。服务业重大项目推进顺利，全市10个省服务业重大项目和40

个市服务业重大项目分别完成投资11.6亿元和75.6亿元。其中舟山港外钓油品应急储运项目、陆港物流中心、鼠浪湖矿石中转码头工程、金塘保税物流中心、东门车站综合体项目、杉杉-普陀天地、舟山港综合保税区进口商品交易展示中心工程、儿童乐园项目等项目超额完成年度投资计划。

（三）主要行业发展平稳。港航物流业稳步发展。2015年完成港口货物吞吐量3.79亿吨，同比增长9.3%。其中外贸货物吞吐量1.19亿吨，同比下降2.11%；集装箱吞吐量80.2万TEU，同比增长7.1%。全市水路货运量和货运周转量分别为1.85亿吨和2369.68亿吨公里，分别增长11.3%和9.9%。截至12月底，全市船舶运力保有量达到541.6万吨。海洋旅游增势明显。受旅游业“互联网+”模式、市场营销及旅游接待能力的加大，旅游消费市场持续升温。2015年全市共接待境内外游客3876.22万人次，同比增长14.1%，其中接待境外游客32.2万人次，同比增长2.1%；全市实现旅游总收入552.2亿元，同比增长15.7%。2015国际海岛旅游大会在我市成功举办，共有25个海岛国家、地区，30个海岛城市和45个代表团等1000余名中外嘉宾参会。特色客栈、民宿、主题酒店等特色新业态越来越丰富，东极、桃花、嵊山、枸杞和定海南洞艺谷等景点热度持续增加。商贸服务业稳步发展。2015年全市社会消费品零售总额415.5亿元，增长10.3%。限额以上批发零售业销售额1268.9亿元，增长5.9%；限额以上住宿餐饮业营业额23.0亿元，增长7.9%，逐步走出前两年低迷态势；网络零售额12.01亿元，同比增长89.5%。金融服务业保持平稳。2015年全市金融机构融资总量达到2655.7亿元，比年初增加78.4亿元。其中，市内银行融资总量1730.5亿元，比年初增加28.3亿元；市外金融机构融资总量925.2亿元，比年初增加50.1亿元。全市金融机构本外币贷款余额1499.8亿元，同比增长3.2%；金融机构本外币存款余额1791.1亿元，同比增长10.0%。全市银行业不良贷款率3.63%，处于可控范围。总规模100亿元（首期20亿元）舟山江海联运产业投资基金开始运作，成功发行全国首单非上市公司的公司债。

房地产业局部回暖。受营业税“5改2”、二套房公积金首付比例下降等一系列房产新政的影响，从4月份开始，房地产销售明显回暖。2015年全市商品房销售面积103.87万平方米，增长13.3%。全市商品住宅网签备案成交均价9350元/平方米，同比下降8.5%，但环比降幅持续缩窄，房价止跌企稳趋势显现。至2015年12月末，全市商品房待售面积107.29万平方米，库存量仍然处于较高水平，预计在今后较长一段时间内，去库存仍是我市房地产市场的主基调。

二、2015 年服务业工作推进情况

（一）强化规划政策编制。谋划编制服务业发展规划及专项规划，切实发挥规划的引导作用。《舟山市服务业发展“十三五”规划》《舟山市商贸流通业“十三五”规划》《舟山市电子商务“十三五”发展规划》《舟山市石油分销体系“十三五”规划》等已完成规划初稿或评审稿。认真贯彻落实国家、省服务业相关政策，制订出台《关于加快舟山电子商务提升发展的实施意见（舟政发〔2015〕42号）》《关于促进我市融资租赁业发展的若干意见》（舟政办发〔2015〕3号）、《关于深入实施商标品牌战略的若干意见》（舟政办发〔2015〕83号）、《关于加快海岛休闲旅游目的地建设的实施意见》（舟委发〔2015〕14号）等政策措施，加强对服务业发展的支持力度，引领服务业加快发展。

（二）强化分析研究。做好134家服务业样本企业监测统计工作，加强对服务业增加值、投资等主要经济指标的跟踪监测，高质量地完成月度季度服务业形势分析报告，为科学判断服务业发展态势提供决策参考。开展服务业重大问题研究，完成了《关于舟山市生产性服务业集聚平台建设的思考》《舟山市2015年服务业发展思路研究》等课题，积极发挥参谋助手作用。

（三）强化项目管理。认真落实服务业重大项目计划管理暂行办法，编制下达2015年服务业重大项目计划，共安排现代物流、商贸会展、总部经济、科技信息、旅游、文化创意、养老与社会等七大实施类项目40项，预备类21项，年度计划投资60.48亿元。争取10个项目列入了省服务业重大项目，年度计划投资17.17亿元。深入开展“双重”行动，多次赴县（区）、功能区对省市服务业重大项目进行实地调研，加强重大项目的跟踪服务和监测，指导、帮助解决项目推进中的困难和问题，加快推进重大项目建设。积极向上争取经贸领域中央投资项目资金、国家服务业引导资金和省服务业引导资金10779万元，1个物流领域的项目获得国家专项建设基金1亿元。配合国家对粮食仓储设施建设进行稽查，做好中央预算内投资项目竣工验收工作。

（四）强化平台建设。一是推进服务业集聚示范区建设。大力推进4个省级服务业集聚示范区建设，落实扶持政策，做好集聚示范区的四址范围、管理机

构等调整确认和集聚示范区的动态调整。组织开展4家省级服务业集聚示范区的综合评价工作，综合评价总体情况较好。其中大宗商品交易中心在同一类集聚示范区中排名第一，在全省100个服务业集聚示范区位列第六。二是加快推进舟山综合保税区发展。2015年，综保区已累计完成注册企业1051家，总注册资金121.2亿元，其中限额以上批发零售业企业7家。全年完成保税燃料油直供量92.3万吨，同比增长42.5%；调拨量280万吨，同比增长33.3%；结算量360万吨，同比增长6.7%。石油化工交易市场全面运行，共入驻企业30家，实现交易额10亿元；省级跨境贸易电子商务示范园区建设全面启动，已引入两家电子商务专业运营平台，近50家电商企业现已入驻。三是推进省级生产性服务业集聚平台试点。多次召集县区、相关部门进行部署、研讨，研究编制舟山市生产性服务业试点工作方案，并在全省23家市县试点单位公开竞争评审中名列第三，列入省级试点。加快推进舟山船舶产业集群公共服务平台、金塘塑机螺杆创意研发中心、科学城电子商务产业园等生产性服务业平台试点重点项目建设，进一步提升研发检测、信息技术服务能力，推动舟山传统产业转型升级和新兴产业发展，促进舟山海洋经济发展和江海联运服务中心建设。

（五）强化企业培育。一是加强重点企业扶持培育。落实省服务业重点企业相关扶持政策，推进“小微企业三年成长计划”工作，促使企业转型升级，提质增效。二是开展名牌产品培育和商标品牌建设工作。做好兴中石油、德勤集团、名捷物流、园林旅游等企业的浙江名牌申报工作，目前全市服务业浙江名牌和舟山名牌分别为8个和22个。今年新申报服务商标96件，核准37件，累计注册服务商标1076件；新认定市著名商标1件，累计14件。累计省著名商标6件，驰名商标1件。

（六）强化目标管理。一是明确目标任务。年初在深入调研的基础上，制定印发2015年全市服务业工作要点，并将目标任务分解落实到县（区）、功能区及市属有关部门，明确责任单位。二是加强考核督查。对2015年各县区、功能区服务业发展情况实施半年度通报、年终考评的办法，加强督查落实，确保年度目标任务按计划完成。

三、2016 年服务业工作思路

2016年服务业发展的总体思路是：按照市委市政府的总体部署，围绕江海联运服务中心建设，通过规划引导、政策扶持、平台构筑、项目推进、企业培育等途径，大力发展生产性服务业，提升发展生活性服务业，加快发展新兴和高端服务业，推动我市服务业加快发展、高质量发展。确保全市服务业增加值增长13%，服务业增加值占GDP比重达48.6%，服务业投资增长15%。

（一）编制发展规划抓统领。以《舟山群岛新区发展规划》“十三五”规划纲要为指导，结合舟山实际，紧紧围绕新区“三大定位”“五大目标”“四岛一城一中心”，加强服务业重点、热点和重大战略性问题的研究，编制完成“十三五”服务业发展规划及相关专项规划，引领服务业发展。加强与省里的沟通衔接，力争将一批重大工程、重大项目和重大政策纳入到省“十三五”服务业发展规划。

（二）扩大有效投资增后劲。一是做好重大项目计划编制。加大项目筛选和项目论证工作力度，编制2016年全市服务业重大项目计划，并积极争取列入省级服务业重大项目盘子。二是加快项目推进建设。认真落实服务业重大项目计划管理暂行办法，完善服务业项目工作推进机制，跟踪服务重大项目进展情况，及时帮助解决项目推进的困难和问题，加快推进项目建设，扩大服务业有效投资。三是做好项目前期和储备。积极谋划一批现代服务业战略性项目，编制储备项目和三年滚动投资计划以及一批“十三五”服务业重大项目，建立完善动态调整的服务业重点项目储备库。四是做好项目稽查和竣工验收工作。五是做好中央预算内资金、国家服务业引导资金、国家专项建设基金的争取工作。

（三）推动产业集聚促转型。开展服务业强县（区）培育创建工作。组织开展调查摸底，及早掌握情况，加以重点培育，争取有1 个县（区）列入省服务业强县（区）首批试点。扎实推进省级服务业集聚示范区建设。深入开展服务业集聚示范区提升发展工程，做好指导服务、动态调整、综合评价等相关工作，使服务业集聚示范区成为引领全市服务业发展的核心平台和主要阵地。推进生产性服务集聚平台建设。围绕船舶修造、港口物流、水产品加工等主导产业，推进以舟山市生产性服务业集聚平台试点、远洋渔业生产性服务业集聚平台试点、海洋科学城为核心的集聚平台建设，形成服务业企业资源共享、集聚互动的重要平台，促进服务业集聚集群发展。有序推进物流园区建设。扎实推进物流园区、物流龙头企业和物流信息化建设的扶持和培育，加快建立现代化物流配送体系，积极创建省级示范物流园区。

（四）狠抓主体培育促增量。抓好省级服务业重点企业跟踪管理，做好政策兑现工作。加强龙头企业培育，形成一批自主创新能力强、具有自主知识产权和品牌、有较强竞争力的服务型企业。落实小微企业三年成长计划，引导“规下”服务业企业升“规上”，推进企业转型升级。继续抓好企业模式创新及服务业标准化和品牌建设，以项目带动标准化在服务业中的推广和应用，培育更多的企业申报国家、省级标准化试点项目和省级名牌、省著名商标。创新发展模式，推进产业转型升级，做大做强优势产业和高附加值产业。

（五）落实政策措施优环境。认真落实国务院、省政府、市政府出台的服务业发展政策意见，研究制定相应的服务业专项政策或实施细则，加大金融、土地、人才、资金等对服务业的支持力度，切实优化发展环境。加强服务业监测分析与预警，了解和掌握服务业发展过程中出现的新情况 、新问题，及时研究提出对策措施。

（六）突出考核协调推进度。强化服务业协调小组成员单位间的联动，健全沟通协作机制，形成工作合力，全力推进现代服务业发展。坚持服务业年度目标任务的督查考核通报工作，强化考核的导向作用。进一步完善服务业统计调查制度，研究解决重点行业、新型业态的统计问题，努力实现应统尽统。

台州市服务业发展报告

台州市发展和改革委员会

2015年以来，我市服务业工作贯彻市委、市政府关于年度经济工作的有关部署，加快推动服务业发展。全市服务业呈现稳定较快的良好发展态势，新领域不断拓展，结构不断优化，占生产总值比重持续提升，对经济贡献显著提高，成为拉动全市经济增长的主要力量。

一、2015 年服务业发展现状

（一）经济贡献度不断提高，各行业稳步发展

经济贡献度不断提高。 全市服务业实现增加值1754.09亿元，增速10.1%，高于GDP增速3.6个百分点，高于第二产业增速6.6个百分点。服务业增加值占地区生产总值的比重为49.3%。服务业对GDP增长的贡献率为70.2%，比去年同期提高19.1个百分点，拉动GDP增长4.6个百分点，成为经济增长的重要引擎。服务业税收贡献显著，2015年全市服务业实现地税收入131.2亿元，占全市地税收入的56.4%，服务业成为全市地方财税收入的主要来源。各行业稳步发展。全市服务业主要行业发展继续向好。分行业门类看，金融业实现增加值286.41亿元，

比上年增长15.1%，增速居各行业门类首位，拉动GDP增长1.2个百分点；营利性服务业实现增加值198.48亿元，比上年增长14.1%，拉动GDP增长0.7个百分点，其中：信息传输、软件和信息技术服务业实现增加值52.99亿元，比上年增长21.1%；非营利性服务业实现增加值342.0亿元，比上年增长12.4%，拉动GDP增长1.0个百分点；房地产业实现增加值195.95亿元，比上年增长7.8%，拉动GDP增长0.4个百分点；批发和零售业实现增加值484.79亿元，比上年增长7.5%，拉动GDP增长0.9个百分点；住宿餐饮业实现增加值109.73亿元，比上年增长6.6%，拉动GDP增长0.2个百分点；交通运输、仓储和邮政业实现增加值131.86亿元，比上年增长5.0%，拉动GDP增长0.2个百分点。

（二）服务业集聚水平不断提升，三大板块各有亮点

集聚水平不断提升。空间布局趋向集聚，市区服务业发展领跑全市。市区服务业增加值占市区GDP总量的52.9%，高于全市占比（49.3%）3.6个百分点；高于二产占比（44.22%）8.65个百分点。市区和温岭、临海两个副中心城市的服务业增加值占全市服务业增加值的74.48%。三大板块各有亮点。经济强县板块服务业发展较快，第三产业增加值占全市第三产业增加值44.8%，其中温岭市第三产业增加值为404.35亿元，居全市之首。新经济增长点板块（仙居、天台和三门）发展潜力较大，服务业增速均在10%以上，高于台州市平均水平。主导行业的集聚水平不断提高，服务业集聚平台建设加快发展，台州金融集聚区、路桥方林汽车产业服务集聚区、黄岩模塑产业服务业平台集聚区、临海靖江商务区和温岭总部经济基地等现代服务业集聚区建设有序推进。

（三）服务业市场主体活力不断提升，服务业企业占据半壁江山

每两年我市举行一次全市服务业重点企业的评选。2015我市已评选出服务业百强重点企业，它们代表我市服务业各行业的领军企业和行业标杆。截至2015年，全市营业收入过亿元服务业企业达355家，过十亿元的41家，服务业企业成为占据台州半壁江山的市场主体。服务质量和模式创新不断提升，截至2015年，获得省级服务业名牌的服务业企业已达17家，市级服务业名牌44家；积极引导服务业企业进行商业模式创新，我市一批服务业企业入选省、市服务业企业商业模

式创新案例，涌现出如古京集团、前后科技、瑞铃管理、智晟科技、景想科技等省级高端服务业企业。服务业重点企业不断涌现，浙江路桥中国日用品商城股份有限公司等6家企业入围省级（2014-2015年）服务业重点企业。

二、我市服务业发展存在的主要问题

1. 横向看，规模偏小，占比偏低

2015年，台州市服务业增加值总量排名全省第5，台州服务业占全省的比重为8.2%；台州市服务业占比（49.3%）低于全省（49.77%）和全国比重（50.47%），更是远远低于发达国家（70%左右）及许多发展中国家（50%左右）。从服务业投资看，2015年投资增速（15.4%）继续回落，增速与上年相比回落1.6个百分点，第三产业投资总量占全省的6.6%。

回顾整个“十二五”，全市服务业年均增速（9.52%），仅高于丽水市和温州市，位列全省倒数第三；服务业增加值仅占全省8.2%左右。

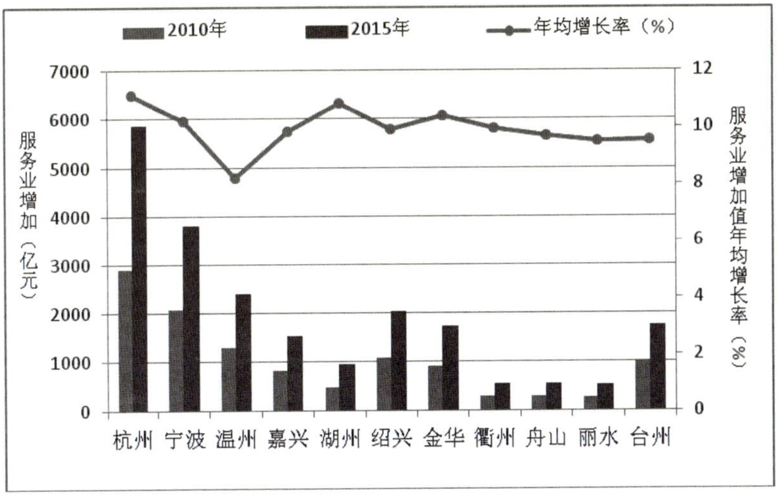

2. 纵向看，增速放缓，发展后劲待培育

“十二五”期间，我市服务业年均增速达9.52%，远远低于“十一五”期间年均12.8%的增速。“十二五”的前三年增速明显放缓，增速徘徊在全省8-11位次；2014年服务业增速有所明显，位居全省第三位次；但2015年服务业增速重新

位列于全省第7位；尤其是当前我市房地产发展形势不容乐观，而生产性服务业

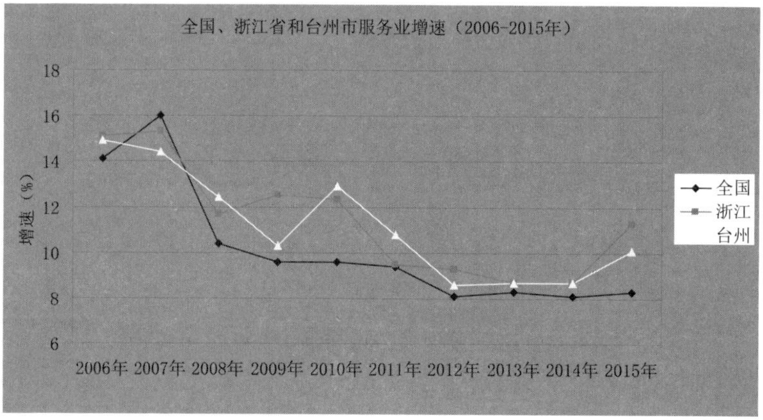

刚刚起步，服务业发展后劲有待培育。

3. 从内部结构看，产业发展层级偏低，服务业结构有待优化

我市服务业以餐饮住宿、批发零售、房地产业等传统服务业为主。2015年，此三个行业占全部服务业增加值45.07%。而电子商务、软件业、服务外包、人力资源服务等新型服务业态起步较慢，总部经济、三四方物流、企业服务、创意设计、管理咨询等生产性服务业发展滞缓。

4. 行业看，优势不足，缺少龙头企业

重点行业发展优势不足。一是商贸流通行业看，台州市级商业中心的集聚和辐射能力不够，台州商贸流通企业尤其是本土流通企业规模普遍偏小，流通业组织化程度偏低。专业市场是台州商贸的优势业态，但目前的市场存在“小、散、低、轻”的缺陷，市场转型也不够。二是物流规模不断扩大，但第三方物流的供求关系尚未完全形成，物流企业仍以传统运输、仓储为主，物流装备落后，信息化程度低，服务方式和手段较为原始，总体处于“小、散、弱”状态，没有一家5A级物流企业和上市企业。全市无一家服务业上市企业，更缺少上规模、有影响力的信息咨询、会计师事务所、律师事务所、资产评估、产权交易等中介服务业企业。三是电子商务方面。尽管台州电子商务产业的培育发展及相关促进工作均取得一定成效，但仍处于全面发展的起步阶段，电商创新项目和社会资本对接效

率不高，中高级电商人才相对缺乏现象更为凸显等等。

5. 功能看，缺乏集聚，创新乏力

在现代服务业的行业中，由于规模小，行业协调发展能力差，辐射带动作用不强。高等教育、医疗卫生资源等仍然以服务台州县市本地为主，对区域外的吸纳能力有待进一步提高；新型业态发展较为滞后，高档次购物中心、仓储式超市、高端商贸城等较少，缺乏在省内外有知名度和影响力的商业特色街区。缺乏核心商圈、各区分散发展、城镇集聚效应不高的状态，一定程度上削弱了城市商业的整体功能。

在服务业创新方面，服务业的产业创新、业态创新、模式创新和技术创新等都亟需加强，“互联网+”的步伐也需加快。目前，我市举行的商业模式创新十佳企业的评选，入围企业虽然体现了一定的创新性，但是与省内、国内先进企业相比，无论是规模还是影响，差距仍然较大。

三、2015 年推进服务业发展的主要举措

1. 深入谋划“十三五”，促进服务业发展。2015年是“十二五”收官、也是深入谋划“十三五”规划之年。“十三五”时期是我国经济由高速向中高速增长转变、由投资驱动向创新驱动转变、第三产业逐步成为产业主体的“新常态”时期。科学把握“十三五”时期台州服务业发展的总体思路、战略定位和主要目标，是一项具有战略意义的紧迫任务。当前，我们已完成服务业、物流业“十三五”两个规划的思路调研，并继续深入推进、完善我市服务业、物流业十三五规划课题。

2. 抓服务业载体建设。集聚区、重大项目和重点企业是服务业三大主要载体。集聚区方面：推进全市10家省级服务业集聚示范区进展，督促完成季度网上平台报表直报工作；完成2015年度省级集聚区评估，台州金融集聚区列全省100家集聚区第九位专项类第一位。积极参加省服务业重点领域试点竞选，台州市本级生产性服务业集聚平台试点以全省第二名的成绩成功入围，目前安排的省级试点补助资金500万元已下达。企业方面：加速企业转型升级，培育企业做大做强，鼓励服务业企业的模式创新。4月下旬，服务业办组织“互联网+”现代服务

业创新发展论坛，邀请国内“互联网+”发展研究专家、知名企业高管，市服务业重点企业、相关行业协会和部分制造企业负责人共300余人参加论坛。与会各位政府、企事业代表和专家学者分别从各自领域出发，关于“互联网+”分享经验与智慧。2015年5月29日—6月6日，和市委组织部联合在北京大学举办“北京大学—台州市现代服务业创新发展专题研修班”。此次培训对于提升我市服务业企业家素质，促进我市服务业的发展有着重要意义。完成我市第三届服务业重点企业评选工作，评选出服务业百强重点企业，由市政府发文并授牌。重大项目方面：完成完善服务业项目推进机制，项目抓前期、抓落地、抓开工、抓进度。共安排重大项目119个，总投资855亿元，年度投资136.15亿元；1—12月市重大计划完成率133.6%，省重大计划完成率134.28%。31个项目入围全省 “411”项目库，占全市“411”项目总数的31.96%，21个项目入围省重点建设项目，各项目进展基本顺利。一批新兴业态如电子商务、现代物流、旅游休闲、文化创意项目纳入实施计划。通过服务业集聚发展、重点发展，促进服务业企业做大做强，加大服务业项目的推动力度，推动服务业转型发展，提升服务品质。

3.优化发展环境，营造发展服务业的良好氛围。主要是从通过从政策层面破解服务业发展的制约因素，从土地、资金、人才等方面加强对服务业的保障，进一步优化服务业发展环境，切实推动服务业的发展。（1）服务业引导资金。通过加大对新兴、高端服务业和现代物流、金融等生产性服务业的倾斜力度，为我市服务业的创新转型提供导向作用。完成2015年度市服务业引导资金预安排工作（约2000万元），重点支持创新性、示范性、带动性强，以及对经济调整优化和扩大服务业有效投资有较大带动作用的生产性服务业、养老、社区等现代服务业项目。配合市财政局启动2011-2014年服务业发展引导资金绩效评价工作。完成市现代服务业发展引导资金管理办法修订工作，出台《台州市服务业引导资金管理办法》（台财企发〔2015〕2号）。（2）加快生产性服务业发展扶持政策制定工作。继去年国家、省发布关于加快生产性服务业，促进产业结构调整升级的指导意见后，我委积极主动，深入调研，把握市情，专题撰写了《关于加快我市生产性服务业发展的建议》的研究课题报送市领导，并于2015年10月，由19个部门联合发文《市发改委等部门关于贯彻落实加快发展生产性服务业 促进产业结构调整升级的若干意见》（台发改服务（2015）159号）。

4.通过加强机制保障提升服务业发展质量水平。今年年初，发布了服务业发展工作工作要点和考核办法。《2015年台州市服务业工作要点》明确了今年我市服务业重点工作及部门分工。根据浙江省对我市及各县（市、区）考核指标的分解，以及结合市委、市政府“奋战三季度、决胜四季度”的要求，加大对服务业的服务业增加值占GDP的比重、服务业增加值增速、服务业限额上固定资产投资额增速等指标的跟踪督查力度；为顺利实现考核目标，与统计局继续做好对服务业的季度通报工作，加大对县（市、区）的监管考核力度，以此鼓励先进、督促落后，力争完成全年有关服务业增速、占比和投资增速的考核目标。进一步夯实统计基础，理清统计指标，通过各部门形成合力，发挥部门职能作用，共同挖掘数据潜力。

5.抓现代物流发展。完成台州、金华和丽水三地物流合作框架协议的起草工作。完成2015年度物流业发展报告、我市“十三五”物流业发展思考 —与金华市物流业发展比较分析等调研课题；完成省“十三五”物流工作的相关调研工作；组织我市现代物流业发展趋势培训工作，邀请省物流协会会长胡江潮做主旨报告等，提升物流企业家的整体素质。

6.通过推行服务标准、品牌提升服务业质量。2015年共有6个服务业项目列入台州市地方标准规范制定计划，10个项目列入服务业标准化试点项目。通过开展标准化试点工作，进一步提升服务业技术标准和质量诚信，引导服务业企业按标准开展经营活动。支持服务业企业积极申报市级、浙江名牌、“达标百货”“中华老字号”称号等活动。通过一系列示范企业的创优创牌工作，有效地推动台州服务业又好又快发展。

四、2016年全市服务业发展基本思路和要求

2016年台州市服务业工作将围绕市委、市政府“一都三城”战略和加快服务业发展的工作部署，深入实施“1556”战略；积极引导服务业创新、融合、集聚发展，促进生产性服务业集聚化发展、生活性服务业均衡化发展、公共性服务业均等化发展，培育发展高端、新兴服务业，推动服务业强县（市、区）培育工程，建立以服务经济为主体的现代产业体系，再创服务业发展体制机制新优势。

（一）提高认识，狠抓落实。一要提高对新常态下服务业地位和作用的认

识，把服务业工作摆上更加重要的位置。目前，我市部分县（市、区）在对发展服务业的意识、服务业人员的配备、工作人员精力的到位等方面出现了一定程度的懈怠，需要引起高度关注和重视。二要结合台州实际，抓好政策落实。近几年，国家出台了一批服务业政策，浙江省已经出台实施意见或配套政策的，要切实抓好政策落实；需要台州跟进出台政策措施的，要结合台州实际抓紧研究出台，争取发挥最大的政策效应。三要落实工作机制，创新工作举措。要充分发挥好我市服务业领导小组各成员单位的作用，落实好统分结合的工作机制，发改委要发挥好综合职能，各行业主管部门也根据职责分工抓好落实；年底要开展目标任务完成情况的督查，确保服务业工作领导小组机制有效运行。

（二）找准载体，扎实推进。创新工作载体，进一步加强对服务业发展的引导作用。一是贯彻好省政府的文件精神。2015年省政府启动开展服务业强县（市、区）培育工作，通过各地创建服务业强县（市、区），引导各地政府转换思维，提高对服务业的认识。我市也将积极跟进出台相关政策文件，积极推动县（市、区）创亮点、争试点。 二是加强对市场主体的引导。服务业是市场说话的地方，政府适当发挥产业导向作用。要注重推进服务业大项目好项目。当然，推进服务业项目，不能光求“大”，更要求“好”，要注重其对产业转型升级的带动作用。突出支持科技含量高、带动作用强的生产性服务业项目，适当控制带有房产开发性质的综合体项目，警惕市场饱和和泡沫风险。三是继续推进服务业集聚区、重点企业和重大项目三大载体建设。集聚区。促进生产性服务业与先进制造业联动发展。加快台州市金融集聚区、台州先进制造业服务集聚区、温岭总部经济基地、浙江省工量刃具交易中心、台州世贸中心、临海靖江商城综合体等15个省、市级现代服务业集聚区建设。做好2016年度省级集聚示范区评估工作，推动集聚区争先进位。重点企业。加快培育一批具有知名品牌、市场竞争力强的服务业重点企业；加快引进一批高端业态的服务业知名企业和品牌；加快上市一批服务业企业，把上市作为服务业企业做大规模和发展模式创新的重要突破口来抓。继续做好2016年度全市服务业重点企业培训工作（第四批）。重大项目。一是抓好项目储备。继续把扩大服务业有效投入放在突出位置上来抓，结合我市“十三五”服务业规划项目库，再梳理、再储备一批项目，滚动充实项目库，建立动态调整的项目储备库，做实菜鸟（黄岩）网络、仙居县健康养生基地等项目的前期工作，提升项目水平。二是抓项目招商。各地要研究建立招商责任制和领导联系项目的制度，积极搭建招商平台，组织开展多种形式的服务业项目推介会。要编制和落实好2016年度县、市服务业重大项目计划以及服务业项目进“411”和产业项目笼子的工作，加强对服务业项目的要素保障，推动项目顺利实施。在服务业主导产业和新兴产业领域，选择台州商贸核心区、洲煌传化港公路港、金台铁路临海综合物流园、路桥小微金融集聚区、黄岩模塑产业平台集聚区等一批具有一定规模和创新性、带动性强的重大项目作为重点来推进，切实发挥重大项目的引领、示范和带动作用。

（三）颁布“十三五”规划，深入实施“1556”战略。颁布服务业“十三五”规划，深入实施“1556” 战略，即到2020年，新增服务业加值1000亿元，打造物流、金融、电子商务、旅游和商贸 “5”大主导产业；培育壮大健康服务、文化创意、科技服务、信息服务等“4”大新兴产业；实现服务业占比达到51%以上， 争取6家以上服务业企业上市。贯彻落实好《市发改委等部门关于贯彻落实加快发展生产性服务业 促进产业结构调整升级的若干意见》（台发改服务〔2015〕159号）文件精神，加快我市生产性服务业的发展。

（四）改革创新，增添动力。2015年是全面深化改革的关键之年。服务业的大发展，最根本的动力靠改革、靠创新。一要积极争取各类改革试点。目前，我省已有多项改革试点，我市也成功争取到了省生产性服务业集聚平台试点工作；今年继续做好试点申报工作。二要快速跟进国家改革举措。目前很多制约服务业发展的体制机制障碍，权限在国家，比如财税体制、金融体制、土地要素配置等。十八届三中全会后，国家推进改革的力度很大，对于国家、省出台的各项改革举措，要提前对接，充足准备，快速跟进，争取获得改革的最大红利。

（五）加强宣传，营造环境。一是加强服务业典型的宣传。计划一季度召开全市服务业百强重点企业授牌典礼，营造氛围，树立行业标杆，增强全市服务业重点企业发展的信心和决心；总结一批服务业发展新业态、新商业模式，加大宣传推广力度。开展服务业领军人才的评选，增强服务业对人才的平台集聚作用，营造全社会尊重人才、尊重创新的氛围。二是营造公平、开放、透明的市场环境。鼓励社会资本投资服务业，特别是原来带有社会事业性质或垄断性质的服务业，要加大开放力度，鼓励社会资本进入，使服务业成为全社会创业创新的大平台。

丽水市服务业发展报告

丽水市发展和改革委员会

2015年是全面深化改革的关键之年，也是全面完成“十二五”规划发展目标、制定“十三五”规划的重要时期。面对复杂多变的国内外经济形势，在市委、市政府的正确领导下，我市生态服务业发展坚定贯彻“绿水青山就是金山银山”战略指导思想，紧紧抓住转型升级发展这条主线，坚持生产性服务业和生活性服务业协调发展、坚持总量拓展和结构调整相结合、坚持平台构建与机制创新相结，生态服务业发展取得了明显成效。

一、2015年丽水市服务业发展工作回顾

（一）服务业成为我市经济增长的主动力。2015年，全市服务业实现增加值507.93亿元，比上年增长10.7%，拉动GDP增长4.6个百分点，对经济增长贡献率达71.3%；三次产业结构由2014年的8.4∶48.1∶43.5调整为8.3∶45.6∶46.1，首次实现“三二一”产业结构，提前超额完成了“十二五”规划目标任务；服务业增加值占GDP比重比上年提高2.6个百分点，高出第二产业0.5个百分点；服务业已成为新常态下我市经济增长的主动力。

（二）服务业主要行业稳步发展。生态旅游、休闲养生、文化创意、现

代商贸、现代金融、交通运输、房地产业、信息科技等重点服务业行业加快发展，乡村旅游、农村电子商务等新兴业态后劲勃发。2015年全市实现社会消费品零售总额519.28亿元，同比增长9%。全市共接待旅游总人数6301.69万人次，同比增长14.86%；实现旅游总收入426.02亿元，同比增长25.45%。全市金融机构本外币各项存款余额1963.46亿元，同比增长5.65%，本外币各项贷款余额1503.75亿元，同比增长5.86%。全市房地产开发项目完成投资158.27亿元，同比增长0.4%，商品住房销售面积182.42万平方米，销售面积同比增长34.7%。全市各类市场年成交总额为376.5亿元，比上年同期增加13.5%。2015年软件和信息技术服务业实现主营业务收入18.25亿元，同比增长18.8%。全市道路货运量为4982万吨，同比增长1.4%；客货运周转量为737864万人，客货运周转量增速为0.85%。

（三）服务业项目建设有序推进。2015年，我市服务业项目建设呈投资规模大、项目质量优、推进速度快的喜人势头，全市完成服务业投资526.35亿元，同比增长14.8%，占全部固定资产投资总额的70%；全市服务业重点行业建设项目完成投资70.7亿元，完成年度计划的128%。

（四）集聚区建设发展强劲。以现代商贸、现代物流、休闲养生旅游和文化创意为重点实施的服务业集聚区建设继续稳步推进，2015年共完成投资19.19亿元，完成年度计划的191%。龙泉青瓷文化创意基地、丽水现代商贸中心、松阳浙南茶叶交易市场、庆元食用菌综合服务集聚区等4家省级现代服务业集聚示范区的产业集聚功能和辐射带动作用逐步显现。绿谷信息产业园等9家市级现代服务业集聚区建设正在加快推进。

（五）县域生态服务业快速发展。各县（市、区）生态服务发展形势喜人，绝大部分县（市、区）均以二位数的增速增长，其中，龙泉以13%的增速居全市第一，景宁、庆元分列二、三位。服务业增加值总量莲都、青田和缙云分列全市前三；在促进服务业发展方面，各县（市、区）都修订完善了服务业考核细则，将生态服务业纳入专项工作考核，对相关指标进行分解落实，对促进当地服务业发展起到了重要的作用。

（六）服务业发展组织工作卓有成效。

1. 首次高规格召开了全市生态服务业工作大会。2015年4月17日，全市生态服务业发展工作会议在遂昌召开，会议通报了2014年全市服务业发展考评结果和2015年工作要点，对省服务业重点企业、丽水市首批现代服务业集聚区进行现场授牌；遂昌等县（市、区）作了交流发言。市委书记王永康在会议上强调：要全面贯彻落实“四个全面”战略布局，坚持“绿水青山就是金山银山”绿色生态发展理念，主动适应和把握经济发展新常态和新机遇，围绕“3+5”重点产业体系，推动丽水经济转型升级，加快我市生态服务业大发展。

2. 继续强化服务业发展基础工作。围绕“435”生态服务业发展思路，印发了2015年全市生态服务业发展工作要点、年度目标任务，分解下达到市直有关部门和各县（市、区）；编制下达了2015年度全市服务业重点建设项目计划、重大前期项目计划和2015年度全市服务业集聚区重点建设计划。

3. 全省服务业发展重点领域试点竞争取得成果。在全省首批服务业特色小镇和生产性服务业集聚平台试点竞争中，莲都区古堰画乡特色小镇、遂昌县、云和县生产性服务业集聚平台3个试点方案力克群雄，从全省58家试点方案竞争中脱颖而出，分别成功入围。试点竞争工作成功为全市生产性服务业集聚平台和服务业特色小镇建设创新提供了新动力，也有力地助推全市生态服务业发展水平的提升。

4. 深入开展课题研究。完成了《适应新常态、抢抓新机遇，扎实推进生态服务业新发展》《新常态生态服务业发展态势分析与研究》《找准抓手 精准切入 不失时机推动第三产业大发展》以及县市联动课题《民宿让古村落插上腾飞的翅膀》等调研课题，《丽水市生态服务业战略性支柱产业发展规划》已发布，《丽水市“十三五”服务业发展规划》完成初稿。

二、存在的问题和困难

一是服务业总量规模小，新兴服务业发展慢。从增加值的绝对额来看，丽水只占全省的2.38%，排名全省末位，杭州、宁波、温州分别是丽水的11.55倍、7.48倍和4.72倍。**二是新兴服务业发展慢、实力弱。**交通邮电、商贸餐饮、金融业等传统行业比重偏高，信息、教育、科学技术等新兴服务业发展比较分散，比重偏低，没有形成规模和集聚发展态势，产业之间的关联效应、产业的扩散效应、城市信息化对工业化的带动效应远未凸现，产业互动、融合发展的态势还未形成。**三是城市建设发展不足。**撤地设市以来，丽水的城市建设有了突飞猛进的发展，取得的成就有目共睹。但作为浙西南的中心城市，要实质性地加速服务业发展，城建投资力度和建设规模还都存在一定的差距。

三、2016 年生态服务业发展工作要点

2016年生态服务业发展总的思路是：主动适应“经济新常态”的发展要求，抓住“互联网+”“高铁时代”的重要机遇，以“归零”的心态、“翻篇”的姿态，按照“绿水青山就是金山银山”战略指导思想，把加快促进生态服务业发展作为我市产业结构优化的重要手段和载体，坚持生产性服务业和生活性服务业协调发展，坚持总量拓展和结构调整相结合，以挖掘存量、释放增量为抓手，促进重点行业发展，加强项目谋划、加快推进项目建设，完善工作机制、优化发展环境，全力推动全市生态服务业发展。

（一）以全面完成编制“十三五”服务业发展规划为引领，加强组织实施。坚持“绿水青山就是金山银山”战略指导思想，主动适应“经济新常态”，把握“互联网+”和“高铁时代”的发展机遇，科学编制丽水市“十三五”服务业发展规划，通过组织专家论证和修改完善尽快发布实施。加强对服务业重点领域和薄弱环节研究，加快组织生态服务业“153”计划的实施，促进生态服务业“345”产业体系的培育，推进服务业大项目建设。指导各县（市、区）开展“十三五”服务业发展规划编制研究，深入分析把握新形势下生态服务业发展的规律、问题和趋势，准确探寻生态服务业发展的路径和方法，加快促进全市生态服务业发展。

（二）以培育服务业重点行业为重点，狠抓项目建设。以生态旅游、文化产业、现代商贸、现代物流、信息科技等产业为支撑，优化服务业投资结构、拓展服务业发展空间。提前谋划，积极做好国家省市三年滚动投资计划项目储备库、全省“十三五”服务业重大项目库和2016年浙江省重大服务业项目计划的申报，力争更多项目进入省、市级项目盘子；做好2016年丽水市服务业重点建设项目计划和重大服务业前期项目计划的编制下达。做好服务业项目谋划与指导，进一步完善生态服务业项目库。

（三）以推进各项服务业改革创新试点为突破口，提升发展平台。充分发挥青瓷、宝剑、石雕、竹炭、茶叶、毛竹等传统产业和生态特色产品优势，做

好特色符号文章，加快促进行业集聚发展。通过与文化、休闲、旅游、健康、养生养老、影视动漫等现代服务业融合发展，实现服务业特色小镇的率先发展，为全市特色小镇建设探索经验路径。强化提升现代商贸中心、龙泉青瓷文化创意基地等省服务业集聚区示范区的辐射带动作用，加快绿谷信息产业园等首批市服务业集聚区建设，充分发挥技术领先、模式创新、产业集聚效应突出、辐射带动作用大的服务业集聚区的作用，促进全市服务业整体水平的提升。推动工业化和信息化深度融合、制造业和服务业联动发展。编制好2016年度全市重点服务业集聚区建设计划，加强对服务业集聚区建设推进情况的督查考核。继续完善服务业集聚发展规划布局，加快服务业集聚区管理体制机制建设。

（四）以服务业强县（市、区）培育为契机，建设发展载体。组织指导各县（市、区）积极申报省服务业强县（市、区）试点。通过重点扶持、总结经验、宣传示范，引导县（市、区）政府转变发展理念，把更多的资源和精力投放在服务业领域，推动地方经济加快转型升级，将服务业强县（市、区）打造成服务业率先发展、产业率先升级、县域经济率先向都市区经济转型的排头兵。

（五）以机制建设为抓手，切实发挥职能作用。继续完善由全市各县（市、区）和市直各部门参加的服务业发展季度运行分析例会制度，编发季度服务业发展形势分析情况和年度全市服务业发展报告汇编工作，加强对服务业重点领域、难点问题的分析，及时研究提出对策建议。切实履行市服务业办的职责，进一步发挥综合协调作用。做好服务业年度计划，提出年度服务业发展目标，及时分解下达市直有关部门和县（市、区）目标任务；适时召开全市服务业发展工作推进会，部署落实服务业发展的阶段性目标任务，营造合力推进服务业发展氛围。完善生态服务业综合考核。根据市委、市政府统一部署，完善生态服务业考核体系，认真组织对县（市、区）的服务业年度考核工作。

四

平台篇

Part IV
Chief Opinion of Platform

温州源大创业园：全国“创业服务第一股”

温州源大创业园（以下简称创业园）成立于2011年，位于温州大道428号（温州大道与富春江路交汇处），系温州源大创业服务股份有限公司与相关政府机构合作共建创业园区，2012年4月被列为浙江省第二批省级现代化服务业集聚示范区。园区现有面积三万多平方米，投资运营温州源大创业园、源大创业学院、we+众创空间、创业缘（www.ydcyy.com）等创业服务平台。

源大以联合各方资源，优化创业成本，采取政府助推、市场化运作相结合的模式，以互联网为载体，通过线上线下O2O方式为各类创业者提供场地支持、寻找合伙人、创业咨询与培训、跟踪扶持等“一站式”创业服务，搭建互动平台创业平台。2015年底，源大作为“创业服务第一股”，新三板挂牌上市。

目前，“双创”现代市场体系背景下，各地催生出一大批市场化、专业化众创空间、创业园、孵化基地等机构如雨后春笋，提供投资路演、交流推介、培训辅导、技术转移等增值服务。天使投资、创业投资、互联网金融等投融资服务快速发展，为创新创业提供了强大的资本推力。源大创业平台坚持服务体系标准化建设，通过线下、线上创业服务载体和平台，为客户构建较为全面的创业服务产业链和技术、智力的集聚区。

一是建设服务体系标准化，全方位服务创客

（一）创新平台，推进一条龙创业服务。园区以社会创业群体为服务目标，拥有齐备的基础保障设施与配套的公共服务平台，为入驻的企业提供从苗圃、孵化到成长的一条龙创业服务，设置创业型人力资源开发、创业培训、创业辅导、财务金融、商务、工商税务、法律事务、创业投资等功能性公共服务平台。目前，园区已引进信息开发应用、数字旅游、时尚创意、电子商务、金属表面处理技术、超声波科技应用、现代物流等200多家创新型、创业型小微企业。是目前温州唯一全民资投资的省级现代服务集聚示范区，也是国务院表彰全国就业先进单位，形成了温州民营现代服务及创业培训、辅导新模式。

（二）优化服务，高标准化园区管理。源大创业园被浙江省人民政府认定为“浙江省现代服务业集聚示范区”，浙江省经信委认定为“小微企业创业示范基地”等，并入选2012年第一批省级工业和服务业标准化项目，项目名称为“创业园区服务标准化试点”（编号：浙标F20121005），公司在创业园区标准化运营方面具备丰富的经验，通过运营咨询的方式对外输出标准化运营体系。

至此，园区逐步形成了以标准促质量，以质量带品牌，以品牌增效益的发展驱动模式。园区利用质量服务带来的品牌效益，努力让全社会资源共同关注园区入驻企业和在孵企业的成长，将他们运营成本社会稀释化，即“一点一点做减法”。为入驻企业和在孵企业对接了金融机构，解决融资问题。

二是立足地方强特色，高效能整合平台

2014年11月，成了温州源大创业学院，至此以创业培训引领创业型人才培育与开发，以创业型人才集聚创业项目，以园区提供现代集聚服务，走出了温州民营企业以质量、品牌、制度化管理、灵活市场机制四位一体的“温州模式”，成为推动温州地方经济发展的一只重要力量。

提供多元化创业场地，研发公共技术平台及其他共享设施；引进诸多中介服务机构，每年为在孵企业开展培训4-8次，培训人次达300多人次。2016年4月，与政府部门合作成立温州源大金融资本学院和龙湾区企业上市孵化基地，进一步加强对孵化企业在资本运作方面的培训与对接。

下一步，源大将借“新三板”这块契机，布局全国市场。以“源大创业学

院”“源大创业园”为线下创业服务平台，以“创业缘”网站为线上创业服务平台，形成线上业务与线下业务有机结合的O2O闭环模式。以创业园区运营及相关创业服务为基础，逐步开发和建设基于互联网和大数据的技术平台运营系统，为创业者对接合伙人，为创业项目提供资本中介服务和投融资服务。

目前，源大已在北京、上海、杭州等地设立服务点，在新疆、贵州、四川、吉林、甘肃等地开展创业服务，并与世界多地专业机构建立战略合作关系，未来将立足温州，面向全国，连接世界，打造创业服务领军品牌。

杭州（中国）网商城：全力构建电商集成服务“驱动器”

杭州（中国）网商城是于2013年1月经杭州市经信委正式命名的集网商智能创业基地、智能物流中心、智能生态生活社区为一体的大型产业链集群项目。该项目总规划建筑面积20万平方米，总投资约3.5亿元，采用“一城多点”的模式分期分批实施，着力构建地产管理、金融创新、技术应用、渠道拓展和智能物流等五大服务平台体系，重点引进、培育电商企业和电商服务商企业。项目运营方杭州建华文创集团股份有限公司是由中国民营500强企业——浙江建华集团所投资设立的，基于产业园区建设运营的新兴产业综合服务商。目前，建华文创集团拥有12家控股、全资子公司、7个实体主题园区、1个虚拟园区和2个网上市场。现阶段，集团所构建的“创业基础服务生态圈”已基本形成，涵盖商圈金融、创业投资、技术服务、智能物流、商务服务、社群公寓、社群消费、社群教育等产品体系。

一、发展成效

杭州（中国）网商城项目建议案实施三年多时间，在市委、市政府、市政协和各相关部门的帮助支持下，整体发展稳健，项目推进速度、绩效等主要指标均超出预期。截至2015年底，杭州（中国）网商城项目已引进各类企业1203家，其中实体入驻企业264家，虚拟及托管企业939家，涉及电子商务、文创、科技、时尚等四大产业。企业累计注册资本达37.3亿元，入驻企业成交额超36亿元，上缴税金达1.02亿元。其中，拱墅组团同比增长65%，余杭组团同比增长75%，地方财政收入2524.38万元。预计2016年杭州（中国）网商城项目整体税收将超1.5亿元以上，交易额将超70亿元。

目前，网商城项目已先后获得“浙江省电子商务十大产业基地”“浙江省科技企业孵化器”“杭州市优秀电子商务产业园”等15个省级称号、9个市级称号和11个区级称号；引入“国家千人”计划人才1名、“全国知名作家”1名、“中国十大设计师”1名、“全国网络红人”3名，海外留学创业者10名、硕士以上学历创业者14名；入驻企业中，3家企业获得风险投资，3家企业正筹备新三板上市。

现阶段，网商城项目拱墅组团已建设运营五个实体产业园区、一个网上市场，总运营面积为9.74万平方米，其中四个园区已全面达产，一个园区改造完毕，进入了招商阶段。余杭组团（建华科技产业园）的智能物流项目，现已进入实施运营阶段，第一批客户已完成签约工作，总意向签约面积5.4万平方米，涉及ILOVECHOC、耐克、三COLOR等品牌，同时运营一个网上市场。西湖组团一期原杭州电机厂地块已修缮完毕，总建筑面积近3万平方米，建成“建华创业园”，已完成40%的招商工作；二期正在谈判之中。2015年6月，网商城项目虚拟组团——建华虚拟产业园获准开业。一年来已累计完成企业托管92家，涉及注册资本金1.69亿元。

二、推进举措

1. 以产业集聚为目标，强化招商工作

杭州网商城以产业集聚为目标，坚持招大引强，突出优质、特色企业的招募。根据统计，在网商城入园企业中，电商企业已达到了852家，占比逾75%；涉及服装、食品、玩具、化妆品、箱包等多个品类，品牌持有量达到153个，这其中不乏有ILOVECHOC、珀莱雅等国内外知名品牌和北卡贸易、炫动电商等多家优

质、特色电商企业；2013年10月，国内首个五金机电网上市场交易中心——浙江建华机电在线电子交易市场的成立，将五金机电行业的个体网商快速集聚，实行统一开票、纳税。目前，网商城的入园电商企业基本涵盖了电子商务所有模式，已然形成了产业集聚效应。

2. 构建增值业务体系，服务成效显著

杭州网商城运营方积极利用自身资源和社会资源，秉承建华“管家式”服务理念，规划投资2000万元打造增值业务体系，包括技术服务、金融服务、商务服务、法律服务、人力服务等15大公共服务平台，致力于电商企业在融资、人才、技术、文化生活、企业管理过程中的诸多问题。

截至2015年底，网商城已累计提供融资中介服务43家，涉及金额4305万元；提供第三方财产保险服务68家，总投保标的额7050万元；免费办理企业营业执照353家；提供免费或优惠设备租赁服务38家；提供公共技术服务117家；提供人力资源中介351人次；办理党、团组织关系迁移、外调480余人；举办“建华大讲堂”等培训、论坛17期，涉及人员近700余人次。

3. 打造“131”青春党建体系，助推网商城发展

针对网商城电商企业集聚、青年才俊汇聚的特点（平均年龄28.6岁），网商城党支部积极开展“青春党建”工作。通过实施“青春领航，电商共赢”工程，打造“131”青春体系，以党建促团建，助推企业发展。另外，网商城党支部还组织开展了“浪漫七夕——缘定国际城”“青春健康环保行”“轻松一身、慢病远离”“九九重阳情”“产业集聚地对接会”等系列主题联谊活动，增近青年创业者交流，营造阳光氛围，增强团队凝聚力。

三、下一步发展思路

1. 抓服务，完善增值业务体系建设

集团通过组织外出调研、产业聚集地合作、企业手拉手等互动活动，完善增值业务体系，建设运营商协同企业创业创新生态链；通过积极开展“星级企业评

定”工作，每年让利200万元，做好电商企业的孵化和培育，提升网商城入园企业的核心竞争力。

2. 抓机遇，拓展品牌连锁经营模式

集团实施“走出去”战略，年内余杭塘栖组团的智能物流基地项目已投入实施运营，大大优化了入园企业的仓储、分拣环节；之后集团将重点开发网商城项目的省（市）外产业链连锁项目——庐阳创新产业园和桐庐悦寓美宿，形成产业协同。

3. 抓目标，践行“创享生活领航者”使命

随着项目推进，园区在地产管理领域逐渐实现“四个一”，即开业一个、收购一个、改建一个、新建一个，已基本形成智能生态生活社区、智能物流和青年人才公寓等地产业态。集团将继续践行“创享生活领航者”使命，提供国内领先的创业者成长全案解决方案，在创业、生活、度假三大业务领域奋勇前行！

杭州云计算产业园：国家级云计算和服务基地

一、杭州云计算产业园建设概况

杭州云计算产业园位于风景秀丽的钱塘江之江湾畔，地处之江新城浮山板块的核心地段，东邻灵山风景区，南邻杭州市委党校，北依中国美院主校区，周边低丘环绕，风景优美，人文荟萃，是浙江省首个特色小镇——云栖小镇的核心

园区远景图

园区。

园区2011年底由杭州市经信委授牌成立，主要围绕以云计算技术为基础、以多种服务应用为主体的新兴科技产业进行布局，建立从技术平台、软件开发、应用工具、推广渠道到数据分析的完整互联网服务产业生态链，集中力量引进、培育以云计算技术为支点的电子商务、移动互联网、大数据、数字媒体、互联网金融、娱乐创意及信息服务企业，重点扶持基于阿里云计算平台上的创业创新。

二、杭州云计算产业园发展成效

杭州云计算产业园自创建以来，积极谋求外部合作力量。引进华数集团和阿里云建设国内第一个真正意义上的云计算数据中心，创建具备完全自主知识产权的阿里云计算平台——“飞天5K”，使国际上首个单集群规模达到5千台服务器的通用计算平台落户园区。与阿里云计算公司共建阿里云创业创新基地，整合技术、资金、服务各类资源，扶持创业创新企业发展。促使“云栖联盟”在云栖小镇成立和落户，充分发挥领军企业引领作用，利用资源汇集优势，吸引更多企业入驻园区，打造园区特有全产业生态链。

园区经过5年时间的建设，已初步形成以云计算技术为基础、以大数据、移动互联网、智能硬件、电子商务等应用为主导的发展模式。通过吸引和整合产业

华数阿里云数据中心

上下游从技术层、平台层、销售层到服务层的企业入驻，逐步构建完整产业链。园区现有入园企业300余家，集聚了包括阿里云、Intel、富士康、数梦工厂、华通云数据、中程科技、养生堂电子商务、浙江典淘电子商务、中大纺织电子商务、神途网络、安存科技、网新云视、云集通信、电子商务研究院、电子商务促进会等在内的多家行业领军企业和机构，呈现了良好的发展态势。

园区2012年作为杭州市西湖区电子商务主园区被认定为国家电子商务示范基地，2013年被认定为国家电子信息产业基地拓展区，2014年被确定为杭州市现代服务业培育类集聚区，同年被评为杭州市西湖区电子商务示范园区。园区管理单位杭州云计算产业发展有限公司是杭州市云计算协会理事单位，杭州市电子商务促进会和浙江省电子商务促进会的常务理事单位，2013年、2014年连续两年被杭州市评为现代服务业先进企业。

三、杭州云计算产业园建设举措

园区自成立之日起，就积极推进创业创新建设。2013年引进阿里云计算公司，并联合建立阿里云创业创新基地。2014年成立云栖小镇创业创新孵化器。2015年创建“云栖创库”众创空间产业服务平台。通过一系列有计划、有步骤的行动，逐步汇集园区内外优质资源，为创业创新团队提供更为舒适的办公条件、更加精准的创业服务、更为完善的创业环境。园区3年内成长出了一批优质小微企业，这些企业依托园区云计算公共平台的技术优势，从诞生之日起即更强调自有品牌和技术含量，涵盖了电子商务、云工具开发、智能家具、移动互联网、数据分析处理等多个领域。

自2015年起，杭州云计算产业园将原有资源进行整合，着力打造三个产业平台：产业技术平台、产业资源平台、产业服务平台，引进了富士康、Intel、银杏谷、洛可可、猪八戒、五叶草、硬功馆等多个团队，提升了园区的整体服务能力，满足了入园企业的实质性需求。同时，园区与多个组织机构合作，组织、参加了多场行业活动，每周一次的“淘富成真创新团队见面会”帮助超过100个团队加入淘宝和富士康联合推动的“淘富成真计划”，帮助企业加快从设计、产品落地到销售的进程。每两周一次的“techday”活动，邀请行业顶级专家面对面交流分享，让创业者第一时间在云栖小镇、在园区了解世界前沿技术，以开放交流的模式为所有热爱技术的人们提供一个交流分享的平台。

四、杭州云计算产业园发展规划

杭州云计算产业园作为杭州市承接国家云计算服务创新发展试点城市的主要产业平台，将继续充分依托阿里云的优质资源，以打造国家级云计算产业和服务基地，将建设云计算、大数据国家级专业孵化器和中国第一创新基地为目标，积极构建云计算服务高地，建设以云计算产业为基础体系的新兴产业技术和服务支撑体系，推进云计算产业集聚区的快速形成。通过政府的战略引导、产业发展公司的营运、行业龙头企业的带动、公共服务平台的支撑、产业联盟的互动，推动云计算企业核心能力的提升，形成云计算产业上的领先优势，实现云计算产业链整合和优化，进而形成以云计算产业创新、关键技术创新、应用服务创新为特色的云计算服务杭州模式。

湖州太湖旅游休闲集聚区：成功创建国家级旅游度假区

在省、市有关部门的重视和支持下，在市发改委的直接指导和帮助下，湖州太湖旅游休闲集聚区自2012年4月被命名为第二批省级现代服务业集聚示范区以来，不断保持开发建设的良好势头，各项工作扎实推进，逐步体现了集聚示范效应。

一、建设发展基本情况

（一）主要数据指标

根据《湖州太湖旅游休闲集聚区建设发展规划》，集聚区面积约9.85平方公里，涉及湖州太湖旅游度假区梅西、梅东、长东三大区块，是度假区“十二五”期间重点建设范围，度假区管委会2012年至2016年确定的“十件大事”全部位于这个区块中。建设投资：自2012年4月命名以来，截至2015年底，集聚区内已建在建项目累计完成投资177.8亿元，其中基础设施项目累计完成投资57.8亿元，产业项目累计完成投资120亿元。2015年度，重大项目19个，累计完成投资21.6亿元，完成年度目标的130.12%。营业利税：入区企业28家，营业收入96378万元，营业利润18989万元，税收7892万元，吸纳就业1528人。招商引资：共引进资金77120万元，引进并签约8个重大项目（时光太湖、弁山景区项目、湖州影视城、红木房精品酒店、拉风艺术馆、太史湾休闲谷、瑞博治糖康复中心和周抗摄影艺术中心）。

（二）公共服务业平台建设情况

湖州太湖旅游休闲集聚区自2012年成功创建以来，全力完善了集聚区内各项公共服务平台。抓旅游服务中心建设，推动服务体系提升。构建完善了度假区综合服务体系，截至2015年底，建立了一个一级旅游服务中心（南太湖旅游服务中心）、一个二级游客服务中心（黄金湖岸景区旅游服务中心）和四个游客咨询点（古木艺术馆游客咨询点、黄金湖岸游客咨询点、奥特莱斯游客咨询点和游船码头游客咨询点）为架构的服务网络。抓旅游厕所革命，完善基础设施配套。全面深化落实厕所革命工作，新建旅游厕所7座，其中度假区旅游服务中心配套厕所达到AAA级标准；完成黄金湖岸景区12座旅游厕所的硬件提升工作。抓景区WIFI覆盖和客情分析系统，推进智慧景区建设。智慧旅游方面，黄金湖岸景区无线WIFI正式启用，一键上网的模式和微门户的首页为游客提供了极大的便利；景区最大承载量测算和客情分析系统上线，在保证充足的游憩空间的同时加强了景区实时管理，并为后续市场研判提供了详实数据 。抓道路基础设施建设，完善公共交通。随着滨湖大道、高速连接线、中心城市外环道路、区内梅东六路等道路项目全面竣工通路，区位优势日益显现，与市中心开通多条公交道路，区内可乘公交、游船、自行车进行游览观光。太湖路及黄金湖岸建设有长达15公里的生态绿道。

（三）国家级旅游度假区创建成功

经过了多年的争创，2015年10月9日，国家旅游局在北京召开新闻发布会，我们太湖旅游度假区正式成为全国十七家首批成功创建国家级旅游度假区之一。这标志着湖州打造现代化生态型滨湖大城市取得了又一个实实在在的成果。

（四）项目建设总体有力有效推进

集聚区先后引进建设了月亮酒店（湖州喜来登温泉度假酒店）、渔人码头、高尔夫、中国.湖州古木博物馆、游艇俱乐部、奥特莱斯等一批重大项目，尤其今年以来保持强劲的项目推进态势。鑫远国际健康城项目作为度假区健康产业的龙头标杆企业，项目展示中心已于今年7月8日正式开业，鑫达医院已进入全面建设阶段，亲情颐养住区和邻里中心已开工建设，国际护理学院已与湖州师范学院签订合作办学协议，项目首期核心区域公共配套道路、景观工程基本完成。拉风影视城项目一期民国城被誉为废墟上崛起的一颗明珠，已有多部影视剧作在此开拍；“发现岛”主题乐园正在按计划顺利有序推进，一期水公园配套用房主体完工，开始内部装修，部分设备开始进场安装；还有长田漾湿地公园项目漾内部分节点、东入口和三花岛区块基础设施建设已全面启动，预计今年年底前可向游客开放部分景点。总投资100亿元的棕榈园林投资长田漾项目前期工作组已正式入驻，将打造包含生态湿地主题公园、度假商业创意体验区、面向年轻人的主题娱乐和亲子类项目集群以及彩色自然的乡村聚落等四大功能板块；还有奥特莱斯折扣店新签约品牌13个，功能业态越来越丰富、人气越来越旺、整体运营情况越来越好。此外，湖山大道、梅西圩区整治、地热资源开发、区间道路、污水管网等一批基础设施建设项目也按计划顺利推进。杭师大附属鹤和小学正在全面快速建设，预计年底项目主体完工。招商工作也有新成效。当前在谈的有美欣达投资的云峰青弁温泉养生度假村、升华影视投资公司总部项目、国医堂养生园项目、总部经济等几个重大储备项目。

（五）旅游集聚效应成效凸显

2015年度假区举办了旅游系列活动。其中，第三届南太湖梅花节、生态·健康·产业—南太湖论坛以及由世模大赛、极限大赛、帆船赛、环太湖国际自行车赛、全国汽车短道拉力赛组成的金秋系列活动等，充分展示了度假区和湖州的形象与风采，展示了我们的活力与魅力，展示了集聚的成效，度假区旅游人气再掀高潮。1—12月份，度假区旅游人次546万，同比增长27.8%；渔人码头餐饮收入超1.5亿元，同比增长87.9%；奥特莱斯营业收入同比增长177%。

二、主要推进措施

在省、市各级部门的高度重视和正确领导下，经过几年不懈地开发建设，可以说，南太湖有了翻天覆地的变化，影响力越来越大，知名度越来越高，形象越来越好，得到各级领导和社会各界的一致肯定。总结回顾太湖旅游休闲集聚区开发建设的实践经验，我们有几点体会和感受：生态环境是根本。这几年我们花大力气改善生态环境，关闭污染企业，实施生态修复、驳岸修复、河道清淤、矿山复绿等一系列生态工程，南太湖的生态环境得到持续改善。“绿水青山就是金山银山”，正是由于“天蓝山青水绿”的生态美景，南太湖才能引起方方面面的关注和肯定，良好的生态环境始终是集聚区发展的根本和基础。项目建设是生命。这几年我们始终坚持“一切围绕项目转、一切服从项目干”，正是由于月亮酒店、高尔夫、古木博物馆、雷迪森等一批重大招商引资项目的建成开业，黄金湖岸沿湖景区和滨湖大道等重大基础工程的建成开放，南太湖才有了全新的面貌，影响力才越来越大，项目建设始终是集聚区当前及今后发展的生命线。科学规划是龙头。规划是开发建设的第一道工序，规划质量的高低某种程度上直接决定了开发建设的成败。这几年，太湖休闲集聚区在规划方面下了大力气，把规划作为头等大事来抓，坚持高起点、高标准，邀请了美国EDSA、深圳规划设计院等一批国内外知名的规划公司来参与规划编制，在开发建设过程中始终坚持规划引领。实践证明，一个统一、高标准的规划是引领南太湖继续保持良好发展态势的龙头保障。各方合力是保障。南太湖的开发建设是一项庞大的系统工程，特别是在项目涉水涉湖审批、涉及部队和宗教政策及文物法规等，都需要我们攻坚克难争取方方面面的支持和理解。这几年正是由于省、市各级政府部门的高度重视，市级各部门的大力支持，社会各界的广泛支持参与，全社会“举太湖旗，打太湖牌，做太湖文章”，才有了湖州太湖休闲集聚区蓬勃发展的今天。

三、下一步工作重点

（一）着力打造“一个平台、三大产业”

一个平台是太湖健康蜜月小镇，作为度假区产业集聚、项目招引的重要承载平台，计划建设实施1个创客中心、1个婚庆蜜月基地、两座城（鑫远国际健康城和湖州影视城）和18大项目，总投资200亿元。目前，我们按照小镇建设的整体规划，全面铺开了小镇内各项目的分部规划和建设工作，下步将结合招商工作进展，逐步细化、深化和完善规划布局及产业布局。三大产业就是婚庆产业、影视文化产业和大健康产业。一是婚庆产业，将以旅拍产品为主线，打造婚庆产业链条，包括婚庆、婚品、婚宴、度假、亲子等等。目前，维纳斯已正式入驻；苏州喜宫文化发展有限公司已达成合作意向，将打造二万多平方米的集内景拍摄、婚品服务、婚宴仪式堂于一体的一站式蜜月婚庆基地；上海唯一视觉将打造成为全球旅拍平台把蜜月小镇作为国内六大旅拍基地之一，进行平台统一的全球线上推广和线下联营；预计今年来我区的旅拍新人将达到3万对以上，带来效应人群不少于15万人。3年后，将为度假区打造一个20亿元产值的婚庆文化产业。二是影视文化产业，湖州影视城作为主打项目，总投资30亿元，今年年底前将正式营业，已有100多家影视文化公司入驻，缴纳税收1000多万。沿小梅港、连接月亮广场的蜜月长廊也将成为一条靓丽的风景线于三季度正式亮相。另外，总面积近300亩的湖州影视城二期项目也已签约并开展前期政策处理、规划设计工作，将于近日开工建设。下一步将抓紧推进亚洲面积最大的第四代室内摄影棚的政策处理、规划设计等前期工作。三是大健康产业，太湖鑫远国际健康城作为度假区健康养生百亿产业的龙头标杆项目，以“世界太湖，重新定义大健康”为形象定位，将打造集医疗服务、健康养老、健康管理、温泉养生、休闲度假、文化教育、医养产业发展于一体的5A级旅游景区和“国际复合型大健康产业样板示范区”。

（二）以“滨湖一体化”为支点，全面推进集聚区建设

我们将认真贯彻“把滨湖一体化发展作为战略支点”的要求，以“主战场、核心区”的标准，以全新的思维方式和改革创新的理念坚定不移地推进南太湖集聚区示范区开发建设，着重抓好以下几个方面工作：一是以纪念习近平同志南太湖重要讲话十周年为契机，以“绿色发展--南太湖十年实践路”为主题，全力筹备“全国旅游促进生态文明建设大会”等“十周年、十个一”系列活动，树南太湖形象、展度假区风采、显核心竞争力。二是咬定目标攻坚项目，统筹推进36个

重点项目，以全面提升省级服务业集聚示范区为抓手，以创建蜜月小镇建设为平台，全力推进鑫远国际健康城、拉风影视城等项目，打造以健康养身、休闲娱乐、影视创作、婚纱旅拍和山水文创为重点的现代生活样板区、体验区。三是项目招引促转型、创品牌、出成效。全力推进“大好高”和“小而精”的项目招引和推进，不断完善功能设施、丰富旅游业态、促进旅游经济。四是常态化管理打造生态环境样板示范区。以示范区内生态环境改善为基础，着眼细节，突出精致、文化和亮点，进一步优化集聚区环境品质。

中国（舟山）大宗商品交易中心：打造成为大宗商品行业标杆

在浙江省委省政府、舟山市委市政府的高度重视和大力支持下，中国（舟山）大宗商品交易中心（下简称交易中心）于2012年1月6日正式运营，同年4月被列为第二批浙江省现代服务业集聚示范区。十二五期间，交易中心以重点项目带动、核心行业推动、高效服务驱动为抓手稳扎稳打，不断在建设发展、工作推进等方面强化“数量”及“质量”双重硬指标，实现了现货贸易额、税费总额年均复合增长率均超35%的高速发展态势。2015年，交易中心领跑全省现代服务业集聚区，喜获综合排名第一的好成绩，较2014年提升5个位次，较2013年大幅提升32个位次，切实发挥了平台集聚作用，进一步为全省现代服务业发展发挥了重要的示范、引领和推动作用。现将交易中心基本情况及2015年主要做法介绍如下：

一、基本情况

（一）建设背景

交易中心是舟山市委、市政府根据国务院正式批准设立浙江舟山群岛新区及批复《浙江舟山群岛新区发展规划》提出的“三大定位、五大目标”中建成我国大宗商品储运中转加工交易中心的首要发展目标，以及浙江省委、省政府构筑以大宗商品交易平台为核心的“三位一体”港航物流服务体系等重大战略决策建设的综合性大宗商品交易平台。

（二）组织架构

按照“政府主导、企业主体、市场运作”的组建架构，搭建了“1+4”的运营体系。一是“1”个监管机构，由舟山市政府设立了专门的管理机构——中国（舟山）大宗商品交易中心，负责中心的管理、指导、协调和服务，打造“公平、公正、公开”的交易市场；二是“4”个运营平台，包括浙江舟山大宗商品交易所（下简称浙商所）、浙江船舶交易市场、舟山远洋水产品交易中心和浙江石油化工交易中心，共同作为核心运营主体，为大宗商品贸易商提供现货交易平台、物流交割、船舶交易、价格指数发布等服务。在建设过程中，舟山市委、市政府于2010年8月在全市范围内抽调骨干人员成立交易中心筹建办公室，认真做好前期筹备工作。同时，为加快形成大宗商品产业集聚区，舟山市政府专门投资建设了总建筑面积为16万平方米的交易园区，包括1幢主楼及2幢配套商务楼。

（三）发展定位和服务体系

交易中心坚持高起点规划、高标准建设、高效能管理，分三级定位交易中心：一是打造我国区域性场外市场。二是构筑大宗商品贸易自由化试验平台。三是构建江海联运服务中心的核心平台。在功能定位上进行全国首创，建成了集商品交易、公共信息、口岸通关、航运综合、金融配套和行政审批等六大服务于一体的功能体系。

力争“十三五”末形成千亿级的产业平台、十万亿级的交易平台，最终实现浙江舟山群岛新区规划中建成国际性大宗商品综合交易、结算和定价中心，建立“舟山指数”“舟山价格”这一宏伟目标。

二、建设发展情况

目前交易中心建设初见成效，特别是在2014年和2015年，交易中心超额完成现货贸易额、缴纳税费、电子交易额等年度指标，同比增幅均超50%以上，呈现较快发展的良好态势。

按照“以现货贸易为核心，服务实体经济”的宗旨，交易中心采用线上电子交易与线下实体贸易相结合的模式。

（一）线上电子交易

主要以现货挂牌交易、商品即期交易、现货竞买交易、浙商商城和二手船舶交易为主，上市品种涵盖能源化工、金属矿产、农林牧渔三大板块。

浙商所作为交易中心电子交易的核心运营平台，是2012年11月首批通过国务院清理整顿各类交易场所部际联席会议验收的现货交易所之一，经受了2014年现场检查的考验，并于2015年9月在浙江省内率先完成白银规范整顿工作第一阶段。五年来，浙商所立足现货市场需求，创新实现了现货挂牌、商品即期、现货竞买、浙商商城四种交易模式上线运营，不断打造以煤炭为主的能源板块，以铜、镍、钢为主的金属板块，以鱿鱼、木材为主的农林板块等拳头交易品种，做大做强做实交易市场。2015年，新上市大黄鱼、野山参、钨精矿、浙商油等13个品种，完成电子交易额近1.4万亿元；浙江船舶交易市场交易各类二手船舶超900艘，实现船舶交易额33亿元。自2012年正式运营以来至2015年底，累计上市交易品种37个，实现电子交易额超4万亿元，实现船舶交易额480亿元。

（二）线下实体贸易

主要以完善的服务功能和有效的政策支撑为载体，成功引进山西焦煤集团、巨化集团、盾安集团等一批实力雄厚的企业落户并开展传统现货贸易，贸易品种涉及煤炭、镍、铜、燃料油、木浆等种类。

2015年，交易中心新引进了64家大中型企业，基本实现平均每周落户1家新企业的速度，新增注册资本金32亿元。招商引资企业完成营业收入461.18亿元，同比增长32.43%；缴纳税费1.24亿元，同比增长86.60%，其中地方留成3600万元，同比增长63.01%；培育出首家税收规模超1500万的企业。据市统计局数据显示，交易中心对舟山市2000万限额以上批发零售商品销售额的贡献度超三分之一，其中中心入驻企业5家销售额列舟山市商贸业前10位。自2012年正式运营以来至2015年底，已引进180家实体贸易企业落户，在全国各地发展80家市场服务机构，设立85家交收仓库，引进31家第三方质检机构，共实现营业收入近1000亿元，缴纳税费近3亿元，对拉动舟山市GDP、舟山群岛新区保增长做出了积极贡献。

（三）所获荣誉

2015年，交易中心在2014年度100个省级服务业集聚示范区综合评价中物流园区类排名第1，总排名第6；浙商所成为浙江省市场协会副会长单位荣获“2011-2014年度浙江舟山群岛新区模范集体”“2015中国大宗商品现代流通服务创新企业”称号，并蝉联“浙江省线上线下结合10强专业市场”，其信息技术部喜获“全国工人先锋号”等荣誉；浙江船舶交易市场则被授予全国文明单位、中国商品市场百强、浙江省智慧市场等荣誉称号。

此外，交易中心创新性工作汇报《舟山市加快中国（舟山）大宗商品交易中心现代商品交易市场建设的主要做法》于2015年1月获得朱从玖副省长肯定及批示。

三、主要工作举措

（一）强化领导，认真落实责任制

年初，交易中心党组就高度重视，把现代服务业集聚区工作部署摆上重要议事日程和整体工作规划，狠抓落实。召开党组会议和中层以上干部会议，认真研究、仔细部署集聚区各项工作，进一步调整完善了交易中心集聚区领导小组，由党组书记、主任任组长，并明确一名分管副主任主抓，为扎实开展集聚区各项工作提供有力的组织保障；按照集聚区综合评价等相关文件要求，明确人员安排和工作任务，切实做好季度年度统计直报、信息交流、台账准备、实地核查等各项工作。

（二）攻坚克难，成功获批“中国”牌子

2011年4月，交易中心在浙江省现有大宗商品交易现货市场的基础上，正式启动向国务院申报中国（浙江）大宗商品交易中心工作。历时三年，征求各部委

意见5轮，浙江省省政府、商务厅发文4次。2015年10月，商务部和浙江省政府共同行文《关于中国（浙江）大宗商品交易中心名称中冠以“中国”字样的请示》，完成浙江省会签和国家各部委意见征求工作后，呈报国务院办公厅审核。2015年年底，国务院正式批复设立中国（浙江）大宗商品交易中心，至此交易中心成为国内唯一由国家授牌的大宗商品交易中心，目标是建设成为以舟山为核心，整合全国资源，面向全球的全国性大宗商品现货交易试点平台，成为大宗商品行业标杆。对整合浙江乃至全国的大宗商品资源、提高产业集聚效应、增强我国战略性资源控制力等具有前所未有的重要意义。

（三）凝心聚力，促进大宗商品行业集聚舟山

交易中心坚持招大、引强、选优，综合考虑引进企业的税收贡献、投资强度等因素，以产业链招商、以企招商、网络招商、中介招商为手段，以提升服务为基础实现招商引资纵深发展，产业集聚成效显著。一是招商引资取得新突破，企业类型多样化。交易中心坚持“走出去、引进来”的招商路线，2015年，在全国经济发达省市参与、组织各类专业展会8场次，扩大了交易中心在全国的知名度，提高了影响力，共引进舟山如山汇金壹号、国核新能源、航岛明日海洋浮动基地等64家企业，包括多家股权类投资企业、高科技大型海工装备“航岛”项目、供应链和票据服务企业，由传统的贸易企业招商逐步向纵深方向发展，呈现多元化态势。二是强化产业链整合招商。立足舟山市产业优势，加快主导产业延伸型招商。重点瞄准世界500强、中国500强、中国民营500强和大型国有企业，点对点对接、商对商跟进，已引进物产集团、盾安集团等13家具有较强投资实力和大宗商品关联度高的龙头型企业；并深度挖掘现有企业资源以商引商，依托浙能集团、盾安集团等行业核心企业，引导带动其上下游企业产业链式转移，做大做强产业链条和产业集群，从而推动引资总量、规模和档次的提升，进一步提高招商引资综合效益。

（四）聚焦产业，打造专业化交易市场

一是交易中心积极外引内聚，依托专业交易平台的整合效应，已组建由浙能集团牵头的煤炭交易中心、由舟山惠群远洋牵头的水产品交易中心、由物产集团

牵头的石油化工品交易中心等三大专业性交易平台，进一步促进煤炭、水产品、石油化工等产业集聚效应的快速形成。已上线动力煤、远洋鱿鱼挂牌交易，自产品上市至2015年12月底，累计实现动力煤交易量超2000万吨，鱿鱼交易量超20万吨。二是不断推动上市品种创新和储备，重点做强以煤炭为主的能源板块，以铜、镍、钢为主的金属板块，以鱿鱼、木材为主的农林板块等拳头交易品种，做大做强做实交易市场。

（五）优化监管，完善立体化运行机制

交易中心努力探索适合舟山发展大宗商品交易的监管模式，在行业监管方面明确“寓监管于服务，以服务促监管”的工作思路，积极创新工作机制。一是“双层监管”机制，谨慎防范问题。创立了交易中心对浙商所及入驻企业、浙商所对交易商的“双层监管”体制，实现监管与服务并重、创新与风控并举的动态立体式全方位监管的新体系；交易中心层面，建立“日监管-月分析-不定期检查”的动态监管流程，明确职责范围，落实责任主体，监管每日的交易动态。浙商所层面，采用追加保证金、持仓限额、代为转让、信息披露等措施对市场实施监管。同时浙商所定期对其市场服务机构进行运营合规检查，交易中心对浙商所上报的问题及整改情况及时检查，并对市场服务机构定期回访。二是“双向联动”机制，积极解决问题。交易中心与浙商所建立了“双向联动”工作机制，及时应对市场反馈与投诉问题。在处理投诉问题上，交易中心与浙商所建立双向联动工作机制，及时沟通解决投诉问题，提高投诉处理效率。交易所的400热线、客服QQ，交易中心的监管热线等对外公开联系渠道，均安排专人负责，及时受理、解答，尽量化解矛盾。浙商所总结归类每周投诉处理情况并上报交易中心。交易中心根据市场反馈及时了解、评估风险，提高监管效能。

（六）积极服务创新，优化交易“软环境”

一是加大政策扶持力度。在舟山市委市政府的大力支持下，舟山市财政局、交易中心共同出台《舟山市大宗商品交易专项引导资金管理暂行办法》，建立梯度税收优惠体系，引导配合支持交易中心建设；2015年交易中心共兑现入驻企业财税优惠返还资金超6000万元，同比增长30%，为企业提供强有力的政策支持和

发展动力。二是强化要素保障。努力打造为企业全面代理的保姆式服务软环境，加强跟踪协调，不断提升服务质量及深度，做到有诺必践，确保企业进得来、留得住、能发展；积极为落户企业及其上下游产业牵线搭桥，深层次帮扶企业，进一步扶持企业做大做强。三是完善金融配套体系。积极与各大银行合作，降低企业财务成本，深入推进以浙能集团为核心的煤炭挂牌交易金融服务，牵头建设“仓单监管公示系统”，完善仓单质押、货权融资等业务体系，进一步推动了交易中心产业集聚。

天台山旅游休闲集聚区：谋划“一区三镇”，力创旅游强县

天台山旅游休闲集聚区位于天台县城北部，北至大鳌山脚和天大线，南至上三线，东至皎头，西至桐柏溪，集聚区处在天台的国清寺、赤城山、桐柏宫之间，规划面积约11.9平方公里（其中景区范围4平方公里）， 2012年被省政府列为第二批现代服务业集聚示范区。

今年以来，在县委、县政府的正确领导下，天台山旅游休闲集聚区管委会以国家级风景名胜区和5A级景区为依托，以旅游强县为主线，着力于旅游休闲集聚区开发建设，取得了省级现代服务业集聚示范区综合评价第八名的好成绩。现将主要情况总结如下：

一、集聚区建设主要成效

截至今年10月，集聚区范围内入区单位63家，从业人员1800余名，1-9月份营业收入累计已达19365万元。目前集聚区内已形成休闲旅游、文化创意、健康服务和会议经济四大特色产业。

（一）项目建设

已建项目出形象。天台山温泉度假山庄改扩建项目是全国最大的单体古建

筑，用地面积60亩，目前已完成投资3.6亿元并投入运营；天台博物馆位于小镇中心区块，占地17400平方米，建筑面积5900多平方米，由清华大学建筑设计院设计，具有鲜明的地方文化特征和时代气息，馆内收藏文物标本品种丰富，数量众多，较全面的反映了天台山文化特征；国佛家园即天台山中华佛教城，其独有的“金漆木雕——干漆夹苎法”被工艺美术界认定为中华民族优秀传统工艺美术一大瑰宝，被国家列入第一批非物质文化遗产名录，今年有望创4A；博艺苑雕刻工艺作坊项目，总投资4515万元，项目总用地18.9亩，总建筑面积9280㎡，已具备年产佛雕、木雕工艺品、仿古家具2300件的生产能力；远洲庐境酒店项目，总投资4700万对主体建筑进行改建，已于今年10月底完工并开始经营。

在建项目抓进度。天台山旅游集散中心截至今年10月份已投资4.85亿元，年底有望完工并投入使用；大瀑布项目计划总投资2.2亿，前流态改造和游步道建设已完成70%工程量，12月份确保全面完工投入使用； “和合人间”文化园项目，包括和合人间博物馆、天台县非遗中心、茶之路文化馆、满堂红民俗馆几大馆区，用地面积60亩，总投资1.2亿元，目前完成投资0.98亿元，已征集大量有关天台山文化的史料和文物，组建“天台山和合人间博物馆”；和合小镇国清路两侧建筑外立面及亮化改造，范围主要包括田思村与下松门村，外墙施工面积约10000㎡，总投资280万，已完成总工程量的30%，预计年底完工。

（二）招商情况

已与浙江地源能源有限公司、上海鸿元投资有限公司、山东伟天实业有限公司、湖北屯仓公司、中央新影集团（央视微电影）等达成合作意向，“云开”、基金酒店、寒山书院、航空体验、禅文化茶室、央视微电影小镇等六个项目已洽谈成熟下阶段将签约落地。预计项目总用地201亩，计划总投资达10.5亿元。同时，已邀请杭州金城集团参与和合小镇规划，将有力提升集聚区产业水平和影响力。

二、建设工作主要经验

（一）领导重视，专门成立机构

为促进集聚区快速、高效发展，县委县政府专门设立天台山旅游休闲集聚区管委会，专职负责集聚区范围内的开发建设、招商引资、资产管理等工作，并抽调精干力量充实队伍。

（二）规划引领，拉开建设框架

在旅游休闲集聚区规划设计上，始终坚持高标准规划，重视引入名家名院，力争以更高标准规划精品之作。积极实施协同规划和多规合一，确保与天台全域旅游协调发展。同时将原来的集聚区范围从现有的11.9k㎡东拓西延至20k㎡，积极谋划一区三镇（和合小镇、唐诗文化小镇、养生休闲小镇），集聚区东延西拓规划已着手编制。新建改建螺溪大道、天桐路西段和60省道白鹤支线，拉开集聚区东西向路网框架。

（三）注重招商，谋划项目落地

高度重视招商引资工作，强化组织领导，及时主动与意向性投资单位进行对接沟通，并邀请拟投资商实地踏勘、洽谈意向性投资项目，力争项目签约落地。同时充分利用省市县相关招商推介平台，紧抓特色小镇作为投资新热点的优势，集中宣传集聚区的发展前景和优秀项目。

（四）大项目引领，丰满集聚区业态

以天台山旅游集散中心项目为引领，推动集聚区开发建设实现新突破。集散中心的建成使集聚区东区成为天台旅游的门户区，进一步增强天台山旅游休闲集聚区的功能性和凝聚力。目前已建成的天台山温泉山庄、天台博物馆、国佛家园、博艺苑雕刻作坊、远洲庐境酒店等项目，极大地丰富了集聚区的人文底蕴，提升了集聚区旅游环境。天台山大瀑布、天桐路西段改造拓宽工程、和合小镇国清路两侧外立面及亮化改造工程等在建项目的完工将进一步为集聚区旅游增添新亮点，优化旅游配套服务功能。

三、下阶段工作计划

下阶段集聚区将围绕以下三个方面开展工作继续做好集聚区开发建设。

一、加强规划编制，增强多规衔接。立足天台山本土文化，彰显地域特色，

在旅游休闲集聚区东延西拓的总规编制中充分体现。完成集聚区东区和合小镇控制性详细规划审批，完成小镇西区景观亮化设计、赭溪及两侧景观提升改造规划设计、小镇核心区修建性详细规划。并与土地利用总体规划、天台山风景名胜区规划之间进行合规性比对，实现多规合一。

二、提前部署谋划，推进项目落地。本着“开工一批、储备一批、谋划一批”的工作思路，确保明年禅文化茶室、禅文化主题酒店、精品酒店、航空体验、水世界、和合人间文化园、旅游地产、国清路-赭溪景观提升、螺溪大道、天桐路西段拓宽改造、桐柏水库环库绿道等项目开工，提前开展和合论坛、莲花广场、拾得集、寒山书院、云开谷、小镇安置区等储备项目前期工作，同时做好项目谋划，包括论坛配套酒店、小镇逸步道 、小镇东区云栖谷、静心谷、慧心谷、螺溪景观提升、小镇村庄整治等。

三、强化招商引资，做好用地出让。加强同金城集团对接，确保金城集团参与小镇建设，提升整体产业水平。加强招商项目跟踪服务，主动对接和服务有投资意向的企业，争取省重大产业项目落户小镇。做好土地经营文章，确保集聚区内精品酒店、旅游地产、安厦地块等项目出让，平衡建设资金。

富春山健康城：打造“中国最美县”

为深入贯彻落实《国务院关于促进健康服务业发展的若干意见》（国发〔2013〕40号）文件精神，切实保障人民群众对于健康服务的需求，进一步扩大内需、促进就业、转变经济发展方式，打造“中国最美县”和“中国长寿之乡”，扩大“潇洒桐庐 养生福地”知名度和影响力，桐庐县委、县政府于2013年提出了建设富春山健康城的战略构想，并报经杭州市人民政府同意，在城南、凤川街道沿大奇山脉区域建设“富春山健康城”。 根据《杭州市人民政府关于促进健

康服务业发展的实施意见》（杭政函〔2014〕74号）要求，为实现富春山健康城“三年初见成效、五年大有成效” 的建设目标，大力发展健康服务业，为桐庐经济绿色生态转型提供样板。

一、健康服务产业发展现状

近年来，桐庐健康服务业快速发展，特别是国务院《关于加快发展养老服务业的若干意见》《关于促进健康服务业发展的若干意见》等政策出台以来，桐庐迎来了发展健康服务业的黄金时期，成立了富春山健康城管委会，规划建设富春山健康城，“健康小镇”成功纳入省特色小镇之一。2016年底，富春山健康城区域范围有健康服务业56家、健康制造业14家、运动休闲4家、健康食品4家。可以说，目前桐庐已初步形成以健康城为平台，以制药医疗器械生产企业为枝干，以健康养生项目为核心的健康服务业发展格局。

二、集聚平台的建设与发展情况

1.谋划设立。健康产业是具有巨大市场潜力的“朝阳产业”，被誉为继 IT产业之后的全球“财富第五波”。自2013年8月份以来，国家密集出台系列促进健康服务业发展的政策。县委县政府敏锐地捕捉到这一蕴涵巨大经济转型的信号，经多方调研，于2013年10月24日向杭州市人民政府报送要求建设“富春山健

康城”的请示。2013年11月1日，杭州市人民政府（杭政函《2013》154号）文件下文，批复同意桐庐县建设“富春山健康城”。 11月6日，第二届中国长寿之乡峰会暨富春山健康城成立大会在桐庐召开，全国政协副主席韩启德为“富春山健康城”题词。2013年11月，经杭州市政府批复同意我县成立了“富春山健康城”。 从而使富春山健康城成为浙江省第一个成建制的健康服务业集聚区。

2014年，健康产业被列为支撑浙江未来发展的七大万亿级产业之一。浙江省政府并启动了特色小镇建设调研和申报工作，为此，桐庐县委县政府高度重视特色小镇建设工作，专门组织力量，深入调研，最后确定在富春山健康城核心区块创建“健康小镇”。经过积极申报，经前期谋划、申报，2015年6月1日，“桐庐健康小镇”成功列入全省37个特色小镇的首批创建名单，成为全省第一个从事健康产业的特色小镇。

2.规划范围。富春山健康城：总体规划面积约为40.73平方公里，东至凤川街道小源山，西至大峡山隧道，南至大奇山脚，北至320国道转梅林路、规划中的杭黄铁路。健康小镇：处于富春山健康城核心地块，总体规划范围面积2.6平方公里，规划北至城南路转至杭新景高速，南至大奇山脚，西至规划路转至大奇山路，东至天井坞区块。

3.功能区块。主要分为健康产业配套区、健康服务核心区、乡村风情体验区、山居度假养生区、中医禅修保健区、郊野运动康体区等六大区块。

4.建设目标。富春山健康城总体目标：按照“三年初见成效、五年大有成效”的要求，依托良好的山水生态资源，以中医药文化为特色，以休闲度假为模式，以健康管理为配套，以运动养生为延伸，着力打造以现代健康服务业为主，集运动休闲、生态养生、健康管理、高端养老、健康旅游等为一体，生态型、复合型、智慧型的健康服务业集聚区、核心区、引领示范区和创新试点区。

健康小镇：通过3年努力，预计到2017年，实现固定资产累计投入达61亿元，累计产出50亿元，累计税收6.8亿元，旅游人数达到180万人次。

三．主要工作措施

1.抓规划，优布局。在专门聘请省内顶级类设计院浙江省发展规划研究院和浙江省城乡规划设计研究院分别编制《富春山健康城发展规划》和《富春山健康城总体规划》的基础上，专门编制了《桐庐县健康小镇规划》。确定了“一条城市脉络、一条生态脉络”的空间布局框架、“4+2+X”产业发展体系和建设原则，为健康小镇的科学可持续发展奠定基础、确立标准。同时，结合实际，制定并出台了《桐庐县健康小镇实施方案》，明确建设目标、产业定位、运作模式，并对创建指标、建设要求提出了明确的目标。

2.抓项目，强招引。出台入驻项目把关标准和管理办法，以郊野运动康体区、健康服务核心区、健康产业配套区、山居度假养生区、乡村风情体验区、中医禅修保健区等六大板块为项目承接对象，瞄准健康服务业领军企业，组建招商小分队，开展“沪杭招商周”等活动，着力引进一批大项目、好项目。成功签约颐居养生园、瑞金·富春山居医疗养生基地、江南养生文化村、干细胞疗养中心等一批重大项目。

3.抓基础，美环境。一是建设绿道系统。结合美丽公路建设，完成贯穿健康小镇东西走向生态观光绿道项目，总投资约4100万元。该项目将坚持“生态第一、景观优先”的原则，串联起大奇山、溪旁水库等景点及辖区乡村、田园，将整条绿道充分融入自然环境，打造成健康城特有的山水景观与乡土风光融合的景观绿道、交通绿道和产业纽带。二是完善项目配套。加快推进重点项目施工便道建设，做好部分土地流转租赁工作、施工临时用电线路设计及饮用水改水施工建设等基础配套设施。同时，加大投入实施园区整治和景观提升工程和管网提升工程。三是打造村落风景区。启动大奇山脚村落风景区专项规划工作，力争把“健康城”辖区村落及其周边打造成自然环境优美、民俗风情浓郁、富有地方特色的国家乡村公园示范点。

4.抓平台，活资产。为全面推进健康城基础设施建设，经县政府批复同意，2014年组建成立了浙江富春山健康城投资开发有限公司，公司首期注册资金为1亿元人民币，实现健康小镇建设投资主体多元化、运行管理市场化。同时，为盘活闲置资产，成立闲置资产普查小组，系统排摸辖区闲置资产情况，编制完成“闲置资产数据库”。

乌镇国际旅游区：大力发展“互联网＋旅游”产业

2015年，乌镇在桐乡市委、市政府的正确领导和各职能部门的大力支持下，牢牢把握世界互联网大会带来的发展机遇，紧紧围绕打造“国际一流风情小城”和“世界先锋智慧小镇”的战略目标，以“省级服务业集聚示范区”“乌镇互联网经济创新发展综合试验区”建设为契机，全面实施“两区两化”（镇区景区化、景区全域化），大力发展“互联网＋旅游”产业，融合发展古镇旅游、休闲养生、文化创意、互联网产业，有效推动服务业集聚发展、创新发展、特色发展。

一、主要经济指标完成情况

2015年，全区实现服务业地区生产总值15.45亿元，同比增长15.5%，占乌镇地区生产总值的51.16%；完成服务业（含房地产）投资34.44亿元，同比增长57.4%；完成服务业营业收入32.54亿元，同比增长20.5%；实现服务业税收4.18亿元，同比增长23.1%，占乌镇全部税收的65.56%。

2015年，市外内资完成8.36亿元，同比下降7.7%，占市定目标8.18亿元的102.3%。其中：服务业完成7.93亿元，同比增长0.6%，占市定目标116.6%。服务业注册资金完成2.64亿元，占市定目标的113%。浙商回归项目完成4.15亿元，完成目标任务的118.6%。

全年完成合同外资2000万美元，其中实际到位1000万美元，分别完成市定目标的148.1%、105.3%。

2015，全年接待游客795万人次。截至目前，乌镇国际旅游区入区单位数2883个，从业人员11536人。全区旅游服务业经济继续保持平稳较快发展的良好态势。

二、主要工作任务进展情况

（一）全面实施“两区两化”，环境面貌新变化

改善基础设施。作为实施“三年行动计划”收官之年，也是世界互联网大会永久会址，乌镇以117个互联网大会整治项目为蓝本，以道路沿线立面改造、道路改造等工程积极推进镇区综合环境整治，并启动乌镇总体规划修编工作，对乌镇进行全镇域、全方位、全空间的软硬件改造提升。特别把申嘉湖高速乌镇出口至西栅景区南门口，约6公里长的“黄金通道”作为整治工作的重点，邀请业内专家进行全新规划，全面开展沿路沿街立面景观绿化改造提升工作和镇区夜景泛光工程，完成立面改造28.1万平方米，树木增种1530棵，新增绿化4790平方米，实现“黄金通道”的亮化、绿化、美化。

新增形象标识。在姚太线高速入口处设置具有乌镇代表性的景观标识，融入互联网元素，使之既符合乌镇古镇特色和“国际一流风情小城”的定位，又极具现代感，成为乌镇国际旅游区标志性、代表性的景观标识。同时，在子夜路2个人民活动广场和镇区3个公园设计与乌镇特色相符的6组景观小品，展现乌镇生活的优雅恬淡，为镇区景观增色。

推进项目建设。全镇5个服务业市级重点项目（含2个服务业省级重点项目）超额完成预定任务，完成年度计划数的100.4%（年度计划11.5亿元，实际完成11.55亿元）。养生养老项目进展顺利，雅达项目已取得1332亩土地，康复医院已投入运营，住宅高端养老示范中心已开工建设，Alila酒店样板正在基建；平安项目已供地210亩，住宅区建筑已竣工完成，其中创客小镇板块已布置完成但

未运营。

提升环境卫生。乌镇以世界互联网大会承办为契机，作为展示浙江“五水共治”和“三改一拆”的中心工作的重要窗口，以更高的标准、更严的要求、更快的速度开展治水拆违工作。截至11月5日，全镇已完成违建拆除5.9万平方米，猪棚拆除2.7万平方米，鸭棚拆除14.8万平方米；全镇已全部完成河道治理127条，已完成河道综合治理55条，疏浚河道82.5公里，清理垃圾540吨，全面推进镇区环境改造，助推畜禽养殖产业升级，有效助力“两区两化”建设，提质创新乌镇整体形象。

优化交通组织。完成环河路东段改造工程、新华路（农行旁段）改造工程，镇区“四纵四横”道路框架初步完成构建。采取疏堵结合，对镇区12条交通主干道实行全面禁停，同时新建了东栅财神湾、新华路芙蓉、乌镇大桥1号、2号、3号等停车场，开辟近2000个停车位，让本地持停车许可证的居民做到有序停车。

（二）加大招商引资力度，服务产业新发展

签约优质项目。年初成功签约“乌镇小城故事”项目，将打造以文化旅游、音乐科技、影视娱乐为主题，融合新型互联网技术的一站式休闲文化旅游项目，目前已完成一期114亩农转用手续。乌镇国际汽车露营地项目于10月9日成功签约，计划总投资5亿元，总占地面积226亩，将打造国内第一个集房车展示、露营、休闲、体验、娱乐于一体的5A级智慧型国际汽车露营地，现已完成公司注册。

集聚智慧项目。结合互联网产业发展，乌镇不断搭建创业创新空间，加快乌镇创业小镇建设。由CIFC中国互联网金融联盟、中关村数字媒体产业联盟、普众资本、金融咖啡等倾力打造的CIFC乌镇金融中心暨普众创客空间落户乌镇。同时，国内在线诊疗挂号的巨头“挂号网”也与乌镇合作成立国内首家互联网医院，实现挂号、诊疗的互联网化。

增强招商实力。11月24日获得了“2015中欧绿色和智慧城市奖”，乌镇智慧建设得到了欧洲及国际社会的积极肯定，全面提升乌镇“互联网＋旅游”的国际品牌，加深乌镇投资知名度。在100个省级服务业集聚示范区综合评价中，乌镇排第四，领跑全省“旅游休闲产业集聚区”，分类排名居榜首。同时，继成功举

办首届世界互联网大会并成为永久会址之后，乌镇的“互联网+”效益显现，获批省互联网经济创新发展综合试验区，确定互联网成长型企业和互联网总部作为“互联网+”的工作重点，通过转型升级和招商，已有一批单位进军文化创意、电商、两化融合等互联网领域。

（三）加深国内国际交流，品牌外宣新突破

加强国际交流。今年7月受邀参展2015中国智慧城市国际博览会，展示小镇智慧化成果，受到了国内业界专家、领导的表扬。9月乌镇与黎塞留进行教育互访，首批10名中小学生赴黎塞留进行当地文化艺术交流学习，不仅加深了乌镇与黎塞留的友谊，也进一步提升乌镇的国际品牌，加快推进乌镇旅游国际化步伐。第三届乌镇戏剧节的圆满举办及乌镇木心美术馆的对外开放，通过国际性文化演艺节日及国际艺术家作品展示，进一步加强乌镇对外宣传，也助推了乌镇向文化小镇转型升级。12月16日第二届世界互联网大会即将在乌镇召开，乌镇投入全部力量，抓具体抓细节，做到工作细致，全力做好这场国内规格最高的互联网盛会的承办工作。乌镇峰会的举办，不仅扩大乌镇国际知名度和美誉度，更为乌镇带来经济增长的新引擎。

加大外宣影响。利用新媒体宣传平台扩大智慧项目建设成果，官方微信“乌镇发布”在乌镇参展2015中国智慧城市国际博览会之时同步正式上线，经过3个月抽奖活动、每周一次信息推送和举办“韵·乌镇”诗歌大赛、寻找最美乌镇人家等线上专题活动，目前已经获得1万5千多名忠实粉丝。同时，联合桐乡市级本地媒体，对接中央级、省、市级主流媒体，通过推出有分量、有质量的宣传报道，营造良好舆论氛围，有力地展示了乌镇智慧小镇新形象。

（四）健康发展民生事业，惠民服务新亮点

深化旅游惠民。2015年，为深入开展乌镇旅游惠民工程，乌管委携手镇区景区，新增11个村，将活动范围扩大至全镇域，让所有乌镇居民可以游览西栅景区、感受家乡美景，活动前做好信息通知及车辆安排，有序推进每月一次游西栅活动。还圆满举办“乌镇人游乌镇”三八主题活动，完成美丽达人自拍大赛活动评比，并在乌镇戏剧节期间，组织居民、村民进景区感受中外戏剧文化盛宴，截

止目前共组织26批次，参加近3000人。

深化社会管理。完善乌镇人家协会入会标准和管理制度，在现有的虹桥分会和南宫分会基础上向东苑社区推进，于10月前对240多户会员“民宿通”登记系统进行升级，安装新登记系统，人员入住信息全部纳入公安网。参照“乌镇人家”管理模式，做好烧烤摊集中经营工作，实施长效管理，最终纳入行业自治管理。进一步加强对三轮车从业人员的上岗培训。圆满完成人人来找“碴”进社区专题活动，并落实“最美”奖项发放工作。

（五）加快智慧小镇建设，古典小镇新形象

提升智慧旅游。以无线局域网（WiFi）建设为重点，建设无线WiFi热点425个，无线AP4725个，实现在乌镇景区、镇区随时随地方便快速上网。乌镇运用二维码技术实现全镇公共自行车系统智慧化运营，设置26个自行车点，满足游客、居民智慧出行的需要，只要用手机扫一扫二维码，便可免费租用自行车了，让出行变得更智能、便捷、低碳。乌镇创建智慧信息亭，首批设置7个点位，运用智能多媒体技术展示导航地图、宣传视频、最新资讯、天气预报、网络电话、无线充电、自拍相机，搭载WiFi设备等服务功能，为游客提供一系列智能互联网服务。同时，在乌镇人家民宿实施“刷卡、微信、二维码支付”项目，免费安装集银行卡刷卡、微信支付、支付宝支付“三合一”的BPM-MIS方式收银一体机，实现智慧化支付。

开设智慧养老。乌镇智慧养老综合服务平台于9月正式运行，以乌镇居家养老服务照料中心为载体，惠及1.5万乌镇老人，既为乌镇老年人提供集中照料，更是利用互联网技术将服务延伸至老年人家中，让职能部门、照料中心、养老对象等组成横向到边、纵向到底的乌镇养老服务信息网络，打造“线上＋线下”智慧养老模式。

创新智慧政务。建成乌镇智慧小镇民情服务与管理平台，以村民为中心，突破“自上而下”的垂直管理模式，以“一屋一码”为核心，建立村民信息全维度数据库。“乌镇民情”的主要功能为“听民声、察民情、解民困、暖民心”，不仅给村民多了一个反映问题的渠道，更给干部实实在在下村进户，实实在在解决村民问题提出更高要求。目前，“乌镇民情”在虹桥村进行试点，所涉农户1000

余户。

三、2016年工作思路

2016年，我们将在乌镇镇党委、政府的领导下，认真贯彻执行桐乡市委、市政府的指示，结合我镇实际，完善我镇的服务业规划及服务业发展意见，提档升级服务配套设施，以“互联网创新创业服务中心”建设为契机，全面实施“两区两化”建设和三年行动计划，以旅游发展为龙头产业，融合发展休闲养生、文化娱乐、互联网产业，有序推进项目建设，加大招商引资力度，引进优质服务业项目，加深国际交流推介，强化对外宣传效果，深化旅游惠民工程，助推智慧小镇建设，促进旅游业和互联网产业融合，提质旅游信息化、智慧化服务，努力完成目标和任务，优化旅游产业结构，创新乌镇旅游品牌，提升乌镇整体品位，推动服务业健康快速发展。

2016年，计划服务业GDP增长6.3%（达到16.0亿元），比例提高1个百分点；服务业投资完成25亿元；服务业营业收入35亿元，同比增长13%；服务业税收5亿元，增长8.7%；引进市外内资8.5亿元；新增限上服务业企业2家。

中国坚果炒货食品城：全力打造“华东最大、国内一流、国际知名”专业市场

“中国坚果炒货食品城”规划于13.38平方公里的浙江农产品深加工特色园区内，总占地面积800亩，总建筑面积100万平方米，本着“立足本土特色，联手开拓市场，抱团作战，审时度势，在休闲食品行业的变化中占得先机”的思想，能够有力地推动坚果炒货行业，从而促进农副产品加工产业链的发展。目前中国休闲食品销量在500亿~600亿元左右，其中坚果炒货食品的销量占45%左右，未来几年估计每年增幅在15%左右。参照西方国家的消费占比，休闲食品我国的人均

消费量仅为23.6克，远低于发达国家每年人均消费3.2千克。坚果炒货食品我国的人均消费量仅为16.6克左右，远低于发达国家人均消费2.6千克。在这样的行业发展背景下，说明了我国休闲食品企业尤其是坚果炒货类食品在未来均具有巨大的发展潜力和生存空间。浙江坚果炒货产业必将会依托浙江农产品深加工特色园区和“中国坚果炒货食品城”两大支撑成为浙江坚果炒货军团的主力军。

一、基本情况

“坚果城”成立于2010年，注册资本5000万元，主要通过市场租赁、国际国内交易服务、运输及物流服务、坚果休闲食品文化服务、其他服务等开发及运营实现公司运转，预计经过10年时间，将“坚果城”项目打造成国内最大的坚果炒货食品加工、销售及产业文化基地。

二、项目优势

坚果炒货产业发展的现状背景　临安坚果炒货产业起步于临安特产-山核桃加工业，临安作为中国山核桃的主产区，目前从事坚果炒货产业的从业人员已有近10万人，规模以上加工企业有258家，坚果类加工总产值已突破50亿元。2009年以来坚果类加工企业保持35%以上的速度在持续增长。临安传统的山核桃加工水平在全国已处于领先水平，以山核桃加工为基础的炒货食品企业实际经营范围已涉及30多个种类的坚果，其中国内的东北松子、山西的中国核桃、新疆的巴坦木、云南的黑南瓜子和纸皮核桃、甘肃的香榛子以及国外澳洲的坚果、伊朗的开心果、美国的长寿果等均已被临安坚果炒货企业所涉足，并占据了一定的市场份额。销售市场覆盖全国30多个省市和欧美、中东、东南亚、中国港澳台等地区，已成为全国知名的坚果炒货食品加工基地。

坚果炒货产业发展的前景　我国休闲食品企业尤其是坚果炒货类食品在未来均具有巨大的发展潜力和生存空间。这对于众多企业而言，是难得的发展机遇。从市场品牌竞争来看，休闲食品的品牌集中度比较弱，但是受产业链等众多因素的影响和制约，中国休闲食品的市场集中度比较强。值得欣喜的是，针对消费者的多样化需求及休闲食品行业的巨大市场空白，一些地方政府开始有意识地整合当地企业资源，大力培育休闲食品特色市场。休闲食品的生产与农副产品资源紧密相连，中国幅员辽阔，农业资源东西南北的差异巨大。不同地域的农业资源地域特色明显，产业集中度较高，由此形成了众多独特的休闲食品版块，享誉内外。如福建糕点军团、安徽瓜子军团、湖南辣食品、河南速冻食品军团等休闲食品企业，正成为各地休闲食品发展特色的代名词。而作为休闲食品中的后起之秀-浙江坚果炒货军团将携各种优势资源成为中国休闲食品产业发展的又一极。临安坚果炒货产业必将会依托“中国坚果炒货食品城”的支撑成为浙江坚果炒货军团的主力军。

区域背景　临安市是长江三角洲南端的一棵绿色明珠，是首批全国生态建设示范市，拥有“国家级生态市”“国家森林城市”“中国优秀旅游城市”“中国竹子之乡”“中国山核桃之乡”“中国书画艺术之乡”“中国山核桃之都”“全国绿化造林先进县”“杭州后花园”“绿色硅谷”“生态．科技市”等称号。中国（临安）坚果炒货食品城项目选择在临安市的坚果炒货集散中心龙岗镇，东接杭州市，南邻千岛湖，西连黄山市，北靠天目山，是中国著名旅游景点的“两湖（西湖、千岛湖）两山（黄山、天目山）”的中心，在龙岗镇建造这个以绿色食品（炒货食品）为主题的现代物流交易平台，除具有山清水秀的自然优势外，目前坚果食品加工基地（临安西部工业功能区）已初具规模，业已形成的遍布全国的炒货营销网络也为市场的推广和壮大奠定了坚实的基础。

三、未来发展战略

坚果城以“一城四区五中心”理念规划设计建设，即商业交易服务区；仓储物流服务区；坚果炒货食品文化展示区；综合配套服务区；建成全国坚果炒货名品电子商务中心、华东地区进口坚果原料集散中心、全国坚果炒货现代仓储物流中心、全国坚果炒货食品文化中心、坚果城休闲生活服务中心。

1、全国坚果炒货名品电子商务中心。以临安40亿元传统特产山核桃产业为依托，以全市近400家坚果炒货加工企业及1000余家坚果炒货电子商务店为基础，以优越环境、优质服务、优惠政策吸引临安、浙江、全国（中国食品工业协会坚果炒货专业委员会理事会成员单位100个、团体委员单位261个、33个坚果炒货专业委员推介知名品牌）的坚果炒货加工企业，以1+1模式（一个实体店+一个电子商务店）或0+1模式（只设电子商务店）入驻坚果城，以强大的电子商务网络为平台，汇集全国名品，形成浙江最大的，具有名品展示、批发、网购、仓储、物流功能完整的全国坚果炒货名品电子商务中心。

2、华东地区进口坚果原料集散中心。从国外进口坚果原料是补充、繁荣我国坚果炒货食品市场的需要。2015年度据不完全统计以碧根果、巴坦木、夏威夷果、开心果、杏仁、巴西松子为主，进口量达13.3万吨，进口金额在800亿元，主要集散地在广东广州、内蒙古包头、天津食品城、吉林梅河口、新疆等地。其中，我市已经达到33万吨，200亿元，已经占全国进口量的四分之一。在此基础上积极进取，组织精干班子深入进行建立全国进口坚果原料保税仓库及集散中心的可行性调研，有针对性、有部署地开展工作，研究相应政策措施，有计划地争取主管部门的支持，推进华东地区进口坚果原料集散中心建设。

3、全国坚果炒货现代仓储物流中心。电子商务、名品批发、原料集散与现代仓储物流有着紧密的关联性，是现代商贸活动的有机整体，是一个硬币的二个面，都需要统一、快捷、安全、准确、省本、方便的现代仓储物流业来相互支撑，共同发展。仓储物流中心为坚果城商家提供统一的商品仓储服务，商家可随时通过局域网查看本店商品仓储情况。商家只要在局域网上确认发货单，仓储物流中心立即自动提供准确的出仓、包装、快递服务，为商家免去了仓储、出仓、包装、发快递诸多烦恼，同时节约了销售成本。

4、全国坚果炒货食品文化中心。设立坚果炒货食品文化中心开展坚果炒货产业的传统、美食、保健、生态文化研究，进行新产品的开发，组织成果展示、文化论坛等系列活动，可以极大地丰富坚果炒货食品文化内涵，建立坚果城的企业文化，在国内外创立坚果城的知名度和美誉度。通过利用现代音像灯光技术展示坚果炒货食品文化、园区内加工企业的现场观摩、山核桃外景园林观光等活动，将全国坚果炒货食品文化中心建成休闲食品与休闲旅游相结合的一个新景点。

5、坚果城休闲生活服务中心。为整个园区入驻企业、入驻商家、管理人员综合配套建设环境优美、设施齐全坚果城休闲生活服务中心。营造轻松挣钱，快乐生活，休闲养生的生活氛围。

五

企 业 篇

Part V
Chief Opinion of Enterprise

天行装饰：致力成为互联网家装行业的领导者

2016年9月10日，浙江省人民政府办公厅印发《关于推进绿色建筑和建筑工业化发展的实施意见》，提出“10月1日起，全省各市、县中心城区出让或划拨土地上的新建住宅，全部实行全装修和成品交付，鼓励在建住宅积极实施全装修。”这既是机遇，更是挑战；是一个旧时代的结束，也是一个新时代的开始！杭州天行建筑装饰股份有限公司作为行业的弄潮儿，正迎接这一新时代的挑战。

一、天行装饰基本概况

杭州天行建筑装饰股份有限公司（天行装饰）创立于2003年，2015年8月收购了浙江省首家装饰装修行业门户网站“浙江装饰网”，并成立了杭州天全网络科技有限公司，2015年12月5日改制为股份公司，2016年4月20日在新三板成功挂牌（证券代码：836906）。目前天行装饰步入快速成长期，年均业务增长量达50%以上，开始进入企业发展的新阶段。

天行装饰历经十余年的发展，已成为浙江省知名建筑装饰工程承包商，是一家专业从事公共装饰、建筑幕墙为主业，并着力发展互联网家装业务的装饰企业，拥有建筑装饰装修工程与建筑幕墙工程施工专业承包资质、建筑装饰装修工程与建筑幕墙工程专项设计资质。天行装饰通过了国家GB/T19001-2000质量管理体系、GB/T24001-2004环境管理体系、GB/T28001-2001职业健康安全管理体系等，形成了企业完整的质量、环境、职业健康安全一体化管理体制和有效的运行机制。天行装饰自成立以来，被杭州市信用管理协会授予“AAA”级信用企业，杭州市精品住宅装饰设计大赛优秀设计奖，浙江省重质量守诚信示范单位，浙江省质量信誉服务“AAA”级诚信单位等荣誉。

近几年，天行装饰业务实现快速增长，已与万科集团、阿里巴巴集团、中国电信集团、美特斯邦威、味全集团、钱江制冷集团、艾玛医院等建立了长期稳定的合作伙伴关系，已完成万科璞悦湾精装楼盘、大华西溪风情精装修、浙江大学体育馆、杭州新时代家居生活广场、浙江哈尔斯集团总部办公楼、爱啡尔商务酒店、骏宝行宝马4S店等精品装修工程，赢得了客户的一致赞誉。

二、互联网家装的运营模式

天行装饰收购的“浙江装饰网”自2001年上线至今，已经为浙江省内数以万计的装修业主提供了装修信息咨询服务。目前网站注册设计师会员多达1.6万余人，在省内有良好的知名度。在互联网家装业务的拓展上，天行装饰将依托“浙江装饰网”，积极拓展互联网家装业务，整合材料家具厂商和分散的工长，减少装修施工环节，大幅降低装饰成本；在互联网家装模式上，通过以质高价优的硬装为吸引点，重点突破软装和智能家具市场，实现互联网家装业务的快速增长。

1.家装一站式管家服务，摒弃传统家装行业普遍存在的工程层层转包的乱象，实现工长与业主零距离直接对接。平台招募的所有工长均有至少10年以上家装从业经验，并通过浙江装饰网的严格审核，选优去差，从而确保为广大业主提供更高品质的装修施工服务。

2.全程无忧，尽享快乐装修。联合银行、业主设立三方共管的资金账号“装修宝”，确保业主装修资金的安全。同时为客户提供设计托管、材料托管、工地托管、资金托管四大装修托管服务，让客户的装修更规范、更透明、更实惠、更省心。通过互联网家装平台和手机APP，在建工地实时直播，施工现场远程监控。现在有了工地在线直播，业主可实时掌握装修施工进度和现场，工长每日上报工地现状，及时汇报项目进度，杜绝装修过程中纠纷多、成本高和品质难把控等装修痛点，彻底解决业主的烦恼。

3.提供免费的第三方权威装修监理。终结家装猫腻，施工质量提升30%。

相对传统家装，业主只有自己对装修质量与施工工艺进行监督，业主忙于工作，且对装修质量与施工工艺不懂，也不能很好的对其装修进行很好的监理，为了解决业主的装修问题，满足客户的需求，天行装饰倡导的互联网家装引入第三方监理机构开展施工质量监管，无须任何费用、保证业主权益，对比行业标准、监督施工工艺，彻底终结家装猫腻，业主再也不用担心被坑！

4.四大风格多种套餐模式，美轮美奂，百变尽随业主心意。欧式、美式、现代、新东方四大主流风格，每种风格高、中、低三种标准套餐，可任意升级，百变随心。

5.线上虚拟体验馆，一键匹配样板房，轻松玩转设计。通过DIY云设计系统，业主可根据自己的需求与想要的格局以及风格进行设计，真可谓是“我的家、我设计、我主宰”。通过简单的操作就可以设计出自己想要的装修风格，缩短了设计与修改的时间。

三、致力成为互联网家装行业的领导者

杭城是休闲旅游胜地，中国文化名城。今年G20峰会在杭州召开，杭州顺势而为，提出了杭城国际化城市建设的目标，极大地拓展了杭州城市建设的空间。为建设世界名城，杭州市委提出要着力打造具有全球影响力的“互联网+”创新创业中心、国际会议目的地城市、国际重要的旅游休闲中心、东方文化国际交流重要城市等四大个性特色，加快形成一流生态宜居环境、亚太地区重要国际门户枢纽、现代城市治理体系、区域协同发展新格局等四大基础支撑。

立足于杭州区域市场的天行装饰已迎来了良好的发展环境和机遇，并积极参与了杭州的国际化城市建设。在杭州未来打造四大个性特色和四大基础支撑项目的建设大舞台中，天行装饰将秉承“自强不息，厚德载物”的企业精神，本着“质量优、信誉优、服务优”的企业宗旨，继续以建筑幕墙、公共装修为主业，依托公司十多年的行业经验以及“浙江装饰网”的平台优势，大力发展互联网家装业务，致力成为互联网家装服务行业的领导者。

天行装饰创始人蔡格炜提出，未来的装修就是要通过互联网手段来真正达到智能家居的生活场景，才是我们未来需要努力的方向。面对瞬息万变、快速发展的现代科技社会，企业只有不断创新和改变才能立足市场，立足未来！

美盛文化：立足国内市场，抢占国际市场

美盛文化创意股份有限公司（以下简称美盛文化或公司）是中国文化产业上市企业（证券代码：002699）。公司在欧洲，香港、北京、上海、天津、杭州、内蒙古等地拥有10余家分子公司。公司创建于2002年6月，注册资本44600万元，现有员工2000余人，主要涉足动漫原创、动漫影视制作、动漫衍生品研发生产、

媒体运营、网络游戏等领域，是一家跨领域、跨行业、跨平台的综合性文化产业集团公司。

公司秉承“文化传承，创意美盛”的宗旨，本着“领跑行业、领引潮流、领先世界”的目标，先后被认定为2011—2012年度、2013—2014年度、2015—2016年度“国际文化出口重点企业”，美盛动漫创意基地项目被认定为2011—2012年度“国家文化出口重点企业”；公司还先后获得“国家文化产业示范基地”“中国海关AA类管理企业”“浙江省文化产业示范基地”“浙江省知名商号”“浙江省服务名牌”“浙江省著名商标”“浙江省示范诚信企业”等荣誉，公司旗下企业缔顺科技被认定为“国家动漫企业”。

公司自2012年上市后，以国家文化产业高速发展为契机，在动漫衍生品研发的基础上，重点开拓上下游业务，通过实施一系列的收购兼并行为，将产业链扩展至动漫原创、游戏、影视、舞台剧等领域，并通过融入新媒体与互动元素，实现文化创意和设计服务与互联网、新媒体以及终端市场的产业融合，整合资源，形成协同效应，创建自主知识产权，推动动漫产业的优化升级。

公司已与海外诸多知名动漫原创、动漫衍生品企业以及动漫产品终端渠道商建立长期的合作关系。2015年公司签订动漫设计服务合同45份，文化服务出口额为3880.26万美元。经过公司全产业的上下游整合和升级，公司将逐渐迎来收购整合收获期。预计2016年营业达10亿元，实现利润2.5亿元，服务出口金额达7000万美元，缴纳税收1.2亿元。

未来三年，美盛文化将继续实施海外文化贸易发展战略，进一步完善动漫文化产业的生态圈建设，搭建好中国动漫文化产品海外贸易服务平台，创建动漫IP，提高中国动漫文化在国际市场的品牌知名度和国际市场份额。

1.公司在拥有资源的各个子公司主体之间建立完善的信息共享及交流渠道，加强原创内容创作人员、衍生产品开发人员、平台推广人员间的信息交流，进一步实施原创IP形象的动漫服饰、动漫玩具、动漫用品等全面衍生品的开发策略，以全覆盖的方式拓展国内国外市场；适时调整公司管理结构，及时建立和完善与市场发展相适应的研发、生产、市场营销、技术支持与服务和管理体系，通过专业化、规范化、高效化的组织管理，适应现代企业发展的需要。

2.抢占美国动漫行业制高点。目前，公司正在与美国一家动漫衍生品连锁企业洽谈并购事宜。该公司在美国各州共有200多家终端销售店铺，同时开展电子商务，年收入达5000万美元。收购该公司，将大大提升公司在美国市场的销售份额，同时进一步开拓国内动漫衍生品的海外销售渠道，是中国动漫文化在美国市场的又一推介窗口。

3. 继续扩大欧洲市场占有率。2015年，公司开始启动对英国动漫原创及衍生品等动漫产业链以及英国动漫市场的调研工作。英国是欧洲第二大动漫制作国，英国动漫作品风格和题材越来越多元化，从动漫短片，广告片，音乐电视到游戏，技术上的精湛和创新也令世人瞩目。与他们合作，势必会增强公司的原创动漫研发水平，增强创新力量，更有利于欧洲终端市场的开拓。

4. 设立欧洲营销总部、美国营销总部两大海外总部。该两大总部将是美盛动漫文化产品的海外推介渠道和窗口，也将打造成中国动漫文化出口的重要枢纽。美盛文化将联合国内极具影响力的动漫原创、动漫影视制作、动漫衍生品研发生产、动漫视频网站等资源优势企业，推动和促进中国动漫文化产业的发展，以这两个总部为据点，利用现有的海外终端渠道，通过展会、媒体、电子商务、直营店铺等渠道，将市场辐射至欧美、亚太等动漫产业发达的国家和地区，将中国动漫文化的系列产品通过这个桥梁走向世界，从而传播中国动漫文化，提升和巩固中国动漫产品自有品牌在国际市场的影响力。

公司将坚守不移地实施文化贸易发展战略，整合国内优秀的动漫文化产业资源，以海外市场为突破，搭好中国动漫文化出口的服务平台。带动中国动漫上下游产业链的发展，提升和巩固中国特色的动漫自有品牌产品在国际市场的影响力！

巾帼西丽：坚持错位经营　促进综合发展

一、公司的基本情况

杭州巾帼西丽市政园林建设集团公司始创于2003年1月，是一家专业从事家政服务、居家养老服务、母婴护理服务、物业管理、职业技能培训等综合性、多元化经营的服务企业。公司成立十多年来，在各级党委政府的关心重视下和在广大员工的共同努力下实现了跨越式发展，成为一家全国生活服务行业的知名企业。目前公司下辖58个分、子公司和服务网点，拥有员工3200余名，业务分布在浙江、安徽、山东、福建、江西、山西等地。公司先后被授予“中国驰名商标”“全国家庭服务行业知名品牌单位30强”“全国家庭服务行业百强单位”“全国重质量守诚信单位”“全国敬老文明号”等荣誉。董事长丁常菊也先后荣获“全国‘三八红旗手’”“第二届中国生活服务业年度人物”“全国城镇妇女‘巾帼建功标兵’”“浙江省‘三八红旗手’”“浙江省职工创业十佳”“杭州‘十大再就业明星’”等称号。

巾帼西丽集团公司经历了三个发展阶段，从2003年由下岗失业妇女丁常菊创办的一个小小家政公司起步，到2006年公司以“错位发展、多元化经营”为发展战略，在激烈的市场竞争中站稳脚跟，走出了一条有特色的差异化发展新路子。根据社会需要和潜在的需求，公司以家政服务为龙头，逐步开发了居家养老服务、母婴护理服务等业务，赢得了市场的认可，成为下岗失业妇女创业的成功典范。2006年起公司步入稳步发展阶段，公司以“品牌为先导，实现跨区域发展”为战略目标，率先在行业中导入了ISO9000质量管理体系，通过资本输出、技术输出和管理模式输出等投资方式，公司先后成立了福州分公司、威海分公司和景德镇分公司等下属企业，开始迈向跨地区、跨区域发展，为公司的发展壮大奠定了良好的基础。2010年起公司进入快速发展阶段，公司成立了集团，凭着企业品牌效应和规模实力，公司走上了一条综合发展、多元化经营的发展道路。公司经济效益持续快速发展，营业收入平均每年以30%以上的速度递增，2013年以来公司经营收入连续三年突破1亿元，2015年实现收入1.56亿元，名列省市家政行业前列，成为行业的排头兵。

二、公司商业模式创新和分析

当前，家政服务已成为我国城市不可或缺的一个行业，有着巨大的市场刚需。我国家政服务业发展存在的主要问题：

一是从业人员专业化程度有待提高。许多家政服务员缺乏现代化生活用品的操作技能，缺乏科学的护理知识和健康管理知识。

二是家政服务职业化建设有待加强。市场上家政公司数量繁多，服务质量参差不齐，从业人员多以外来人员居多，上岗持证率和服务合同签订率不高。

三是信息化建设有待完善。由于供需信息不对称，导致居民找不到服务、不敢接受服务，而服务企业又不知道谁需要服务、需要什么服务，严重阻碍了家政服务业的发展。

针对当前家政服务行业存在的上述弊端，紧跟家政市场的发展趋势，公司采取一系列措施，推出巾帼西丽特色的高端家政服务。

1. 依托职业技能培训学校，培养专业的家政服务人员

公司于2010年10月斥资380余万元成立巾帼西丽职业技能培训学校，建立教学和实操实训教室9个，面积达600平方米。包含多功能培训教室、烹饪实训教室、礼仪实训教室、婴童实训教室、护理实训基地、家庭环境实训教室和居家养老护理实训教室。学校师资力量雄厚，拥有30多名培训教师和管理人员。学校严

格按照“国家人力资源和社会保障部、中国就业培训指导中心”及“中国家庭服务业协会”指定的培训教材施教，并根据杭州市人力资源和社会保障局、“杭州市家政服务工程”确定的培训项目安排课程，积极为学员提供理论学习、实践操作和专业考核鉴定的培训，对于考核合格的学员发放职业资格证书并推荐或安排就业。学校每年培训学员2000余人次，培训合格率达95%，为社会培养了一大批懂理论知识、知职业礼仪、能动手服务的服务员工。并先后与浙江大学、浙江计量学院、杭州师范大学、浙江建设职业技术学院和浙江老年大学展开合作，利用高校资源，积极探索家政服务行业发展方向，分析市场需求，构建家政服务行业专业人才培养机制。

同时学校也秉承巾帼西丽一贯履行企业社会责任的宗旨，积极为下岗失业人员、失地人员和外来务工人员开展技能培训，累计培训10000多人次，为解决社会就业问题做出自己的贡献。

近年来培训学校先后被有关部门确定为“杭州市巾帼就业创业基地”“杭州市工会促进就业援助行动就业创业基地”“杭州市大学见习基地”“杭州市职业技能培训品牌机构”，并被杭州市委、市政府授予“杭州市社会责任建设先进企业”等多项荣誉称号。

2. 坚持规范化、职业化建设，打响家政服务品牌

巾帼西丽近年来打造的“家家喜”高端家政品牌给家政行业标准化和职业化建设上提供了成功的典范。

在家政服务行业，每个服务的家庭环境不同，以及不同家庭主人心中的“服务”标准不同，所以客户的需求十分个性化。对于家政服务企业来说，在保证服务质量情况下，标准化服务是巨大的挑战，这就需要家政服务企业按照质量标准牢牢把关员工的素质和作业的标准化流程，让员工以扎实的专业技能、专业的服务意识和企业完善的从售前到售后的保障体系去应对客户需求的不断变化。

“家家喜”所有的家政员工，包括钟点工、月嫂、居家养老护理员都经过了巾帼西丽职业技能培训学校严格规范的培训，并通过了职业技能考核，他们都较全面掌握了职业道德、家庭保健、电器使用、孕产妇和老人病人护理、营养配餐、早教知识、礼仪规范、心理学、生理学、营养学、医药学等基本知识，所有

从业人员都持有健康证明、有效身份证明、职业培训证、技能等级证。同时为了加强对员工的规范化管理，通过与社会管理系统对接、与劳动力输出地对接、与职业教育体系对接等方式，公司为所有员工建立了档案，档案收取了该员工基本情况、培训记录、考核成绩、相关证书和客户服务资料，由培训专员整理归档计入个人档案。

“家家喜”摒弃了市场上仅仅提供中介服务的弊端，从客户预约、签订合同到服务结束反馈的全过程，公司制定了一系列投诉处理反馈机制，譬如客户满意度考核、质检部电话回访、工作人员按需走访等，在公司、客户、服务员工之间建立了一个畅通的沟通渠道。

公司针对当前家政服务市场情况进行分析和数据收集，通过数据挖掘出客户的差异化需求，积极拓展细分市场，在细分市场里做精、做强，使家政服务内容从传统的事情杂、技术含量低的“家务活”发展成为专业化、职业化的高端服务活动，确保客户服满意率一直保持在98%以上，在服务行业中名列前茅。今年8月在全国巾帼家政服务职业大赛中，巾帼西丽公司代表队以总分第二名的优异成绩在全国31个代表队中脱颖而出，获得专家评委的一致好评。

“家家喜”除了从员工培训、安排上岗、提供服务到客户反馈的纵向一体化运营外，也围绕家政服务的相关市场，积极开展横向多元化经营。比如在居家养老板块，公司在派遣员工为客户提供服务外，还专门开设了老年用品超市，为行动不便的老人选购代步车、拐杖、轮椅、病床等特殊商品。为居家老人和卧床病人提供家庭便利设施安装和改造服务也已经提上了公司日程。

3. 以家政 O2O 为平台，推行“互联网 +”的经营方式

国内的大多数家政企业都存在一定的问题，诸如管理方式陈旧、无自主的品牌等等，因此导致在互联网的冲击下，毫无立足之地，尤其是以中小型的家政公司为代表，落后的管理模式注定要“挨打”，不懂得品牌推广的家政公司在未来或将面临淘汰的局面。互联网的普及，传统家政企业运营模式最终将会被互联网新形式下的模式所取代，在二胎政策开放、人口老龄化的大环境下，家政行业在未来也势必会迎来新的转机，这对于家政企业来说既是机遇也是挑战，只有把握好未来的大趋势才能在家政行业立于不败之地。

传统家政行业发展较迟，各方面都不成熟，出现了价格乱、服务差、信息不透明、中介坑人等现象，家政O2O的重要特点是，通过互联网通信技术加快信息流通，随之是信息流（商业流）的效率提高。家政O2O，以互联网或特别是移动互联网平台（如APP或微信公众账号）作为信息公开查询平台，打破传统家政行业对阿姨信息等信息的封锁，实现买方和卖方的信息对称。

为了配合公司的品牌推广和新形势下运营模式的转变，公司成立了"杭州家喜科技有限公司"，公司的技术团队开发了"家家喜"APP，用户在手机终端随时随地就可以查询信息、预约下单和留言反馈。同时公司也建立了微信公众号和官方网站，并且在美团、百度糯米和大众点评网上进行线上推广。

在O2O形势下，"家家喜"采用C2C+B2B2C直营为核心兼标准化加盟型运管模式，"家家喜"平台统一为员工进行培训、配给服装、工具和确定服务标准，根据用户位置推就近安排员工提供服务。"家家喜"平台通过服务培训、服务担保、过往服务数据分析等为用户提供服务。除了公司直属可自由支配的阿姨外，"家家喜"通过吸引中介机构加盟的方式，在确保服务质量的前提下，逐步扩展服务市场。借助这些推广平台，"家家喜"主要瞄准中高端市场，提供专业陪护工、居家养老、金牌月嫂、专业育婴师、育婴早教、幼教保育等服务。通过O2O环境下的"家家喜"平台，巾帼西丽综合服务有限公司将能够做到"三高三低"，即：让员工工作效率高、学习成本低；从消费者的角度来说，做到品质高、价格低；从O2O平台的角度来看，做到效率高、成本低。

三、公司商业模式小结

巾帼西丽集团依托集团的综合发展优势，以家政服务为主导，将家政服务与养老服务、月嫂及清洁保洁等结合起来，推动多元产业联动发展。通过集团打造大管理平台，强化集团服务管理能力，不断提高客户满意率，提升集团价值。（见图1）

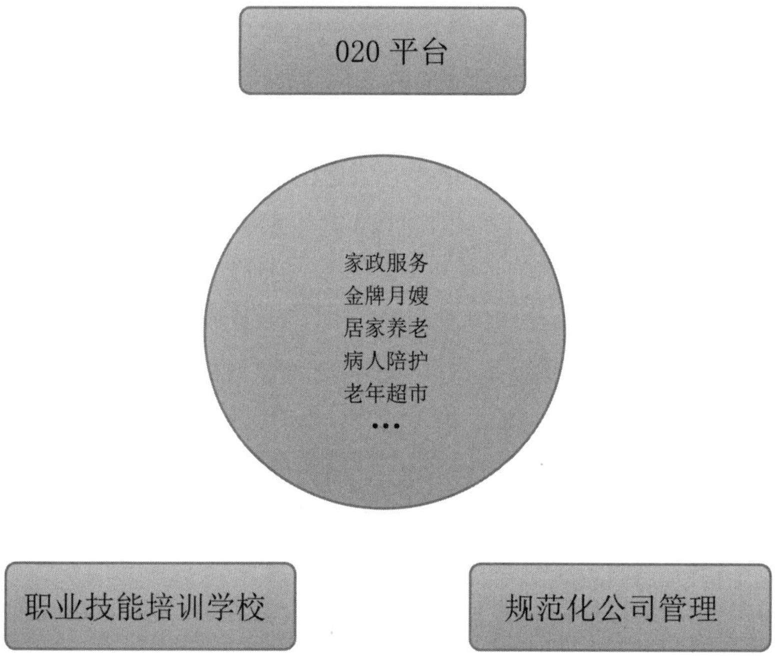

图1 巾帼西丽集团商业模式创新示意图

金诚集团：建立中国新城镇基因

一、企业概况

金诚集团是一家综合性的现代产业金融集团，服务于全球“新型城镇化”。集团总部位于中国杭州，目前，在7个国家和地区的60多座城市设立了分支机构。拥有6家经备案的私募基金管理人，1家基金销售公司，5家公众公司，在全球拥有近2000名员工。截至2016年上半年，政府项目签约量达到1800亿元。

当前，集团重点发展金诚新城镇事业，以现代服务业为核心，贯穿融资服务、城市建设、产业运营及资本证券化，打造新型城镇化全链闭环模式，推动全球新型城镇化进程，修复城市快速发展造成的城市问题，双向满足城市居民财富增值和生活需求。

二、独一无二的金诚新城镇模式

金诚集团从2008年成立初始，即开始研究政府基础建设的投融资业务，掌握了丰富的政府资源，形成了自身独特的业务格局和优势。在多年的业务发展过程中，金诚集团决心助力国家城市化发展进程，着力研究在城市化发展过程产业和资本的结合模式。通过瞄准国企混合所有制改革的契机，重点研究未来基础设施投融资和城市化发展的新模式，在市场中先人一步研究了金诚的PPP模式核心模型，创新的提出并搭建了以“金诚+地方政府+产业合作伙伴”为核心模式的PPP平台，在这个平台上每个PPP项目被细分为各个可交易标的，同时，我们引入一系列有利于项目建设和运营的产业客户来对接合作，让专业的人做专业的事，真正实现城市投融、投产、投建为一体，使PPP项目本身得以高效运行。

金诚新城镇致力打造“全产业链闭环模式”，通过公募基金、高端理财、私人银行家、互联网金融等平台，为政府提供多样化、定制化、个性化融资服务，解决资金瓶颈，同时为专业单位搭建PPP项目平台，整合近200家会员企业，包括中建四局、中天建设、浙建集团在内的80余家建设施工类单位， Thinkwell、新加坡SCDA、华东设计院等40余家规划设计类单位，和波士顿咨询、普华永道、泽厚律所等30余家咨询服务类单位。金诚集团给予每座城市从资金引入、城市建设、产业运营到资产证券化的全产业闭环服务。我们在做的就是和政府一起，通过四位一体的金融产业链打造新型城镇化的框架在建立的新城镇当中灌入文化旅游、医疗健康、教育、金融等丰富产业资源，为城市注入灵魂和血液，继而将产业资源资本化、资本全球证券化，通过资金反哺城市，带动城市可持续发展。这便是金诚新城镇模式的独特之处。

三、通过产业的完美结合，完成新城镇正向循环

产业运营作为新城镇闭环模式中的重要一链，起着至关重要的作用，它将赋予一座城市灵魂。在金诚的新型城镇化模式中，能够很好地将各个板块结合在新城镇的母体下，这样每个板块就能被无限延伸，和母体共享一个巨大的市场，完成新城镇正向循环。

金诚的产业内涵丰富，辐射范围广，受众面大，致力以实际行动为全球新型城镇化建设贡献力量。医疗与健康产业包含医疗管理、健康管理、膳食管理、有机农业四大组成部分，并创立了纽堡迪、清溪川、诚元等旗下品牌。文化与旅游产业包含影视制作与投资、演出及国际马戏、影视金融等文化产业组成，以及酒店管理、高端旅游、游艇俱乐部三大旅游板块组成，旗下拥有金诚太悦度假酒店、太悦旅行社等品牌，并与全球知名马戏团CAVALIA、全球知名沉浸式动感技术优质企业D-BOX实现合作。金诚学院依托金诚与地方政府的项目合作，打造小

中初素质化教育体系，搭建企业大学培训体系，服务社会各阶层群体。目前已经与享誉世界的大学--西交利物浦大学建立了深层合作关系，合作创办了金融学院、影视学院。金诚根据未来整体的布局做产业化的配套，灌入文化旅游、医疗健康、教育、金融等丰富产业资源，为城市注入血液。

以木渎项目为例，作为全国唯一的园林古镇，木渎有着得天独厚的地理位置，金诚细心梳理当地人文和生态脉络，参照姑苏繁华图的水街商业和院落生活场景，并结合自身产业优势，导入观光、休闲、餐饮、住宿、购物、文化创意等商业业态，这座千年古镇还将汇聚国际先进技术及金融机构，与木渎千年文化资源形成充分的交流互换，艺人及新青年创意集群的引入，也将丰富古镇的互动园林生活体验。产业与设计理念灌入其中，为木渎提供一个全方位，有灵魂的运营体系。金诚新城镇助力木渎再现姑苏繁华。

每一座城市都是独一无二的，金诚尊重每座城市的属性，从教育、医疗、文化以及金融等第三产业出发推动新型城镇化，运用独一无二的运营手法，去整合资源，灌入产业，为城市定制丰富的内容。给予城市新的升级和生命，这便是金诚的新型城镇化，是金诚的初心，也是金诚的执着与责任。

四、企业愿景

围绕着“改造城市，幸福人生”的使命和“The king of Asia”的愿景，坚持“中学为体、西学为用”的思想内核，在未来10年之内，在中国建成以点带面的新型城镇化的城市，这部分城市是带有明显的金诚标签的，这些标签是一份独一无二，并且和国际上的先进技术、先进人才高度融合的，为全球新型城镇化建设发展，贡献自己的力量。

乐享齐方：做中国最有价值的安全水务运营商

一、基本情况

浙江乐享齐方环保科技有限公司（股权代码：200336，注册资金1001万元），是一家集产品研发、销售、服务、运营为一体的水处理领域高新科技企业。

公司同时拥有净水处理系统、水分子重构系统、直饮水智慧管理系统三大核心产品系统，广泛应用于医药、化工、饮料、食品、居民生活饮用、健康养生等领域。

设有营销中心、研发中心、财务中心、行政中心、IT中心、售后服务中心、战略发展中心，在全国拥有50多个城市设立多个集销售、服务与一体的代理商和销售网点；公司在杭州富阳拥有多家生产企业，总部设在杭州市江干区凯旋路金牛坊产业园，办公面积1千多平方。

公司秉承“以技术为支撑，服务谋发展”的经营理念，致力于打造中国最有价值的安全水务系统解决方案运营商。

二、企业商业模式

浙江乐享齐方环保科技有限公司是安全水务综合管理系统解决方案运营商，立足于用新一代的水处理设备与智能物联网管理分析系统解决水务安全的最后一公里问题，面向全国的普通家庭用户、办公场所提供行业领先的安全水务系统解决方案，并推动净水行业向技术创新、智能化、物联化发展。主要利用领先的四大体系解决输水管网终端的水务安全问题，四大系统分别是：产品硬件体系、智慧管理体系、服务维保体系、技术支持体系。

1. 产品硬件体系

A. 产品理念：安全、便捷、经济

安全：首先保证出水水质安全，其次保证设备使用安全；

便捷：设备安装便捷，售后维保便捷；

经济：免费提供设备硬件，收取系统管理费的模式，降低用户的购买成本，同时在使用成本上让每个用户都能用得起。

B. 技术标准：“321”技术标准

3大处理工艺：预处理：解决水中大颗粒物的拦截问题，砂滤矿化：增加水中的有益矿物质含量，同时去除有害的重金属等有害离子，精滤：利用0.01微米的超滤膜，对水中有害的病毒细菌进行拦截，使出水水质真正安全可直饮；

2大基本功能：拦截：拦截水中的固体颗粒物、细菌、病毒等，吸附：去除水中的异味、有害化学物质如余氯等；

1个清洁系统：设备自身的清洁系统，有效去除设备自身拦截的污染物，避免设备自身产生二次污染，保证出水水质安全。

2. 智慧管理体系

A. 可视化：移动互联系统，手机端直接显示，随时查阅，随时查看你家饮用水质量，随时“看得见的水质量”，随时查看你家附近地区水质量，“看得见的水环境”；

B. 监测化：实时监测水质情况，TDS值、使用时间、使用寿命预警；

C.智能化：使用时间提醒，家庭（个人）用水建议、设备维护更换提醒。

3.服务维保体系

A.完善的服务网络：50多家覆盖全国的服务运营商网络，数千家合作服务网点，保证用户服务的高效专业；

B.及时的反应机制：400电话365天全年无休，24小时全天候待命，保证用户服务需求的及时准确；

4.技术支持体系

A.自建研发团队：水处理技术研发团队，引进德国技术，与浙江大学合作的研发；智慧系统研发团队，投资近千万元自建智能系统研发团队；

B.自主研发专利：三大处理工艺集成应用技术专利、集成器外观专利、设备反冲洗防二次污染专利、智能检测系统专利、智能检测控制器软件版权专利、智能检测器管理系统版权专利，另有多项专利正在申请。

三、未来发展规划

近年来，随着国家对绿色健康产业的大力支持，普通群众对生活品质的追求日益提升，净水行业作为国家重点扶持的绿色产业展现出前所未有的发展速度；同时随着国家支持的智慧城市的建设推进，智能化、物联化成为时代经济增长的新动力。面对机遇和挑战，浙江乐享齐方环保科技有限公司制定了“市场化、品牌化、智能化、领先化、资本化”的发展战略规划。

1.市场化

自2015年开始，公司全面启动市场化建设，计划从浙江基地市场开始，计划在3年内与50家战略客户形成合作，在全国范围内形成300家区域代理运营商的覆盖；同时根据地区差异，启动市场定制化产品及营销策略，满足不同市场的水务安全需求，目标在5年内完成服务500万用户的目标，完成全国市场的布局与运营。

2. 品牌化

公司确定以WSS水秘方为核心产品品牌覆盖民用、商用水务安全产品，向市场提供统一的品牌认知和识别体系；同时加大品牌宣传力度，同步线上线下的品牌广告和传播体系，打通线上与线下的销售运营体系，计划用5年时间，将WSS水秘方打造成国内安全水务综合服务领域的领先品牌。

3. 智能化

公司将在智能化水务安全领域持续投入，完成安全水务从传统向智能物联化的升级还贷，目标利用智能物联系统，让每一个普通用户清楚便捷的了解用水的安全性和可靠性，更方便用户的使用，同时利用智能物联网远传系统，在智慧城市的项目建设中获得更大市场。

4. 领先化

公司将始终秉持“以技术为支撑，以服务谋发展”的经营理念，在硬件技术研发、智能系统研发领域将持续投入，目标在硬件水处理领域保持对市场同类企业1-2年的设备技术领先，同时在智能物联领域，保持在行业内的领先优势。

5. 资本化

2016年，公司全面启动上市战略，计划于2017年底至2018年上市新三板，借助资本的力量，助推公司在经营上更上一层楼。

爱快服：坚持“服务实在、价格实在、品质实在”三大实在核心理念发展

爱快服是浙江爱想旗下新研发的IT专业快速服务平台定位于产品供应商、技术专业服务和弱电系统集成服务商，浙江爱想下辖浙江爱想实业有限公司（注册资金2000万）、浙江爱想信息科技有限公司（注册资金500万）和杭州爱想智能系统有限公司（注册资金100万）三个子公司，是专业从事建筑智能化系统和计算机信息系统集成的高新科技企业。

浙江爱想@快服平台与全国各县市都已签约线下合作代理商以求实现“服务实在、价格实在、品质实在”做到实实在在的让每一位用户放心、安心、舒心的根本。

浙江爱想运用现代化的高新技术手段，服务于国家机关、军队、交通、金融、教育、科研、企业及家庭等多个领域，为客户提供全方位的设计应用方案、销售、安装、售后等服务。服务范围涉及：IT技术服务、硬件销售、硬件维护、监控系统、防盗报警系统、楼宇对讲系统、门禁考勤系统、计算机网络系统、综合布线系统等。

浙江爱想与国内外多家著名企业建立了战略伙伴关系，代理了它们旗下的多种产品：例如美国理想工业的IDEAL数据通信产品、IBM公司的服务器产品、TP网络产品、惠普IT相关产品、DELL IT相关产品、群晖产品、联想公司的防火墙产

品、美国通用公司的GE防盗报警产品、美国Boter公司的智能监控产品与深圳和普威尔公司的HOPEWELL系列监控产品、深圳新三维公司的楼宇对讲产品、厦门舒特公司的考勤、消费、门禁产品等。与代理商的长期密切合作关系，使得我们的产品在服务、质量和价格等方面占有极大优势。

浙江爱想凝聚了一批具有强烈事业心、经验丰富的弱电系统工程师及计算网络信息技术的专业人才，拥有一支年富力强、勇于开拓、不断创新的设计施工队伍。我们本着“诚信为本”的理念，将“客户至上”的职业道德落实到产品选型、方案设计、服务等每一个环节，为客户提供高质量、完善的全程服务，全力打造专业品质的“无忧工程”。

我们的目标：和市场一起成长，与客户共同发展。

我们的信念：诚信为本，客户至上。

我们的哲学：爱想、敢做，热情服务。

企业商业模式

爱快服平台是互联网+及O2O模式相结合的技术服务及硬件供应平台，立足于行业领先地位。面向全国的企事业单位及个体消费者提供完善的技术服务、技术维护及硬件供应平台。很好地为所有用户群体提供完善的技术解决方案，并推动IT行业的技术创新、产品升级。爱快服自从开始到现在为广大企事业及个体消费群体实现了真正意义上的“服务实在、价格实在、品质实在”也极力地为他们实现了‘节约’。

特色亮点

浙江爱想爱快服平台能走在行业的前列，取得显著成绩，主要有以下几点经验；一是全员秉持“服务实在、价格实在、品质实在”的理念务实做到“精确、精准、快速”的服务标准。二是用户为上，爱快服平台全员充分考虑企事业及个体消费者的感受，无论是技术服务、产品选购及售后服务都是从用户的角度进行思考和规划从真正意义上实现了“用户至上”。三是人才为本浙江爱想爱快服平台通过提高现有人员素质与引进优秀人才的方式建立高效专业的团队以求做到“精确、精准、快速”的服务标准。

阿优文化：开启“IP+智能科技”创新模式

一、公司简介和成果概要

杭州阿优文化创意有限公司（www.66uu.cn）成立于2012年10月，是国家文化部认定的动漫企业和杭州市高新科技企业，通过以阿U为品牌孵化器、以儿童智能科技为发展引擎的创新模式，是国内“动漫IP+智能科技”的领军企业。2013年底完成A轮融资，现有四家股东中， 两家拥有上市公司的背景。

2012年8月在央视一套播出第一部《阿优》动画片，阿U仅以三年的时间，快速成长为全国领先的知名动漫品牌，据2015年5月国家广电总局的调研数据显示，阿U在全国小学生中的品牌知晓度达63.3%。《阿优》动画片的收视率位居全国省级卫视第二名、网络点播超过30亿次、爱奇艺少儿风云榜第一名，并荣获“全国少儿精品一等奖”、浙江省精神文明五个一工程奖、中国国际动漫节“金猴奖”（国家级）等40多项大奖。

从2014年下半年开始，阿优文化公司开始研发儿童智能产品，开始走“文化+科技”的发展方向，从而开启了IP+智能科技的创新模式。

动漫产业链包括原创动漫的创作、发行、播出、授权和衍生产品开发等环节，是指以“创意”为核心，以动画、漫画为表现形式，以电影电视传播为拉动效应，以衍生产品为主盈利的关联产业链。动漫产业具有高成本、高附加值、关联性强、产业链长的特点，伴随产业链条的延伸，风险逐渐降低，且版权价值逐渐升高。

目前，公司已累计投入近1.5亿元打造“阿U”儿童品牌和相关衍生业务。在衍生产业领域，阿U的商业生态已初具规模，已发展阿U生活消费品、阿U儿童智能产品、阿U主题乐园（国际卡通岛）、阿U儿童教育等，正在衍生产业领域走出一条动漫文化与高新科技融合发展的全新之路。

二、内容成果概要

1.动画片：已制作完成并播映400多集，以全年滚动播出电视台150家来测算，全年播出时长约为47万分钟、7800小时，收视率全国省级卫视第二。如今，《阿优》动画片在金鹰卡通卫视、广东少儿、上海炫动卡通卫视等频道播出期间收视率排名第一。

2.播映平台：CCTV-1、CCTV-14、CCTV-7、金鹰卡通（上星）、卡酷卫视（上星）、炫动卡通（上星）、优漫卡通（上星）、星空卫视、重庆卫视等全国200多家主流电视台，全年滚动播出；视频网站，如爱奇艺（阿U为少儿风云榜第一位）、搜狐视频、优酷网、土豆网、乐视网等，累计点播超30亿次；中国移动手机动漫评分第一的重点首推作品。

3. 海外播出：《阿U》动画片也在积极地拓展海外市场，目前，《阿U》系列动画片已在美国、印度等播出。

4. 漫画：已制作完成10000幅，出版发行200万册，每月连载的报刊发行量达700多万份。

5. 微动画+短片：已制作完成300集，公益动画短片《传递》入围第二届中国（杭州）国际微电影展“金桂花”奖。

6. 游戏：已上线80多款（手游+网游），其中，《阿U改作业》游戏下载量位居苹果APP Store教育类第一位，单日下载量达到了1.5万次。

7. 有声作品：已完成500集，2014年12月起陆续在喜马拉雅网络电台等推出，目前，收听量超1000万，单日收听超2万次。

8. 壁纸：阿U品牌人物形象壁纸下载量超5亿次，单日下载超过100万次。

9. 动画大电影：阿U的动画大电影，正在筹备中。

三、衍生产业领域的成果概要：

1. 阿U的零食：阿优文化公司授权推出阿U系列休闲小零食，在全国各大超市均有销售，包括各大线上商城京东商城、1号店等，年销售量超过3亿包。

2. 阿U国际卡通岛（亲子旅游）：浙江省内首家引进中科院虚拟现实高新技术的儿童乐园项目，以阿U卡通形象为主体、落户于杭州湘湖旅游度假区（国家4A级）的大型卡通文化、亲子旅游项目。

3. 阿U儿童智能产品：与股东体系内的慈星机器人公司联手开发，视觉识别技术等位居国内领先水平，是智能技术与动漫文化的一次全新融合发展。在今年4月的发布会，现场签约采购的订单额1.02亿元，阿U成为国内首个智能产品订单过亿的“动漫IP”。

四、智能科技与动漫 IP 的创新发展

近年来，儿童消费市场保持了15%的高速增长，儿童智能硬件有望形成万亿级别的市场。智能硬件产品的发展在于细分人群市场的开发，在儿童等细分领域的市场，有很多个性化的需求未被满足，甚至在某些方面，他们对智能硬件产品的需求比青壮年人群更加旺盛。和儿童相关的在线教育、智能硬件等领域，都将成为未来最炙手可热的领域之一。

阿U动漫IP+智能科技就是阿优文化公司的核心商业模式，这一模式下，以阿U动漫IP驱动用户，通过文化内容增强儿童智能产品的用户黏性。现在，已成功开发出阿U幻镜、阿U兔智等领先的儿童智能产品，受到市场追捧和消费者的青睐，并受到国务院副总理汪洋、浙江省委书记夏宝龙、浙江省长李强等国家和省市领导的视察，中宣部副部长景俊海还到杭州阿优文化公司进行了实地调研和考察。

阿U的动漫作品，已位居行业的领先地位。阿U的儿童智能科技，并非以授权形式实现，而是自主研发、掌握完全的自主知识产权，现已拥有近100人的研发团队。

通过对迪士尼等全球十大儿童玩具品牌的分析后，得出结论：玩具有一个共性，即九成以上的儿童玩具（14岁以下）都是文化IP的衍生品。儿童智能产品（科技），是最接近玩具的一种新兴产品。

随着阿U品牌影响力的持续扩大和电视与网络新媒体的滚动热播，阿U智能科技与阿U动漫IP的创新融合，会越来越紧密，已成为阿优文化公司的商业模式和核心竞争力。阿U品牌已经走上了独具特色的产业转型创新之路。

商城集团：推进义乌市场龙头高昂

浙江中国小商品城集团股份有限公司创建于1993年12月，系国有控股企业。公司作为全球最大的小商品批发市场——“义乌中国小商品城”的运营商，是中国商贸流通领域的龙头，致力于为全球中小微企业搭建共享式贸易服务平台。近年来，在上级部门的正确领导下，公司以义乌国际贸易综合改革试点为契机，锐意进取、开拓创新，在市场发展模式和公司管理机制等方面开展了积极有益的探索和实践，取得了显著成效。

——市场继续保持平稳增长。义乌中国小商品城现拥有营业面积550余平方米，商位7.5万个，日客流量21万人次，经营26个大类、180万种单品，商品覆盖全球219个国家和地区，2015年市场成交额达982.21亿元，继续领跑全国各大专业市场。

——进口贸易培育结出硕果。公司建设运营10万平方米的进口商品馆，集聚了100多个国家和地区的7.7万种商品，拥有源头货比例达50%以上，日益成为国内最大的“一站式”进口日用消费品集散中心。中国义乌进口商品博览会作为公司品牌展会，规模居全国同类展会之首，“展贸联动”效应不断彰显。

——品牌拓展步伐加快。“义乌中国小商品城”被认定为中国驰名商标，与国内8家商品交易市场达成品牌合作，义乌中国小商品城首个海外分市场波兰华沙分市场正式授牌，积极与国内外顶级资源合作，加快“走出去”项目落地。

——线上线下融合不断深化。公司电商平台“义乌购”日均访问量达300万PV，成功跻身国内B2B电子商务排名前20位，信息平台与贸易撮合功能已基本完备，致力于打造B2B电商龙头。

——多元化发展助力市场主业。公司积极做强做大会展业，参与投资金融领域，发展壮大房地产、酒店，并经营国际贸易、现代物流、广告信息、购物旅游等业务，形成市场资源共享与联动发展的公司架构和盈利模式，取得了良好的经济效益和社会效益。

展望未来，在改革试点的引领下，公司将充分发挥市场贸易平台优势，主动适应新常态，围绕世界“小商品之都”定位，加快五星级旗舰市场建设，推进市场转型升级，实现公司跨越式发展。

1. 推进市场转型升级，打造世界“小商品之都”

实施市场转型升级三年行动计划，提升市场主体素质，引导市场经营户自创品牌，提升商品档次。以义乌市场为核心的城市功能，从国际化全面向全球化迈进。从出口主导的对接世界，转向依托全球中小企业进口出口并重发展，从打造义乌国际商贸城到布局海外仓，海外市场并存的全球市场体系，主动顺应产业链，主动参与“一带一路”建设，抢占全球小商品领域的市场份额、定价权和话语权。

2. 培育壮大进口贸易，打造进口转口集散中心

发挥中欧班列优势，加强进口商品分销渠道建设，加大“源头货”引进，不断培育进口、转口贸易，长期目标把义乌打造成全球日用消费品的展示、信息、集散中心，成为全球日用消费品小微生产企业金融、设计等功能的服务配套中心。

3. 发展战略新兴行业，打造“国际健康教育城”

布局健康医疗、教育装备等行业，打造“国际健康教育城”。强化与国药集团、教育部教育装备研究与发展中心等行业顶级资源合作，引进更多领军企业或

区域总代理，积极打造适于两大产业协同发展的服务链和供应链，争取在城西区域打造一个与国际商贸城齐头并重的战略新兴产业集群。

4. 围绕“一带一路”经济带，构建“义乌系”市场网络

依托“中国小商品城”驰名商标，聚焦供应链优化和碎片化需求的整合，抓住全球集贸市场“大洗牌、大整合”的趋势，推进与贸易类跨国公司强强联合，拓展与“一带一路”沿线国家和地区的战略合作，加快布局小商品公共海外仓、境外物流分拨中心和海外分市场等境外分销节点。

5. 做大做强业务板块，完善商贸综合服务功能

通过引入外部资源和能力公司，着重打造数据、金融、电商、供应链四大功能板块，进一步巩固市场生态圈优势，为传统小商品产业链赋能。

（1）大数据平台。深入实践“互联网+”战略，完善市场互联网基础设施配套，强化移动互联网、物联网、大数据等科技成果应用，提升市场信息化、智能化水平。打造“智慧市场”“拨浪鼓”综合服务平台、信用平台及大数据中心，推动信息化、

（2）“一站式”金控平台。聚焦市场、聚焦贸易、聚集商户，依托大数据平台和小商品城商业信用体系，瞄准传统金融服务痛点和盲点，与国内顶级的全牌照金融公司开展深度合作，开放资源、引入服务，满足市场经营户碎片化需求，打造“一站式”金融服务平台。

（3）电商平台。坚持市场化导向，开放市场基础数据及应用场景，积极引入战略投资者和专业力量，运用互联网思维，深度切入贸易链各个环节，把市场7.5万商户、21万家生产企业、国内外几十万采购商信息串联起来，依托大数据打通贸易链的关键节点，致力打造全球B2B龙头电商。

（4）“小商品云”全网供应链平台。通过整合义乌市场庞大的供应端和采购端的优势资源，深度切入供应链，组建核心供应商队伍，对核心供应商尝试先行植入“小商品城”品牌。打造“小商品云”全网供应链平台，集智能仓储、数据分析、供应链金融、产业研究等综合服务功能于一体，全面提升对小商品全供应链的服务能力。

连连支付：为全球中小企业支付系统提供解决方案

一、公司基本情况

连连银通电子支付有限公司（以下简称“公司”或“连连支付”）是一家专门从事第三方支付业务的国家高新技术企业。公司于2003年成立于浙江省杭州市国家高新区，注册资本3.25亿元，是连连集团旗下全资子公司。

公司于2011年正式获得人民银行颁发的支付业务许可证，业务范围为全国范围内的互联网支付和移动支付。经过五年的业务拓展，公司已拥有包括支付业务许可证、跨境人民币收支业务许可及跨境外汇收支业务许可以及基金支付牌照在内的多项业务资质，并成为中国（杭州）跨境电子商务综合试验区的首批战略合作伙伴。

公司现有员工400余人，在北京、上海、深圳设立分支机构。大专学历以上人员95%以上，公司核心领导层均具有经济、金融、计算机、支付、信息安全等多年工作经验，主要部门负责人平均司龄为7.6年，关键岗位人员较为稳定。

“客户 · 简单 · 创新 · 激情 · 诚信 · 敬业”为公司企业文化的核心。公司十分重视员工的成长型和创新性，为员工提供了良好的办公环境和福利保障，让员工与连连共成长。

二、公司产品和业务情况介绍

目前，连连支付已成为国内领先的移动支付服务商，浙江省内最大的支付机构。其服务行业领域涉及电商、航旅、教育、互联网金融、跨境等，累计商户超过3000家，累计服务用户超过10亿人次。据艾瑞2016年1季度数据显示，连连支付在国内移动支付领域排名第四位。

连连支付全球化的支付解决方案日趋完善，服务能力水平日益提高：

（一）连连支付交易系统及风控系统行业领先

作为独立的第三方支付平台，公司自建连连支付管理系统，提供全球化支付服务。系统支持183家银行通道，覆盖率达90%以上，日均交易处理能力达千万级水准，稳定率高达99.97%，支付成功率达85%以上。系统采用分布式架构、事件消息驱动及插件式功能包装，扩展灵活。在苏州（世界级机房）与杭州架设双备份机房，实现分布式部署的灾备能力。技术水平位列全国支付行业第一梯队。

连连支付独创无账户支付体系，业内最早采用SDK接入形式，更加合规、安全、便捷。与浙江大学共建的大数据风控系统，成为国内第一家专注于移动支付风控系统的支付平台，每年有效拦截风险交易达数千万元，风险拦截率处行业一流水平。基于行业风险的大数据分析，针对不同行业配置风控模型，资损率控制在十万分之一级别，风险防范能力业内领先。

其广泛的渠道网络和强大的风控合规体系是支付系统稳定、安全、高效运营的基础，是构建全球化支付系统的保障。

（二）面向全球企业的定制化行业支付解决方案

1.全球领先的跨境支付解决方案：

连连支付与多家国际知名的境外支付机构，如Paypal、Worldfirst、Ebay等达成战略合作，为中国大量的出口电商平台提供人民币收款、汇兑及海外清算等一站式服务。配合综试区完善“单一窗口”，为国内外贸平台打造“一站式”全球化支付服务。

◎2015年12月，连连支付作为PayPal国内唯一授权提现人民币至境内银行卡的合作伙伴，该服务实现了中国出口贸易商家人民币提现历史性突破：国内商家在PayPal账户中进行人民币提现周期缩短逾60%，手续费降低超80%。

◎连连支付作为Apple Pay国内首批合作伙伴，为商户自助开通Apple Pay服务，并提供独创的SDK解决方案，三步快速接入，风控更安全。

2.连连独创的行业支付解决方案领跑市场

◎独创商旅行业定制解决方案-“游易付”：填补商旅行业平台实时退款功能的缺失，定制化行业解决方案，成功接入携程、同程旅游等国内排名前五的OTA平台。

◎独具特色的连连“商户钱包”：通过B2B2C的模式，融合人脸识别、指纹识别、银行卡/证件识别等技术，实现全方位用户认证和账户托管，协助企业平台搭建自主账户体系。

◎首创互联网金融行业解决方案-“认证支付”：在用户交易过程中通过多维度对用户身份进行校验，确保交易用户与持卡人身份的一致性，最大限度的保障用户交易安全，行业接入率达30%以上，领跑同行业市场。

◎融合支付解决方案-020“银加”：是国内唯一一家采用线上与线下相结合的支付网关，以订单关联方式，通过融合多种支付手段（刷卡、扫码、手机支付）终端，为企业平台打造线上与线下融合的完整支付生态链。

三、企业发展规划

支付是交易的基础，国内行业支付已开发的市场总量远超国内BAT交易总和，未开发的国内外交易市场更是无法估量。国内移动支付产业近年来突飞猛进，据艾瑞咨询数据显示，2015年我国移动支付行业总体交易规模突破10万亿元人民币，同比增长69.7%。据商务部预测，2016年我国跨境电商进出口贸易额将达到6.5万亿元，以年均30%的增量快速发展。

未来，公司将在继续深耕国内移动互联网支付、020支付的基础上，全力开拓跨境支付业务，构建连连支付全球支付网络，为全球中小企业支付系统解决方案，成为支付行业全球领先企业。

六

政 策 篇

Part VI
Policy

国土资源部 发展改革委 科技部 工业和信息化部 住房城乡建设部 商务部关于支持新产业新业态发展促进大众创业万众创新用地的意见

国土资规〔2015〕5号

各省、自治区、直辖市和新疆生产建设兵团国土资源、发展改革、科技、工业和信息化（通信管理）、住房和城乡建设、商务主管部门：

为贯彻落实党中央、国务院关于加快实施创新驱动发展战略、大力推进大众创业万众创新重大决策部署，增强战略性新兴产业支撑作用，推进“互联网+”行动，发展电子商务，构建众创空间等创业服务平台，支持培育发展新产业、新业态，依据国家相关法律法规政策，提出以下用地意见：

一、加大新供用地保障力度

（一）优先安排新产业发展用地。依据国家《战略性新兴产业重点产品和相关服务指导目录》《中国制造2025》“互联网+”等国家鼓励发展的新产业、新业态政策要求，各地可结合地方实际，确定当地重点发展的新产业，以“先存量、后增量”的原则，优先安排用地供应。对新产业发展快、用地集约且需求大的地区，可适度增加年度新增建设用地指标。

（二）明确新产业、新业态用地类型。国家支持发展的新产业、新业态建设项目，属于产品加工制造、高端装备修理的项目，可按工业用途落实用地；属于研发设计、勘察、检验检测、技术推广、环境评估与监测的项目，可按科教用途落实用地；属于水资源循环利用与节水、新能源发电运营维护、环境保护及污染治理中的排水、供电及污水、废物收集、贮存、利用、处理以及通信设施的项目，可按公用设施用途落实用地；属于下一代信息网络产业（通信设施除外）、新型信息技术服务、电子商务服务等经营服务项目，可按商服用途落实用地。新业态项目土地用途不明确的，可经县级以上城乡规划部门会同国土资源等相关部门论证，在现有国家城市用地分类的基础上制定地方标准予以明确，向社会公开后实施。

（三）运用多种方式供应新产业用地。新产业项目用地符合《划拨用地目录》的，可以划拨供应。鼓励以租赁等多种方式向中小企业供应土地。积极推行先租后让、租让结合供应方式。出让土地依法需以招标拍卖挂牌方式供应的，在公平、公正、不排除多个市场主体竞争的前提下，可将投资和产业主管部门提出的产业类型、生产技术、产业标准、产品品质要求作为土地供应前置条件；以先租后让等方式供应土地涉及招标拍卖挂牌的，招标拍卖挂牌程序也可在租赁供应时实施，租赁期满符合条件的可转为出让土地。

（四）采取差别化用地政策支持新业态发展。光伏、风力发电等项目使用戈壁、荒漠、荒草地等未利用土地的，对不占压土地、不改变地表形态的用地部分，可按原地类认定，不改变土地用途，在年度土地变更调查时作出标注，用地允许以租赁等方式取得，双方签订好补偿协议，用地报当地县级国土资源部门备案；对项目永久性建筑用地部分，应依法按建设用地办理手续。对建设占用农用地的，所有用地部分均应按建设用地管理。新能源汽车充电设施、移动通信基站等用地面积小、需多点分布的新产业配套基础设施，可采取配建方式供地。在供应其他相关建设项目用地时，将配建要求纳入土地使用条件，土地供应后，由相关权利人依法明确配套设施用地产权关系；鼓励新产业小型配套设施依法取得地役权进行建设。

二、鼓励盘活利用现有用地

（五）促进制造业迈向中高端。传统工业企业转为先进制造业企业，以及利用存量房产进行制造业与文化创意、科技服务业融合发展的，可实行继续按原用途和土地权利类型使用土地的过渡期政策。在符合控制性详细规划的前提下，现有制造业企业通过提高工业用地容积率、调整用地结构增加服务型制造业务设施和经营场所，其建筑面积比例不超过原总建筑面积15%的，可继续按原用途使用土地，但不得分割转让。

（六）支持生产性、科技及高技术服务业发展。原制造业企业和科研机构整体或部分转型、转制成立独立法人实体，从事研发设计、勘察、科技成果转化转移、信息技术服务和软件研发及知识产权、综合科技、节能环保等经营服务的，可实行继续按原用途和土地权利类型使用土地的过渡期政策。

（七）鼓励建设创业创新平台。依托国家实验室、重点实验室、工程实验室、工程（技术）研究中心构建的开放共享互动创新网络平台，利用现有建设用地建设的产学研结合中试基地共性技术研发平台、产业创新中心，可继续保持土地原用途和权利类型不变。按照国家加快构建众创空间的要求，对国家自主创新示范区、开发区、新型工业化产业示范基地、科技企业孵化器、国家大学科技园、小企业创业基地、高校、科技院所等机构，利用存量房产兴办创客空间、创业咖啡、创新工场等众创空间的，可实行继续按原用途和土地权利类型使用土地的过渡期政策。

（八）支持“互联网+”行动计划实施。在不改变用地主体、规划条件的前提下，开发互联网信息资源，利用存量房产、土地资源发展新业态、创新商业模式、开展线上线下融合业务的，可实行继续按原用途和土地权利类型使用土地的过渡期政策。过渡期满，可根据企业发展业态和控制性详细规划，确定是否另行办理用地手续事宜。

（九）促进科研院所企业化转制改革。科研机构转制为产业技术研发企业，其使用的原划拨科研用地、生产性建设用地，可按国有企业改制政策进行土地资产处置，对省级以上人民政府批准改制为国有独资公司、国有资本控股公司的，可采取作价出资（入股）、授权经营方式配置土地。

三、引导新产业集聚发展

（十）促进产业集聚集群发展。着力推进战略性新兴产业等新产业在现有开发区、产业集聚区集中布局，高新区、经开区、新型工业化产业示范基地要发挥新产业集聚集群发展的引领作用。支持以产业链为纽带，集中布局相关产业生产、研发、供应、上下游产品服务项目及公共服务项目。引导生产性服务业在中心城市、制造业集中区域集聚发展。国家在重大产业关键共性技术、装备和标准研发攻关及技术改造基建专项、工业转型升级等资金安排上，对各类开发区、产业集聚区中的重点企业予以支持。

（十一）有效保障中小企业发展空间。鼓励开发区、产业集聚区规划建设多层工业厂房、国家大学科技园、科技企业孵化器，供中小企业进行生产、研发、设计、经营多功能复合利用。标准厂房用地按工业用途管理，国家大学科技园、科技企业孵化器实行只租不售、租金管制、租户审核、转让限制的，其用地可按科教用途管理。创办三年内租用经营场所的小型微型企业，投资项目属于新产业、新业态的，可给予一定比例的租金补贴。鼓励地方出台支持政策，在规划许可的前提下，积极盘活商业用房、工业厂房、企业库房、物流设施和家庭住所、租赁房等资源，为创业者提供低成本办公场所和居住条件。

（十二）引导土地用途兼容复合利用。城乡规划主管部门在符合控制性详细规划的前提下，按照用途相近、功能兼容、互无干扰、基础设施共享的原则，会同发展改革、国土资源主管部门，根据当地实际，研究制定有助于新产业、新业态发展的兼容性地类和相关控制指标。经市、县国土资源会同城乡规划等部门充分论证，新产业工业项目用地，生产服务、行政办公、生活服务设施建筑面积占项目总建筑面积比例不超过15%的，可仍按工业用途管理。科教用地可兼容研发与中试、科技服务设施与项目及生活性服务设施，兼容设施建筑面积比例不得超过项目总建筑面积的15%，兼容用途的土地、房产不得分割转让。出让兼容用途的土地，按主用途确定供应方式，在现有建设用地上增加兼容的，可以协议方式办理用地手续。

（十三）推动功能混合和产城融合。单一生产功能的开发区、产业集聚区，可按照统一配套、依法供应、统筹管理的原则，在符合城乡规划的前提下，适当安排建设用地用于商品零售、住宿餐饮、商务金融、城镇住宅等建设，推动相关区域从单一生产功能向城市综合功能转型。

四、完善新产业用地监管制度

（十四）建立政策实施部门联动机制。市、县国土资源主管部门编制国有建设用地供应计划前，应征询相关部门意见。发展改革应会同工业和信息化、科技、商务等部门及开发区管理机构，研究提出新产业和新业态项目的用地需求；城乡规划主管部门会同国土部门提出用地布局、协调土地供应和建设时序意见。国有建设用地供应计划报市、县人民政府批准后组织实施。现有建设用地过渡期支持政策以5年为限，5年期满及涉及转让需办理相关用地手续的，可按新用途、新权利类型、市场价，以协议方式办理。对需享受政策的市场主体，投资或相关行业主管部门应向国土资源主管部门提供项目符合条件证明文件，国土资源主管部门登记备案后执行。加强过渡期满政策执行监管，防止以任何名目改变政策适用期。

（十五）建立共同监管机制。对于投资和产业主管等部门提出产业类型、生产技术、产业标准、产品品质要求作为土地供应条件的，在土地供应成交后，提出关联条件部门应当要求土地使用权取得人提交项目用地产业发展承诺书，作为国土资源主管部门签订土地供应合同的前提条件。提出关联条件部门应对承诺书的履行进行监督，并适时通报国土资源主管部门。项目竣工投产达不到约定要求的，各相关部门应按职能分工依法依约进行处置。对利用现有建设用地兴办的新产业、新业态项目提出证明文件部门，应对项目经营方向进行监管。在工业、科教用地上建设或兼容的研发场所，允许转让、出租的，受让方、承租方投资项目所属产业应符合研发场所允许布局产业要求，不符合的，应按商服用途办理补缴土地出让价款手续及相关变更手续。

（十六）建立定期核验评估制度。签订、接收项目用地产业发展承诺书、土地供应合同、划拨决定书及提供项目符合用地支持政策要求证明文件的政府相关责任部门，应按法律文书约定、规定的事项，定期进行核验评估。对不符合用地支持扶持政策的，应及时终止政策执行；对需承担违约责任的，应依法依约追究责任。对符合相关规定、约定且需办理后续用地手续的，应及时办理。

本文件自下发之日起执行，有效期八年。

浙江省人民政府关于加快发展体育产业促进体育消费的实施意见

浙政发〔2015〕19号

各市、县（市、区）人民政府，省政府直属各单位：

为推动我省体育产业加快发展，有效扩大体育消费，不断满足群众体育健身需求，加快健康产业发展，促进经济结构调整优化，根据《国务院关于加快发展体育产业促进体育消费的若干意见》（国发〔2014〕46号）精神，结合实际，提出如下实施意见：

一、总体要求

（一）指导思想

深入贯彻党的十八大及十八届三中、四中全会精神，把增强人民体质、提高全社会整体健康水平作为根本目标，进一步解放思想、深化改革、开拓创新、激发活力，充分发挥市场在资源配置中的决定性作用和更好发挥政府作用，不断扩大体育产品与服务供给，满足群众体育需求，促进群众体育与竞技体育全面发展，发展健康大产业，加快体育强省建设。

（二）基本原则

改革引领，创新发展。强化改革对体育产业发展的推动作用，加快政府职能转变，进一步简政放权。加强规划、政策、标准引导，创新服务方式和体育产业发展模式，培育新型体育业态。

完善机制，激发活力。遵循产业发展规律，完善市场机制，强化市场监管。积极培育多元市场主体，吸引社会资本参与，充分调动全社会的积极性与创造力，提供适应群众需求、丰富多样的产品和服务。

以人为本，促进消费。倡导文明健康的生活方式，激发群众参与体育活动热情，推进健康关口前移，强身健体，提高生活品质。培育推广投资健康的消费理念，推动形成充满活力的体育消费市场。

优化环境，创造条件。营造重视体育、支持体育、参与体育的社会氛围，把体育产业作为绿色产业、朝阳产业培育扶持，破除行业壁垒，清除制度障碍，形成有利于体育产业健康快速发展的政策体系。

注重统筹，加强融合。立足全局，统筹兼顾，搭建有利于体育产业与体育事业共同发展、繁荣的大平台，推进体育产业各门类和业态全面发展，促进体育产业与相关产业融合发展，促进健康产业发展，促进体育产业与经济社会协调发展。

（三）发展目标

到2025年，基本建成布局合理、功能完善、门类齐全的体育产业体系，建立多方合作、充满活力、富有效率、更加开放、有利于体育产业发展的体制机制，体育产业发展水平继续走在全国前列。

——总量和比重进一步提高。体育产业增加值的年均增长速度明显高于同期经济增长速度。到2025年，体育产业总规模超过5000亿元，体育产业增加值在地区生产总值中的比重达到1.6%，其中体育服务业增加值占体育产业的比重超过40%。

——产业体系进一步完善。体育产业各门类协同发展，产业组织形态更加丰富，产业结构更加合理，体育产品和服务供给充足，层次多样。运动休闲、海洋体育、体育文化创意等特色产业蓬勃发展。涌现一批带动力强的龙头企业和大批富有创新活力的中小企业、社会组织，形成一批特色鲜明的产业集群和知名品牌。

——产业环境进一步优化。体制机制充满活力，政策法规体系更加健全，标准体系科学完善，监管机制规范高效，市场主体诚信自律。

——产业基础进一步巩固。体育设施供给明显增加，人均体育场地面积超过2.25平方米；新建足球场地500片以上，实现全省90%以上乡镇建有足球场；新建或改建社区中小型多功能运动场馆2000个，新建社区与行政村的体育设施覆盖率达到100%；公共体育设施和符合条件的公办学校体育场地向社会开放率达到100%，在城市社区建设15分钟健身圈，全省经常参加体育锻炼的人数达到40%以上；群众体育健身和消费意识显著增强，人均体育消费支出明显提高。

二、主要任务

（一）创新体制机制

进一步转变政府职能。全面清理不利于体育产业发展的制度规定，减少行政审批事项，凡是法律法规没有明令禁入的领域，都要向社会开放。研究制订基本公共体育服务标准，推进基本公共体育服务均等化。完善政府购买体育服务政策，公布政府购买体育服务指导性目录。推进有条件的事业单位转制为企业或社会组织，加快推进体育行业协会与行政机关、事业单位脱钩。将适合由社会组织提供的公共服务和承办的事项，交由社会组织承担。

推进体育赛事改革。取消商业性和群众性体育赛事活动审批，加快综合性和单项体育赛事管理制度改革，公开赛事举办目录。通过市场机制积极引入社会资本承办赛事，建立健全体育赛事多元化投入机制和多样化运营模式，培育和支持专业化赛事运营企业和社会组织。继续实施竞技体育精品战略，发展体育竞赛表演业。为各类赛事活动的举办提供服务，打造政府支持社会力量承办赛事的配套服务体系和平台，进一步降低社会力量办赛门槛。

推进职业体育改革。鼓励和支持具备条件的运动项目走职业化发展道路，支持教练员、运动员职业化发展。引导社会力量参与竞技体育后备人才培养，加强对明星运动员、优秀教练员等无形资产的开发。推动多元主体组建职业体育俱乐部，完善职业体育俱乐部的法人治理结构，鼓励发展区域职业联盟，充分发挥俱乐部的市场主体作用。

创新体育场馆建设运营机制。加快推进体育场馆所有权和经营权分离，引入和运用现代企业制度，激发场馆运营活力，全面提升运营效能。扶持和培育一批体育场馆专业运营管理实体，支持其通过品牌输出、管理输出、资本输出等形式实现规模化、专业化运营。推行体育场馆设计、建设、运营、管理一体化模式，将赛事功能需要与赛后综合利用有机结合。积极推广政府和社会资本合作（ＰＰＰ）模式，鼓励社会资本参与体育场馆建设与运营。制订政府对体育场馆公益性服务购买机制和标准，鼓励各类体育场馆提供公益性服务。

（二）培育多元主体

壮大骨干企业。着力扶持、培育一批有自主品牌、比较优势、竞争实力的重点体育企业，适时组建国有或国有控股的省级体育产业集团。引导有实力的体育企业以资本为纽带，实行跨地区、跨行业、跨所有制的兼并、重组、上市。开展体育制造业、体育服务业示范企业认定工作。

扶持中小企业。全面落实国家和省扶持中小企业发展的政策措施，通过政府购买、信贷支持、加强服务等多种形式扶持中小体育企业发展。发挥体育产业引导资金扶持发展的主渠道作用，重点支持“专、精、特、新”中小体育企业发展。鼓励设立各类体育产业孵化平台，为体育领域的大众创业、万众创新创造良好环境。

培育体育社会组织。推进政社分开、管办分离，支持体育社会组织实体化运作，探索建立法人治理结构。开展体育社会组织等级评定，一定等级以上的体育社会组织可优先承接政府各项体育公共职能。鼓励体育社会组织参与制订运动项目的发展规划，提高赛事组织能力。鼓励有市场潜力的体育运动项目发展“运动项目联盟”。

（三）完善产业布局和结构

完善产业布局。因地制宜打造一批符合市场规律、竞争力强的体育产业集聚区。重点打造赛（游）艇、轮滑、乒羽网球（拍）、传统武术器具、钓具、户外健身器材、全地形车等为主要产品的制造业集群。建设环杭州湾、环舟山群岛、环太湖和环浙南等运动休闲发展带，支持创建国家体育产业基地和国家级运动休闲示范区。依托专业体育医疗机构和省级以上运动休闲基地，培育体育康复产业，探索设立体育康复产业园区。培育创建一批体育特征突出、产业基础较好、产业融合潜力较大的特色小镇。

优化产业结构。大力发展体育服务业，实施体育服务业精品工程。拓展健身休闲、竞赛表演、场馆服务、中介培训、体育旅游、体育会展商贸、运动装备租赁等体育服务业。支持体育用品制造业创新发展，引导企业增加科技投入，研究开发科技含量高、具有自主知识产权的运动器材装备，重点支持可穿戴运动装备和智能运动设备的发展。

抓好潜力产业。以足球、篮球、排球三大球为切入点，加快发展普及性广、关注度高、市场空间大的集体项目，推动产业向纵深发展。抓紧制订足球项目中长期发展规划和场地设施建设规划，推广校园足球和社会足球。

兴办特色产业。依托我省山、海、江、湖等自然资源，重点发展山地运动、水上运动、海洋体育等运动休闲产业。扶持发展体育影视、体育传媒、体育动漫、电子竞技等体育文化创意产业。探索“互联网＋体育”发展的新路径，支持开发以移动互联网为主体的“体育生活云平台”及体育电商交易平台，构建线上线下结合的体育商贸新模式，打造新的体育产业增长点。

培育新型业态。扎实推动体育与信息经济、环保、健康、旅游、时尚、金融、高端装备制造等领域的融合发展。以体育设施为载体，打造城市体育服务综合体，推动体育与住宅、休闲、商业综合开发。规划建设一批体育主题公园，开展省级运动休闲（旅游）基地、精品线路和优秀项目认定工作。

（四）扩大市场供给

建设完善体育健身设施。优化体育场地设施的规划与布局，重点建设一批便民利民的社区中小型多功能运动场馆等全民健身设施。合理利用郊野公园、城市公园、公共绿地及空置场所等建设体育健身场地和设施。开发健身步道、自行车绿道等慢行交通系统，引导发展登山步道、徒步骑行服务站、汽车露营营地、航空飞行营地、帆船游艇码头等户外场地设施。支持社会力量建设小型、多样的运动场地设施。

充分利用现有场馆设施。采取切实有效措施，加大体育场馆设施开放、利用力度。各级各类公共体育设施要带头免费或低收费向社会开放。大力探索政府建设的大型体育场馆设施利用途径。省、市、县（市、区）政府建设的大型体育场、体育馆，除了保障运动员训练、体育赛事活动、全民健身等体育事业任务外，还要积极创造条件开展场地开放、健身服务、竞赛表演、体育培训、运动指导、健康管理等经营和服务，提高综合利用水平，满足人民群众体育健身需求，发展体育及相关产业。其他专业性较强的体育场馆及训练场馆，在保障比赛及专业训练等任务的前提下，也要创造条件向社会开放。充分利用大型体育场馆的闲置空间，通过合理的适用性改造，建设体育服务综合体和体育产业集群，发展体育旅游、体育会展、体育商贸、康体休闲、文化演艺等多元业态。利用市场机制或政府购买服务的方式，加快推进企事业单位和符合开放条件的学校体育场馆设施向社会开放。充分利用现有的旅游设施、文化场馆、健康服务机构等，开展体育服务，发展体育产业。鼓励基层文化、体育设施共建共享。

发展健身休闲项目。设计举办适合不同人群特点的健身休闲项目。开展健身跑、健步走、自行车、赛车、水上运动、登山攀岩、射击射箭、击剑、马术、航空、极限运动等有发展空间的项目。推广羽毛球、网球、游泳、模型、器械健身、钓鱼、台球等群众喜闻乐见、参与性较强的健身休闲项目。精心组织开展武术、龙舟、舞龙舞狮等传统体育项目，扶持少数民族传统体育项目发展，鼓励开发适合老年人特点的休闲运动项目。

丰富体育赛事活动。支持杭州国际马拉松、宁波北仑国际女排精英赛、龙游亚太汽车拉力锦标赛等品牌赛事。引进一批适合我省举办、市场前景较好的国际单项体育赛事，积极申办国内外综合性运动会。鼓励机关团体、企事业单位、社会组织等举办各类体育比赛。在青少年群体中广泛开展足球、篮球、排球、乒乓球、羽毛球、游泳等运动，打造小学、初中、高中、大学四级校园联赛。

（五）营造健身氛围

普及健身活动。利用多种手段，普及运动健身知识，增强公众参与体育健身的意识。倡导各级各类机关、企事业单位和社会组织举办不同类型的兴趣小组，开展各类体育健身活动，积极推广广播操和工间操。鼓励学校成立课外体育俱乐部，完善学校体育教学考核评价体系，确保学生每天体育活动时间不少于1

小时，掌握1项以上体育运动技能，养成终身参加体育锻炼的习惯。注重康体结合。探索制订运动与健康促进发展方案，鼓励社会资本开办康体、运动康复等机构。发挥体育锻炼在疾病防治以及健康促进等方面的作用，推广“运动处方”，建设运动干预慢病防控示范站。完善国民体质监测制度，定期发布国民体质监测报告。鼓励各级各类有条件的医疗机构和社会力量设立国民体质监测站点，组织开展群众日常体质测定和健康服务。加强运动康复、中医理疗医保支付规范管理。

引导科学健身。开设全民健身科学指导大讲堂，发挥社会体育指导员的作用，提高公众体育健身科学素养。建立科学健身指导和体验中心，打造科学健身示范平台。建立覆盖全省的科学健身指导网络和体育场馆信息服务平台，加快公共体育服务信息化进程。整合体育科研机构和体育院校的优质资源，研究和推广科学健身的新项目、新器材、新方法、新标准。

三、政策措施

（一）拓宽投融资渠道

加大财政金融扶持力度，支持社会资本进入体育产业领域。充分发挥省转型升级产业基金的引导、放大作用，鼓励各级政府产业基金与金融资本、产业资本等合作，推动成立体育产业子基金。逐步增加省级扶持体育发展专项资金规模，有条件的市、县（市、区）政府要设立体育发展专项资金，对符合条件的企业及社会组织给予项目补助、贷款贴息和奖励。以市场为导向，引导设立由社会资本筹资的体育产业投资基金。鼓励金融机构为体育企业提供创新金融产品，加大对小微体育企业的贷款支持。鼓励政策性担保机构为体育服务机构提供融资性担保服务。支持符合条件的体育企业上市及发行企业债券、公司债、短期融资券、中期票据、中小企业集合票据、中小企业私募债等。

创新体育产业项目利用外资方式，有效利用境外直接投资、国际组织和外国政府优惠贷款、国际商业贷款。开发涉及大众健身、体育赛事、体育场馆、户外运动、职业俱乐部、运动员等的体育保险产品。

（二）完善健身消费政策

各级政府要将全民健身经费纳入财政预算，并保持与国民经济增长相适应。要安排一定比例体育彩票公益金等财政资金，通过政府购买服务、发放消费券等方式，提高群众的体育消费意愿，引导、支持各级各类体育组织及机构提供多元化的体育产品和服务。开展医保卡年度结余部分用于特定场所体育健康消费试点。支持企事业单位、学校、个人购买运动伤害类保险。在省内举办或承办的各类体育赛事和体育活动中，同等条件下优先采购有利于促进我省体育产业发展的体育产品和服务。

（三）落实税费优惠政策

落实现行国家支持体育产业发展的各项税收优惠政策。对经认定为高新技术企业的体育企业、提供体育公共服务的非营利组织企业，依法享受相关税收减免政策。体育企业发生的符合条件的广告费支出以及创意和设计费用等，可按规定享受税收优惠政策。企业从事文化体育业按 3 %的税率计征营业税。企业向贫困和农村地区捐赠体育服装、器材装备，符合税收法律法规规定条件的，可享受税收优惠政策。体育场馆自用的房产和土地，享受有关房产税和城镇土地使用税优惠。体育场馆等健身场所的水、电、气、热价格按不高于一般工业标准执行。

（四）明确规划和用地保障

各地要将体育设施用地纳入城乡规划、土地利用总体规划和年度用地计划，合理规划建设群众体育设施、竞技体育设施和体育赛事场馆。新建居住区和社区要按室内人均建筑面积不低于0.1平方米或室外人均用地不低于0.3平方米标准，配套建设群众健身相关设施，并与住宅区主体工程同步设计、同步施工、同步投入使用。各级城乡规划部门在审查审批公共配套服务设施规划设计方案时，应征求同级体育主管部门的意见。老城区及已建成居住区无群众健身设施的，或现有设施没有达到规划建设标准的，要通过改造等多种方式予以完善。社区体育设施用地应按一定人口密度配套供给。鼓励利用闲置厂房、仓储用房、传统商业、农村闲置房等存量房产、土地资源兴办体育产业，可以把“三改一拆”中的旧住宅、旧厂区、城中村，以及老城区原有工业功能区改造为体育场地设施和体育产业园区。对利用原划拨方式取得的存量房产和建设用地，符合划拨用地目录的非营利性体育设施项目可继续以划拨方式使用土地；不符合划拨用地目录的经营性体育设施项目，连续经营1年以上的可按文体娱乐用途采取协议出让方式办理用地手续。支持利用荒地、荒坡、荒滩、废弃矿山、海岛等开发体育项目。国有体育事业单位改制后，土地用途符合划拨用地目录的，按有关规定经批准后，可继续以划拨方式使用；不符合划拨用地目录的，应依法办理土地有偿使用手续，经评估确定后以作价出资（入股）等方式处置。

（五）加强体育人才培养

鼓励有条件的高等院校根据社会需求设立体育产业专业，支持高等院校、科研院所、职业培训机构和体育企业建立体育产业教学、科研和培训基地。重点开展对体育产业管理人员、一线服务人员、专业技能人才和行业领军人才的培养培训。对体育产业发展作出重大贡献的领军人才按有关政策规定给予奖励。加强运动员文化教育、就业指导及创业孵化，研究鼓励退役运动员从事体育产业和体育教育工作的扶持政策。鼓励街道、社区聘用体育专业人才从事群众健身指导工作。积极推进全民健身志愿者服务。

（六）优化市场环境

营造公开、公平的体育市场准入环境。探索建立区域性体育资源交易平台，推进赛事举办权、场馆经营权、无形资产开发等具备交易条件的资源公平、公正、公开流转。制订体育赛事和活动安保服务标准，推进安保服务社会化。完善体育赛事转播收益分配机制。把重大体育科研项目纳入相关科技计划，实施一批体育产业科技攻关项目，加快研发具有自主知识产权的关键、核心技术，促进体育技术成果应用与转化。

四、组织实施

（一）健全工作机制

各地要将发展体育产业、促进体育消费纳入地方经济和社会发展规划，纳入政府目标责任制管理范围。省政府建立发展改革、体育、财政等多部门合作的体育产业发展工作协调机制，各地也要结合实际建立相应的工作机制。要进一步优化体育行政部门职责配置，加强对体育产业工作的指导。

（二）强化行业管理

加强体育产业行业协会建设。发挥各级体育联合会在体育产业发展中的作用。完善体育产业统计工作，健全相关信息发布制度。完善市场监管体系，加强对体育竞赛表演、体育健身休闲等市场以及高危险性体育项目的监管。加强理论研究，建立健全体育产业研究智库。加强体育社会组织、体育企业、从业人员的诚信建设，净化体育产业环境。

（三）加强督促落实

各地、各有关部门要根据本实施意见，结合实际，制订实施细则，认真贯彻落实。省发改委、省体育局要会同有关部门对落实本实施意见的情况进行督促检查和跟踪分析，重大事项及时向省政府报告。

本实施意见印发后，《浙江省人民政府办公厅关于加快发展体育产业的实施意见》（浙政办发〔2010〕103号）即废止。

浙江省人民政府关于大力发展电子商务加快培育经济新动力的实施意见

浙政发〔2015〕49号

各市、县（市、区）人民政府，省政府直属各单位：

为贯彻落实《国务院关于大力发展电子商务加快培育经济新动力的意见》（国发〔2015〕24号）精神，大力推进我省电子商务提升发展，打造大众创业、万众创新的新引擎，培育促进经济转型升级的新动力，提出如下实施意见：

一、指导思想和主要目标

（一）指导思想。主动适应和引领经济发展新常态，围绕信息经济先行区建设，按照市场主导、政府推动、鼓励创新、规范引导的要求，坚定不移地推进“电商换市”，加快构建完善的电子商务产业体系，大力推进电子商务政策、模式、管理和服务创新，推动解决电子商务发展中的深层次矛盾和问题，建立开放、规范、诚信、安全的电子商务发展环境。

（二）主要目标。到2020年，全省基本建成完整的电子商务产业体系，实现电子商务交易额超过4万亿元，网络零售额突破1.6万亿元，农产品网络销售额1000亿元，跨境网络零售额1000亿美元；实现电子商务与农业、工业、服务业深度融合，成为促进创业、稳定就业、改善民生服务的重要平台，形成统一开放、竞争有序、诚信守法、安全可靠的电子商务大市场，努力把我省建成国际电子商务中心，确保浙江电子商务“走在前列”，发挥先行和示范作用。

二、构建完善的电子商务产业体系

（三）积极培育电子商务市场主体。进一步巩固和发展网络零售平台，提升发展企业间交易电子商务平台，创新发展服务领域电子商务平台。推动专业化电子商务企业扩大经营规模，支持个体网商向电子商务企业转型，按规定享受“小升规”“个转企”相关政策。鼓励传统企业通过开设网店或者设立电子商务企业开展经营活动，全面扩大电子商务市场主体数量和经营规模。

（四）加快构建电子商务服务体系。大力发展软件开发、网店建设、仓储管理、营销推广、视频美工、售后服务、跨境服务和代运营等电子商务服务业。加快推进省、市、县三级电子商务公共服务平台建设，为辖区内各类市场主体开展电子商务提供多层次、全方位服务。将电子商务公共服务纳入政府购买服务范围。

（五）有序建设电子商务产业平台。落实全省电子商务产业基地规划，有序建设电子商务综合功能区、产业园和创业园（孵化园）；建设一批农业农村电子商务、跨境电子商务、互联网金融等专业电子商务产业基地。鼓励利用存量土地发展电子商务产业平台，对列入全省电子商务产业基地名录且利用工业厂房、仓储用房等存量房产、土地资源兴办电子商务产业基地的，其用地性质可暂不变更；在符合有关法律法规、当地城市总体规划和质量安全的前提下，经规划、建设部门批准后可实施改建、扩建，适当提高土地利用强度和效率。

（六）大力推进电子商务领域项目建设。改造和建设一批电子商务平台项目，新建一批大数据、云计算等电子商务技术支撑项目，建设一批物流配送、公共仓储、摄影基地、客服中心等电子商务服务项目。建立电子商务重点建设项目库，每年排出一批重点建设项目，由省电子商务工作领导小组办公室公布名录并协调落实相关支持政策，引导社会资本投向电子商务领域重点建设项目，进一步增强我省电子商务发展后劲。

三、全面提升电子商务应用范围和水平

（七）创新工业领域电子商务模式。全面普及工业企业电子商务应用，鼓励

中小企业依托第三方电子商务平台开展网络销售，推进规上企业电子商务业务全覆盖，鼓励有条件的企业大力发展网络品牌，加快建立与浙江产业特色相适应的工业品网络零售和分销体系；创新网络销售模式，逐步发展“以销定产”“个性化定制”等经营方式；支持龙头骨干企业发展集研发、设计、采购、生产和销售为一体的全流程电子商务，有条件的可自建电子商务平台。支持生产制造企业深化物联网、云计算、大数据、三维（3D）设计及打印等信息技术的应用，实现与客户电子商务系统对接，提高加工订单的响应速度及柔性制造能力。

（八）大力发展农村电子商务。鼓励农产品经营者开展网络零售、大宗批发、网上预订、生鲜配送等电子商务业务，加快构建农产品网络销售体系。大力发展农家乐休闲旅游等乡村休闲旅游和其他农村服务业电子商务。深入实施“电子商务进万村”工程，加快农村电子商务服务网点建设，逐步拓展建材、农资、药品网上商品代购种类和缴费、票务、包裹存取等业务。高校毕业生、登记失业人员、就业困难人员等重点人群从事农村电子商务创业的，可享受一次性创业社保补贴和创业带动就业补贴，补贴标准可上浮20%。对从事农产品网络销售、农民网络消费服务的电子商务企业招用毕业年度离校未就业的高校毕业生，按企业为其实际缴纳部分给予社保补贴，期限不超过3年。城乡劳动者在村级电子商务服务站服务1年以上并经认定，可享受一次性创业社保补贴。就业困难人员到村级电子商务服务站就业并经考核合格，可参照公益性岗位政策给予岗位补贴和社保补贴，不再享受一次性创业社保补贴。推进农村电子商务服务网点与银行卡助农服务点合作共建，推广电子支付等金融服务应用。推进国家农村信息化示范省建设。拓展村邮站服务功能，促进快递服务与农村电子商务协同发展。推进农村电子商务园区、公共服务中心和公共仓储设施建设，建设一批电子商务小镇，培育发展一批电子商务村。建立健全特色农产品地方标准体系和产品质量保证体系，加强鲜活农产品标准体系、动植物检疫体系、安全追溯体系、质量保障与安全监管体系建设，大力发展农产品冷链基础设施。

（九）创新发展跨境电子商务。加快推进跨境电子商务经营主体、销售渠道、服务支撑和监管机制等环节的衔接，构建与电子商务特点相适应的跨境电子商务运营和监管体系。合理规划并加快推进跨境电子商务产业园区和公共海外仓建设；有序发展跨境电子商务保税备货进口业务，规范发展代购直邮业务，大力发展进口商品网络分销业务。全面推进中国（杭州）跨境电子商务综合试验区建设，加快省内试点城市跨境电子商务业务发展，尽快形成可复制、可推广的经验并在全省范围推广。

（十）引导传统商贸企业发展电子商务。充分发挥百货、超市、便利店等实体零售业良好的用户体验等优势，探索发展网货体验店、提货点、快递合作营业场所、配送站和网货服务中心等业态，推进实体商业与电子商务的良性互动发展。积极发展智能商圈，推进移动互联网、地理位置服务、大数据等信息技术在传统零售中的应用，提升流通效率和服务质量。开展专业市场电子商务应用专项行动，推动各类专业市场实现线上线下融合发展。规范发展能源、化工、钢铁、林业等行业电子商务平台，加快发展大宗商品网上交易。推动医药电子商务发展，加强互联网食品药品市场监测监管体系建设，完善互联网食品药品经营监督管理措施。

（十一）规范发展互联网金融服务。鼓励银行、证券、保险、公募基金等金融机构及企业依法进行网络化创新，落实互联网金融产品的销售适当性原则和信息披露制度。规范发展网贷、众筹等网络融资业务，创新发展在线融资租赁，探索建立与互联网金融活动相适应的新型监管方式。按照国家有关规定，规范金融企业电子商务平台建设，鼓励发展适合网上销售的各种金融业务。支持支付机构规范开展面向电子商务和民生领域的业务创新。支持重点电子商务企业申报支付牌照，加强支付机构管理，推动第三方支付业务健康发展。

（十二）推进服务业发展电子商务。推进商务服务、生活服务和公共资源的网上交易。创新发展餐饮、家政、缴费、票务、医疗等生活性服务业电子商务。创新媒体在线服务方式，提升文化企业网络服务能力，推进演艺、动漫等文化产业重点领域的电子商务应用。支持旅游景点、酒店等开展线上营销，推动旅游在线服务模式创新。培育一批教育、会展、广告、法律、典当、拍卖、租赁、人力资源等专业性电子商务平台。加大政府利用电子商务平台进行采购的力度。

（十三）推进电子商务新技术新模式发展。开展电子商务基础理论、发展规律和技术创新研究，推动成立全省性、全国性的电子商务研究机构。鼓励高等院校、科研院所与企业组建产学研协同创新联盟。推进电子商务技术和模式创新，大力发展移动电子商务，探索易货交易、网络定制等新模式。加强电子商务领域云计算、大数据、物联网、智能交易等核心关键技术研究开发和推广应用。开展网络定制、电子商务平台升级、网络交易保障服务技术的研发与应用示范工程。重点围绕跨境电子商务、农村电子商务、服务业电子商务等方面开展改革试点，打造我省电子商务产业升级版。

四、构建通畅高效的电子商务物流体系

（十四）合理布局全省电子商务物流设施。结合城乡规划、各地电子商务市场规模和发展趋势，编制全省电子商务物流布局规划，并纳入全省电子商务发展规划。支持杭州、宁波、温州和金华等地建设电子商务物流分拨中心，其他设区市建设电子商务物流仓储中心，县（市、区）建设电子商务物流配送交换站点，加强偏远地区仓储设施建设。对纳入规划的，各地要在城乡规划中合理规划布局物流仓储用地，在土地利用总体规划和年度供地计划中合理安排仓储建设用地。引导现有快递企业、电子商务仓储企业及其他社会资本参与电子商务仓储设施投资建设或再利用，严禁擅自改变物流仓储用地性质。

（十五）发展多层次电子商务物流业务。开展“仓配一体化”建设试点，支持快递企业投资或者与仓储企业合作建设公共仓储，为中小网商提供仓储及物流服务。鼓励在法律规定范围内发展共同配送、“移动互联网＋众包”等配送组织新模式。引导快递企业开展代收货款、差异化配送等增值服务。加快快递网点向乡镇和农村覆盖，探索与农产品网络销售渠道的有效对接，提供适应农产品生产季节性特点的快递服务。加强快递企业与“电子商务进万村”工程的衔接，根据实际需要建设农村电子商务中转站，开展农村电子商务物流试点，提高农村电子商务物流效率和效益。加快发展产地预冷、冷冻运输、冷库仓储和定制配送等冷链物流，为生鲜农产品电子商务提供保障。开展跨境电子商务物流综合服务试点，构建集商品采购、报关报检、结汇退税、国际物流、海外仓储及售后服务于一体的跨境电子商务物流服务体系。

（十六）推进智慧物流平台及配送终端建设。推广国家交通运输物流公共信息平台应用，有效整合运输、公共仓储和企业订单等信息，促进电子商务市场主体间的业务对接；推进杭州市全国电子商务与物流快递协同发展试点，逐步向全省推广。加快城市社区电子商务服务网络建设，在城市社区、商业楼宇、校园

等场所建设智能投递终端，并逐步向县城和乡村地区延伸。鼓励便利店、社区物业、农村电子商务服务站等提供快件派送服务。加强电子商务物流快递、配送仓储和公共设施建设，城市新建居民住宅区、大专院校和商业楼宇要把投递服务设施作为配套基础设施纳入住房建设规划和城市建设规划；已建成的居民住宅区、大专院校和商业楼宇，要积极落实投递服务基础设施。

（十七）提升电子商务物流管理和服务水平。规范物流配送车辆管理，各市要按照有关规定，推动城市配送车辆的标准化、专业化发展；制定并实施用于城市配送的汽车、电动三轮车等车辆管理办法，保障配送车辆的便利通行；鼓励采用清洁能源车辆开展物流和快递配送业务，支持充电、加气等设施建设；合理规划物流和快递配送车辆通行路线和货物装卸搬运地点。对物流和快递配送车辆采取通行证管理的城市，应明确管理部门、公开申请条件、引入社会监督。推广现代物流、物品编码技术在电子商务物流领域的应用，提升电子商务物流企业现代化水平。推进电子商务仓储、服务网点、产品追溯等标准体系建设，开展网络购物商品包装物回收和循环利用试点。

五、加强电子商务创业创新和人才培养

（十八）鼓励电子商务领域就业创业。把发展电子商务促进就业纳入全省就业发展规划和电子商务发展整体规划。建立电子商务就业和社会保障指标统计制度。加强电子商务企业用工服务，举办电子商务人才供需对接会。经工商登记注册的网络商户从业人员，同等享受各项就业创业扶持政策。未进行工商登记注册的网络商户从业人员，可认定为灵活就业人员，按规定享受灵活就业人员扶持政策，其中通过网上交易平台实名注册认证的，经当地人力社保部门、财政部门认定，可按规定享受创业担保贷款和贴息。实施电子商务创业创新工程，设立电子商务众创空间和创业创新基地，举办电子商务创业创新大赛，完善电子商务项目和资本对接机制，建立电子商务创业创新公共服务体系。对符合条件的电子商务众创空间执行科技企业孵化器税收优惠政策。加强农村电子商务创业支持力度，鼓励返乡大学毕业生、大学生村官和返乡创业青年参与电子商务，培育一批农村电子商务创业带头人，营造良好的电子商务创业氛围。

（十九）保障电子商务从业人员劳动权益。规范电子商务企业特别是网络商

户劳动用工，经工商登记注册取得营业执照的，应与招用的劳动者依法签订劳动合同；未进行工商登记注册的，可参照劳动合同法相关规定与劳动者签订民事协议，明确双方的权利、责任和义务。切实落实网络从业人员各项社会保险缴纳规定，对未进行工商登记注册的网络商户，其从业人员可按灵活就业人员参保缴费办法参加社会保险。符合条件的就业困难人员和高校毕业生，可享受灵活就业人员社会保险补贴政策。长期雇用5人及以上的网络商户，可在工商注册地进行社会保险登记，并缴纳社会保险费。

（二十）加强人才培养培训。鼓励大专院校结合我省电子商务产业发展实际，创新电子商务人才培养方式，引导电子商务相关专业特色发展；支持学校、企业及社会组织合作办学，探索实训式电子商务人才培养与培训机制。鼓励有条件的职业院校、社会培训机构和电子商务企业开展网络创业培训。整合农办、人力社保、商务、团委等单位培训资源，制定统一的培训计划和考核标准，有序组织实施，避免多头重复培训。组织开展电子商务岗位技能和师资知识更新培训，建立与电子商务产业发展相适应的人才培训和评价机制。对参加职业培训和职业技能鉴定的人员，以及组织职工培训的电子商务企业，可按规定享受职业培训补贴和职业技能鉴定补贴政策。

（二十一）培育和引进高层次电子商务人才。探索建立电子商务学科体系，引导高等院校加强电子商务学科建设和人才培养，建设专业性电子商务院校，为电子商务发展提供高层次复合型人才。把电子商务人才纳入我省紧缺急需人才目录，依托“千人计划”“万人计划”和领军型创新创业团队引进培育计划等人才工程和项目，加快引进、集聚一批高层次电子商务人才。将电子商务纳入领导干部及公务员培训内容，提升政府发展和管理电子商务的水平。组织开展电子商务职业经理人培训，探索推行重点企业首席电子商务官制度。

六、提升电子商务领域对内对外开放水平

（二十二）推进电子商务对内开放。积极引进知名电子商务企业在我省设立总部、地区总部和物流配送基地。将电子商务投资项目纳入“浙商回归”重点内容，落实相应的支持政策。推动省内电子商务平台企业向全国范围拓展业务，支持电子商务服务企业在全国范围设立分公司、子公司拓展业务。

（二十三）加强电子商务对外合作交流。积极参与国家开展的多双边或区域关于电子商务规则的谈判和交流合作，个别领域可发起和主导进行多边合作，提升参与国际电子商务规则制定的主动权和话语权。推动电子商务“走出去”，简化电子商务企业境外直接投资备案和外汇登记手续，推行无纸化网上备案；支持电子商务企业加快境外投资布局，鼓励收购境外优质电子商务企业，投资建立海外营销渠道、仓储场所和服务网点，创立自有品牌。结合国家“一带一路”战略推动我省电子商务服务“走出去”；积极争取设立海峡两岸电子商务经济合作实验区，开展涉侨电子商务试点工作。加强与我国驻外机构联系，提升为我省电子商务企业“走出去”的服务力度。

（二十四）提升跨境电子商务通关效率。率先推进跨境电子商务通关、检验检疫、结汇、缴退税等关键环节“单一窗口”综合服务体系建设，简化、完善跨境电子商务货物返修与退运通关流程，提高通关效率。探索建立跨境电子商务货物负面清单、风险监测制度，完善跨境电子商务货物通关与检验检疫监管模式，建立跨境电子商务及相关物流企业诚信分类管理制度，防控毒品、武器等违禁物品出入境，防止疫病疫情传入、外来有害生物入侵和物种资源流失。

七、营造良好的发展和安全环境

（二十五）加大财税政策支持。根据电子商务产业发展实际需要，进一步加大财政支持力度，发挥省信息产业基金的引导作用投向电子商务领域，鼓励与社会资本合作成立电子商务基金。积极鼓励电子商务企业申请高新技术企业认定，按规定享受高新技术企业相关优惠政策，小微企业按规定享受相关税收优惠政策。逐步将旅游电子商务、生活服务类电子商务等相关行业纳入“营改增”范围。积极落实电子商务企业职工教育经费税前扣除等税收政策。优化电子商务企业税收服务。各地要根据当地实际，加大对电子商务及电子支付等基础配套服务的财政支持。

（二十六）加大金融服务支持。建立和创新适应电子商务发展的多元化、多渠道投融资机制。积极推动符合条件的互联网企业在境内上市。支持商业银行、担保存货管理机构及电子商务企业开展无形资产、动产质押和订单授信等多种形式的融资服务，探索发展投贷结合、大数据信用融资等新业务；积极推行供应链金融、商业保理等服务，探索建立网店等网络资产的交易制度，进一步拓展电子商务企业融资渠道。引导和推动创业投资基金，加大对电子商务初创企业的支持。鼓励商业银行与电子商务企业开展多元化金融服务合作，提升电子商务金融服务质量和效率。争取国家政策性银行加大对我省电子商务领域建设项目的贷款支持。

（二十七）降低准入门槛。全面清理电子商务领域现有前置审批事项，无法律法规依据的一律取消，严禁违法设定行政许可、增加行政许可条件和程序。进一步简化注册资本登记，深入推进电子商务领域由“先证后照”改为“先照后证”改革。落实《注册资本登记制度改革方案》，电子商务市场主体住所（经营场所）登记推行“一址多照”。落实快递企业设立非法人快递末端网点实施备案制管理。鼓励电子商务领域的跨境人民币直接投资，引导外资投向电子商务领域。积极争取国家部委支持，率先探索建立能源、铁路、交通、房地产、公共事业等领域电子商务服务的市场化机制。

（二十八）维护市场公平竞争。规范电子商务市场竞争行为，促进建立开放、公平、健康的电子商务市场竞争秩序，按照国家统一部署，重点查处达成垄断协议和滥用市场支配地位的问题，组织开展经营者集中反垄断审查，鼓励电子商务市场的充分竞争。各级政府部门不得滥用行政权力排除、限制电子商务市场竞争。

（二十九）保障电子商务网络安全。指导电子商务企业按照国家网络与信息安全等级保护管理规范和技术标准相关要求，建立完善网络安全防护体系、数据资源安全管理体系和网络安全应急处置体系。在电子商务领域推广信息安全管理体系认证。推动电子商务企业与网络安全专业服务机构、相关管理部门合作，共享网络安全威胁预警信息，共同防范网络攻击破坏、窃取公民个人信息等违法犯罪活动。

（三十）确保电子商务交易安全。研究制定电子商务交易安全管理制度，明确电子商务交易各方的安全责任和义务，推广第三方电子商务平台安全建设规范等地方标准。加强电子商务交易各方信息保护，保障电子商务消费者个人信息安全。推动建立电子认证信任体系，推广数字证书在电子商务交易领域的应用。推广应用具有硬件数字证书、采用国家密码管理局认可的密码算法的移动智能终端，实现移动金融在电子商务领域的规模化应用；落实在线支付管理规范和制度，提升电子商务在线支付的安全性。

八、加强电子商务行业管理与服务

（三十一）加强电子商务市场监管。充分利用电子商务平台大数据开展综合执法，完善部门间、区域间监管信息共享和职能衔接机制，提升电子商务市场监管水平。完善电子商务产品质量监督管理措施，组织开展电子商务产品质量提升行动，探索建立风险监测、网上抽查、源头追溯、属地查处的电子商务产品质量监督机制。发挥12315互联网平台作用，完善网上交易在线投诉、纠纷快速处理及售后维权机制，督促依法执行7天无理由退货制度，推行消费环节经营者首问和先行赔付制度，促进网络购物消费健康快速发展。依法打击网络虚假宣传、生产销售假冒伪劣产品、侵犯知识产权、价格欺诈、不正当竞争、违反国家出口管制法规政策跨境销售两用品和技术等违法行为，规范发展在线旅游预订市场。打击虚构信用、虚假消费和网络刷单等违法违规行为，促进电子商务企业合法、诚信经营。建立适合电子商务特点的投诉管理制度，制定基于统一产品编码的电子商务交易产品质量信息发布规范，加强消费者权益保护。

（三十二）预防和打击电子商务领域违法犯罪。督促电子商务企业履行违禁品信息巡查清理、交易记录及日志留存、违法犯罪线索报告等责任和义务，落实对销售管制商品网络商户的资格审查和对异常交易、非法交易的监控，建立数据库和分析模型，配合执法机关对其数据的依法运用，为打击网络违法犯罪提供技术支持。打击利用电子商务在线支付给违法犯罪活动提供洗钱便利等的行为，查处大型电子商务平台工作人员商业贿赂等违法行为。建立大型电子商务企业与行政管理部门的协作机制，加大对制售假冒伪劣商品、网络盗窃、网络诈骗、网上非法交易等违法犯罪活动的打击力度。建立预防网络诈骗、保障交易安全、保护个人信息等相关知识的宣传与服务机制。打击利用跨境电子商务交易进行外汇违法违规活动的行为。

（三十三）健全法规标准体系。加快电子商务地方立法进程，明确交易规则、主体责任，依法保障我省电子商务快速有序发展。开展国家电子商务统计工作试点，探索电子商务统计制度改革，创新统计方式方法，建立在线实时统计监测体系，增强统计数据的及时性、真实性。加强与大型电子商务平台合作，推广商品条码应用，统一线上线下的商品编码标识；把电子商务标准纳入标准强省重要内容，积极执行国家现有电子商务相关标准规范，加快建立具有浙江特色的电子商务地方标准体系，主导或参与制定电子商务国家、国际标准。逐步推行电子发票和电子会计档案，完善相关技术标准和规章制度。

（三十四）加强信用体系建设。建立健全电子商务信用信息管理制度，推动电子商务企业信用信息公开，推动电子商务信用评价；推动电子商务领域应用网络身份证，完善网店实名制；建立健全电子商务领域失信行为联合惩戒机制。促进电子商务信用信息与社会其他领域相关信息的交换共享，完善电子商务信用服务保障制度；鼓励行业组织、中介机构发展社会化的电子商务网站可信认证、电子商务可信交易保障等服务，积极发展电子商务领域的信用调查、评估和担保等第三方信用服务和产品。

（三十五）协调推动电子商务全面发展。编制电子商务发展规划，并纳入全省经济和社会发展规划重要内容。充分发挥各地优势，引导各类电子商务业态和功能聚集，推动全省电子商务产业统筹协调、错位发展。积极创建国家电子商务示范城市、示范基地，开展省级电子商务示范县（市、区）、电子商务特色小镇、电子商务示范村和示范企业、基地建设。推进电子商务发展改革与创新，按照电子商务产业特点和发展趋势，完善管理制度，创新管理方式，加强管理队伍建设，尽快形成与电子商务发展相适应的体制机制。各地、各部门要认真落实本意见提出的各项任务，制定出台具体的操作方案或细则。省电子商务工作领导小组及其办公室要加强全省电子商务工作的综合协调，研究解决重大问题，加强工作考核、指导和服务，督促各项政策落到实处。

浙江省人民政府办公厅厅
关于加快发展生产性
服务业促进产业结构调整升级的实施意见

浙政办发〔2015〕37号

各市、县（市、区）人民政府，省政府直属各单位：

为进一步加快我省生产性服务业发展，推动产业结构调整升级，根据《国务院关于加快发展生产性服务业促进产业结构调整升级的指导意见》（国发〔2014〕26号），经省政府同意，现提出如下实施意见。

一、指导思想

深入贯彻党的十八大和十八届三中、四中全会以及省委十三届历次全会精神，充分发挥市场在资源配置中的决定性作用和更好发挥政府作用，以产业转型升级需求为导向，坚持市场主导、创新驱动，在重点领域、关键环节上求突破，在集聚集约、优势特色中求发展，进一步加快生产性服务业发展，引导企业向价值链高端发展，促进农业生产和工业制造现代化，加快生产制造与信息技术服务融合，实现三次产业在更高水平上有机融合，推动我省产业结构优化调整，促进经济提质增效升级。

二、发展重点

（一）信息服务。提升发展电子商务，全面实施“电商换市”，深化电商拓市、跨境电商、电商兴农、电商便民等工程，推进电子商务应用和模式创新，推进中国（杭州）跨境电子商务综合试验区、国家电子商务示范城市和信息惠民国家试点城市建设。提升第三方电子商务平台发展水平，支持有条件的企业电子商务平台向行业平台转化，推动电商平台国际化。完善电子商务行业管理、统一监测和市场监管方式，创新跨境电子商务管理机制，推进电子口岸等数据平台整合。加快乌镇世界互联网大会永久会址配套建设。加快发展大数据和云服务产业，支持建立若干家大数据资源管理公司，培育一批大数据应用企业，进一步建设包括全省电子政务云在内的云服务产业，推动“云栖小镇”建成全球一流的云计算产业集成区。大力发展信息技术服务业，积极发展网络支付、位置服务、社交网络服务等网络信息服务，加快培育下一代互联网、移动互联网、物联网环境下的新兴服务业态，推动杭州高新技术产业开发区加快建设以网络信息技术产业为重点的国家自主创新示范区。集群化发展基于北斗导航系统的地理信息产业和智慧化应用产业，全力打造地理信息产业强省。

（二）研发服务。推进青山湖科技城、未来科技城等一批科研机构创新基地建设，鼓励有条件的市县建设各具特色的科技服务业集聚区。促进公共科技基础条件平台、行业科技创新服务平台和区域科技创新服务平台等创新平台提质增效。建设一批具有较强创新能力和竞争力、拥有自主知识产权的研发服务企业及机构。完善知识产权交易和中介服务体系。探索完善科技创新服务平台管理体制机制，支持高校和科研院所整合科研资源，提供专业化、市场化研发服务，培育重点科研院所成为国内专业领域的骨干院所。整合我省现有各类技术转移转化机构，建立统一规范、分工协作的平台组织管理运行机制。鼓励高校建立独立的大学技术转移中心。支持有条件的机构、联合性协会引进国内、国际技术转移机构或组织，共建国际技术转移中心。加强科技资源开放服务，建立健全科研设施和仪器设备开放运行机制，引导国家重点实验室、国家工程实验室、国家工程（技术）研究中心等向社会开放服务。

（三）创意设计。加快工业设计、时尚设计、软件设计、建筑规划设计、农业创意设计等领域的发展。以杭州、宁波、温州、金华—义乌四大都市区为核心，重点扶持发展我省优势制造领域的工业设计产业。依托专业院校、科研院所和骨干企业支持一批设计机构发展，鼓励发展高等级研发实验室、工业设计公司和工业设计室，支持骨干企业设立工业设计部门。壮大时尚产业，着力提升设计创新能力，大力发展时尚服装服饰、时尚皮革制品、时尚家居用品、时尚消费电子等产业。推动杭州高新技术产业开发区国家软件产业基地、西湖区国家数字娱乐产业园和宁波动漫基地等建设，建立完善公共服务平台和产业体系。推进建筑景观设计行业市场化进程，支持建筑景观设计公司（室）发展，推进“美丽乡村”和差别化城市建筑群落建设。以农业“两区”为主平台，结合各地实际，充分挖掘农业主导产业的生产、经济、生态、文化、艺术等功能，引导扶持发展创意农业，推进农业社会化服务。

（四）融资服务。抓住海洋经济发展（港航金融）、义乌国际贸易配套金融改革、温州金融综合改革示范区、丽水农村金融改革等契机，加快发展基金融资、债券融资以及企业上市融资等服务，积极完善地方金融体系，建设杭州、宁波两大区域性金融集聚地，逐步构建金融机构集聚、金融资源整合、金融资产交易、金融后台服务、农村金融公共服务、投资基金引导等金融公共服务平台。完善融资租赁服务体系，鼓励设立融资租赁企业，积极开展大型制造设备、施工设备、运输工具、生产线等融资租赁服务，鼓励企业利用融资租赁方式进行设备更新和技术改造，引导融资租赁企业加强与金融机构合作，拓展融资空间。

（五）物流与供应链服务。构建以杭州、宁波两个全国性物流节点城市为核心、不同层次的物流枢纽为依托、各类物流示范园区为支撑的物流布局。发挥杭州综合性物流枢纽和宁波—舟山港大宗商品和国际集装箱物流枢纽港的作用，推进全省物流协同发展和区域内合理辐射。积极推进舟山江海联运服务中心建设，推进“义新欧”国际班列常态化运营，加快发展江海陆空联运，增强对“一带一路”和长江经济带国家战略实施的战略支撑能力和枢纽服务能力。重点发展港口物流、产业集群物流、城乡配送物流，提升信息化和智能化水平。鼓励发展第三方物流，按照“成熟一批、认定一批、提升一批”原则开展省级示范园区创建，推进“菜鸟”中国智能物流骨干网、“公路港”等一批重大项目实施，引导物流园区集聚集约发展。推动物流企业与制造业企业联动发展，为制造业企业提供集采购、入厂、交付、回购、金融以及信息追溯等为一体的增值服务，提高总体物流效率和供应链服务水平。

（六）服务外包。根据国际服务外包产业转移趋势和我省现有技术优势，以杭州等国家服务外包示范城市为重点，围绕信息技术外包（ITO）、业务流程外包（BPO）和知识流程外包（KPO）等主要领域，重点发展软件与信息服务、金融服务、人力资源服务等离岸服务外包业务。在发展离岸服务外包业务基础上，积极开拓国内服务外包市场，促进在岸服务外包业务发展，逐步形成离岸、在岸服务外包并重的协同发展格局。

（七）商务服务。支持发展第三方检验检测认证服务、工程咨询、管理咨询、品牌策划、广告会展、知识产权代理、人力资源服务等以提供智力服务为基础的商务服务业。进一步提升会计、审计、税务、资产评估、公证认证等鉴证类服务业的服务水平。深化发展产品配送、安装调试、以旧换新等售后服务，完善产品“三包”制度，鼓励发展远程检测诊断、运行维护和技术支持等售后服务新业态。大力发展专业维护维修服务，鼓励发展设备监理、维护、修理和运行等全生命周期服务。推进工程咨询、评估认证等商务服务市场化改革，积极发展商务服务行业组织，加快破除商务服务机构的行政依附。打击违法违规经营，依法健全商务咨询的职业评价制度和信用管理体系，创造公平竞争的市场环境。

（八）节能环保服务。围绕“五水共治”、创建国家清洁能源示范省等重点工作，大力发展节能环保服务产业。持续加大节能减排约束性政策的执行力度，严格落实奖惩措施，推动高耗能高污染企业主动加强节能环保投入。加快发展清洁生产审核、节能环保产品认证、节能评估等第三方节能环保服务，鼓励大型重点用能单位开展专业化节能环保服务。推进重点领域应用，大力实施天然气热电联产、汽车油改气、煤电清洁排放等工程。鼓励节能环保服务公司引进国内外先进技术做大品牌、拓展服务。积极发展提供系统设计、成套设施、工程施工、调试运行、维护管理等一条龙服务的总承包公司。推广合同能源管理，建设“一站式”合同能源管理综合服务平台。

三、政策措施

（一）推进集聚集群发展。深入实施区域发展战略和主体功能区战略，因地制宜引导生产性服务业在中心城市、制造业集中区域、现代农业产业基地以及有条件的城镇等区域集聚，实现规模效益和特色发展。重点推进11个设区市生产性服务业核心区、15个省级产业集聚区的生产性服务业功能区以及61个生产性服务业集聚示范区建设，依托各类开发区（园区）加快建设一批生产性服务业公共服务平台，形成金融、科技、信息、商务、节能环保等一批重点特色生产性服务业集群，推进产城融合发展。

（二）深化改革开放。放宽生产性服务业市场准入门槛，加快落实工商登记制度改革方案，进一步减少生产性服务业前置审批和资质认定事项，对重点领域的生产性服务企业在登记中开通“绿色通道”。鼓励发展生产性服务业行业组织，推进部分政府职能向行业组织有序转移。落实国家在生产性服务业领域扩大开放的政策措施，制订相应配套措施，引导外资企业来浙设立各类生产性服务企业。落实境外投资便利化举措，加快生产性服务企业“走出去”开展跨国投资和跨国经营。加快制订实施跨境贸易电子商务通关便利化措施，研究应用中国（上海）自由贸易试验区可复制改革试点经验，总结和推广省级及各地服务业改革创新试点成果经验，全面推进体制机制改革创新，营造生产性服务业发展良好环境。

（三）完善财税扶持政策。按照深化预算管理制度改革要求，及时调整各级各类政府性资金使用方向，重点支持生产性服务业公共基础设施、公共服务平台、标准体系以及信息化示范项目、新业态新模式试点项目建设。完善政府采购办法，逐步加大政府向社会购买服务的力度。密切跟踪财政部、国家税务总局营业税改征增值税试点扩面、完善促进生产性服务业税收政策的进展情况，及时出台实施细则。帮助生产性服务企业协调解决在业务拓展和模式创新过程中遇到的各类税收政策问题。根据国家扩大生产性服务业服务产品出口退税政策范围的要求，适时研究制订操作办法。

（四）健全土地和价格政策。加强生产性服务业发展用地保障，制订符合生产性服务业实际的投资强度标准，逐步增加生产性服务业建设用地比例，优先保证符合城市规划的生产性服务业特色园区、重大项目建设用地。建立健全生产性服务企业分类管理制度，逐步推进生产性服务企业绩效评价，按照亩产税收贡献等指标，实行城镇土地使用税分类分档差别化征收。推进定价制度改革，采用差别化资源价格、税收政策和资金扶持等方式引导企业提高效益。逐步建立科学的生产性服务业项目准入标准，优化供地方式，对不改变土地权属关系发展生产性服务业项目，符合相关规划并经批准的改建项目按规定减免城市基础设施配套费。

（五）强化金融服务支持。鼓励金融机构开发适合生产性服务业特点的融资模式，发展知识产权质押、仓单质押、股权质押等新型金融产品和服务。鼓励金融资本支持生产性服务企业并购重组和产业整合。鼓励股权投资基金加大对生产性服务业的投资力度。推动符合条件的优质企业到境内外上市发展。支持符合条件的生产性服务企业通过银行间债券市场发行短期融资券、集合票据等直接债务融资工具。积极发挥支小再贷款、再贴现等政策工具对小微生产性服务企业的融资支持。建立生产性服务业重点领域企业信贷风险补偿机制。

（六）加强人才引进培养。加快生产性服务业领军人才集聚，制订实施生产性服务业领军人才培养引进计划，逐步提高生产性服务业高端人才入选省“151”人才工程比例。通过省人力资源服务工作平台，建立海外生产性服务业人才培训基地，加强学习培训。组织生产性服务企业与各类人才供需对接推介会，鼓励人力资源服务企业与省内外中、高职院校“联姻”，开展“订单式”培训，探索“工学结合、半工半读”的培养模式。鼓励和引导市、县（市、区）设立人力资源服务业发展基地或服务街区。统筹推进生产性服务业集聚示范区人力资源服务基地、海外高层次人才创业创新基地、留学人员创业园等平台建设。进一步落实重点高层次人才配偶就业、引进人才等政策，引进一批生产性服务业高层次人才。

（七）加强组织领导和统计考评。各市、县（市、区）要加强组织领导，结合本地实际进一步研究制订扶持生产性服务业发展的具体政策措施。省级各有关部门要密切协作配合，抓紧制订相关配套政策和落实工作任务分工的具体措施；省发改委要会同有关部门对国务院指导意见和本实施意见的落实情况进行督促检查和跟踪分析。要加强生产性服务业统计制度建设，加快开展生产性服务业统计监测和形势分析工作。积极推进重点生产性服务领域标准化建设，对不具备标准化条件的行业领域，重点推进准入资质认定、市场行为规范等工作。要加强生产性服务业工作考核，将发展目标、项目建设等生产性服务业考核内容纳入服务业考核范畴，强化约束和激励，确保各项政策措施落到实处。

浙江省人民政府办公厅关于进一步推动我省文化产业加快发展的实施意见

浙政办发〔2015〕49号

各市、县（市、区）人民政府，省政府直属各单位：

为贯彻落实《国务院关于推进文化创意和设计服务与相关产业融合发展的若干意见》（国发〔2014〕10号）、《国务院关于加快发展对外文化贸易的意见》（国发〔2014〕13号）、《国务院办公厅关于印发文化体制改革中经营性文化事业单位转制为企业和进一步支持文化企业发展两个规定的通知》（国办发〔2014〕15号）等文件精神，推动我省文化事业又好又快发展，经省政府同意，提出如下实施意见。

一、大力培育文化产业主体

1．支持和鼓励文化产业园区发展。制订文化产业园区认定和管理办法，推动园区服务规范标准化。认定的省重点文化产业园区建设项目，符合条件的优先列入省重大产业项目。推动文化产业园区加强公共技术、资源信息、投资融资、交易展示、人才培养、交流合作等服务平台建设，提高运营服务能力，发挥产业集聚优势。支持孵化型文化产业园区建设，完善创新创业服务体系，为入园文化企业提供“一站式”服务。

2．推进国有文化企业股权制度改革。加快国有文化企业股份制改造，支持符合条件的新闻出版传媒企业按有关规定申请实行特殊管理股制度，结合文化领域许可证管理，制订完善配套机制。在允许非公有资本进入的国有文化领域，积极探索发展混合所有制。探索股权激励制度，支持国有控股上市文化企业开展股权激励试点。特殊管理股、混合所有制和股权激励等改革方案按程序报批。

3.培育重点文化企业。支持文化企业跨地区、跨行业、跨所有制兼并重组，培育一批具有强大实力和竞争力、影响力的现代文化企业集团。落实鼓励和引导民间资本进入文化领域的政策，鼓励社会资本投资、兴办文化企业。支持文化企业上市融资、到全国中小企业股份转让系统和区域性股权交易市场挂牌交易。

4.大力扶持小微文化企业发展。指导小微文化企业以创意创新为驱动，走“专、精、特、新”和与大企业协作配套发展的道路。鼓励小微文化企业依托电子商务、第三方支付平台拓展经营领域，利用互联网创业平台、交易平台等载体拓宽发展渠道。改善发展环境，完善基础设施，提供配套服务，支持小微文化企业集聚形成特色文化产业集群。鼓励省内综合性展会和各类文化产业展会面向小微文化企业提供有针对性的服务。积极发展文化中介服务组织，加快培育文化营销、技术评审、信息咨询、服务外包、资产评估、法务代理等一批文化中介机构。

二、积极推动文化产业融合发展

5.加快发展文化创意和设计产业。大力推进文化创意和设计服务与信息经济、环保、健康、旅游、时尚、金融、高端装备制造等产业融合发展，文化创意和设计产业增加值占文化产业增加值的比重明显提高，对相关产业的贡献度显著提升。重点培育一批文化创意和设计服务与相关产业融合发展的骨干企业，打造一批示范城镇、知名品牌、试点园区、具有全国影响力的集聚区和服务平台。大力发展数字内容产业，加快推进示范基地建设，完善影视动漫游戏产业链，推动绿色印刷产业发展，培育文化创意信息融合新业态；大力发展文化旅游业，以文化创意推动旅游产业提升发展，重点开发文化旅游创意体验产品，重点打造文化旅游创新发展模式，加快拓宽旅游产业领域；大力发展体育产业，加强体育文化服务业品牌建设，做优体育竞赛表演产业，推动体育影视、体育传媒、体育动漫、电子竞技等产业发展。支持文化创意与工业设计、建筑设计、农业开发的深度融合，推动相关产业转型升级，提升竞争力。

6．积极推进文化与科技融合发展。不断完善文化与科技融合发展的体制机制。加大对文化领域科技创新的支持力度，省、市、县各级科技计划要倾斜支持文化领域的技术创新。鼓励高校、科研机构及有条件的行业骨干企业开展文化创新研究开发，引导跨国企业和海外高端人才在我省设立文化技术服务机构。完善文化创意中介服务体系，建立健全共享机制，实现国家重点实验室、国家工程中心等技术平台向文化创意企业开放。加快推动传统媒体与新媒体融合发展，运用大数据、云计算等新技术，发展移动客户端、手机网站等新应用新业态。进一步支持杭州、宁波、横店三个国家级文化和科技融合示范基地建设，鼓励有条件的地区创建国家级示范基地。

7．推动文化与金融对接。建立省级部门文化金融服务工作协调机制，加强各部门之间的政策协调和信息共享，定期发布文化产业投资目录指引，通过举办银企洽谈会、融资推进会等形式，促进银企对接。鼓励金融机构建立特色支行和文化金融专业服务团队，提高文化金融服务专业化水平。积极运用文化资源项目收益权质押、银团贷款等方式支持文化产业重点园区、重点项目建设，运用并购贷款等方式支持文化企业兼并重组。鼓励金融机构与电子商务平台等机构开展合作，运用互联网技术提升文化企业融资效率。鼓励银行、保险、证券、股权投资基金等采取投贷联动、股债结合等方式，为文化企业提供多元化融资支持。开发针对文化产业贷款的保险险种。探索建立全省文化企业信用信息数据库。

8．促进文化消费升级。鼓励文化企业开发新技术、新产品、新业态和新商业模式，提供优质丰富的文化产品和服务，培育新的文化消费增长点。强化和规范新兴网络文化业态，创新新兴网络文化服务模式。进一步优化文化消费环境，健全公共文化服务体系，为文化消费提供完善的基础条件。加强文化市场执法，严厉打击侵害消费者权益的行为。

三、扎实推进特色文化建设

9．培育一批文化小镇。把打造文化小镇作为促进县域文化产业发展的重要载体和抓手，重点培育一批文化元素特征突出、产业基础较好、产业融合潜力较大的文化小镇，符合条件的，可列入省重点培育特色小镇创建名单，享受相关政策。鼓励高校、科研院所与文化小镇结对帮扶，在发展规划、智力引进、项目推进等方面开展合作。整合省级新闻媒体力量，加强对文化小镇的宣传推介。

10.打造特色文化品牌。鼓励发展特色文化产业，建设特色文化产业示范区，培育一批具有核心竞争力的特色文化企业、产品和品牌。实施文化产业品牌战略，制订文化产业品牌培育计划，结合我省历史文化、民俗文化、海洋文化、生态文化等资源优势，打造具有较高知名度和影响力的文化品牌。建立文化品牌评价体系，制订文化产业品牌评价办法，完善评价机制，引导文化企业积极注册商标。定期组织开展品牌评价和推广活动，不断推出优秀文化产品品牌、文化活动品牌、文化服务品牌、文化企业品牌、文化区域品牌。

11.加强历史文化村落保护利用。充分发掘和保护古代历史遗迹、文化遗存，优化美化村庄人居环境，适度开发乡村休闲旅游业，把历史文化村落培育成为与现代文明有机结合的美丽乡村。建立健全“政府主导、社会参与、群众自筹”的历史文化村落保护资金筹措机制。鼓励和支持社会力量采取捐资、投资、合作开发等办法，参与历史文化村落的保护利用。

四、加快发展对外文化贸易

12.扩大文化产品和服务出口。鼓励和引导文化企业加大内容原创力度，创作开发体现中国优秀文化和浙江传统文化、符合社会主义核心价值观要求的文化产品和服务，在编创、设计、翻译、配音和市场推广等方面给予重点支持。培育打造一批省级文化产品和服务出口基地，推进浙江文化服务贸易示范城市建设。完善鼓励文化产品和服务出口的扶持政策，加大对文化产品和服务出口、出口基地、文化服务贸易示范城市建设的扶持力度。

13.培育外向型重点文化出口企业。引导我省文化企业制订开拓国际文化市场的发展战略与规划，将经营国际化作为衡量业绩的重要指标纳入文化出口企业经营绩效考评体系。鼓励有条件的企业通过独资、合资、控股、参股、并购等多种方式在国外兴办文化经营实体，实现海外落地经营。鼓励和支持各种所有制文化企业从事国家法律法规允许的对外文化贸易业务，并享有同等待遇。健全浙江文化出口重点企业和项目目录年度发布制度，对列入目录的重点企业和项目给予重点扶持。

14. 加强文化“走出去”平台渠道建设。继续办好中国国际动漫节、中国义乌文化产品交易会等大型综合性文化展会，积极组织参加各类国际性文化贸易活动或综合性服务贸易展览会，对文化出口企业参加国际性大型文化贸易展会，在名额和组团参展等方面给予支持。支持文化企业在境外开展宣传推广、培训研讨和投标等市场开拓活动，借助跨境电子商务等新兴交易模式拓展国际业务。支持文化出口企业加强与国际著名文化制作、经纪、营销机构合作，拓展境外文化市场。

五、落实相关优惠政策

15. 推进文化行政审批制度改革。相关主管部门要进一步厘清权力边界，减少审批事项，放宽市场准入，确定文化领域行政权力清单、企业投资负面清单、财政专项资金管理清单、部门责任清单，不断完善文化市场准入和退出机制。构建行政审批标准化体系，对于涉及跨行业、跨层级的多个部门审批的事项，要整合创新，制订联审机制，向社会提供标准化“一站式”行政服务，及时公布行政审批信息，主动接受社会监督。

16. 加大财政扶持力度。加大财政资金对文化产业发展的支持，探索文化产业基金制扶持方式，加强资金绩效评价，增强财政资金使用实效。财政科技资金、小城市培育试点专项资金等，要加大对文化产业的支持力度。将我省文化产品和服务目录纳入政府采购范围，鼓励在同等条件下优先采购。

17. 落实税收优惠。继续执行中央和省关于支持文化单位转企改制和文化企业发展的扶持政策，确保文化企业增值税、所得税、营业税、出口文化产品退税等各项税收优惠落实到位。对广播电视运营服务企业收取的有线数字电视基本收视维护费和农村有线电视基本收视费免征增值税的执行期限延长至2016年12月31日。对市县营业税比上年增收上交部分的返还奖励，与年度文化产业发展目标完成情况挂钩，主要用于扶持发展文化产业。文化企业开发新技术、新产品、新工艺发生的研究开发费用，允许按规定在计算应纳税所得额时加计扣除。为承担国家鼓励类文化产业项目而进口国内无法生产的自用设备及配套件、备件等，按政策规定免征进口关税。文化创意和设计服务企业发生的职工教育经费支出，不超过工资薪金总额 8 %的部分，准予在计算应纳税所得额时扣除；符合条件的创意和设计费用，执行税前加计扣除政策。对国家重点鼓励的文化产品出口实行出口货物退（免）税政策，对文化服务出口实行营业税免税。逐步将文化服务行业纳入“营改增”试点范围，对纳入增值税征收范围的文化服务出口实行出口货物退（免）税政策。

18. 完善土地政策。优先支持符合省重大产业项目申报及奖励管理办法相关规定的文化产业类项目纳入省重大产业项目库，优先兑现建设用地奖励指标。鼓励把“三改一拆”中的旧住宅区、旧厂区、城中村以及老城区原有工业功能区改造为文化产业园区，鼓励利用空余或闲置工业厂房、仓储用房等存量资源发展文化产业。需要改变土地用途并办理有偿使用手续的，在符合城乡规划的前提下，经市县政府批准，可按文体娱乐用途采取协议方式办理用地手续。新建单体剧院、影院、书店建设用地实行公开挂牌出让；改造现有剧院、影院、书店，在符合规划的前提下可兼容一定规模的商业、服务、办公等其他用途，并按协议方式补充办理用地手续。

19. 重视人才引进培养。加大核心人才、重点领域专门人才、高技能人才和国际化人才的引进、培养、扶持力度，造就一批文化产业领军人物。探索文化人才基地化培养模式，推动高校、知名企业、园区、科研院所联合培养文化人才工作。实行学历教育与职业培训并举、创意和设计与经营管理结合的人才培养新模式，加快培养高层次、复合型人才。

20. 加强版权保护。鼓励原创内容生产，制订原创内容生产奖励扶持办法，对产生较大市场影响力、具有较好社会效益的浙产原创内容产品给予奖励。创新完善我省艺术品交易、文化产权交易市场体系。改善版权公共服务，鼓励法人单位、非法人单位和个人进行全面版权登记。在全省培育一批版权产业示范园区（基地）、示范单位。加强版权保护，加大对盗版、侵权行为的打击力度。规范互联网版权市场秩序，推动软件、信息和相关互联网版权产业健康发展。

浙江省人民政府办公厅关于加快推动商贸流通业健康发展的实施意见

浙政办发〔2015〕51号

各市、县（市、区）人民政府，省政府直属各单位：

商贸流通业是国民经济基础性和先导性产业。加快推动商贸流通业发展，是我省深入实施“八八战略”，加快“建设美丽浙江、创造美好生活”的重要抓手和有效途径，对稳增长、促改革、调结构、扩就业具有重要意义。为贯彻落实《国务院办公厅关于促进内贸流通健康发展的若干意见》（国办发〔2014〕51号）精神，加快推动我省商贸流通业健康发展，经省政府同意，现提出如下实施意见：

一、加快现代流通方式发展

（一）促进电子商务发展

1.构建电子商务产业体系。深入实施“电商换市”，加快推进电子商务在商品和服务交易等经济领域的应用。培育各类电子商务市场主体，构建集电子商务平台、应用企业、服务企业和产业基地于一体的电子商务产业体系。加快电子商务模式创新，大力发展O2O、网上定制、移动电子商务等新型电子商务业务。

强化电子商务产业支撑，推进电子商务与网络支付、软件技术、安全认证等配套服务衔接。开展电子商务发展综合试点，推进中国（杭州）跨境电子商务综合试验区、电子商务与物流快递协同发展试点建设。（责任单位：省商务厅、省财政厅、省经信委、人行杭州中心支行、省邮政管理局、杭州海关、省旅游局，列第一位者为牵头单位，下同）。

2.完善电子商务监管体系。加快推进电子商务地方立法，健全法律制度配套体系。探索符合电子商务交易特点的监管方式，建立健全电子商务行业综合监管平台。根据《国务院关于印发注册资本登记制度改革方案的通知》（国发〔2014〕7号）要求，完善市场主体住所（经营场所）管理。建立电子商务商品质量抽查和投诉举报处理机制，依法打击网络侵权和销售假冒伪劣商品等违法行为。加强网络风险防范，依法落实信息安全等级保护制度和安全技术保护措施。鼓励支付产品创新，促进网络支付健康发展。创新电子商务人才培养和评价机制，引导和支持行业协会加强电子商务行业自律与服务平台创建。（责任单位：省商务厅、省工商局、省公安厅、省统计局、省人力社保厅、省教育厅、省法制办、杭州海关、省地税局、省国税局、省旅游局、人行杭州中心支行）

3.加大电子商务政策支持力度。加大农村和农产品电子商务发展政策支持。省信息经济创业投资基金要加大对电子商务重点领域的支持力度，引导各类资本对电子商务及相关领域的投资。加快电子商务知识普及，将电子商务相关知识纳入科普教育范围。加强电子商务管理队伍建设，营造良好的电子商务发展环境。鼓励使用旅游电子合同，推动旅游电子商务智慧化、规范化发展。（责任单位：省商务厅、省委组织部、省财政厅、省人力社保厅、省国土资源厅、省建设厅、省国税局、省地税局、省科协、省旅游局）

4.加快推进电子发票应用。扩大电子发票应用试点，将试点企业范围从线上延伸到线下。探索电子发票多元化开具方式，将电子发票纳入有奖发票序列。加强电子发票使用宣传，鼓励和引导纳税人索取电子发票。完善电子会计凭证报销、登记入账及归档保管等制度。（责任单位：省财政厅、省发改委、省国税局、省地税局）

（二）加快发展物流配送

1．提升商贸物流发展水平。加大政策支持力度，推进物流标准化、信息化、社会化、专业化建设，协同发展大宗配送、社区配送、农村物流和跨境物流。优化城市配送网络布局，开展城市共同配送试点，推广统一配送、共同配送等模式。支持大型商贸企业向社会提供第三方物流服务，鼓励发展具备整合供应链能力的嵌入式第三方物流，将物流服务延伸到制造业采购、生产、销售及售后服务等环节。加快发展电子商务物流，有序推进仓储基地、分拨中心、配送中心和自助物流站点建设。推动农产品冷链及农资现代物流发展，支持具有集中采购和跨区域配送能力的农产品冷链物流集散中心和加工配送中心建设。（责任单位：省商务厅、省发改委、省公安厅、省财政厅、省建设厅、省交通运输厅、省邮政管理局）

2．完善物流配送车辆管理。推动城市配送车辆（包括小型快递运输车辆）统一标识管理，促进配送车型标准化发展。加快推广城市配送车辆新技术应用，支持专业配送企业使用符合规范的新能源专用物流配送车、拖挂式车等物流装备。允许符合国家标准或行业标准的非机动物流配送车辆从事社区配送。对运送生鲜食品、主食制品、药品等车辆，实行特殊运行管理。（责任单位：省经信委、省交通运输厅、省公安厅、省邮政管理局、省质监局、省食品药品监管局）

3．改善城市道路交通管理。加强大型商业网点周边道路、停车位、公交停靠站点等交通基础设施规划建设，优化客货运交通组织，切实解决城市物流配送存在的通行难、停车难、卸货难等问题。（责任单位：省建设厅、省交通运输厅、省公安厅）

4．加强仓储物流用地支持。鼓励在符合规划、满足建筑物（构筑物）安全和消防安全、城市防洪安全、环保要求等前提下，开发利用高架桥桥下空间和城市公共设施、公共广场绿地、学校操场等的地下空间，建设物流仓储设施。（责任单位：省国土资源厅、省财政厅、省建设厅、省环保厅、省公安厅、省商务厅）

5．支持参与高新技术企业认定。对符合国家重点支持高新技术企业认定条件的第三方物流和物流信息平台企业，积极鼓励其参加高新技术企业认定，经认定后依法享受相关优惠政策，其研发过程中发生的相关费用，按规定加计扣除。

（责任单位：省科技厅、省国税局、省地税局、省发改委、省财政厅、省商务厅）

（三）大力发展连锁经营

1.促进连锁经营向多领域延伸。推进发展直营连锁，规范发展特许连锁，引导发展自愿连锁。支持连锁经营企业建设直采基地和信息系统，提升自愿连锁服务机构联合采购、统一分销、共同配送能力。大力发展社区连锁便利店，支持连锁便利店设立ATM机等设施，拓展代收水电煤气费、代收快递、提供旅游资讯服务等便民服务功能。培育农村连锁龙头企业，引导其由规模扩张型向质量升级型转型，提高服务农村生产和农民生活的能力。支持品牌连锁、老字号企业优先进驻学校医院、机场车站、高速公路服务区和旅游景点等，带动商品品质和服务水平提高。（责任单位：省商务厅、省财政厅、省发改委、省经信委、省工商局、省教育厅、省交通运输厅、省卫生计生委、人行杭州中心支行、浙江银监局、省邮政管理局、省旅游局）

2.落实连锁企业汇总纳税。对跨省市县设立不具有法人资格分支机构的企业，按照《跨地区经营汇总纳税企业所得税征收管理办法》（国家税务总局公告2012年第57号）等政策，可由总机构汇总缴纳所得税。对在我省行政域内，固定业户的总分支机构不在同一县（市）的企业，按照《财政部国家税务总局关于固定业户总分支机构增值税汇总纳税有关政策的通知》（财税〔2012〕9号）要求，经省财政厅和省国税局同意，可由总机构向其所在地主管税务机关汇总缴纳增值税。（责任单位：省地税局、省国税局、省财政厅）

3.放宽烟草零售经营准入。连锁企业直营门店经营卷烟业务，可由直营门店或连锁总部统一向各门店所在地烟草专卖行政主管部门办理烟草专卖经营许可证，许可证办理可适当放宽现有数量和间距限制；卷烟制品可由门店、总部或区域配送中心向所在地的烟草公司统一订货，由烟草配送中心送货到各门店；对取得烟草专卖许可证的乡镇连锁超市和行政村连锁便民店，由当地烟草公司访销配送，各地要在2015年6月底前落实。对拥有直营门店数20家以上且纳入省重点流通企业培育对象的连锁龙头企业，在符合经营资金要求且拥有独立固定经营场所的前提下，可进一步放宽烟草经营准入门槛。（责任单位：省烟草专卖局、省商

务厅）

4．简化证照办理程序。连锁经营企业开设直营网点，可持加盖总部确认印章的总部营业执照复印件等材料，直接到所在地工商行政管理部门（市场监管部门）办理登记手续。简化零售连锁药店审批程序，促进药品零售连锁企业跨区域发展。简化旅行社在本地社区、便利店增设服务网点的审批手续。加强部门办事环节衔接，推行并联审批、先照后证等方式，提高行政管理效率。（责任单位：省发改委、省工商局、省食品药品监管局、省环保厅、省建设厅、省交通运输厅、省公安厅、省商务厅、省烟草专卖局、省地税局、省国税局、省旅游局）

二、加强流通基础设施建设

（一）推进商品市场转型升级

1．提升发展商品市场。制订全省商品市场发展规划，推动商品市场专业化提升和精细化改进，拓展商品展示、研发设计、品牌集聚、电子商务、现代物流、价格指数、商品检测、内外贸融合等功能，带动地方产业集群发展。突出全省重点市场的龙头带动作用，提升发展与产业紧密相关的产地型批发市场和为产业提供原材料的重点生产资料市场。统筹公益性市场建设，培育一批大型农产品批发市场，加快形成不同层级、布局合理、便民惠民的公益性市场体系。（责任单位：省商务厅、省财政厅、省发改委、省国土资源厅、省建设厅、省环保厅、省供销社）

2．支持农产品骨干流通网建设。充分发挥省农产品流通产业发展基金的政策导向作用，推进农产品流通和农村市场体系建设；支持在重要农产品集散节点开展骨干型农产品批发市场建设，建立链接全国的农产品骨干流通网络，完善产销衔接体系。（责任单位：省财政厅、省商务厅、省发改委、省国土资源厅、省建设厅、省环保厅、省供销社）

3．减免土地使用税和房产税。2015年底前，对专门经营农产品的批发市场、农贸市场使用的房产、土地，暂免征收房产税和城镇土地使用税。对同时经营其他产品的农产品批发市场和农贸市场使用的房产、土地，按其他产品与农产品交易场地面积的比例确定征免房产税和城镇土地使用税。年底前符合条件的纳

税人向当地主管税务机关办理备案手续，即可享受上述税收优惠。（责任单位：省地税局、省财政厅）

4．保障市场搬迁改造用地需求。支持城区商品批发市场异地搬迁改造，政府收回原国有建设用地使用权后，可采取协议出让方式安排商品批发市场用地。（责任单位：省国土资源厅、省建设厅）

（二）增加居民生活服务设施投入

1．完善生活性服务体系。优化社区商业网点布局和业态配置，支持社区农贸市场转型升级改造，鼓励社区综合服务中心集约化发展，配备社区菜市场、便利店、快餐店、配送站、再生资源回收点及健康、养老服务和旅游服务等功能。完善农村市场流通体系，发展集零售、餐饮、文化、生活、配送等于一体的乡镇商贸中心。鼓励餐饮企业转型，发展大众餐饮，支持连锁早餐快餐进社区，出台第三批不纳入环评审批餐饮项目目录。推进杭州市优化环境促进餐饮业转型发展试点城市建设。扶持员工制家政服务企业发展，健全家政服务培训体系。（责任单位：省商务厅、省财政厅、省建设厅、省国土资源厅、省环保厅、省人力社保厅、省供销社、省旅游局）

2．强化商业网点规划落实。建立完善商业网点规划实施保障机制，将商务行政主管部门作为城市规划议事协调机构的成员单位。加大宏观调控力度，加强城市商业网点规划与城市总体规划、土地利用总体规划衔接，将乡镇商业网点建设纳入小城市培育试点镇内容和小城镇建设规划。严格执行城市商业网点规划，加强对大型商业网点（5000平方米以上）规划选址的公示。完善社区商业网点配置，新建社区商业和综合服务设施面积占社区总建筑面积比例不低于１０％，并在规划审核和竣工验收等环节加强把关。（责任单位：省建设厅、省国土资源厅、省商务厅）

3．减免增值税和营业税。2015年底前，对月销售额不超过3万元或季度销售额不超过9万元的增值税小规模纳税人，免征增值税；对月销售额不超过3万元或季度销售额不超过9万元的营业税小规模纳税人，免征营业税。（责任单位：省国税局、省地税局、省财政厅）

4．降低银行卡费率。积极争取国家有关部门支持，尽快完善银行卡刷卡手

续费定价机制，取消刷卡手续费行业分类，进一步降低餐饮业刷卡手续费支出。（责任单位：省物价局、人民银行杭州中心支行）

（三）推进绿色循环消费设施建设

1．发展绿色商贸。培育一批集节能改造、节能产品销售和废弃物回收于一体的绿色市场、商场和饭店。推进再生资源回收体系建设，支持淘汰老旧汽车，加大黄标车淘汰力度，促进报废汽车回收拆解体系建设，推进报废汽车资源综合利用。（责任单位：省商务厅、省环保厅、省经信委、省公安厅、省供销社）

2．推进节能降耗。大力推广绿色低碳节能设备设施，支持商贸流通企业开展节能技术改造，在具备条件的企业推广分布式光伏发电，试点夹层玻璃光伏组件等新材料产品应用。（责任单位：省经信委、省商务厅、省旅游局）

三、深化流通领域改革创新

（一）培育大型流通企业

1．支持企业做强做大。推动优势流通企业利用参股、控股、联合、兼并、合资、合作等方式做大做强，培育一批名企、名店和名品。加大省重点流通企业培育力度；进一步完善老字号发展政策，加强老字号培育与保护，推进浙江老字号认定工作；大力培育浙菜品牌，认定浙菜产业化基地和餐饮龙头企业。推进流通企业股权多元化改革，鼓励各类投资者参与国有流通企业改制重组，推进混合所有制发展。（责任单位：省商务厅、省财政厅、省地税局、省国税局、人行杭州中心支行、省金融办、省供销社、省国资委）

2．加大金融支持。引导金融机构加大金融支持力度，鼓励创新金融产品和服务，积极支持大型优质商贸流通企业兼并重组。推动优势流通企业进入资本市场发行股票或债券等。（责任单位：人行杭州中心支行、省银监局、省金融办、省发改委）

3．强化用地保障。各地要科学合理安排年度新增建设用地计划指标，优化土地供应结构，优先支持大型商贸流通项目用地。鼓励工业企业“退二进三”，利用存量土地和原厂房发展商贸流通业。对纳入城镇低效用地再开发专项规划的地块，可保留其工业用地性质不变，经城乡规划、国土资源部门依法批准临时改变房屋用途的，按规定缴纳土地收益金；需要改变土地用途并办理有偿使用手续的，在符合城乡规划和原划拨决定书或土地出让合同没有规定（约定）应当由政府收回国有土地使用权的前提下，经市县政府批准，可采取协议方式处置。（责任单位：省国土资源厅、省建设厅、省商务厅）

4.推进工商用电同价。鼓励大型商贸流通企业参与电力直接交易。在有条件的地区开展试点，商业用户可选择执行分时电价或电度电价。（责任单位：省物价局、省商务厅）

（二）提升中小商贸流通企业活力

1.推进公共服务平台建设。整合利用社会服务力量，加强中小商贸流通企业公共服务平台建设，完善现有服务平台功能，不断拓展建设新平台，为中小商贸流通企业提供质优价惠的信息咨询、创业辅导、市场拓展、电子商务应用、特许经营推广、企业融资、品牌建设等服务。（责任单位：省商务厅、省经信委、省发改委、省工商局、省文化厅）

2.落实中小微企业融资政策。推动商业银行开发符合商贸流通行业特点的融资产品，在充分把控行业和产业链风险的基础上，发展商圈融资、供应链融资，完善小微商贸流通企业融资环境。支持融资租赁、融资担保、典当企业创新服务产品。（责任单位：人行杭州中心支行、浙江银监局、省金融办、省发改委、省经信委）

（三）推进大数据平台建设

结合国家商贸流通、交通运输、物流等公共信息服务平台，建设流通领域大数据平台；健全电子商务统计体系，推进电子商务大数据建设；建立健全部门协作机制，以国家平台为基础平台，实现部门间平台数据共享；加强市、县（市、区）平台建设，实现省、市、县（市、区）平台互联互通；强化形势分析和信息引导，加快统计监测信息成果转化。（责任单位：省商务厅、省统计局、省发改委、省经信委、省交通运输厅、省文化厅、省新闻出版广电局、省旅游局、人行杭州中心支行、省供销社）

（四）促进内外贸融合发展

1．拓展商品市场外贸功能。培育一批布局合理、功能完善、辐射面广、内外贸融合的浙江商品国际采购中心。推广市场采购贸易方式成功经验，逐步扩大试点范围。优化市场采购出口商品流程，简化检验检疫、报关等相关手续。培育特色品牌展会，支持进口贸易平台建设，探索免税交易方式。（责任单位：省商务厅、省财政厅、省发改委、省经信委、人行杭州中心支行、杭州海关、宁波海关、省工商局、省质监局、浙江检验检疫局、宁波检验检疫局、省外汇管理局）

2．完善税收管理模式。对义乌市场采购贸易方式出口货物实行增值税免税政策，简化税收管理流程，激发外贸企业代理出口的积极性。完善市场采购贸易方式出口货物免税管理模式，支持扩大免税试点范围。（责任单位：省国税局、省财政厅）

3．鼓励流通企业“走出去”。支持流通企业建立海外营销、物流及售后服务网络，鼓励外贸企业建立国内营销渠道，拓展国内市场，打造一批实力雄厚、竞争力强、内外贸一体化经营的跨国企业。（责任单位：省商务厅、人行杭州中心支行、省外汇管理局）

四、着力改善营商环境

（一）营造公平竞争的市场环境

1．着力破除各类市场壁垒。及时修改、调整、废止妨碍公平竞争的政策，不得滥用行政权力制订含有排除、限定竞争内容的规定；不得限定或者变相限定单位或者个人经营、购买、使用行政机关指定的经营者提供的商品；取消针对外地企业、产品和服务设定的歧视性收费项目、收费标准或者价格等歧视性政策。对涉企行政事业性收费、政府性基金和实施政府定价或指导价的经营服务性收费，实行目录清单管理，不断完善公示制度，加大对违规设立行政事业性收费的查处力度，坚决制止各类乱收费、乱罚款和乱摊派等行为。（责任单位：省发改委、省商务厅、省国税局、省地税局、省工商局、省法制办、省物价局）

2．推进法治化营商环境建设。全面清理涉及市场准入、经营行为规范的法规规章，建立维护全省市场统一开放、竞争有序的长效机制。推进商贸流通领域法治化建设，加快流通领域地方立法。规范市场主体竞争行为，查处垄断和不正当竞争行为，规范零售商、供应商公平交易行为。健全消费环节经营者首问和赔偿先付制度，保护消费者合法权益。（责任单位：省商务厅、省法制办、省工商局、省发改委、省质监局、省公安厅、省物价局）

3.建立完善市场调控机制。完善省级生活必需品应急管理平台建设，建立应急商品重点生产企业、流通企业协作机制。落实大型流通企业应急保供责任，保障应急救灾和市场调控需要。进一步优化样本结构，扩大监测范围，增强市场调控的前瞻性和预见性。严格落实猪肉、食糖等重要农产品分级储备制度，创新储备方式，改进储备管理。（责任单位：省商务厅、省应急办、省财政厅、省民政厅、省发改委、省物价局、省统计局、省农业厅、省粮食局）

4.加强知识产权保护与转化。推动商贸流通重大技术项目国际合作，保护商贸流通企业自主知识产权；加快商贸流通领域科技成果的研究开发和推广转化，推进商贸流通业科技创新基地、企业研究院和产业技术创新联盟、创新团队等载体建设。（责任单位：省科技厅、省工商局、省质监局、省地税局、省国税局）

5.健全商贸流通标准体系。加强电子商务、现代物流、农产品流通等领域标准研制工作，引导和鼓励有关单位参与制订国家标准和行业标准，提高参与国家标准化活动的能力。推进商贸流通标准化项目建设，培育一批标准体系较为完善的商贸流通企业。加强追溯体系建设，推进组织机构代码、物品编码在商贸流通企业的应用，促进智慧追溯体系建设。（责任单位：省质监局、省工商局、省食品药品监管局、省商务厅）

（二）加大市场整治力度

1.完善联合监管机制。加强部门协作，完善联合打击侵犯知识产权和制售假冒伪劣商品行为的工作机制，发挥统筹协调和监督检查作用，严厉打击虚假宣传、侵权假冒、商业欺诈等违法行为，形成监管合力。健全举报投诉办理机制，在大型商业网点和网购平台建立投诉快速处理绿色通道，严肃查处违法违规行为。（责任单位：省商务厅、省工商局、省法制办、省质监局、省食品药品监管

局、省安监局）

2.加大市场监管力度。强化流通领域商品质量、计量监管和抽查，加大对重点商品的整治力度，集中开展互联网、城郊结合部侵权假冒伪劣商品专项整治。建设智慧型商品市场监管体系，加强市场管理信息系统、信息查询公告系统、联网监测监管系统建设。加强网上市场监管，建立工作联系和指导服务制度，促进网上市场健康发展。（责任单位：省工商局、省卫生计生委、省食品药品监管局、省物价局、省公安厅、省商务厅、省质监局）

3.保障食品药品安全。加强餐饮安全监管，完善相关规定和管理措施，防止不合格食材流向餐桌，严厉打击“黑作坊”“黑快餐”等危害百姓身体健康的企业。加强药品流通监管，开展药品运输环节监管试点，规范药品配送和药学服务等行为。（责任单位：省食品药品监管局、省工商局、省卫生计生委、省公安厅、省建设厅、省商务厅）

（三）加快推进商务信用建设

1.加强商务诚信体系建设。建立商贸流通企业信用信息记录机制，推进行政管理部门企业信息共享，探索实行企业信用分类管理。构建商务信用评价机制，支持第三方机构开展具有信誉搜索、同类对比等功能的市场化综合评价，鼓励行业组织开展以信用记录为基础的第三方专业评价。引导企业建立信用评价体系，开展商品质量、服务水平、购物环境等内容的消费体验评价。在重点领域推进商务诚信体系建设试点，逐步扩大覆盖范围，建立线上线下消费一体的信用评价体系。积极推进商务信用应用，拓展信用消费服务。（责任单位：省商务厅、省发改委、省质监局、省工商局、省食品药品监管局、省公安厅、人行杭州中心支行）

2.健全商务信用信息披露制度。加强浙江省企业信用信息公示系统等平台建设，及时披露企业侵权假冒行政处罚等信息，依法发布失信企业“黑名单”。进一步加强行政执法与刑事司法衔接，建立案件曝光平台，推进案件信息公开。完善失信主体特定行业禁入制度，提高失信成本，逐步形成“一处失信、处处受限”的商务诚信市场环境。（责任单位：省工商局、省商务厅、省法制办、省法院、省检察院、省质监局、省食品药品监管局、省公安厅、省国税局、省地税

局、省旅游局）

五、加强组织领导

各责任单位要加强协调配合，按照分工要求，切实负起责任，根据本意见抓紧落实工作举措，明确时限要求，确保政策落实到位。各市、县（市、区）政府要根据本地实际，统筹协调，落实责任单位，出台有针对性的配套措施，加大执行力度，形成政策合力。

浙江省人民政府办公厅
关于印发浙江省金融产业发展规划的通知

浙政办发〔2015〕69号

各市、县（市、区）人民政府，省政府直属各单位：

《浙江省金融产业发展规划》已经省政府同意，现印发给你们，请结合实际贯彻执行。

浙江省人民政府办公厅

2015年6月11日

浙江省金融产业发展规划

金融产业作为从事资金融通和信用活动的产业，主要包括银行、证券、保险、信托、期货以及私募金融、互联网金融等业态，在现代经济中具有优化资源配置、调节经济运行的基础性作用。做强做大金融产业，既是促进经济发展、维护经济安全的重要保障，也是培育我省经济新增长点、加快经济转型升级的重要举措。为加快全省金融产业发展，特编制本规划，规划期限到2020年。

一、发展基础

近年来，全省金融系统围绕建设“金融强省”的总体目标，打造“中小企业金融服务中心”和“民间财富管理中心”，金融产业规模日趋扩展，金融机构体系日趋多元，区域发展特色日趋明显，金融业增加值、社会融资规模、存贷款规模和质量效益等主要指标均位居全国前列。

（一）金融业规模增长迅速。2014年，全省实现金融业增加值2934亿元，比2013年增长8.0%，占地区生产总值的比重达7.3%，占服务业增加值的比重达15.3%，已成为服务业的支柱产业。规模以上金融业营业收入超过9000亿元。全省社会融资规模增量为7999亿元，位居全国第五，与我省经济总量地位基本匹配。

（二）行业竞争力日益增强。银行业金融机构存贷款规模保持平稳较快增长，2014年末全省本外币存款余额、贷款余额分别为79242亿元、71361亿元，位居全国第四、第三。证券期货交易规模较大，2014年全省证券经营机构代理交易额为20.8万亿元，位居全国第四，期货经营机构代理交易额为62.1万亿元，位居全国前列，交易额均占全国总量的10%以上。保险业服务领域不断拓宽，2014年全省实现保费收入、发生赔付支出分别为1258亿元、475亿元，位居全国第四、第五，同比分别增长13.4%、5.2%;保险深度为3.1%，保险密度为2284元/人。其他金融业态蓬勃发展，2014年末省内金融信托公司、金融租赁公司和财务公司资产总额达1470亿元，融资性担保机构在保余额818亿元，在中国基金业协会登记的私募基金管理人管理资金规模达780亿元。

（三）金融机构体系形成品牌亮点。具有“浙银品牌”之称的银行机构稳健发展，2014年末全省银行业金融机构（含分支机构）达12072家，在浙银行机构的创新能力和风险处置能力在各大总行中享有较高声誉。证券市场“浙江板块”加速崛起，2014年末全省有各类证券机构637家，境内外上市公司336家，累计募集资金6404亿元。保险业的“浙江亮点”逐步显现，农业保险、科技保险、小额贷款保证保险等业务创新发展，2014年末全省有各类保险机构3651家。期货业的“浙江军团”创新发展，2014年末全省有各类期货机构177家，经营规模、业务创新在全国保持领先地位。“浙商系列”法人金融机构加快发展，2014年末有10多家“银证保”等各领域的“浙商系列”总部金融机构，13家城市商业银行在小微企业金融服务模式方面走在全国前列。扎根基层的81家“浙江农信”资产质量、综合效益等指标名列全国前茅。“浙江小贷”支农支小品牌逐步打响，2014年末全省有小额贷款公司344家、村镇银行71家、融资性担保机构495家、融资租赁公司105家、典当公司415家，成为基层小微金融的新生力量。一大批互

联网金融企业开始涌现，成为全省金融体系的新兴力量。

（四）金融要素市场建设步伐加快。区域性交易市场体系不断健全，搭建了涵盖股权、产权、金融资产、大宗商品等各类品种的交易平台体系，满足企业挂牌、股份流转、债券融资、金融资产转让等多方面需求。2014年末，全省有地方交易场所67家，当年交易额达29723亿元。债券市场融资工具利用力度不断加大，2014年共发行银行间市场债务融资工具金额1488亿元，发行企业债426亿元，发行中小企业私募债35亿元。民间金融市场规范发展，2014年末全省有民间融资服务中心29家、民间资本管理公司19家，当年管理民间融资规模160亿元，新型平台作用逐步显现。

（五）金融产业贡献度不断提升。2014年，全省银行业金融机构净利润达875亿元，证券和期货经营机构利润总额63亿元。金融业税收688亿元，占全省税收总额比重达9.2%。2014年末全省金融业从业人员近40万人。我省金融产业发展取得了一系列成绩，但也存在不少问题:一是金融产业地位仍有待提升。对金融的关注点主要集中在资金保障和服务实体经济的功能上，对把金融产业作为战略性产业培育发展的重视程度还不够。二是金融结构失衡仍较突出。大银行的金融

组织体系与中小企业需求不完全匹配，中小金融机构仍然偏少、偏弱，支持中小企业发展的能力还不足;直接融资比例偏低;居民理财需求日益强烈，但财富管理业务发展仍较滞后，创新能力和风险管理水平还不高。三是地方金融总体实力仍不强。与沿海主要省市相比，对金融业的政策扶持力度还不够，地方金融机构规模实力还存在较大差距，与浙江金融大省的地位还不相称。四是新型金融业态统筹推进仍有待加强。要占据未来新型金融业态发展的战略制高点，仍需进一步凝聚共识，从投资环境营造和政策措施扶持上加大力度。

随着国家金融体制改革力度的加大，金融市场化改革将进一步深化，金融国际化进程将进一步加快，金融组织体系将不断演化创新，金融业发展将加快融入全球金融格局。在利率市场化、人民币国际化、资产证券化加快推进的大背景下，我省金融产业正面临难得的发展机遇，金融产业仍有很大发展空间。同时，在经济发展新常态下，金融领域较易出现风险上升的阶段性特征，我省金融产业发展将经受复杂多变的严峻形势的考验。因此，加强规划引导，适应经济发展新常态，顺应金融发展新趋势，切实采取有力举措加快发展我省金融产业，具有十分重要的战略意义。

二、总体要求和发展目标

（一）总体要求。以党的十八大和十八届三中、四中全会精神为指导，围绕实施“八八战略”、建设“两美”浙江和干好“一三五”、实现“四翻番”目标，坚持“结合经济看金融、结合国际看浙江，立足服务实体经济、立足创新提质发展”的原则，主动对接上海国际金融中心建设，密切关注纽约、伦敦、新加坡、中国香港等国际金融市场发展趋势，构建适应经济新常态的新金融体系，以着力推进银行业、证券业、保险业提升发展为基础，以全力打造浙商总部金融、私募金融、互联网金融、草根金融等产业为新增长点，以加快建设金融要素市场等直接融资渠道为着力点，以科学布局区域特色金融产业为落脚点，力争把金融产业培育成我省战略性支柱产业和万亿级现代产业，把我省打造成金融改革示范省、金融创新集聚地和金融生态安全区，推动经济金融双转型、双提升，为建设“两富”现代化浙江提供有力的金融支撑。

（二）发展目标。到2020年，基本建立全国领先的“大金融”产业格局、特色鲜明的金融产业功能体系、竞争力强的金融主导产业，金融业总收入达到1.6万亿元，金融业增加值占地区生产总值比重达到9%。

——金融产业更加多元。银行业、证券业、保险业发展水平继续保持全国领先地位，新型金融业态加快发展，到2020年，新型金融业增加值占金融业增加值比重提高到30%以上，综合实力和竞争力不断提升。直接融资规模进一步扩大，到2020年直接融资占比提高到30%以上。

——机构体系更加完善。“中央+地方”“国有+民营+外资”的大中小金融组织体系基本形成，到2020年地方法人银行资产规模占比提高到40%以上。民间资本进入金融领域的渠道不断拓宽，专注支农支小的中小金融机构的数量和服务水平加快提升。

——产业贡献更加突出。金融业利润稳步增长，到2020年金融业利润达到2200亿元。金融业的社会贡献度进一步提升，到2020年金融业税收达到1000亿元，金融业从业人员达到50万。

——服务实体经济能力更加强大。金融保障重大项目和重大平台建设力度加大，金融资源配置和产业转型升级的对接进一步加强，信贷投向和期限结构逐步优化。到2020年末金融机构本外币贷款余额达到10万亿元。普惠金融深入推进，小微企业和“三农”金融服务满足率大幅提高，“融资难、融资贵”问题得到较大改善。

三、主要任务与战略举措

着力构建五大金融产业、四大金融平台、三大区域金融布局的“大金融”产业格局，加快金融机构、金融市场、金融业务创新，进一步推进金融产业实力强和金融服务实体经济能力强的“金融强省”建设。

（一）打造具有特色优势的五大金融产业。充分发挥银行业、证券业、保险业三大金融产业的主力作用，发展壮大浙商总部金融、私募金融、互联网金融、草根金融产业，构建具有浙江特色的金融产业体系。

1.做强做优持牌主力金融。充分发挥全国大型在浙金融机构的支撑作用，积极争取各大银行总行、证券和保险等总公司的金融资源配置，争取信贷资源、表外融资、资产处置、股权直投、金融租赁、资产管理、保险资金等资源，支持我省经济社会发展，打造“资金洼地”“资本高地”。吸引各类金融机构区域总部及业务总部入驻，推进设立中小企业专营机构或中小企业金融管理总部、财富管理或私人银行总部、消费金融中心、离岸金融中心、后台服务中心等。积极吸引各类外资金融机构入驻，引进先进的服务模式和管理技术，创新服务企业“走出去”模式。稳步推进企业跨境融资，支持企业运用境内境外两个市场、两种资源降低融资成本。进一步做强银行业、证券业、保险业为主的基础性支柱产业，推进银行业加快转变发展方式，创新业务模式，到2020年末银行业金融机构总资产达到16万亿元;支持证券期货业多元化创新发展，做大资产证券化、融资融券、资产管理等业务，继续保持证券、期货交易额全国领先地位，到2020年占全国交易额比重分别达到11%和12%;持续推进保险业创新，积极发展农业保险、责任保险、信用保证保险、商业健康养老保险等险种，加快建设现代保险服务业，服务社会治理体系现代化，到2020年保费收入年均增长12%，保险深度达到4%，保险密度达到4000元/人。规范发展融资租赁、典当、保理等，满足企业多元化融资需求。

2.着力发展浙商总部金融。充分发挥浙江法人金融机构数量多、活力强、质量优的优势，按照行业发展前景、机构行业地位、核心竞争力择优培育，做强做大专注服务浙商经济的“浙商系列”总部金融机构，将浙商银行、浙商证券、财通证券、永安期货、浙商保险、浙商资产等打造成我省总部金融旗舰企业，到2020年浙商银行资产规模达到2万亿元。做精做优专注服务中小企业的城市商业银行，杭州银行、宁波银行进入资产规模万亿级银行行列。做实做优专注服务“三农”的农村合作金融机构，打造形成2万亿元资产规模的“浙江农信”机构。新设民营银行10家左右，构建社区性金融服务体系。推动我省证券、期货公司壮大规模，扩大业务半径和品牌影响力，积极推动在宁波、温州、嘉兴、舟山设立专业性保险公司，推动信托公司、金融租赁公司、融资租赁公司、消费金融公司和企业集团财务公司等非银行金融机构发展壮大。鼓励省内金融机构开展战略性机构布局，积极推动金融机构“走出去”和加快国际化进程，充分发挥遍布全球的浙商网络优势，着力发展服务浙商经济的金融产业，加强对浙商“走出去”和“浙商回归”的金融服务，构建适应浙商总部经济特点的金融产业体系，打造浙商金融服务新高地、新品牌，增强浙商总部金融规模实力和影响力。

3. 大力发展私募金融。抓住私募金融大发展的有利时机，打造以产业链为纽带的“龙头引领、业态丰富、集群共进”的私募金融产业发展格局。引进培育私募金融机构，发展一批具有标志性、影响力的私募基金，提升我省私募金融产业的发展层次。积极引进国外私募基金先进的投资技术和管理经验，吸引全球知名金融机构及综合实力雄厚的大型企业集团在我省发起设立或合作发展私募基金。支持条件成熟的私募金融机构向大型资产管理公司转型。推动形成私募金融产业链，发展并购基金、夹层基金、平行基金、天使基金等在内的多元化投资基金。鼓励私募理财、私募证券、私募对冲、私募期货、私募债券等多种私募金融业态发展，逐步形成具有较高层次和知名度的“浙江私募”系列品牌。着力优化私募金融生态圈，鼓励私募金融“募、投、管、退”形成专业化分工与合作，推动业务外包，依托浙江股权交易中心等平台，为私募基金、私募债及众筹等提供登记、结算、交易服务，促进私募金融产业集聚。适时组建“LP俱乐部”，成立私募金融研究院，发挥股权投资行业协会作用，举办中国（杭州）财富管理大会、全球对冲基金西湖峰会等具有行业影响力的峰会和论坛，营造私募金融发展的良好氛围。到2020年，全省私募基金管理资金规模达到1万亿元，百亿级私募投资基金20家以上，打造“全国私募金融集聚中心”。

4. 创新发展互联网金融。顺应互联网金融发展趋势，发挥我省信息经济、电子商务发展优势，坚持开放包容态度，加快信息技术与金融深度融合，鼓励互联网金融产品创新、服务创新、技术创新和业务模式创新，利用电子商务、第三方支付、社交网络形成的庞大数据库和数据挖掘技术降低交易成本，着力打造以支付宝、浙江网商银行为龙头引领的互联网金融新业态。积极引导互联网金融企业集聚发展，建设互联网金融企业孵化器，打造一批具有全国影响力的互联网金融集聚区。重点发展第三方支付、P2P、众筹、网络理财、网络小贷等业态，充分发挥互联网金融在改善信息不对称、提升资金配置效率和服务质量方面的作用，使互联网金融成为规范引导民间金融、发展普惠金融的重要力量。优化互联网金融政策支持，加强行业监管和风险防控，营造扶优限劣的互联网金融发展生态环境。到2020年，培育具有全国影响力和引领带动作用的互联网金融企业10家以上，打造“全国互联网金融创新中心”。

5.规范发展草根金融。坚持“小微化、普惠化”的发展定位，规范发展小额贷款公司、新型农村金融互助组织、民间融资管理创新机构等准金融、类金融的“草根金融”业态，深入实施普惠金融工程。支持小额贷款公司持续健康发展，形成一支扎根基层、服务草根的“支农支小”力量，进一步打响“浙江小贷”品牌。探索发展一批建立在“三位一体”农村合作经济组织基础上的农村资金互助组织，完善服务“三农”的农村金融合作机制。积极发展由龙头骨干企业和专业资产管理机构发起设立的民间资本管理公司，引导更多民间资金通过股权、债权等方式有序服务实体经济。加强信用体系和监管体系建设，提升“草根金融”规范水平和可持续发展能力。到2020年，“草根金融”的资产规模达到5000亿元左右，培育小额贷款公司400家、新型农村金融互助组织200家、民间融资管理创新机构100家。

（二）建设四大金融产业平台。汇聚整合各方金融资源，发挥资源协同效应，着力建设支持我省“大金融”产业发展的四大平台。

1.打造直接融资平台。推动省委、省政府重点发展的七大万亿产业中的龙头骨干企业到主板、中小板和创业板上市融资，加快省内法人金融机构上市步伐，助推不同行业、不同规模的企业在沪深交易所、“新三板”、浙江股权交易中心及港交所等境内外市场上市挂牌;依托资本市场开展国有企业混合所有制改革，在积极推进首发上市的同时，鼓励省内国有资本以上市资源为目标开展并购重组，实现间接上市。搭建上市公司并购平台，鼓励上市公司根据发展需要开展区域产业并购整合，推动以获取技术、人才、品牌、渠道等为主要目的跨国并购。大力拓展公司债、企业债、银行间市场债以及私募债等债券融资，满足企业中长期资金投入需求。充分发挥期货市场功能，鼓励企业运用期货市场管理价格风险。实施“资本市场万亿融资计划”，到2020年境内外上市公司超过600家，其中千亿级市值上市公司10家以上，累计募集资金超过1万亿元，上市公司市值与地区生产总值的比值达到100%以上。

2.打造产业基金平台。加快设立政府产业基金，组建浙商转型升级母基金、浙商回归基金、“浙民投”等一批百亿级规模产业投资基金，发挥杠杆效应，撬动更多的社会资本支持我省产业转型升级。积极发挥省创投引导基金、省海洋产业基金、省创新强省产业基金、舟山群岛新区海洋产业基金、省信息经济创业投资基金等一系列专业性产业引导基金的作用，引导更多资金投向我省战略性新兴产业、现代服务业、传统产业改造升级等重点产业和领域，加强金融资本与产业资本的有效对接。到2020年，形成“百亿级产业基金群”，管理资金规模超百亿元的产业基金达到10家以上，力争各类省级政府引导基金规模达到200亿元，吸引社会资本5000亿元以上。

3. 打造地方交易市场平台。统筹优化省内各类交易场所的区域和行业布局，积极探索交易场所的新业态、新模式，推动设立一批符合实体经济发展需求、风险管控机制较为健全、具有较强影响力和集聚力的交易场所。加快浙江股权交易中心、浙江金融资产交易中心、浙江产权交易所创新发展，充分发挥其推动企业“规改股”“股上市”和规范企业治理、改善企业融资结构的重要作用。发展新华浙江大宗商品交易中心、浙江舟山大宗商品交易所、宁波大宗商品交易所，发挥新华（杭州）大宗商品指数全球发布的影响力，着力提升市场价格发现、优化资源配置等功能。支持互联网金融资产交易平台等新型交易场所培育发展。开展排污权、碳排放权交易试点，支持华东林权交易所发展碳排放权交易市场。到2020年，打造5家左右具有全国影响力的万亿级交易场所。

4. 打造金融控股平台。将做大做强省金融控股公司作为整体提升我省金融产业发展水平的重要抓手，充分发挥综合协同效应，整合推动我省法人金融机构发展。到2020年，力争省金融控股公司资产规模超过1000亿元。支持省属国有企业打造金融业务板块，加强省属国有企业金融和类金融机构股权整合。支持杭州、宁波、温州等有条件的地区发展金融控股公司。引进央企金融业务板块，吸引平安、复星等金融控股平台到我省开展机构和业务布局。支持有实力的民营企业发展产业金融控股集团，实现产融结合。支持省内金融机构根据自身风险管控能力和比较优势探索集团化发展，推动建立混业经营的浙江农信金融集团模式，深化浙江农信省县两级改革，强化管理和服务功能。

（三）推进三大区域金融布局。按照“一区域一特色”的金融产业空间布局思路，着力打造两大金融核心区域、若干金融特色城市、一批金融特色小镇等三个层面的“大金融”产业构架，形成多层次金融产业空间支撑体系。

1. 打造杭州、宁波金融核心区域。推动杭州建设有特色优势的国内一流财富管理中心和互联网金融中心，充分发挥其承接上海、面向长三角的辐射带动作用，发展以私募金融为龙头，以场外交易市场和财富管理机构为两翼的财富管理产业，推动大众理财、公募理财和资产管理市场的发展，构建高效的资本转化机制和财富管理体系。加快建设宁波保险创新综合示范区和港口金融、航运金融区域中心，发展专业性航运保险法人机构，深化小额贷款保证保险、农村保险互助社等创新，发展一批服务海洋经济、科技型企业、中小微企业、“三农”及民生事业的重点保险产品，在运用保险机制创新社会治理、航运融资、离岸金融等方面形成特色品牌。到2020年，杭州、宁波金融业增加值占地区生产总值比重分别达到12%、8%以上，成为全省金融业两大核心增长极。

2. 打造区域金融特色城市。深化推进温州金融综合改革，以落实民间融资管理条例为抓手，完善民间融资的备案、发布、交易、征信查询等服务平台，大力发展民间资本管理公司等载体，推动定向债券融资和定向集合资金业务发展，扩大“温州指数”的影响力，打造民间金融改革创新“温州样板”。深化丽水农村金融体系建设，打造林权抵押贷款“丽水标准”，发展林权、土地承包经营权和农民住房财产权抵押贷款，积极推进信用户、信用村、信用乡和信用县建设，形成金融支农惠农“丽水模式”。推进台州小微企业金融服务发展，做深做实小微企业信用保证基金，拓展和提升信用信息共享平台，创新小微企业金融服务机制和模式，打造小微金融发展先行区和创新示范区。推动义乌贸易金融创新发展，拓展人民币跨境业务、外汇管理、贸易金融、供应链金融创新，构建与市场采购贸易方式相适应的金融特色体系。积极推进舟山海洋金融创新，建设嘉兴科技金融示范区，支持绍兴直接金融、衢州绿色金融、湖州生态金融发展。加快省长三角金融后台基地建设，引进金融业后台服务机构，培育金融信息处理、金融服务外包等新兴产业。

3. 打造一批金融特色小镇。按照“政府引导+市场运作”模式，引入社会资本成立专业的开发公司进行市场化运作。加强政府配套政策支持，建立“主导产业+基金”的创业创新机制，引进、入驻一批国内外高端金融研发和管理团队，促进高端要素集聚，形成专业性功能型金融集聚地。到2020年，培育4个投资规模超千亿级，6个投资规模超百亿级的金融特色小镇，重点打造杭州上城玉皇山南基金小镇、杭州余杭梦想小镇、宁波梅山海洋金融小镇、嘉兴南湖基金小镇、义乌丝路金融小镇等金融主业突出、特色鲜明、具备一定行业影响力的示范型金融特色小镇。谋划发展金融服务外包产业园、天使投资人LOFT社区等一批具有广阔发展空间、易形成集聚效应的金融特色小镇。深入推进金融创新示范县（市、区）建设，加大在金融集聚平台、地方金融服务体系等方面的创新力度。

四、保障措施

（一）加强对金融产业发展的统筹协调力度。成立浙江省金融产业发展领导小组，加强金融产业发展的顶层设计和统筹协调。要将加快金融产业发展纳入各地、各相关部门工作目标责任制考核内容，积极出台支持金融产业发展的各项政策措施，加快推动我省金融产业发展。发挥相关协会、研究院和社会中介机构的作用，形成促进金融产业快速发展的合力。

（二）优化金融产业发展的法治和信用环境。加快出台《浙江省地方金融监管条例》，形成市场准入、日常监管、违规认定、风险处置的完整监管体系。发挥好政府推动和引导作用，探索引入“负面清单”模式，营造公平竞争的金融环境。完善融资增信体系，加强信用信息基础建设，培育和扶持征信机构发展壮大，进一步推动政府信息公开和企业信息公示，着力解决银企信息不对称的问题。

（三）完善金融产业的投入激励机制。完善金融产业发展的财政税收等相关配套政策，加大对区域金融、总部金融、互联网金融、金融要素市场等重点金融领域的扶持。加强财政资金引导，优化省金融发展资金的结构和用途，调动金融机构服务地方经济社会发展的积极性、主动性和创造性。进一步完善小企业贷款风险补偿、政府购买保险服务等制度，大力扶持融资性担保业发展，加快推进政策性担保体系建设，切实缓解小微企业和“三农”融资难、融资贵问题。

（四）强化金融产业发展的人才支撑。加大政策支持力度，引进和培养与打造万亿级产业相适应的金融研究、创新、技术、市场等方面人才，制订实施金融人才专项工作计划，建立高素质金融人才库。加强新型金融业态海外专业人才引进，提高金融高端人才的占比。鼓励各级政府与金融机构开展双向挂职交流。加强与清华大学五道口金融学院合作，开展金融家研修班项目，建立清华五道口南方学院，推动与沪深交易所、港交所及相关机构合作，引进建设浙江省新金融学院，打造我省金融高端人才培养基地。发挥省金融研究院、省金融业发展促进会作用，推进地方金融研究和人才培养。到2020年，组织培训1000名金融企业经营者和高级管理人才、5000名金融专业服务人才。

（五）建立金融产业发展的综合统计制度。科学设定金融产业的统计指标，建立金融产业的综合统计分析体系，加强对金融运行情况的分析研判，准确反映金融产业发展全貌以及对全省经济的贡献度。建立全省金融运行综合信息库，逐步实现有关部门共享的金融数据传递和交换机制。构建有效的区域金融运行监测平台，加强金融运行情况监测。

（六）建立与金融产业相适应的监管体制。按照中央关于建立国家和省两级金融监管和风险承担责任体系的要求，根据国家赋予地方的金融监管职责，建立健全符合我省实际的地方金融监管体制，形成省市县三级授权监管体系。按照“同一件事由同一个部门负责”的原则，优化整合地方金融管理的权力清单，形成市场准入、日常监管、违规认定、风险处置权责一致的管理体系。强化非现场监管信息系统建设，逐步将各类金融市场主体纳入监管范围。加强金融风险防范化解，完善风险预警机制，构建完整高效的金融风险防范处置体系。

浙江省人民政府办公厅关于加快推进中医药健康服务发展的意见

浙政办发〔2015〕103号

各市、县（市、区）人民政府，省政府直属各单位：

加快发展中医药健康服务，是实施“健康浙江”战略、推进全省健康服务业发展的重要任务，也是扩大内需、促进就业、转变经济发展方式的重要举措。为贯彻落实《国务院办公厅关于印发中医药健康服务发展规划（2015—2020年）的通知》（国办发〔2015〕32号）和《浙江省人民政府关于促进健康服务业发展的实施意见》（浙政发〔2014〕22号）等文件精神，加快推进我省中医药健康服务发展，经省政府同意，现提出如下意见：

一、总体要求

（一）指导思想

深入贯彻党的十八大和十八届三中、四中全会以及省委十三届历次全会精神，按照党中央、国务院和省委、省政府的决策部署，全面深化改革，创新服务模式，鼓励多元投资，加快市场培育，积极构建特色健康服务体系，提升中医药对经济社会发展的贡献率，推动我省中医药健康服务走在全国前列。

（二）基本原则

健康为本，产业融合。强化全人全程健康管理理念。促进中医养生、中医医疗、康复养老、文化旅游、信息服务以及药械研制、流通等产业融合，实现全产业链发展。政府引导，市场驱动。处理好政府和市场的关系，使市场在资源配置中起决定性作用，更好发挥政府作用。强化政府在制度建设、政策引导及行业监管等方面的职责;激发社会力量的活力，增加中医药健康服务供给，提高服务质量和效率。

改革引领，创新发展。强化改革对中医药健康服务发展的推动作用。加快中医药科技创新和成果转化，拓展服务范围，创新服务模式，丰富服务手段，建立中医药健康服务可持续发展的体制机制。

预防为主，防治结合。强化预防、治疗、康复相结合，充分发挥中医药特色和优势，开发中医药防病、治病、康复的技术体系、服务体系与产业体系，促使防病能力与治疗、康复能力同步提升。

（三）发展目标

到2020年，基本建成覆盖全生命周期、内涵丰富、优势突出、与城乡居民需求相适应的中医药健康服务体系，中医药健康服务快速发展，成为我省健康服务业的重要力量。培育创建一批以中医药为载体的特色小镇和特色街区，建设一批中医药健康服务示范基地，形成一批中医药健康服务产业集群，打造一批中医药健康服务知名品牌。中医药服务能力明显提升，中医药健康服务产业规模不断扩大，形成完整的中医药产业链，成为我省推动经济社会转型发展的重要力量。

——中医药健康服务能力大幅提升。中医医疗和养生保健服务网络更加健全，到2020年，省、市级中医医院中医药防治重大疾病的能力明显提高，力争100%的社区卫生服务机构、乡镇卫生院和70%的村卫生室具备与其功能相适应的中医药服务能力。中医药养生、养老、康复等服务机构进一步发展，中医治未病服务能力明显提升，基本适应全社会中医药健康服务需求。

——中医药健康服务产业规模不断扩大。中医药养生、养老、医疗、康复、文化、旅游、保险、信息等服务产业优化发展，中药材种植、中药饮片加工以及中成药、中医诊疗和养生保健器械、以中药材为原料的保健食品和日化用品等研发、制造及流通规模不断扩大，形成一批市场竞争力强、具有浙江特色的知名品牌和拳头产品。

——中医药健康服务发展环境明显优化。中医药健康服务政策基本完备，行业规范与标准体系进一步完善，政府监管和行业自律机制更加有效，城乡居民健康意识和素养明显提高，形成全社会关心和支持中医药健康服务发展的良好氛围。

二、主要任务

（一）发展中医养生保健服务

普及中医养生保健知识。积极引导城乡居民应用中医药养生保健知识，普及情志调摄、饮食调养、生活起居、运动健体、穴位按摩等中医养生方法，推广普及太极拳、五禽戏、六段功、八段锦、健身气功、导引等中医养生运动。发展中医养生保健产业。鼓励企业开发以经络理论为基础的中医养生保健器械产品和以中药材为基础的保健食品、药膳产品，做大做强中医药养生保健产品市场。鼓励社会资本开设中医经络按摩馆、太极运动馆、药膳馆、情志调摄馆等。鼓励中医医疗机构为中医养生保健机构规范发展提供支持，允许有资质的中医师在养生保健机构提供咨询和调理服务。依托中医药资源，建设一批中医药养生基地。加强中医养生保健机构、人员、技术、服务、产品等规范管理，提升服务质量和水平。

开展中医特色健康管理。强化中医治未病理念，在中医医院及有条件的综合医院、妇幼保健院设立治未病中心，积极开展规范的中医健康体检和中医健康干预，重点做好0—3岁儿童和65岁以上老年人中医药健康管理服务。鼓励保险公司开发中医药养生保健、治未病保险，通过中医健康风险评估、风险干预等方式，提供与商业健康保险产品相结合的疾病预防、健康维护、慢性病管理等中医特色健康管理服务。

（二）发展中医医疗服务

加强中医医疗服务能力建设。强化中医医院内涵建设，提升核心竞争力，形成鲜明的中医特色。推进县级中医医院标准化建设以及综合医院和妇幼保健院中医药科室建设。

推动中医医疗服务多元发展。支持社会资本举办中医医疗机构，优先发展中医类专科医院和诊所。鼓励公立中医医院与社会力量以合资合作的方式共同举办新的非营利性中医医疗机构。鼓励有资质的中医专业技术人员特别是名老中医开办中医诊所，允许药品经营企业举办中医坐堂医诊所。创新中医医疗机构服务模式。鼓励各级各类中医医疗机构开展融医疗、康复、预防于一体的全链条服务模式、多专业联合诊疗模式和多种中医药方法综合应用的治疗模式。深入推进优质中医医疗资源下沉，以托管、集团化、共建等形式加强省、市级中医医院与县级中医医院开展实质性合作，建立长效运行机制。鼓励县级中医医院探索开展县乡一体化服务。推动中医门诊部和诊所规范建设和连锁发展。

（三）发展中医药健康养老和康复服务

发展中医药特色养老机构。鼓励社会资本投资设立以中医药健康养老为主的护理院、疗养院。支持有条件的养老机构设置以老年病、慢性病防治为主的中医诊室。支持养老机构开展融合中医特色健康管理的老年人养生保健、医疗、康复、护理服务。推动中医医院与养老机构开展合作，建设具有中医特色的老年康复中心、老年医院。鼓励中医医院开展社区和居家中医药健康养老服务。提高社区卫生服务机构为老年人提供中医养生保健等服务的能力。

促进中医特色康复服务机构发展。鼓励社会资本举办中医康复机构。鼓励设立中医特色康复医院和疗养院，加强中医医院康复科建设，增加康复床位数量。推动中医医院与残疾人康复机构开展合作，提供具有中医特色的康复服务。

（四）发展中医药文化和健康旅游产业

发展中医药健康旅游产业。以发展中医药生态经济、弘扬中医药文化为重点，打造特色中医药健康旅游品牌，形成一批中医药文化养生旅游示范基地。整合我省中医药文化元素突出的中医医疗机构、养生保健机构、中药企业、名胜古迹、博物馆、中华老字号名店以及中药材种植基地、药用植物园、药膳食疗馆等资源，规划开设浙东、浙南、浙西、浙北、浙中中医药特色旅游路线。

推进以中医药为载体的特色小镇和特色街区建设。建设一批涵盖中医养生、医疗、康复、养老服务和中药材种植、加工、流通等产业相融合的中医药特色小镇和特色街区。依托磐安县中药材资源优势，加快推进“江南药镇”建设，积极打造武义县、杭州市拱墅区、杭州市上城区等中医药一条街，推动中医药健康产业集聚、创新和升级。

发展中医药文化。梳理浙江中医学术流派特色，总结中医名家学术思想和临床经验，挖掘、征集、整理散落民间的偏方、技艺。加强畲族医药的研究、开发和利用。加强中医药文物、古迹的保护利用和传统中医药文化基地建设。积极组织传统医药项目申报列入各级非物质文化遗产保护名录。支持创作具有我省特色、通俗易懂、贴近生活的中医药文化科普创意产品和文化精品。鼓励社会资本建设中医药博物馆、中草药博览园等。将相关中医药知识纳入中小学地方课程教材。建立中医药科普宣讲团，举办中医药文化大讲堂，推进中医药文化知识进社区、进乡村、进家庭。

（五）发展中药及中医医疗器械等产业

加强浙江名优传统品牌建设。以“浙八味”等道地药材的深度开发、传统名优中成药开发为重点，支持中药饮片加工、中药制药和中医医疗器械企业发展，做大做强铁皮石斛类、蜂产品类、珍珠粉类、灵芝类、保健酒类等区域特色优势产业。支持我省具有中药配方颗粒研究基础、经省级有关部门科研立项、具备中药配方颗粒生产条件的企业进行中药配方颗粒生产，中药配方颗粒按中药饮片政策执行，并逐步在医疗机构内开展临床及科研使用。推进浙产大宗中药材种植规范化、规模化、产业化基地建设，培育遴选新“浙八味”。

促进中药资源可持续发展。建立浙产特色中药材及药用资源的种质资源圃，大力实施中药材生产质量管理规范（GAP），促进中药材种植业绿色发展，加快推动中药材优良品种选育和无公害规范种植，健全中药材行业规范，加强中药资源动态监测与保护，建设中药材产品质量信息追溯系统，加强中药材及饮片质量监督，打造精品中药材。

开展中药资源出口贸易状况监测与调查，保护重要中药资源和生物多样性。扶持发展中药院内制剂。对省级名中医及院内使用30年以上的处方开发中药院内制剂，按照医疗机构制剂注册管理相关办法加快技术审评审批。推动疗效确切、患者认可、临床急需、市场上没有相关药品供应的中药院内制剂在省内特定的医疗机构使用。支持二级以上中医医疗机构设立制剂室，鼓励医疗机构委托符合条件的医疗机构制剂室和药品生产企业加工配制中药院内制剂。

发展中医医疗器械产业。以高新技术企业为依托，推进产学研相结合的中医医疗器械研发创新平台建设，加强中医特色诊疗设备、中医健身器械的研发，开发具有自主知识产权的中医医疗器械产品和技术。鼓励研制便于操作使用、适于家庭或个人的健康检测、监测产品以及自我保健、功能康复等器械产品。

（六）发展海外中医药服务

加强中医药对外交流与合作。加强与“一路一带”沿线国家开展中医药交流与合作，鼓励和扶持中医药企业、医疗机构到境外开办中医机构或连锁诊所。支持海外留学生来我省接受中医药学历教育、非学历教育、短期培训和临床实习。整合中医药科研资源，为境外机构提供科研外包服务。

促进中医药对外服务贸易发展。积极培育海外中医药服务市场，培育一批国际市场开拓能力强的中医药服务企业。加强中医药服务贸易平台建设，建立和完善中医药服务贸易统计体系。鼓励援外项目与中医药健康服务相结合。

（七）发展中医药健康服务信息产业

推进中医药信息系统建设。按照推进全民健康保障信息化工程要求，充分利用云计算、大数据、物联网、移动互联网等技术，依托省市县区域健康信息平台建设浙江省中医药基础数据库和大数据平台，加快中医药重点领域信息系统建设和应用，推进中医医疗机构信息的互联互通、数据共享。推广中医药智慧健康应用，优化中医药健康服务流程，开展基于信息化支撑的中医药分级诊疗服务，积极发展中医药远程医疗服务。

创新中医药信息服务业态。支持中医药机构与信息技术企业、通信和网络运营商等开展多种形式的合作，支持“互联网+中医药”O2O电子商务服务新型业态，实现中医药互联网服务、在线交易支付和移动互联网等的融合；鼓励高等院校、科研院所及企业等研发中医药服务固定终端、移动终端、穿戴式和植入式智能终端设备等增值服务产品;力争孵化一批中医药健康信息创新项目，实现中医药服务与健康管理信息软件规模化研发，形成产业集群。

三、保障措施

（一）加强督促指导，落实扶持政策

各地、各有关部门要按照国办发〔2015〕32号和浙政发〔2014〕22号文件的有关规定，落实中医药健康服务在市场准入、规划布局、用地保障、投融资、财税价格等方面的政策。发挥健康服务业发展联席会议制度的作用，加强统筹协调，及时协调解决中医药健康服务发展中的重大问题。省卫生计生委（省中医药管理局）要联合相关部门加强对本意见落实情况的监督检查和跟踪分析，加强监测评估。各地要结合实际，细化政策措施，制订本地区中医药健康服务发展的具体方案或专项行动计划，认真抓好落实。

（二）加强人才培养，壮大人才队伍

支持高等院校和中等职业学校设立健康管理等中医药健康服务相关专业，鼓励社会资本举办职业技能培训学校，加快培养具有中医药知识和技能的健康管理师、按摩师、康复治疗师、公共营养师等，探索培养中医药健康旅游、中医药科普宣传、中医药服务贸易等复合型人才，壮大中医药行业职业经理人队伍。落实中医执业医师多点执业政策，推进中医专业技术人员多点执业、自由执业试点。

（三）加强协同创新，强化科技支撑

建立健全以企业为主体的协同创新体系，优化创新发展环境，促进产学研联合。加强中医药理论创新和适用技术的研究应用。推进中医药领域重大科技创新，推广应用科技成果，支持建设中医药健康服务科技创新平台、产业技术创新战略联盟等，积极培育中医药健康服务科技示范企业。

（四）加强行业监管，改进行业服务

建立健全中医药健康服务监管机制，推行属地化管理。建立不良执业记录制

度，将中医药健康服务机构及其从业人员诚信经营和执业情况纳入统一信用信息平台，引导行业自律。引入认证制度，通过发展规范化、专业化的第三方认证，推进中医药健康服务标准应用，为政府监管提供技术保障和支撑。建立中医药健康服务行业组织，通过依法委托、政府采购等方式，将适宜行业组织行使的事项交给行业组织承担，强化服务监管。

（五）加强舆论引导，营造良好氛围

支持广播、电视、报刊、网络等媒体开办专门的节目栏目和版面，开展中医药文化宣传和知识普及活动。弘扬大医精诚理念，加强职业道德建设。持续开展“中医中药中国行”等大型活动，让更多的群众有机会感受中医、了解中医、认识中医。任何组织、个人不得对中医药作虚假、夸大宣传，不得以中医药名义谋取不正当利益。依法严厉打击非法行医和虚假宣传中药、保健食品、医疗机构等违法违规行为。

浙江省人民政府办公厅

2015年10月12日

浙江省人民政府办公厅关于扶持文房产业传承发展的指导意见

浙政办发〔2015〕122号

各市、县（市、区）人民政府，省政府直属各单位：

笔、墨、纸、砚被誉为“文房四宝”，是中华民族独具特色的文化瑰宝。文房产业包括笔、墨、纸、砚的生产、流通、消费及其相关产业，在促进地方经济社会发展、传承弘扬民族文化、提升区域文化品位等方面具有重要作用。为进一步推进我省文房产业传承发展，经省政府同意，现提出如下意见：

一、总体要求和发展目标

（一）总体要求。坚持文化传承与产业提升并重、创新发展与跨界融合并举，主动适应经济发展新常态和大众消费新特点，深入挖掘文化内涵，加快文房产业结构调整，着力打造品牌，延伸产业链，扩大市场占有率，提升产品附加值，加快与相关产业融合发展，形成以重点产区为中心、特色传统产业为支柱、优势企业为骨干的产业体系，推动经济转型升级和文化传承发展。

（二）发展目标。到2020年，基本建立特色鲜明、重点突出、布局合理、链条完整、效益显著的产业发展格局，使我省成为全国文房产业的重要产地和毛笔制作生产的核心基地。具体目标如下：

——产业规模和效益显著提高。通过实施“文房产业倍增计划”，到2020

年，全省文房产业产值达到10亿元以上，比2015年至少翻一番，在全国文房市场占有率达到15%以上。

——产业特色更加鲜明。深入挖掘和利用地方特色资源，推出一批具有浙江特色、全国影响力的文房企业和品牌，继续保持产业发展的明显优势，文房产业发展成为浙江重要的特色产业名片。

——产业人才队伍优化提升。加大文房行业名家培育力度，推出若干文房行业国家级、省级工艺美术大师和文房技艺非物质文化遗产代表性传承人，培养一批文房行业高技能人才，带动人才结构进一步优化，队伍素质整体提升。

——对经济社会发展的渗透、提升和带动能力明显增强。文房产业的社会影响力进一步扩大，与旅游、教育、休闲养生等产业实现深度融合，培育建成若干文房特色小镇，对区域经济发展、社会进步发挥明显的拉动作用与辐射效应。

二、主要任务

（一）加强主体培育。通过信贷支持、加强服务等多种形式扶持文房小微企业发展，鼓励文房小微企业参与市场规则和产业规划的制定，拓宽创业发展渠道。培育重点文房企业，鼓励做大做强。支持文房企业实施联合、兼并和重组，培育若干以资本为纽带，跨地区、跨行业、跨所有制的大型文房企业集团。搭建投融资平台，设立文房产业小额贷款担保基金，引导融资担保机构为文房企业融资提供担保增信；文房企业扩大再生产，获取商业银行贷款，可申请享受贷款贴息补助。鼓励文房产品和服务出口，对列入国家级、省级文化出口重点企业和重点项目目录及中华老字号、浙江老字号的企业，给予资金支持。

（二）推进集群发展。依托重点地区和资源优势，以湖州的制笔业、杭州的制墨业、富阳和龙游的造纸业、江山的制砚业等为代表，着力培育和壮大区域性特色产业。进一步发挥“中国湖笔之都”等地方区域品牌优势，形成以行业龙头企业为核心，众多小微企业配套协作的文房产业集群，建设一批国内具有相当影响力和知名度的文房产业基地。因地制宜建设文房产业园区，发挥产业集聚功能。文房特色小镇3年固定资产投资总量要求可适当放宽。

（三）完善市场体系。加快文房产业专业化高端市场建设，使之成为集原材料供应、产品交易、物流配送、商务商住等功能于一体的大型文房产业交易平台。鼓励文房企业实施“互联网＋ ”战略，创新营销模式，拓展网络销售渠道。支持文房企业在境内外办厂、设立分支机构（产品专卖店），参加国内外有关展示展销活动等市场拓展项目。支持在重要产业地举办全国性文房产业展会。

（四）培育知名品牌。鼓励企业制定品牌发展战略，打造一批具有自主知识产权的知名品牌。推动文房技艺标准的制定，鼓励企业申报驰名商标、省著名商标、省名牌产品、浙江老字号等，打造多元丰富的品牌体系。建设1 个文房行业国家文化产业示范基地，2个以上省级文化产业示范基地，培育若干文房行业驰名商标、省著名商标和省名牌产品。对获得省级以上著名商标、知名商号、名牌产品、老字号的文房企业进行奖励。在省级名牌产品申报评价中，按传统文化特色产品条件申报，适当给予倾斜。依法加强品牌保护力度，规范地理标志证明商标使用。

（五）加快人才培养。培养若干文房行业国家级、省级工艺美术大师，国家级、省级文房行业技艺非物质文化遗产代表性传承人，100人以上省级文房行业高级技师。鼓励和支持文房技艺类工艺美术大师、非物质文化遗产代表性传承人设立工作室，带徒授艺。支持高等院校和职业学校开办文房行业相关专业，培养文房产业专业人才。鼓励校企合作，建立人才培养实训基地。加强在职培训教育，创新人才引进机制，支持文房产业领军人物来浙创业。支持举办文房行业工艺大赛，推动优秀作品和优秀人才脱颖而出。鼓励支持文房产业人才国际交流活动。

（六）推动技术创新。推动文房生产企业提高技术创新能力，开发更多具有地方文房传统特点和现代理念、适应现代需求的新产品、新品种。鼓励文房企业创建技术研发中心，及时将开发成果申请专利，支持文房企业将专利技术实现产业化，形成具有自主知识产权的文房产品。鼓励文房企业加大对产品制作技艺项目的发掘、抢救，对文房产业传统工艺技术、工艺流程革新、创新项目等予以支持。推广3D打印等先进技术在文房产业中的应用，大力推进“机器换人”，支持文房企业提高生产装备智能化、自动化水平。

（七）促进融合发展。发挥我省“书画之乡”的人文底蕴和资源优势，以诗书画艺等文房技艺为内容，加大对琴棋书画等传统文化艺术的保护和开发，在全省开辟文房产业观光旅游路线，择优扶持一批文房产业特色鲜明的村镇开发旅游项目，完善文房产业旅游景区的配套设施和服务机制，推动文房产业与旅游、休闲养生等现代产业的融合发展。深入挖掘文房产业的独特资源，融入城市建设，提升城市品位和形象。

（八）强化宣传推广。鼓励开展文房文化研究和艺术交流，加大文房文化的宣传力度。在全省义务教育阶段开好书法学习课程，在高等院校和职业学校办好书法及相关技艺专业。加强文房行业整体形象宣传，广泛利用报纸、电视、网络等大众媒体和各种宣传工具，宣传我省文房产业发展成果，展示文房企业和技艺人才的创业精神。支持创作、开发以文房行业为素材的文艺作品、动漫影视、主题乐园等其他文化产业项目，弘扬文房文化。鼓励企业参加重点区域和主要城市各类文房工艺品展示、展销等经贸活动。支持设立文房文化创意中心和文房博物馆。

三、加大政策支持

（一）加大财政扶持。各级财政部门要进一步深化财政专项资金管理改革，创新财政支持经济社会发展方式，通过现有相关专项资金加大对文房产业发展的支持力度，重点支持创意设计研发、技能保护传承、品牌培育推广、专业人才培养和公共服务平台建设等。充分发挥省转型升级产业基金对文房产业转型升级的引导作用，推动产业地政府设立文房产业基金，引导社会资本、金融资本投资文房产业。各市、县（市、区）政府要根据财力安排一定的扶持资金，结合实际有重点地支持本地文房产业发展。

（二）加强用地保障。加强对文房产业重大项目建设的用地保障。文房产业特色小镇享受《浙江省人民政府关于加快特色小镇规划建设的指导意见》（浙政发〔2015〕8号）确定的土地要素保障政策。要加强对文房产业重点项目的指导，各地对符合省重大项目申报条件的，可争取纳入省重大产业项目库，并由当地先行安排建设用地指标，在项目完成供地后，省按规定给予新增建设用地指标奖励。鼓励用地单位在不改变用地主体、不重新开发建设等前提下，利用工业厂房、仓储用房等存量房产、土地资源开展与文房产业相关的研发设计和电子商务等业务。

（三）落实税收优惠。对规模较小的文房企业，按规定享受国家和省的各项小微企业税收优惠政策。文房企业从县级以上财政部门及其他部门取得的应计入收入总额的专项用途财政性资金，符合条件的，可以作为不征税收入，在计算应纳税所得额时从收入总额中扣除。文房产业中文化创意和设计服务企业发生的职工教育经费支出，不超过工资薪金总额8%的部分，准予在计算应纳税所得额时扣除。经认定为高新技术企业的文房类文化创意和设计服务企业、电子商务企业，减按15%的税率征收企业所得税。对文房产业企业发生的研发费用，未形成无形资产计入当期损益的，按研发费用的50%加计扣除；形成无形资产的按无形资产成本150%摊销。符合拓展海外市场概念的文房企业，享受相关退税免税优惠政策。

四、加强组织保障

（一）加强组织领导。建立由省文化厅、省经信委牵头，其他省级相关部门参加的文房产业发展协调机制，加强对文房产业发展的组织领导和统筹协调。文房产业地政府要把提升发展文房产业纳入新型城镇化建设的整体工作布局，加强统筹谋划，落实主体责任，采取切实有效的政策措施，加大投入和推进力度，建立绩效考核评价机制。

（二）促进行业管理。鼓励和支持在重点产区成立文房行业协会，建立产业发展联盟，促进行业自我管理、自我服务。建立行业运行统计分析、生产信息发布和行业预警等机制。充分发挥相关行业协会的作用，促进各领域之间的跨界合作和融合发展，努力形成优势互补、相互拉动、共同发展的局面。

浙江省人民政府办公厅

2015年12月10日

浙江省人民政府办公厅关于加快推进中药产业传承发展的指导意见

浙政办发〔2015〕123 号

各市、县（市、区）人民政府，省政府直属各单位：

中药产业是健康产业的重要组成部分。发展中药产业对保障人民群众身体健康、促进健康产业提质增量、巩固我省医药大省地位具有积极意义。为加快推进中药产业传承发展，经省政府同意，提出如下意见：

一、总体要求

（一）指导思想

紧紧围绕建设“两富”“两美”浙江的目标，积极主动融入国家“一带一路”战略，抢抓中药产业发展重要机遇期，以科技创新为支撑，以市场需求为导向，以“互联网+”为契机，强化质量标准，规范生产经营，延伸产业链，完善市场流通体系，推动中药产业传承发展，加快推进医药强省建设和健康产业发展。

（二）基本原则

市场主导与政府引导相结合。充分发挥市场在资源配置中的决定性作用，更好发挥政府规划引导、政策激励和组织协调作用，营造持续健康、公平开放、规范有序的中药产业发展环境优势。

传承保护与创新驱动相结合。加强中医药传统理论和经验的传承，大力弘扬中医药文化。发挥科技创新的引领作用，加强多学科、跨领域、产学研用合作，着力突破一批制约中药产业发展的重大关键共性技术，提升中药产业发展水平。

重点突破与全面推进相结合。以优势资源、重点品牌、骨干企业为核心，推动与中药相关的第一、二、三产业融合发展，培育壮大中成药、中药饮片、中药保健食品、中药日化品等产业，从而推进健康产业的发展。

中医服务与中药发展相结合。中医中药是相辅相成、不可分割的统一体，以临床需求为导向，建立健全中医中药相互促进、共同发展的机制，全面提升中医药服务能力，加大地产中药推广使用，促进中医中药融合发展。

（三）发展目标

到2020年，全省中药现代产业发展体系基本形成，产业发展水平显著提高；中药材种植养殖规范化、规模化程度稳步提升，中药材供需矛盾得到有效缓解；以电子商务和现代仓储物流体系为依托的中药产业现代流通体系加快建成。

——产业规模较快增长。力争到2020年，全省中药及相关产业总产值达到1000亿元，年均增长20% 以上。形成总产值规模超100亿元的中药产业集聚区 1个，超50亿元的集聚区2个。做大做强一批龙头企业和优势产品，培育5家年销售额超过10亿元的中药企业，其中2家超过50亿元；推动产业链延伸发展，在中药材种植养殖和加工、流通中形成一批特色优势企业。

——传承发展水平不断提升。“浙八味”等特色中药材和传统优势中药品牌、技术得到进一步保护和发展，中药现代技术创新进一步加快。到2020年，建成1个以上国家级产业技术创新战略联盟，2个以上省级产业技术创新战略联盟，1个以上全省性公共科技创新平台，2个以上中药资源动态监测和信息服务站。企业新药创制和大品种二次开发、传统经典验方整理能力明显增强，参与质量标准制（修）订水平不断提升。加快培育形成新“浙八味”中药材和一批中药品牌。

——产业带动发展能力明显增强。力争到2020年，重点中药生产企业主要中药材原料基地化率达到60%以上，全省中药材规范化、标准化种植基地面积达到30万亩以上，种植养殖中药材产量年均增长10% 以上。“公司+基地+农户”中药材生产模式普遍推广，促进农民增收。中医药养生、养老、医疗、康复、文化等相关产业加快发展。

二、重点领域

（一）中成药。加大现有疗效确切、市场需求量大的中成药品种的培育力度。加强中成药研究与开发，开展以疗效确切的传统单方、验方、医院制剂等为基础的中药新药研发。针对重大疾病，开发一批有效成分明确、作用机理清楚、剂型先进的中药新药，加快产品产业化。支持名优中成药大品种的二次开发和生产全过程标准化体系建设，提高药效、降低副反应，扩大新的适应证。加大对传统中成药改造，加强缓控释等新型制剂技术在中药产品中的运用。探索建立符合中药特色、国际标准的质量检测方法和控制体系，提高中药产品质量水平。

（二）中药饮片、中药配方颗粒和中药提取物。修订《浙江省中药炮制规范》，研制药材无硫加工工艺、无硫饮片，开发一体化饮片加工技术、精制饮片，推进小包装、定量压制中药饮片、直接口服中药饮片等新型饮片的研发。鼓励企业研究开发中药配方颗粒，中药配方颗粒按中药饮片政策执行，并逐步在医疗机构内开展临床及科研使用。开展外来有害物质控制技术研究和饮片安全贮存技术研究，提高中药饮片质量控制和炮制工艺水平，促进中药饮片加工、炮制关键技术和装备的创新及产业化。着力发展中药材深加工、精加工，开发标准化中药提取物，更好地满足国内外市场需求。

（三）中药材。重点支持纳入《浙江省中药材保护和发展规划（2015—2020年）》（浙政办发〔2015〕117号）培育名录的43个县（市、区）中药材产区发展，推进中药材GDP基地建设，开展“浙八味”及铁皮石斛、灵芝、西红花等道地大宗中药材生产基地建设，支持道地特色中药材以及濒危野生药材规模化、规范化种植。鼓励中成药和中药饮片生产企业在药材道地产区建立规范化生产基地，保障优质原料供应。发挥龙头企业的引领作用，健全中药材生产流通组织服务体系。

（四）中医药相关保健产品及服务。围绕健康产业发展新趋势，针对当前在延缓衰老、老年保健、保健饮品、化妆品等方面巨大市场需求，以浙产特色药材为主要原料大力推进中药相关健康产品研发，形成一批市场竞争力强、保健功能佳、具有浙江特色的知名品牌和拳头产品。重视中药药膳市场培育，鼓励社会资本开办药膳馆，积极推动中医药养生保健产业发展，培育一批技术成熟、信誉良好的知名中医药养生保健服务机构。加快实施中药产业“机器换人”，支持高效节能提取分离设备、制剂设备、饮片炮制设备等新型成套中药制药装备研发，培育发展中药特色装备产业。

三、主要任务

（一）打造一批特色小镇和产业示范基地。以“江南药镇”为重点，鼓励引导基础较好的中药材产区，充分发挥中医药文化历史悠久和生态环境优良的区位优势，坚持产业、文化、旅游“三位一体”和生产、生活、生态融合发展，打造以人居景观风貌和中医药养生文化相结合为特色的健康大产业。建成若干集中药材种植、精深加工、市场流通、旅游保健、商贸服务、休闲养生于一体的中药特色小镇，推动中医药健康服务示范基地建设。以杭州市生物产业国家高科技产业基地、金华市天然药物生产基地、台州市和绍兴市特色中药产业带、丽水市畲药特色产业示范基地等为重点，依托龙头骨干企业，着力建设一批我省中药产业示范基地，形成产业集聚、区域联动、各具特色的产业发展格局。

（二）优化企业组织结构。支持龙头骨干企业加快技术、管理、商业模式和制造方式创新，引导企业做好资质认证、产品注册、技术提升、市场拓展等工作，推进产业化、规模化、规范化发展。支持龙头骨干企业围绕提高产业集中度、延伸产业链开展兼并重组，推动资源优化配置，整合品牌资源和创新资源，引导企业上市，加快做大做强。鼓励关联企业构建产业联盟，推进产业链上下游资源整合和统筹发展。支持中小企业“专精特新”发展，培育发展行业“隐形冠军”。

（三）强化质量标准和品牌建设。注重中药质量安全，完善质量标准体系，加快推进中药材安全适用农药的登记工作，加强中药材安全生产技术研究，强化安全用药技术指导，强化检测，深入开展中药材质量安全风险评估，制订中药材质量标准体系。强化品质意识，加大对中药品牌和中医药文化宣传力度，培育创建一批以浙产优势特色药材为主要原料的具有核心竞争力的中药及保健产品，不断提升浙产中药品牌影响力。进一步加强中药产业诚信体系建设，完善中药专利审查标准和中药品种保护制度，逐步建立有利于中药知识保护、使用、管理和传承的专门保护制度。明确中药知识权利主体，加强道地中药材及其原产地保护工作，将药材道地优势转化为知识产权优势。

（四）增强科技创新能力。依托省中药现代化协同创新战略联盟和省中药产业公共科技创新平台，充分发挥企业创新主体作用，构建涵盖中药产品研发、工艺研究、中药新药创制等全过程的中药研发体系，推进中药材生产、熊胆等替代品的研发、穿山甲稀有蛇等人工繁殖难点的攻克、中药及相关产品研发、关键共性技术研究，促进科技成果产业化。深入开展中药产业技术创新综合试点，支持符合条件的企业设立省重点企业研究院。

（五）加强中药材保护和发展。做好中药资源普查和种质资源保护，加快濒危稀缺中药材种植养殖基地、道地大宗和特色中药材生产基地、中药材良种繁育基地建设。加强入药野生动植物资源管理。依法规范药用野生动物驯养繁殖与经营利用以及野生植物的采集管理。积极鼓励和扶持药用野生动植物的人工驯养培育，引导鼓励企业参与资源的培育，增加资源总量，推进以利用野生动植物野外资源为主向利用人工培育资源为主的转变。大力推动传统技术挖掘、科技创新和转化应用，加快中药材资源保护体系建设和家种技术研发，减少对野生中药材资源的依赖，切实加强中药材资源保护和合理开发利用。

（六）完善市场流通服务体系。建立来源可追溯、去向可查证、责任可追究的中药材流通追溯体系，规范中药材生产经营；探索“互联网＋ 中药”新型商业模式，鼓励引导企业依托网络平台和新一代信息技术，推动医药服务与大数据、医药流通与互联网相结合，积极探索发展药品配送中心、连锁经营、现代物流、移动电子商务等新型商业业态，构建高效、快捷、便民的现代医药流通体系。

四、保障措施

（一）加强组织领导。充分发挥省健康服务业发展联席会议制度的作用，由省经信委、省卫生计生委（省中医药管理局）具体牵头加强对中药产业发展的组织领导和统筹协调。各地、各部门要进一步明确工作职责，逐步形成地方政府负总责、牵头部门抓总落实、相关部门分工协作，共同推进我省中药产业传承发展的工作机制。

（二）加大政策扶持。积极争取国家在基地建设、项目布局、资金安排等方面的支持，落实中央财政资助项目明确需地方配套的政策。发挥省转型升级产业基金的支持引导作用，积极支持中药产业发展。中药企业从县级以上财政部门及其他部门取得的应计入收入总额的财政性资金，符合有关税收政策规定条件的，可以作为不征税收入。引导社会资本参与中药产业发展，鼓励金融机构加大信贷服务，构建全省中药产业发展投资支撑体系。深入开展中药产业“精准对接、服务企业”行动，努力营造良好的发展环境。

（三）强化人才支撑。认真贯彻落实全省人才建设有关文件精神，在实施省“千人计划”及创新团队培育、科技创新人才培养项目中，加大中药产业创新人才引进与培养的支持力度。鼓励企业采取高薪聘用、股权激励等方式引进高层次人才、创新团队和职业经理人。

（四）发挥行业组织作用。引导建立中药产业发展联盟，充分发挥行业中介组织的桥梁纽带和行业自律作用，宣传贯彻国家法律法规、政策、规范和标准，发布行业信息，推动企业合作。建立完善行业运行统计分析、生产信息发布和行业预警等机制。弘扬中医药文化，加大浙产特色中药品牌培育力度，遴选新“浙八味”，不断巩固和扩大浙产中药品牌的影响力。依托行业中介组织、龙头骨干企业和科研院所，成立中药产业发展研究机构，加强协同创新，推进中药产业传承发展。加强中医药国际交流与合作，促进中医药对外服务贸易发展，培育一批国际市场开拓能力强的中医药服务企业。

各地、各有关部门要根据本意见精神，抓紧制订加快中药产业发展的具体政策措施，并抓好贯彻落实。

浙江省人民政府办公厅
2015年12月10日

浙江省人民政府办公厅
关于加快科技服务业发展的实施意见

浙政办发〔2015〕126号

各市、县（市、区）人民政府，省政府直属各单位：

科技服务业是以技术和知识向社会提供服务的产业。大力发展科技服务业，对于推进大众创业、万众创新，促进科技经济紧密结合，培育新的经济增长点具有重要意义。为贯彻落实《国务院关于加快科技服务业发展的若干意见》（国发〔2014〕49号）和省委、省政府的有关决策部署，经省政府同意，现提出如下实施意见。

一、总体要求

（一）指导思想。深入实施创新驱动发展战略，深化科技体制机制改革，充分发挥市场在资源配置中的决定性作用，以满足科技创新需求和提升产业创新能力为导向，培育和壮大科技服务市场主体，创新科技服务模式，激发科技创新活力，提升科技服务对大众创业、万众创新的有效支撑能力。

（二）发展目标。到2020年，基本形成覆盖科技创新全链条，服务模式多样化、服务业态新型化、服务方式专业化的科技服务体系。全省科技服务业产业规模达到5000亿元以上，增加值达到1500亿元以上，年均增幅比服务业高3个百分点以上，从业人员达到60万人，培育1000家以上具有较大规模的科技服务机构和企业，科技服务业成为促进科技经济紧密结合的关键环节和经济提质增效升级的重要引擎。

二、重点领域

根据我省当前科技创新和产业转型升级需求，重点发展研发设计、技术转移转化、检验检测认证、创业孵化、知识产权、科技咨询、科技金融、科学技术普及等科技服务业。

（一）研发设计服务。坚持需求导向，支持高等院校、科研院所、科技社团与广大企业开展产学研紧密协同的科技创新和成果转化活动，实现科技增值，服务外溢。支持各类创新载体提升面向产业提供研发服务的能力。强化龙头企业在产业技术研发上的带动作用，推动企业研究院专业化发展，面向本行业提供研发服务。支持产业联盟开展协同创新，推动产业技术研发机构面向产业集群开展共性技术研发。大力发展工业设计，加强新产品开发设计及以装备、软件、在线服务为一体的集成设计，促进产品、制造方式、服务模式的升级换代。

（二）技术转移转化服务。运用大数据、云计算、移动互联网等网络信息技术改造提升技术市场，打造线上线下融合、综合与专业相配套、全省统一的技术市场体系，努力建设具有全国影响力的科技成果交易中心。鼓励探索科技成果竞价（拍卖）与技术供需对接、交流、展示、洽谈等多种方式结合的技术交易模式，推进技术成果转化市场化模式创新；加快技术市场供需体系、技术成果交易服务体系和保障体系建设；通过政府组团、参展补贴等方式，发动高等院校、科研院所、科技中介服务机构、企业参加技术成果类展会。支持高等院校、科研院所、新型研发机构加强中试基础条件建设，为企业提供中试和技术熟化等集成服务。

（三）检验检测认证服务。完善检验检测认证服务体系，推进面向设计开发、生产制造、售后服务全过程的分析、测试、检验、校准等服务，培育质量和安全检验、检测、检疫、认证等第三方技术服务。引导检验检测认证机构集聚发展，支持具备条件的检验检测认证机构市场化运作。支持高等院校、科研院所、科技社团、行业管理机构、企业等建设技术标准研究创新基地。鼓励发展气象、地震、海洋、测绘、环境与生态监测、地质勘查等方面的专业技术服务。

（四）创业孵化服务。构建以综合孵化器为支撑，专业和新型孵化器为重点的创业孵化体系。健全“创业苗圃＋ 孵化器＋ 加速器＋ 产业园”的孵化链，完善金融、管理、会计、审计、营销、法律等服务体系。引导企业、社会资本参与投资建设孵化器，支持国内外有实力的孵化器来我省建设分支机构，鼓励孵化器之间建立协作网络。支持各地结合产业特色，择优引进具有相关专业研究优势的高等院校共建大学科技园，促进大学生创业和科技成果转化。营造创业文化氛围，组织举办创新创业大赛。

（五）知识产权服务。以满足科技创新需求为导向，大力发展知识产权申请与诉讼代理、信息检索分析、数据加工、文献翻译、软件开发、系统集成等服务，研究探索商业模式创新的有效保护方法。完善知识产权服务业统计监测体系和标准体系，提高服务规范化水平。推进基于互联网的知识产权服务模式创新，推动知识产权基础信息资源免费或低成本向社会开放，基本检索工具免费供社会公众使用。加强主导产业和战略性新兴产业专利导航分析服务。

（六）科技咨询服务。围绕科技型企业需求，大力发展创新战略研究、科技评估、科技招投标、管理咨询、市场调查、竞争情报等科技咨询服务，为高等院校、科研院所做好科技成果的定价评估服务，协助企业制定发展战略并指导实施。推进科技信息服务发展，以科技情报分析、科技查新评估、科技文献检索传递等为重点，加强科技信息资源的整合、共享、开发和利用。完善科技创新决策咨询机制。

（七）科技金融服务。积极开展国家科技金融结合试点，创新科技金融服务和产品。鼓励各地设立种子基金、种子资金，发挥政府产业基金作用，引导社会资本发展天使投资、创业投资等股权投资，探索建立科技成果转化引导基金，加大对科技型中小微企业、创新创业团队的支持。鼓励商业银行在高新园区或产业集聚区设立科技支行，创新开展科技小额贷款、知识产权质押贷款等科技信贷产品和服务。发展科技担保、科技保险，建立信贷风险补偿机制。鼓励互联网金融服务创新，明确监管责任，规范互联网金融市场秩序。为科技型中小企业改制、挂牌、上市提供专业化服务。

（八）科学技术普及服务。加强科普能力建设，充分利用科技馆、博物馆、图书馆等公共场所开展公益性科普服务。推进科普场馆合理布局，鼓励设区市和有条件的县（市）建设特色科技馆，因地制宜推进企业和社区科普馆建设。加强科普信息化建设，加大对适合互联网传播的科普产品、载体和渠道建设的支持力度，加快科普资源的开发、集成与共享。推动科普影视制作、科普出版、科普展览品、科普玩具、科普教育与科普游戏软件、营利性科普网络等科普产业发展。培育、扶持若干具有较强吸引力的品牌科普网站和虚拟博物馆、科技馆，开辟具有实时、动态、交互等特点的网络科普新途径。开展针对重点人群的科普精准推送服务，统筹推进城乡科普宣传，推进科普服务大众创业、万众创新成果传播，提高科普工作社会化、信息化和精准化水平。

三、主要载体

按照支撑创新链、服务产业链的要求，着力培育和壮大科技服务市场主体、服务平台、集聚基地，汇聚创新资源，推进科技服务业快速健康发展。

（一）培育科技服务龙头企业。坚持引进与培育并举，扶持一批国际化、专业化、市场化的科技服务龙头企业。大力引进培育市场化运作的新型研发组织，发展研发服务外包新业态。依托技术市场促进科技成果转化，推进跨部门、跨行业、跨层级整合与并购重组，在知识产权、科技中介、科技咨询、检验检测等重点领域培育一批技术能力强、服务水平高、规模效益好的专业服务龙头企业。支持有条件的科技服务企业发展成为高新技术企业。开展科技服务企业转型试点，推动同行业企业组建产业联盟，加强合作交流，实现资源共享，增强抵御风险能力，引导形成以龙头企业为核心、中小企业协同发展的科技服务产业集群。

（二）打造公共科技服务平台。充分发挥高等院校、科研院所、企业等创新主体的引领作用，进一步加强重点实验室、工程实验室、工程（技术）研究中心、（重点）企业研究院、企业技术中心、博士后工作站等创新平台建设。推进专利、标准、文献、科普资源等科技服务领域专家库和区域共享资源数据库建设。鼓励建设特色优势行业专业化服务平台及各类专业特色数据库，支持样本库实行数字化升级。优化产业聚集地检验检测公共科技服务平台布局，加强检验检测技术能力建设。加快知识产权投融资服务平台建设。鼓励采用政府与社会资本合作（PPP）模式，支持社会资本参与重大科技创新平台建设，建立联合互动机制，打造科技服务链新模式。

（三）建设科技服务业集聚基地和示范区。制定和完善科技服务业集聚基地建设标准、管理办法和扶持措施。依托高新园区、农高园区、科创园区、留学人员创业园、高新技术产业化基地、经济技术开发区、块状经济、现代产业集群、产业集聚区等，规划建设特色工业设计基地、软件及信息服务业基地、检验检测服务业特色基地、网络型技术市场开发基地、节能环保技术产业推广基地，提供风险投资、股权投资、项目推介、上市服务等科技创业金融服务，集聚要素资源，促进优势产业集群互动发展。在条件较好的高新园区、农高园区、经济技术开发区培育创建一批实力较强、具有规模效应的科技服务业示范区。建设一批宜居宜游宜业的创业孵化小镇，发展众创社区，推进众创空间集聚发展。

四、完善机制

（一）健全市场机制。采用市场运作、行业自律与政府监管相结合的模式，在分类指导基础上，有序放开科技服务市场准入，实行普惠性政策措施，为各类科技服务主体营造平等参与、公平竞争的环境，激发各类科技服务主体活力。支持以面向市场提供科技服务为主营业务的事业单位进行企业化改制，引导企业将内设科技服务部门剥离成为独立法人，提高服务的专业化、市场化水平。制定政府采购科技服务管理办法和目录，加大政府采购、“后补助”等的力度，推进政府服务外包，拓宽服务领域，加快公共科技服务发展。开展科技服务业标准建设与推广，鼓励科技服务业企业主导或参与制定国家标准、行业标准，实现优质服务的标准化、可复制和大规模市场应用。建立技术转移执法联动机制，完善技术交易的保障体系，打击技术交易和科技中介服务中的不法行为，维护技术市场秩序，保障技术交易各方的合法权益。

（二）创新服务模式。依托各类创新载体，整合开放公共科技服务资源，推动技术集成创新和商业模式创新，积极发展科技服务新业态。鼓励科技服务机构的跨领域、跨区域合作，以市场化方式，发展全链条的科技服务，形成集成化总包、专业化分包的综合科技服务模式。加强全省科技创新云服务平台的建设应用，与浙江网上技术市场平台对接，实现全省科技大数据互联互通、共享共用。建立全省科技服务机构科技研发和服务经营诚信体系。完善科报告制度，针对财政支持的计划项目建立统一的科技管理系统，除依法应予保密的外，要向社会公布科技项目实施情况以及科技成果和相关知识产权信息，并提供科技成果信息查询、筛选等公益服务。

（三）深化开放合作。支持引进国内外一流科技服务业机构，鼓励国内技术转移机构与国外相关机构联合设立技术转移中心，积极培育国家级和省级国际科技合作基地。以信息软件、研发设计等领域为重点，支持科技服务企业“走出去”，通过服务外包、联合经营、海外并购、境外上市等方式实现国际化发展。支持科技服务机构围绕“一带一路”建设需求，为浙江企业“走出去”提供专利、标准、咨询等服务支撑。支持科技服务业机构与人员开展国际交流合作，在加强绩效管理的基础上，根据分类管理要求，放宽高等院校、科研院所因公临时出国（境）批次限量管理政策。

（四）加强协同推进。加快完善科技服务业统计分类标准、统计方法和统计目录，加强统计调查和运行分析。加强组织领导，制订具体实施方案和落实措施，确保各项任务措施落到实处。健全考核机制，把科技服务业发展成效作为市县党政领导科技进步目标责任制考核和科技强县（市、区）、高新园区评价的重要内容。

五、政策支持

（一）用地支持。工业企业利用原有工业厂房建立科技服务机构并剥离成为独立法人的，允许保留其工业用地性质，享受原有工业水电气价格政策。采取差别化供地政策，科技服务业项目用地符合《划拨用地目录》的，可以采取划拨方式供地；鼓励以租赁、出让等有偿方式向符合条件的项目供应土地。鼓励通过城镇低效用地再开发，盘活存量土地支持科技服务业项目建设；对工业企业通过“退二进三”利用已有存量土地兴办科技服务业，涉及改变土地用途并办理有偿使用手续的，在符合城乡规划的前提下，经市县政府批准，可采取协议方式处置，并按市场评估地价补缴地价款；对城镇低效用地再开发用于科技金融等商服用途的，允许按幢或层作为最小分割单元进行分割销售，分割销售的建筑面积不得超过再开发后总建筑面积的30%，房产证和土地使用权证可按相应分割单元处理，并在土地出让合同中予以约定。鼓励以多层标准厂房的形式建设科技企业孵化器，多层标准厂房建设期间不得转让国有建设用地使用权，建成后可以通过租赁等形式经营，也可以按土地出让合同约定分割转让，但不得改变功能和土地用途。

（二）财税支持。落实《浙江省人民政府办公厅关于进一步加强技术市场体系建设促进科技成果转化产业化的意见》（浙政办发〔2015〕96号）。鼓励各地通过应用创新券等形式，推动企业和创业者充分利用各类创新载体提供的科技资源，开展检验检测认证、合作研发、委托开发、研发设计等研发活动，省财政科技经费根据绩效给予补助。培育认定一批省级科技企业孵化器，每家给予100万元资助，用于公共服务平台建设等。在政府采购项目年度预算总额中安排一定比例，专门面向中小微企业采购科技服务。将涉及科技服务的关键技术纳入省科技计划的支持范围，省财政通过现有财政专项资金积极推动科技服务业示范区、示范机构建设，支持科技服务业做大产业规模、创新服务模式、提升专业服务能力。落实科技服务领域国家规定的税收优惠政策。符合规定条件的科技服务企业发生的职工教育经费支出，不超过工资薪金总额8%的部分，准予在计算企业所得税应纳所得额时扣除。全面完成“营改增”试点，实现“营改增”全覆盖，按照有关规定扩大科技服务企业增值税进项税额抵扣范围。

（三）人才支持。鼓励高等院校开设科技服务相关专业，培养适应市场需求的科技服务人才。根据科技服务业不同细分行业特点，完善相关专业技术职务任职资格评价标准。将科技服务业纳入各级人才引进培养计划的重点领域。以提高信息增值、技术增值、服务增值的能力为目标，加强技术经纪人的培训和管理，鼓励科技服务相关领域的协会、学会等组织开展学术交流、专业培训，提升从业人员服务水平。鼓励高等院校开展技术经纪人制度试点，建设一支懂技术、懂管理、懂经营、懂法律的技术经纪人队伍。落实高等院校、科研院所等事业单位科技人员在职与离岗创业政策，建立科技人员柔性流动制度，允许符合条件的高等院校、科研院所科技人员经所在单位批准，带着科研项目和成果、保留基本待遇到企业开展创新工作或创办企业。

浙江省人民政府办公厅
2015年12月17日

附件

科技服务业发展重点任务分工

类别	序号	工作任务	负责部门
重点领域	1	推动产业技术研发机构面向产业集群开展共性技术研发，大力发展工业设计。	省科技厅、省经信委
	2	打造技术交易平台，探索技术交易新模式，建设技术供需体系，加强中试基础条件建设。	省科技厅
	3	发动高等院校、科研院所、科技中介服务机构、企业参加技术成果类展会。	省商务厅、省教育厅、省科技厅
	4	完善检验检测认证服务体系，推进第三方技术服务，引导检验检测认证机构集聚发展。	省质监局
	5	建设技术标准研究创新基地。	省质监局、省科技厅
	6	构建创业孵化体系和协作网络，加强大学科技园建设，组织举办创新创业大赛。	省科技厅、省教育厅
	7	完善知识产权服务业统计监测体系和标准体系，加强专利导航分析服务。	省科技厅
	8	加强科技信息资源整合，完善科技创新决策咨询机制。	省科技厅
	9	推进科技金融结合试点，探索建立科技成果转化引导基金，创新科技信贷产品和服务，鼓励互联网金融服务创新。	省科技厅、省财政厅、省金融办、人行杭州中心支行
	10	推动科普场馆合理布局，加强科普信息化建设，推动科普产业发展，开展科普精准推送服务。	省科协、省科技厅
主要载体	11	引进与培育科技服务龙头企业和重点科技中介服务机构，支持有条件的科技服务企业发展成为高新技术企业。	省科技厅、省国税局
	12	开展科技服务企业转型试点，组建科技服务业产业联盟。	省科技厅、省经信委
	13	加强各类科技服务平台、数据库建设，建立联合互动机制。	省科技厅、省质监局

类别	序号	工作任务	负责部门
	14	建设各类科技服务业集聚基地。	省科技厅、省经信委、省质监局、省环保厅、省金融办
	15	培育科技服务业示范区。	省科技厅
完善机制	16	有序放开科技服务市场准入。	省科技厅、省发改委、省经信委、省教育厅、省财政厅、省人力社保厅、省国土资源厅、省环保厅、省建设厅、省商务厅、省文化厅、省国资委、省质监局、省统计局、省海洋与渔业局
	17	支持以面向市场提供科技服务为主营业务的事业单位进行企业化改制。	省人力社保厅、省编委办、省发改委、省国资委、省科技厅
	18	制定政府采购科技服务管理办法和目录，加大政府采购、“后补助”等的力度。	省财政厅、省发改委、省科技厅
	19	开展科技服务业的标准建设与推广。	省质监局、省科技厅
	20	完善技术交易保障体系。	省科技厅等
	21	加强全省科技创新云服务平台的建设应用，建立科技服务机构科技研发和服务经营诚信体系。做好与浙江网上技术市场平台的对接工作。	省科技厅
	22	完善科技报告制度。	省科技厅、省发改委、省经信委、省财政厅
	23	支持引进国内外一流科技服务业机构。	省科技厅、省外事侨务办、省发改委、省经信委、省商务厅
	24	支持科技服务机构开展国际交流合作。	省科技厅、省教育厅、省财政厅、省商务厅
	25	完善科技服务业统计分类标准、统计方法和统计目录，加强统计调查和运行分析。	省统计局、省科技厅
	26	健全科技服务业发展考核机制。	省委组织部、省科技厅、省统计局

类别	序号	工作任务	负责部门
政策支持	27	工业企业利用原有工业厂房建立科技服务机构并剥离成为独立法人的，允许保留其工业用地性质，享受原有工业水电气价格。	省发改委、省建设厅、省国土资源厅、省科技厅
	28	落实科技服务业项目用地相关优惠措施。	省国土资源厅、省建设厅、省科技厅
	29	落实科技服务领域国家规定的税收优惠政策。	省国税局、省地税局、省发改委、省科技厅
	30	将符合条件的科技服务机构纳入科技型中小企业优惠政策支持范围。	省科技厅、省国税局
	31	完善高等院校、科研院所职务发明成果转化收益激励政策。	省科技厅、省教育厅、省财政厅
	32	落实科技成果转化和培育认定省级科技企业孵化器等的相关政策，鼓励推广使用创新券。	省科技厅
	33	省财政通过现有财政专项资金积极推动科技服务业示范区、示范机构建设。	省财政厅、省科技厅
	34	鼓励高等院校开设科技服务相关专业，开展高等院校技术经纪人制度试点。	省教育厅、省科技厅
	35	完善相关专业技术职务任职资格评价标准。	省人力社保厅、省教育厅、省科技厅、省经信委
	36	将科技服务业纳入各级人才引进培养计划的重点领域。	省人力社保厅、省教育厅、省科技厅
	37	组织开展科技服务相关领域各类学术交流、专业培训。	省科协、省科技厅
	38	落实高等院校、科研院所等事业单位科技人员在职与离岗创业政策。	省科技厅、省教育厅、省人力社保厅

浙江省人民政府办公厅关于进一步促进展览业发展的实施意见

浙政办发〔2015〕131号

各市、县（市、区）人民政府，省政府直属各单位：

展览业是构建现代市场体系和开放型经济体系的重要平台，在我省经济社会发展中的作用日益凸显。为贯彻落实《国务院关于进一步促进展览业改革发展的若干意见》（国发〔2015〕15号）精神，促进我省展览业加快发展，经省政府同意，现提出如下实施意见：

一、明确发展目标。有效发挥政府引导和促进作用，加快展览业管理体制改革，推动展览业市场化进程，优化展览业规划布局，推动形成若干个具有全国影响力的展览城市、展览企业和品牌展览会。到2020年，形成产业结构优化、服务功能完善、市场运作良好的展览业生态圈，推动我省由展览业大省向展览业强省转变。

二、优化产业布局。紧密结合我省各地区位优势、产业特点和发展基础，科学规划全省展览业发展布局。杭州、宁波、义乌等展览业基础较好的地区，要加快完善展览场馆和配套设施建设，打造我省展览业品牌城市。杭州要牢牢把握2016年承办G20峰会机遇，争取建设成为国际重要会展之都。余姚、海宁、柯桥、永康、温岭等产业特色鲜明、发展基础较好的县（市、区），要重点发展区域特色专业展。

三、提升展览业市场化水平。加快政府职能转变，创新管理方式，优化公共服务，推动展览业市场化进程。探索建立政府办展退出机制，严格控制各地政府及其部门对展览会进行冠名等行为，减少展览会财政出资和行政参与，逐步加大政府向社会购买服务的力度。鼓励政府投资性展览场馆产权和运营权相分离，提高市场化运营水平。推动政府部门下属展览企业脱钩改制，政府购买展览服务要严格按照政府采购相关规定执行，营造公平有序的市场环境。

四、培育龙头展览企业。引导大型骨干展览企业通过收购、兼并、控股、参股、联合等形式组建国际展览集团，努力打造若干个国内知名的龙头展览企业。鼓励展览企业通过资本市场发展壮大，推动大型骨干展览企业通过新三板上市。积极推广运用国际质量标准体系，提升展览企业专业化、标准化、规范化服务水平。加快展示设计、展览工程等展览服务行业的发展，形成以知名展览企业为龙头，带动展览服务业发展壮大的产业链。

五、做强品牌展览项目。推动我省重点展览会与国内外行业组织、中介机构建立长期战略合作关系，加快展览项目国际招商，重点提升中国国际动漫节、中国国际日用消费品博览会、中国义乌国际小商品博览会等展览会国际化水平。发挥我省产业集群优势，加快发展以信息经济、环保、健康、旅游、时尚、金融、高端装备制造等七大产业产品为主要展示内容的展览会，提升专业化水平。积极引导国内外知名展览企业和品牌展览项目在我省落户，争取中国—中东欧国家投资贸易博览会永久落户宁波。建立完善重点品牌展会绩效综合评估机制，完善品牌展会扶持政策。

六、深化交流合作。推动我省展览企业加强与国际展览业组织及国际知名展览企业的交流合作，为我省企业进入国际中高端展览市场创造条件。大力支持企业通过参加展览会开拓国内外市场，利用展览会宣传“品质浙货”品牌，提升“浙江制造”在国际市场的知名度和认可度。制定年度境外展览会目录，培育大阪展、吉达展等我省境外自办展览项目。支持我省企业参加“一带一路”沿线国家展览会，重点参加在东盟、中东、中亚等地举办的展览会，进一步拓展国际合作领域和空间。加强我省与长三角地区展览行业的交流合作，与上海展览业实现差异化发展，鼓励企业利用上海展览平台开拓市场。

七、加快创新发展。充分发挥我省电子商务优势，加快发展基于互联网的新型展览业态，推广APP、微信等互联网手段在展览业的应用。鼓励实体展览会举办网上展览，推动大数据等技术应用，发展网上营销推广、客户挖掘、线上配对等服务，实现线上线下融合发展。积极发展绿色展览，推动展馆在主体设计、展具选材、光照系统等方面应用低碳环保技术。

八、规范行业秩序。建立涵盖展览馆、办展机构（企业）、设计搭建和参展企业的诚信体系，推动展览主办（承办）机构诚信办展。加强知识产权保护，强化监督管理、加大执法力度，打击参展参会单位侵权和假冒行为。鼓励展览企业申请ISO9001等服务质量认证，支持展览企业参与国际展览业协会（UFI）、国际大会及会议协会（ICCA）等国际性组织的认证，提升我省展览业服务水平。充分发挥展览行业协会和贸易促进机构等经贸组织的功能与作用，加强行业自律管理，推进制定展览业行业标准和经营准则，推动展览业标准化发展。

九、加大政策扶持。认真落实《国务院关于推进文化创意和设计服务与相关产业融合发展的若干意见》（国发〔2014〕10号）精神，对属于税收政策范围内的创意和设计费用，执行税前加计扣除政策；对符合规定的展览业小微企业，落实小微企业增值税、营业税和所得税优惠政策。积极发挥省转型升级产业基金的引导作用，推动政府、社会和展览企业共同建立展览业发展基金，促进展览业发展壮大。完善展览会展品出入境监管方式，提高展品出入境便利化程度。

十、完善工作机制。建立由省商务行政主管部门牵头，省发展改革、教育、科技（知识产权）、公安、财政、税务、工商、统计、海关、检验检疫等部门共同参与的联席会议制度，统筹推进全省展览业发展的规划编制、政策制定和协调管理等工作。各市应明确展览业管理协调机构。

十一、健全统计制度。建立以国民经济行业分类为基础的展览业统计、监测体系，并建立以此为依据的综合性信息发布平台。加强展览会拓市场监测工作，对以办展机构、展览服务企业、专业参展商等为主要监测对象，以展览数量、展出面积及展览企业经营状况为主要监测内容的展览业经济指标进行科学统计分析，并予以定期发布。

十二、加强人才培育。鼓励中介机构、行业协会、展览企业与相关院校和培训机构联合培养展览业专门人才，提升展览业从业人员的专业素养和技能。深化培养方式改革，鼓励高校会展专业通过加强校企合作、会展大赛等提高专业学生的应用和实战能力。推动省国际会展教育与实践联盟建设，从教育、培训、实践等环节入手，共同推动展览业人才培养。

浙江省人民政府办公厅

2015年12月28日

杭州市人民政府关于支持金融服务机构加快集聚的实施意见

杭政函〔2015〕147号

各区、县（市）人民政府，市政府各部门、各直属单位：

为促进全市金融业持续健康发展，全力打造区域性金融服务中心，根据《中共杭州市委、杭州市人民政府关于全面深化金融改革创新的若干意见》（市委〔2014〕15号）的精神，现就支持我市金融服务机构加快集聚提出以下意见：

一、明确适用范围

本意见所指金融服务机构是在2015年1月1日后设立或由市外迁入（以下简称落户）、注册地址和主要办公场所在杭州市区的下列机构：

（一）经金融监管部门批准设立，具有独立法人资格且注册资本（指实缴资本，下同）在人民币（下同）1亿元（含）以上，并经金融监管部门批准可在浙江省辖区（不含宁波，下同）或更广范围内设立分支机构或开展金融业务的银行、证券公司、保险公司、资产管理公司等。

（二）经金融监管部门批准设立，具有独立法人资格且注册资本在1亿元（含）以上，并经金融监管部门批准可在全国范围内设立分支机构或开展金融业务的信托公司、期货公司、金融租赁公司、基金管理公司等。

（三）经金融监管部门批准设立，并经法人金融机构总部授权管理浙江省辖区或更广范围内分支机构和开展经营业务的银行分行、证券公司分公司、保险公司分公司等。

（四）经人民银行、金融监管部门批准设立或业务许可，具有独立法人资格且注册资本在5000万元（含）以上的企业集团财务公司、消费金融公司、汽车金融公司、独立基金销售机构、征信机构等。

二、加大政策支持力度

（一）落户补助

对金融服务机构，由其注册地所在区政府（含开发区管委会，下同）视其资本规模、总部功能等实际情况，给予一次性落户资金补助，最高不超过2000万元，原则上在落户后三年内予以兑现到位。

（二）办公用房补助

1. 对金融服务机构落户时新购建的本部自用办公用房（不包括附属和配套用房，下同），按建筑物办公用途部分的建筑面积每平方米不高于1000元的标准给予补助，补助金额最高不超过1000万元，自落户当年起三年内分期兑现到位。

2. 对金融服务机构落户时租赁的自用办公用房，自落户次年起三年内，按租用面积给予不超过实际租金30%的补助，分年度兑现到位，补助金额最高不超过600万元。

3. 金融服务机构本部须配置营业用房的，其营业用房可参照享受自用办公用房补助标准。其中，银行机构可享受补助的营业用房面积最高不超过1000平方米，其他各类机构最高不超过500平方米。新购建或租赁的营业用房补助与办公用房补助合计总额不超过上述最高限额。

4. 享受自用办公用房（含营业用房，下同）补助的金融服务机构应在相关协议中明确承诺自用办公用房投入使用后5年内不改变房屋用途、不转让或转租，如需改变房屋用途、转让或转租，应退还已获得的补助。

（三）项目补助

金融服务机构可享受其注册地所在区政府有关项目补助优惠政策。金融服务机构符合减免税条件的，经地税部门批准可酌情减免房产税、城镇土地使用税，以支持其在杭继续发展。

（四）人才扶持

1.对获得金融监管部门高级管理人员资格认定，在上述金融服务机构落户时担任董事长、副董事长、总经理（行长）、副总经理（副行长）、监事长（监事会主席）等职务的金融人才，可享受注册地有关人才政策。

2.上述金融人才本人及其配偶和未成年子女，可申请办理本市常住户口。具体由区政府报市金融办确认资格，凭市金融办出具的书面确认通知到市公安局户籍办证中心办理落户手续。

3.上述金融人才的未成年子女入托、入（转）中小学，由其实际居住地或工作地所在区教育局按就近入学原则统筹安排。

上述落户补助、办公用房补助、项目补助、人才扶持等政策，由金融服务机构注册地所在区政府负责兑现，所需资金由相应区政府承担。

三、强化工作激励

各金融服务机构注册地所在区政府应优化相关服务，促进金融服务机构控制风险。市金融办应加强对各地金融服务机构招商工作的指导和协调。市政府将视各地金融服务机构招商工作开展情况进行支持。对成绩突出的区（开发区），从市金融服务业专项资金中安排一定资金予以补助。具体由市金融办会同市财政局牵头实施。

四、其他

（一）对已在本市设立，其后通过改制、重组、更名等方式组建的金融服务机构，不享受上述扶持政策。金融服务机构法人在杭另设的分行、分公司等分支机构，不再重复享受上述扶持政策。

对2015年1月1日前在杭落户（以工商登记注册时间为准，下同）、已享受《杭州市人民政府关于推进长三角南翼金融中心建设的若干意见》（杭政函〔2008〕273号）相关扶持措施的金融机构，其后续扶持政策仍按杭政函〔2008〕273号文件标准执行；对自2015年1月1日至2017年12月31日期间在杭落户的金融服务机构，其扶持政策按本意见执行，不再执行杭政函〔2008〕273号文件；2018年1月1日后在杭落户的金融服务机构，其扶持政策另行制定。

（二）本意见自2015年12月11日起施行，由市金融办负责牵头组织实施。四县（市）可结合本地实际，参照本意见制定具体实施意见。

杭州市人民政府

2015年11月10日

杭州市人民政府
关于推进跨境电子商务发展的通知〔试行〕

杭政函〔2015〕102号

各区、县（市）人民政府，市政府各部门、各直属单位：

为应对全球贸易发展新变化，抢占跨境电子商务制高点，加快中国(杭州)跨境电子商务综合试验区建设，推进企业开展跨境电子商务各类相关业务，现就有关事项通知如下：

一、鼓励跨境电子商务主体培育

(一)推动传统外贸企业转型发展，对具备进出口经营权、开展跨境电子商务且达到一定规模的传统外贸企业给予重点支持；积极鼓励各类经营主体申办进出口经营权，开展跨境电子商务业务；鼓励各类专业市场探索尝试新型业态，充分利用跨境电子商务开拓新的国际市场。具体实施细则由市商务委和市财政局另行制订下发。

二、鼓励跨境电子商务平台建设

(二)鼓励各类跨境电子商务平台为外贸企业开展跨境电子商务提供服务。对年成交额超过1亿美元的跨境电子商务平台，每招引1家年进出口额在100万美元以上的外贸企业在平台上开展跨境电子商务业务，给予不超过2万元的资金扶持。每家跨境电子商务平台的资金扶持总额不超过500万元。

（三）鼓励各类跨境电子商务平台针对特定国家和地区开设子网站或独立页面。对年成交额超过1亿美元的跨境电子商务平台，针对英语国家和地区开设子网站或独立页面的，给予不超过10万元的资金扶持；针对非英语国家和地区开设子网站或独立页面的，给予不超过20万元的资金扶持。

（四）鼓励各类跨境电子商务平台采取措施提高跨境电子商务成交额。对年成交额超过1亿美元的跨境电子商务平台，跨境电子商务成交额年增幅超过1000万美元的，给予不超过10万元的资金扶持；年增幅超过5000万美元的，给予不超过50万元的资金扶持；年增幅超过1亿美元的，给予不超过100万元的资金扶持。

三、鼓励跨境电子商务人才引进培养

（五）鼓励在杭高校根据自身条件，整合现有师资力量，结合产业发展实际需求开设跨境电子商务专业。对开设跨境电子商务专业，且纳入全国高等院校统一招生计划的在杭高校，给予最高不超过100万元的资金扶持。

（六）鼓励跨境电子商务企业通过在杭高校及经认定的社会培训机构（含跨境电子商务平台），为员工开展跨境电子商务专业培训。对年培训人数超过30名的企业，给予企业不超过实际培训费用20%的经费补助，每家企业每年经费补助最多不超过10万元。

（七）鼓励跨境电子商务企业引进跨境电子商务专业人才。符合“杭州市人才新政27条”相关条件的高端跨境电子商务人才，可优先享受相关政策。

四、鼓励跨境电子商务园区建设

（八）鼓励各区县（市）政府、各国家级开发区管委会建设跨境电子商务园区。对新建跨境电子商务园区，由当地国土资源部门优先保证用地指标。

（九）对入驻跨境电子商务园区的跨境电子商务企业、跨境电子商务平台、物流仓储企业，给予租金减免。对园区重点引进的跨境电子商务相关企业，可采取“一企一策”的重点扶持鼓励政策。上述政策由各区、县（市）财政局或园区主办单位负责制订并实施。

(十)对引入园区的重点跨境电子商务企业，由当地国土资源部门优先落实土地指标；相关部门要开通绿色通道，并相应减免各项收费。

(十一)对经市级商务主管部门认定的跨境电子商务产业园区，其实际使用面积超过5万平方米，且入驻有跨境电子商务实绩的企业超过20家的，给予园区主办方不超过100万元的一次性奖励。

五、鼓励跨境电子商务物流建设

(十二)鼓励企业建设公共海外仓储设施。对被省级商务主管部门列入省级跨境电商公共海外仓建设试点名单的企业，除省级扶持资金外，市级给予不超过50万元的资金扶持；对被市级商务主管部门列入市级跨境电商公共海外仓建设试点名单的企业，给予不超过100万元的资金扶持。

(十三)鼓励完善仓储企业配套服务。在杭州本地为跨境电商交易平台提供公共集货仓储服务的企业，仓储面积达到1万平方米以上的，按照合同实际使用面积给予不超过3元/平方米的租金补助，每家企业享受补助最高不超过100万元。

(十四)鼓励各类企业开设综合型物流专线，扩大运能。对开设国际物流专线且每周有1班次以上的企业，给予不超过200万元的资金扶持。对国际空运航线的扶持政策按照《浙江省人民政府办公厅关于印发引导和培育杭州航空口岸新开国际航线专项补助资金管理办法(试行)的通知》(浙政办函〔2009〕25号)执行。

六、鼓励跨境电子商务融资体系建设

(十五)有效运用股权投资方式支持我市跨境电子商务企业的发展。引导各类股权投资企业对我市跨境电子商务企业开展投资；鼓励社会股权投资机构与政府合作建立面向跨境电子商务企业的投资基金；我市建立的各类政府性产业基金应将跨境电子商务作为重点投资领域予以重点关注。

(十六)完善政策支持机制，创新政策支持方式，积极缓解跨境电子商务企业的融资难问题。对信用担保机构给予我市跨境电子商务企业的信用担保，按我市中小企业信用担保机构风险补偿政策予以支持。

(十七)支持跨境电子商务企业投保出口信用保险。鼓励有资质的信用保险机构为我市跨境电子商务企业提供信用担保服务。支持跨境电子商务企业应用信用保险产品，对跨境电子商务企业的投保费用，给予不超过投保费用40%的资金补助。

(十八)由市财政出资，与在杭州市注册的跨境电子商务平台共同建立跨境电子商务风险资金池，防范跨境电子商务业务流程中的各类风险，具体实施细则由市商务委和市财政局另行制订。

七、鼓励做大跨境电子商务出口规模

(十九)积极鼓励跨境电子商务企业上规模经营，努力做大跨境电子商务出口增量，具体实施细则由市商务委和市财政局另行制订。

八、附则

(二十)享受以上各项资金扶持的企业须符合以下条件：

1.在杭州市依法注册的独立法人；

2.在杭州市开展跨境电子商务相关业务且纳入杭州市跨境电子商务统计体系。

(二十一)上述条款涉及财政资助或奖励的，除条款内容有明确规定外，均按市政府相关规定，由市财政和区、县(市)财政按财政分摊比例共同承担。各区、县(市)，各国家级开发区应按照本通知要求落实资金，保证配套资金足额及时到位。

各区、县(市)，各国家级开发区应结合实际，出台本地区跨境电子商务扶持政策。

本通知自发布之日起施行，由市商务委负责牵头组织实施。

杭州市人民政府

2015年6月26日

关于印发金华市现代服务业综合试点项目股权投资管理暂行办法的通知

金政办发〔2015〕28号

各县（市、区）人民政府，市政府有关部门：

《金华市现代服务业综合试点项目股权投资管理暂行办法》已经市政府第96次常务会议审议通过，现印发给你们，请认真贯彻执行。

金华市人民政府办公室

2015年3月13日

金华市现代服务业综合试点项目股权投资管理暂行办法

第一章　总 则

第一条　为做好现代服务业综合试点工作，规范现代服务业综合试点项目股权投资的管理，提高资金使用效益，保障国有股权合法权益，根据财政部、商务部有关现代服务业综合试点工作的要求，结合我市实际情况，制定本办法。

第二条　本办法所称的股权投资是指由现代服务业综合试点专项资金（中央和地方财政安排的专项用于金华市现代服务业综合试点的补助资金，以下简称专项资金）以股权直接投资方式投入试点项目实施单位的投资行为。

第三条　全市现代服务业综合试点项目股权投资管理工作由金华市现代服务业综合试点工作领导小组（以下简称试点领导小组）统一领导，具体工作由金华市现代服务业综合试点工作领导小组办公室（以下简称领导小组办公室）及金华市现代服务业投资发展有限公司（以下简称市服投公司）组织实施，市服投公司为政府股权投资的持股者和股权管理者。

第二章　原则和职责

第四条　现代服务业综合试点项目股权投资应当遵循引导性、创新性、公共性原则，引领更多资金投入到创新性、示范性强，有较好社会效益的现代服务业项目。

第五条　试点股权投资项目被投资单位是项目实施的主体，其主要职责是：对项目真实性、合法性负责，负责提供真实、可靠、完整的申报材料；对项目的专项资金股权投资额及占被投资单位股权份额提出申请；健全资金管理制度，对投入的专项资金实行专户管理、专账核算，确保专款专用；及时组织实施完成试点项目，并定期向市服投公司及相关单位报送试点项目进展情况；接受并配合市服投公司及相关单位依法进行的监督检查、后评价等工作。

第六条　各县（市、区）商务部门负责对试点股权投资项目进行事先审核，其主要职责是：对项目的真实性、合法性，以及申报材料的可靠性、完整性进行查证核实；对项目的专项资金股权投资额及占被投资单位股权份额提出初审意见；事后对项目实施情况进行监督检查。

第七条　市服投公司是专项资金股权投资形成国有股权的持股者和管理者，其主要职责是：建立健全股权管理制度，调查、评审项目的专项资金股权投资额及占被投资单位股权份额，对专项资金股权投资形成的国有股权按公司法及国有资产管理的有关规定进行管理，维护国有股权安全，防止国有资产流失。

第八条　领导小组办公室及各成员单位主要负责组织试点项目的信息发布、

申办受理、部门初审、专家评审、结果公示、资金支持、跟踪监督、评估验收、绩效评价等工作。

第三章　股权投资对象及标准

第九条　股权投资的对象必须是根据《金华市现代服务业综合试点项目管理办法》确定的试点项目实施单位。

第十条　股权投资金额以不控股为标准，最高不超过被投资单位投资后所有者权益的50%，且不超过该项目总投资额的50%。

第四章　股权投资程序

第十一条　股权投资申报及投入按以下程序：

（一）试点项目申报、审定。试点项目根据《金华市现代服务业综合试点项目申报指南》《金华市现代服务业综合试点项目管理办法》规定进行申报、审定。

（二）股权投资资金申请及初审。列入试点项目的项目实施单位按《金华市现代服务业综合试点专项资金管理暂行办法》规定提出股权投资申请，申报地商务、财政、国资部门进行初审。

（三）股权投资额和股权份额的调查评审。市服投公司派专业评审小组开展调查评审，与申请单位协商后，对投入的股权投资额和股权份额提出审核意见，并拟定投资协议书草案，连同申报材料报市商务局、市财政局、市国资委审核。

（四）投资审批。市商务局、市财政局、市国资委审核后，报试点领导小组审批。

（五）签订正式投资协议书。市服投公司根据试点领导小组审批意见，与申请单位签订正式投资协议书，投资协议书需明确股权投资退出的条件和方式。

（六）办理工商变更登记。申请单位根据投资协议书的约定修改公司章程，办理有关工商变更登记手续。

（七）资金投入。工商变更登记完成后，市服投公司根据投资协议书约定，将股权投资资金投入申请单位；申请单位收到投资款后5个工作日内向市服投公司出具出资证明书。

第五章　股权后续管理

第十二条　市服投公司负责股权投资的后续管理事项包括但不限于：

（一）根据投资协议或者章程约定，参加股东（大）会并行使表决权、选派董事会成员、监事会成员；

（二）对被投资单位经营情况提出建议或质询；

（三）及时掌握被投资单位经营动态，跟踪试点项目的进展实施情况，分别按年度、季度对被投资单位经营情况进行分析；

（四）监督被投资单位对股东（大）会、董事会决议的落实情况；

（五）被投资单位发生重大资产处置、增资扩股、股权转让、合并、解散清算等关系国有股权权益的重要事项时，应按国有资产管理有关规定履行相应的审批程序，并根据授权意见在被投资单位的股东（大）会、董事会上进行相应表决。

（六）根据投资协议或者章程的约定分取红利，公司终止后，依法分得公司剩余财产。

第十三条　出现或发生下列情况之一时，市服投公司可以通过股权转让或其他方式对相应的股权投资进行处置：

（一）根据有关法律规定需退出的；

（二）按照被投资单位章程、投资协议规定需退出的；

（三）由于被投资单位经营不善，无法偿还到期债务，依法实施破产的；

（四）被投资单位出现未按试点工作要求推进试点项目建设、违规使用专项资金或资金使用过程中账目不清、弄虚作假等违反投资约定行为的。

第十四条　对被投资单位股权投资的处置应严格按照市服投公司章程、被投资单位章程等规定进行，并符合国有股权处置有关法律法规的规定，防止国有资产流失。

第十五条　市国资委会同市商务局、市财政局按《金华市市属国有功能类企业负责人经营业绩考核暨薪酬管理暂行办法》对市服投公司进行业绩考核。

第六章　附　则

第十六条　本办法自印发之日起施行。

温州市人民政府办公室关于发展众创空间推进大众创新创业的实施意见

温政发〔2015〕113号

各县（市、区）人民政府，市政府直属各单位：

为深入实施创新驱动发展战略，加快营造充满生机活力的创新创业生态环境，根据《国务院办公厅关于发展众创空间推进大众创新创业的指导意见》（国办发〔2015〕9号）和《浙江省人民政府办公厅关于加快发展众创空间促进创业创新的实施意见》（浙政办发〔2015〕79号）等文件精神，经市政府同意，特制定本意见。

一、总体要求和主要目标

（一）总体要求。将创新与创业相结合、线上与线下相结合、孵化与投资相结合，强化开放共享，创新服务模式，加快推进众创空间建设，构建一批低成本、便利化、全要素、开放式的新型创业服务平台，为创业者提供良好的工作空间、网络空间、社交空间和资源共享空间，全力打造温州创新创业名城。

（二）主要目标。到2020年，全市创建市级众创空间100家以上，基本构建开放、高效、富有活力的创业创新生态系统，形成创新资源丰富、创新要素汇集、孵化主体多元、创业创新服务专业、创业创新活动丰富、各类创业创新主体协同发展的良好局面。

二、加快发展众创空间

（三）大力发展市场化、专业化、集成化、网络化的众创空间。鼓励行业领军企业、创业投资机构、投资人、社会组织等社会力量积极参与众创空间建设。鼓励和支持创客空间、极客空间、创业咖啡、创业社区等众多不同形式、不同模式的创业服务平台建设及协同发展，为创业者和创业企业提供低成本、便利化、全要素、开放式的综合创业服务。

（四）盘活存量资源建立形式多样、主题鲜明的众创空间。鼓励各县（市、区）、产业集聚区、大企业利用已有的商业商务楼宇、工业厂房、仓储用房等存量房产，在不改变建筑结构、不影响建筑安全的前提下，改建为众创空间，土地用途和使用权人不变更。

（五）推进小微企业创业园建设众创空间。以市级小微企业创业园为重点，建设一批集孵化、服务、科研为一体的众创空间，促进众创空间内企业（项目）围绕“五一〇产业”创新链、产业链开展合作、联动发展。

（六）加快建设一批众创社区。市本级重点在市区（市级功能区）规划建设一批规模在8万平方米以上的众创社区，有条件的创建省、市级特色小镇。加强公共基础设施建设，优化创新创业服务，发挥其引领和示范作用；鼓励各县（市）结合本区域产业定位和规划布局，规划建设一批规模在4万平方米以上众创社区，整体推进我市众创空间建设。

三、培育创新创业主体

（七）鼓励科研人员创业。高校、科研院所等事业单位专业技术人员离岗创业的，经原单位同意，可在3年内保留人事关系，与原单位其他在岗人员同等享有参加职称评聘、岗位等级晋升和社会保险等方面的权利。原单位应根据专业技术人员创业的实际情况，与其签订或变更聘用合同，明确权利义务。支持职务成果转化工作，应用职务发明成果转化所得收益，除合同另有约定外，高校和科研院所可按60%至95%的比例划归参与研发的科技人员及团队拥有。

（八）支持青年大学生创新创业。认真实施“人才十条新政”，落实人才住房、创业贷款担保贴息、初创期社会保险费补贴、创业培训见习补贴等鼓励创业政策措施的落实。建立健全弹性学制管理办法，支持大学生保留学籍休学创业。鼓励在温高校、科研院所及其他科技创新平台提供大学生创新创业实践基地。

（九）支持企业高级管理人员、新生代温商、归国留学人员和市外优秀创新团队等各类人员创新创业。对经由市场主体评价并获得市场认可的创业人才及其核心团队，在入驻国家、省、市级众创空间时给予房租补助。

四、提升创新创业服务水平

（十）深化商事制度改革。允许各类众创空间注册登记名称中含有“众创空间”“创客空间”“创业孵化器”等字样，经营范围可表述为“众创空间（创客空间、创业孵化器）投资、管理”等；落实集中登记“一址多照”等商事制度改革，全面推行“一照一码”登记模式，实施“一照多址”“一址多照”等举措。全面实行营业执照、组织机构代码证、税务登记证、社会保险登记证、统计登记证等“五证合一”登记制度，实现“一表申请、一窗受理、一次告知、一份证照”。

（十一）培育发展创新服务机构。鼓励发展市场化、专业化的研究开发、技术转移、检验检测认证、知识产权、科技咨询、科技金融、科学技术普及等创新服务，为众创空间内的企业（项目）发展提供支撑服务。落实高校、科研院所资源开放共享，推进由财政投入的大型科学仪器设备、科技文献、科学数据等科技基础条件平台，以及重点实验室、工程实验室和工程（技术）研究中心、企业技术中心等研发基地向创业者和创业企业开放。

（十二）发展一批创业学院。支持高校、科研院所联合搭建创业教育资源分享平台，开设一批符合温州城市特征的创业课程。推动系统化创业教育和技能实训普及，显著提高拥有创业技能和创业经验的人口比例。支持具有创业经验和社会责任感的企业家、投资人等作为创业导师，为创业者和创业企业开展形式多样的创业辅导和创业咨询。

（十三）扶持温州市众创空间联盟。联盟由众创空间、投资机构、天使投资人等自愿组成，为全市众创空间提供资源共享、交流合作的平台。鼓励联盟积极组织有助于推动我市众创空间发展的创新创业活动。

五、完善创新创业金融支持

（十四）发挥政府产业引导基金作用。对符合要求的国家、省、市级众创空间，政府产业引导基金可出资与其合作设立“天使基金”“种子基金”，并由专业的基金运营机构开展市场化运作，用于投资众创空间内的企业（项目），引导基金参股比例最高不超过30%。政府产业引导基金参股天使投资基金形成的股权，在发生首笔投资起5年内可按原值向天使投资其他股东转让。探索开展私募股权众筹试点，增加众筹对大众创新创业的服务能力。

（十五）加大企业（项目）融资支持力度。众创空间内的企业（项目）获得融资或被非控股母公司收购的，对所在的众创空间按照不超过企业（项目）前两轮融资（天使轮和A轮）总额的2%进行资助（具体比例根据申报资助总额和财政预算确定），单个众创空间每年资助总额不超过200万元。企业（项目）完成融资后在温州市注册的，对所在的众创空间按照每个企业(项目)不超过30万元的额度进行资助。

（十六）鼓励创客企业在新三板挂牌上市。对在“新三板”成功挂牌的企业给予100万元的资金奖励。支持企业在浙江股权交易中心成长板挂牌，对挂牌企业给予20万元的资金奖励。

（十七）大力推动科技金融发展。加强组织机构创新，鼓励商业银行发展科技支行，为创业企业提供全方位的金融服务。创新科技信贷服务产品，完善投贷联动机制，加强商业银行与创业投资、风险投资和股权基金等机构的合作，提升科技企业服务质量。充分发挥政策性融资担保机构和科技贷款保证保险风险基金的作用，创新科技型企业抵质押手段，实现科技企业信用增级，解决科技企业担保难问题，引导商业银行加大对科技型中小微企业的信贷支持力度。

六、加强财税扶持

（十八）优化财政资金支持方式。利用市场化机制，采取补助、创投引导、跟投、购买服务等方式，支持众创空间及创业项目、初创项目。鼓励众创空间内的企业使用创新券、服务券开展人才培训、创业辅导、科研资源共享、法律维权和会展服务等各类公共服务项目。

（十九）落实财政奖励政策。经认定的温州市级众创空间一次性给予奖励20万元，经认定（备案）的国家、省众创空间，一次性给予奖励50万元、30万元。对投资市级及以上众创空间内的创业投资企业，给予连续三年财政奖励，奖励额按该企业每年对市、县（市、区）财政贡献额100%计。

（二十）加大补助力度。对入驻国家、省、市级众创空间的企业、团队和创客，单个企业、团队和创客给予每平方米20元/月的租金补贴，年补贴最高额不超过20000元，期限1年（不到1年以实际租赁时间为准）。四个区（市级功能区）创建众创社区经认定后给予一次性补助400万元，县（市）创建众创社区经认定后给予一次性补助200万元，补助资金专项用于众创社区公共基础设施建设，营造众创氛围。对众创空间联盟每年按其实际开展的活动情况给予不超过50万元的资助。

（二十一）落实税收优惠政策。对符合条件的众创空间等新型孵化机构适用科技企业孵化器税收优惠政策，按照《关于科技企业孵化器税收政策的通知》（财税〔2013〕117号）的要求落实税收优惠政策。落实扶持小微企业、科技企业孵化器、大学科技园、创投企业的法人（合伙人）符合规定条件的可按投资额的70%抵扣应纳税所得额、研发费用加计扣除、居民企业技术转让所得、固定资产加速折旧等税收优惠政策。

七、营造创新创业浓厚氛围

（二十二）开展全市性的创新创业活动。鼓励众创空间举办各类创业活动，组织开展温州创客大赛、温州创新创业博览会和温州青年（新生代温商）创新创业大赛，推动一批创新创业项目脱颖而出，促进人才和资本等创业要素在我市集聚。由市科技局根据众创空间发展需求向社会征集全市性创新创业活动计划，并从中甄选部分活动项目予以资助。

（二十三）加强宣传示范。市科技局等部门要及时总结我市众创空间发展过程中的经验做法和有效模式，通过召开现场会、媒体宣传等方式向全市推广。支持构建线上、线下创新创业宣传传播体系，通过新媒体、自媒体等广泛传播创新创业理念，推广创新创业活动，让大众创业、万众创新蔚然成风。

八、强化创新创业组织保障

（二十四）加强组织领导。充分发挥市创新驱动发展工作领导小组的统筹协调作用，进一步明确职责，狠抓工作落实。各县（市、区）、市级功能区也要成立工作领导小组，制定实施方案和政策措施，明确工作部署，切实加大资金投入、政策支持和工作保障力度。

（二十五）严格督查考核。把发展众创空间纳入市直部门、县（市、区）政府和市级功能区管委会年度考绩和党政领导科技进步目标责任制考核。建立共性指标和个性指标相结合的考核评价体系，对不同类型众创空间的创业服务能力、服务创业者数量、初创企业存活率等方面进行综合评价和激励。定期通报工作推进和完成情况，对执行政策不力、落实政策不到位、年度计划未完成的单位进行通报批评。

（二十六）其他。本实施意见涉及市区众创空间及相关企业资金补助，根据现行财政分配机制由市、区分别承担，由各区财政兑现后，再由市级财政兑现，各县（市）参照执行。

本意见自2016年1月15日起实施，执行期为5年，由市科技局、市财政局负责牵头组织实施。

附件：温州市众创空间和众创社区认定管理办法（试行）

温州市人民政府办公室

2015年12月9日

附件

温州市众创空间和众创社区认定管理办法（试 行）

第一章 总 则

第一条 为加快实施创新驱动发展战略，引导和支持众创空间、众创社区等新型创新创业平台健康发展，更好地服务众创、众包、众扶、众筹等创新创业活动，推动大众创业、万众创新，根据《浙江省人民政府办公厅关于加快发展众创空间促进创业创新的实施意见》（浙政办发〔2015〕79号），制定本办法。

第二条 本办法所称的众创空间是指在温州市内注册具有独立法人资格的企事业单位，依托广泛的社会资源，为创业团队、创业企业提供包含工作空间、网络空间、交流空间和资源共享空间等在内的各类创业场所，为创业者提供低成本、便利化、全要素的创业服务平台，并开展社会化、专业化、市场化、网络化特色创新创业孵化服务的机构。

众创社区是指在温州市范围内将创新创业服务、第三方运营服务、投资人与投资机构服务、互联网+新业态服务有机结合的全要素创新创业生态系统，融合孵化加速、投融资服务、天使及创业培训、科技成果产业化对接以及开放运营等元素为一体。

第三条 温州市科技局负责市级众创空间和众创社区的认定和管理工作。具体承担全市众创空间和众创社区创建的组织协调、政策落实、工作指导、考核激励等具体日常管理工作，负责国家级、省级众创空间创建的指导和推荐工作。

第二章 众创空间认定管理

第四条 申请认定市级众创空间，应同时具备以下条件：

（一）申请单位应当是本市范围内注册的具有独立法人资格的企事业单位。

（二）有固定的办公场所。有自主产权或租期5年以上（含5年）的场所，可自主支配的场地建筑面积应在1000平方米以上（含1000平方米）。其中公共办公与服务场地面积不低于总面积的90%。

（三）基础设施完善。有相应的供电、供水、消防、通讯、网络等配套基础设施，能提供开放共享式办公场地（包括会议室、洽谈室等）。

（四）与天使投资、风险投资、私募基金、投资及担保机构等有良好的合作关系。

（五）有至少5名以上为入驻企业、创业团队提供服务的管理服务人员。能提供代办工商注册、财务代理、纳税申报、知识产权代理、成果交易、认证检测等全方位、专业化的服务；能提供项目路演、创业辅导、培训等服务；能举办日常性创业沙龙、创业大讲堂、创业训练营等培训活动。

（六）有健全的运营管理制度。具有完善的创业实体评估准入、财务管理、日常管理服务等规章制度。

（七）与20家以上（含20家）入驻众创空间的企业和创业团队（3人以上含3人）签订了服务协议。

第五条 申请认定市级众创空间的材料包括：

（一）温州市市级众创空间认定申请表。

（二）独立法人的证明文件。

（三）租用场所合同或房产证复印件。

（四）上年度众创空间活动一览表及下年度工作计划。

（五）入驻企业情况表。

（六）众创空间建设运营方案，包括建设的必要性、具备的基础条件、建设和运营目标、运营机制、可提供的服务、保障措施等。

（七）其他应提交的材料。

第六条　温州市科技局常年受理市级众创空间认定申报，并分批组织专家实地查验和集中评审，审定结果在市级新闻媒体、市政府门户网站对外公示，公示期为7个工作日。公示无异议的，由温州市政府颁发“温州市市级众创空间”牌匾，具体工作由市科技局承办。

第三章　众创社区认定管理

第七条　众创社区建设必须坚持统筹规划，合理布局，控制数量，提升质量的基本原则。申请温州市众创社区，应符合以下条件：

（一）具有一定的空间规模。众创社区规划占地面积约1平方公里左右，其中，市区（市级功能区）众创社区区域内的众创空间累计面积8万平方米以上，县（市）众创社区区域内的众创空间累计面积4万平方米以上。

（二）具有完善的配套服务。建立新型社区服务机构，推动建设服务于创新创业的生态系统；建立社区创业导师库，定期开展创业教育培训；建立创新服务平台，为创业者提供检验检测、研发设计等全过程服务；建立融资支撑平台，拥有一定数量的天使投资人、创业投资合作机构，吸引社会资本投资初创企业。

（三）具有集成的政策支持。大力推进商事制度改革、知识产权保护、人才引进与服务等各项政策的落实；全方位支持社区内众创空间教育培训、创新大赛举办等活动开展，成为全市深化科技体制改革的示范区和落实各级创新创业政策的集聚区。

（四）具有鲜明的街区形象。公共配套设施和景观性项目合理布局，街区外立面经过统一改造和美化，拥有众创社区徽标（LOGO），集聚众多的创新创业者，打造成为集中式“办公+居住+社交”的综合社区平台。

（五）具有浓厚的创新氛围。广泛开展创业沙龙、创业大讲堂、创业训练营、投资路演、宣传推介等活动，举办各类创新创业赛事，评选创新创业领军人物，为创新创业者提供展示平台。积极宣传倡导敢为人先、百折不挠的创新创业精神，大力弘扬创新创业文化。

第八条　申请认定温州市众创社区，应提供众创社区建设方案和规划（明确四至范围），区域内众创空间分布、建设主体、保障措施以及分年度（3年）建设目标。

第九条　温州市科技局常年受理市级众创社区认定申报，并分批组织专家实地查验和集中评审，审定结果在市级新闻媒体、市政府门户网站对外公示，公示期为7个工作日。公示无异议的，由温州市政府颁发“温州市市级众创社区”牌匾，具体工作由市科技局承办。

第四章　管理和考核

第十条　市科技局对已认定的众创空间、众创社区实行年度考核与动态管理，建立众创空间、众创社区年度绩效评价体系和退出机制，对绩效考评优秀的给予表彰、奖励，优先推荐省级、国家级众创空间认定，对绩效考评不达标的给予帮扶指导，对连续两年绩效考评均不达标的，取消市级众创空间、众创社区称号。

第十一条　对于提供虚假材料骗取专业型众创空间和众创社区认定和财政资金支持，及未按规定使用财政资金的，市科技、财政部门有权取消其相关资格、收回财政资金，并依据国家法律、法规对责任主体进行处理。

七

研究与借鉴篇

Part VII

浙江农村电商服务站存在的主要困难

尚国强　国家统计局浙江调查总队服务业处

为了解浙江农村电商服务站的运营情况，浙江调查总队在杭州、温州、绍兴、衢州、丽水等市及有关区县，开展了农村电商服务站经营状况调研，走访了75家电商服务站。调研显示，目前农村电商服务站在促进农民增收、方便村民生活上起到了一定的作用，发展前景值得期待，但电商服务站规模小、收入低、生存能力不强、农产品网络销售困难多等问题也值得关注。

一、调研对象的经营状况

（一）规模小收入低。农村电商服务站以1到2人为主，户均从业人数1.3人。从业人数最多的是常山县澄潭村农村淘宝服务站，有从业人员4人。2015年，75家调研对象的户均电子商务收入（服务费、提成、装修基金等）为3.6万元。电子商务收入在4万元以下的服务站有52家，占69.3%，少于1万元的有14家，占18.7%。

（二）促进农民增收，便利村民生活。2015年，75家电商服务站通过电子商务平台对本村以外的客户销售商品217.2万元，户均2.9万元。其中农产品销售173.2万元，户均2.3万元。榨面、茶叶、粉干等地方特产通过互联网走出农村，扩大了特色农产品的销售规模。电商服务站在农村的另一个重要作用是提供便民服务。2015年，75家电商服务站户均服务人次达到2326.8人次，户均交易笔数达到2962.9笔，为周边村民提供了便捷的服务，一定程度上弥补了传统供销社在农村网点撤销后留下的市场和服务空白。

（三）生存能力不强，但发展前景值得期待。从服务站的经营业绩和反映的情况看，目前服务站的生存能力不强。2015年平均每户服务站的营业利润与应付薪酬之和仅有1.5万元。微薄的收入与户均数千人次的服务强度相比，作为新的创业项目并无太多吸引力。但是从农村这个大市场来看，电商服务站有其存在的必要性。一是农村的市场并不小。从2015年的经营情况看，75家服务站网上购物金额共3107.2万元，户均网购金额为41.4万元。二是有好的市场预期。除了农民对网购接受程度逐步提高以外，农产品网销刚刚开始冒头，有着较好的市场想象空间。三是解决了电子商务“最后一公里”问题。浙江省山区多，交通不便，住户分散，快递到户成本高，电商服务站起到了物流中转站的作用，是各大电商不容忽视的阵地。

二、存在的困难和问题

从调研对象的反映看，主要集中在以下五方面。

（一）盈利模式不明确。在调研中发现，不少服务站并没有明确的、可持续的盈利渠道，代购佣金以及政府和电商平台给予的一次性补贴不足以支持服务站生存。以杭州市的农村淘宝服务站为例，服务站的合伙人收入来源主要为三大块：一是根据销售产品的金额和返点率来计算的佣金，由阿里巴巴集团支付。这一项是服务站负责人的主要收入来源，而淘宝规定只有在“农村淘宝”中购买的商品，才能计算业绩和佣金。“农村淘宝”里的产品相对较少，难以满足村民的购物需求。二是根据每个月业绩及排名由阿里巴巴集团提供的奖金。2016年阿里巴巴集团已经取消了根据业绩及排名给站点负责人奖金的制度。三是由出台相应奖励扶持政策的县、镇政府提供年终奖金，目前只有桐庐有这项资金扶持。

因为服务站收入低、不稳定、工作量大，很多服务站经营不下去而选择关停。到目前为止，桐庐县和临安市各关停了50个服务站。

（二）网购的信誉度有待提高。一是在农村，网购宣传不够，农民尚不习惯网上购物。桐庐县合村乡岭源服务站等认为要转变农民的购物习惯。二是网上假冒伪劣商品过多，在村民中间造成不良影响。临安市天目山农村淘宝服务站反映，网上存在假冒伪劣产品，透支村民的信任，而农村流言传播速度快，影响了服务站的信誉。

（三）资金周转压力大。桐庐县凤川街道凤镇服务站反映，代购垫付资金比较大，资金运转比较困难。龙游县扁石村农村淘宝服务站反映，村民欠款时间比较久，对服务站造成资金压力。虽然阿里巴巴集团提供了“花呗”等融资服务，但是这些资金风险都集中在了服务站负责人的个人身上。

（四）农副产品网络销售困难多。一是农副产品缺乏有效整合。新昌县大市聚镇农村淘宝服务站反映，村里的农副产品分散在一家一户，产量和质量都不稳定。二是缺乏设计、包装、宣传、营销等技术知识。常山县澄潭村农村淘宝服务站、桐庐县茆坪村服务站反映，农产品网络销售缺少相应的专业技术，如美工、包装、网店设计、展示等技术。三是农村的物流条件与农产品的运输要求有较大的矛盾。很多农产品重量大，但价格卖不了很高，运输的成本大大压缩了盈利空间。

三、意见和建议

（一）转变农民传统购物习惯。常山县澄潭村农村淘宝服务站建议政府以公益活动的形式，宣传农村淘宝，让服务站为农村的残疾、低保等人群提供帮扶，扩大农村淘宝的美誉度。青田县油竹上村服务站建议社会媒体多做宣传，乡镇、村委等多做帮助引导，提高村民对电子商务的信任度。

（二）改进软硬件环境。一是改进农村电商平台。桐庐县茆坪村服务站建议“农村淘宝”链接能直接在淘宝平台上显示，提高“农村淘宝”的知名度。还有服务站建议逐步扩大计入业绩考核和佣金计算的网购产品范围，对帮助村民购买淘宝而非“农村淘宝”的产品也能给予一定的返点率。二是完善交通、通信设施。平阳县黄山头服务站建议在乡村建设方面，政府应该加大支持力度，改善交通状况。青田县石前村服务站建议加强农村网络等基础设施建设。

（三）打通农产品网络销售渠道。电商服务站对农产品销售都较为期待，不仅是因为代销农产品的利润空间较网络代购更大，而且通过代理农产品销售，帮助发展农村经济，带动农民致富，体现出农村电商服务站的价值。平阳县顺溪镇上顺溪服务站建议把农产品网销发展起来，帮村民解决渠道少的难题，这样能带动整个村的经济发展。

当前要推进农产品网络销售，有几个亟待解决的问题：一是研究解决QS（食品安全）认证问题。食品安全是头等大事，不解决食品安全认证问题，大多数农产品就无法通过电子商务走出山村。“同城易购”目前采取的是寻找生产商的办法来部分解决这个问题。但他们也认为，在很多山村缺乏合格的生产商。二是解决货源分散问题。很多农村特色产品的生产分散在各家各户农民家里，产品品质、交货时间难以保证，需要有龙头企业或乡镇、村委出面组织、把关。三是要解决电子商务技术缺乏的问题。目前电商服务站的工作人员在电脑技术、包装宣传技巧、营销手段方面普遍水平不高，需要在这方面加强培训。

浙江省“快递下乡”工程进展情况调研报告

计伟杰 国家统计局浙江调查总队服务业处

2006年1月，《中共中央国务院关于落实发展新理念加快农业现代化 实现全面小康目标的若干意见》正式发布，明确提出实施“快递下乡”工程。3月，《浙江省人民政府关于促进快递业发展的实施意见》印发，提出了“提高城乡快递服务网点覆盖率，全面实现乡乡有网点、村村通快递”的发展目标。作为位列全国快递行业第一方阵的快递大省，推进“快递下乡”工作是浙江实现“快递强省”战略的应有之义。

为更好地了解和掌握浙江农村快递行业的发展情况，浙江调查总队组织部分市和县（市、区）调查队就快递服务企业和乡村快递服务网点建设情况开展调研。调研显示，浙江“快递下乡”工程政策执行情况较好，快递服务企业蓬勃发展，乡村网点覆盖面逐步扩大，对促进农村商品流通、满足农村居民需求产生了积极作用，但诸如同质化竞争激烈、配送成本高位运行、农村基础设施仍不完善等问题困扰着快递企业，需要地方政府和相关企业共同采取有效措施加以解决。

一、调研企业基本情况

本次调研在县级以下行政区域选取了57家快递服务企业和55个乡村快递服务

网点，通过上门进行问卷调查的形式展开调研。

（一）快递服务企业样本情况

一是抽样企业代表性较强。本次调查选取的57家快递企业中，企业类型属于总部、单一机构、关联机构的分别为1家、1家、55家，关联机构中属于加盟法人企业29家、分公司24家、下属法人企业2家。从关联的企业情况看，中国邮政、顺丰、申通、中通、圆通、百世汇通、韵达等分别占25.0%、3.6%、19.6%、16.1%、12.5%、7.1%、10.7%，其他公司占5.4%，基本覆盖了全国知名快递企业，企业代表性较好。

二是抽样企业业务覆盖较全。从承揽范围看，开展国内同城、国内异地、港澳台和国际业务的企业数分别为54家、52家、32家和23家，覆盖率分别达到94.7%、91.2%、56.1%、40.4%；从快递业务承揽种类看，承揽生活用品、生鲜农产品、医用药品、机器设备、化工原料和农药化肥的企业数分别为50家、33家、14家、30家、5家和1家，覆盖率分别达到87.7%、57.9%、24.6%、52.6%、8.8%、1.8%，另有15.8%的企业承揽品种不限。

三是抽样企业网点布局较广。调查显示，2016年快递企业新增网点增速较快，网点覆盖面持续拓宽。其中新增独立设立网点50家，同比增长15.6%；新增挂靠（当地便利店、超市等）网点34家，同比增长14.5%；网点覆盖413个乡镇、6934个行政村，较上年同期分别增长15.7%、28.3%。

（二）乡村快递服务网点样本情况

乡村快递服务网点样本的抽选主要基于57家快递服务企业提供的网点数据。这些网点分布在乡、镇（街）下辖的行政村中，48个网点服务三个以上行政村，占87.3%，仅7个网点负责2个及以下行政村。

网点的服务对象范围较广，其中主要服务本地企业的有25个，主要服务电商网点的有16个，主要服务农户个人的有13个，服务对象为其他的有1个。从服务频次看，样本网点周收派件频次均大于1次，其中每周8次及以上的有23个，占41.8%，每周5~7次的有17个，占30.9%，每周2~4次的有15个，占27.3%。网点收件种类情况与快递企业基本一致。

二、农村快递业务蓬勃发展，推动快递企业跨越发展

一是农村快递成焦点。随着农村电商的兴起和农村电商服务站的快速扩张，进出行政村的业务快速增长成为本期快递企业发展的亮点。调查显示，发往行政村的邮件户均超过28.8万件，增幅达到18.7%；来自行政村的邮件户均超过23.2万件，增幅19.9%。在农村快递业务的发力下，样本企业营业收入和利润总额实现双丰收，户均分别达到1514.1万元和142.3万元，同比分别增长15.2%和10.3%。

农村快递业务的变化在网点数据中表现更为显著。上半年，乡村网点户均快递收入94.7万元，同比增长20.6%；户均收件67.4万件，增长32.8%；户均派件34.3万件，增长3.7倍。

二是企业规模稳步扩大，资产高速增长。上半年样本企业户均资产总计、固定资产原价分别为2284.8万元和1006.1万元，比去年同期分别增长26.2%和9.9%。户均从业人员平均人数达109人，同比增长7.2%。随着企业资产和用工人数的扩大，企业规模站上新台阶。

三是企业成长加快，硬件更加完善。上半年，样本企业户均拥有独立分拣场地面积为2514.1平方米，比去年同期增长24.4%；户均拥有分拣设备增至2.6套，较去年同期增长105.5%；户均拥有汽车28辆，增长9.1%;摩托车、电动助力车22辆，增长3.7%；户均拥有手持终端2520台，增长39.6%。快递企业硬件条件得到较大改善，现代化、信息化程度显著提升。

从网点情况看，户均拥有独立分拣场地面积111.3平方米，同比增长24.3%；每个网点平均拥有4.6辆汽车，2.6辆摩托车、电动助力车，增速分别为53.0%和68.2%。设施设备数量快速增长，背后是快递企业对当下乡村快递行业发展环境的肯定和对农村业务未来发展的良好预期。

三、服务意识增强，管理水平提高

一是企业效率更高。省内快递企业更加注重客户需求，不断提供多样化服务。延伸营业范围。除了快递服务外，样本企业中有6家从事运输代理、有1家从事代购代销，较好满足客户需要。强化查询服务。提供查询服务的样本企业

共有53家，占比93.0%。提升收派时效。样本网点收件后都在24小时内向上级公司送出，其中6小时以内送出的有23家，占41.8%，6~12小时送出的有24家，占43.6%。样本企业中12小时以内完成派件的企业数为47家，占比82.5%，其中4小时内的有18家，4~8小时的有21家。实行上门服务。样本网点中提供上门送件、上门收件、客户自提、客户自己投递服务的分别为46个、46个、42个、31个，上门服务占比超过83.6%。

二是快件管理更严。调查显示，样本企业的安全意识较强。开箱检查和查验身份信息成为所有样本企业和网点的共识。从企业反映的情况看，上半年样本企业和网点开箱检查和查验身份信息的比例接近100%。在其他快件安全方面，53家企业和48个网点提供包装加固工作，53家企业保证不暴力运输。

三是管理能力更强。布局趋于合理。调查显示，在样本企业中，有36家企业认为公司快递网点布局合理，一般的有10家，有待改进的有9家，仅1家认为不合理。纠纷妥善处理。上半年，有22家网点曾发生纠纷，占40%。纠纷起因有物品丢失、送货延迟、包装损坏、物品损坏等，分别发生11起、10起、7起、6起。在物品损坏或丢失纠纷发生后，所有企业都能及时赔偿，未保价的，按物品价值的比例进行赔偿的有15家，保价商品按照保额进行赔偿的有7家。

四、困难虽存，企业发展前景良好

一是网点下乡面临的困难。在各种困难中，居前三位的分别是下乡配送成本高，认同率为89.5%；农户居住密度小的认同率为56.1%；农村交通基础设施不完善的认同率为47.4%。

二是企业经营中遇到的问题。调查显示，用工成本上升快、竞争激烈、招工难、行业标准化体系建设不完善是企业认可度最高的四个问题。用工成本上升快的认同率为75.4%；市场竞争激烈的认同率为64.9%；招工难的认同率为36.8%；行业标准化体系建设不完善的认同率为3.2%。

三是未来发展的前景展望。上半年，61.8%的网点表示综合经营状况良好；34.5%的网点认为一般；只有3.6%的网点认为经营不佳。对上半年快递服务收入满意的占20.0%，认为“一般”的占67.3%，不满意的占12.7%。展望未来一年，大多数企业保持了乐观、积极的态度。36.8%的企业认为未来一年业务量会大幅提高，42.1%的企业认为会有所增加，认为会有所减少或大幅减少的仅占5.3%。在农村快递网点的拓展方面，更多企业表达了积极的意愿，54.4%的企业表示网点会有所增长或大幅增加，仅有1家企业表示会有所减少。

五、来自企业的呼声

一是抓好“最后一公里”。“快递下乡”利在农村，难也在农村，农村市场的“最后一公里”是快递企业迈向农村最艰难的一步。中国邮政速递物流股份有限公司浙江省海宁分公司提出，提高村委会能动性，协助完善农村信息录入，方便邮件投递。海盐立通速递有限公司设想在乡镇和农村业务量较少的地方，与农家店、农村综合服务社、农产品购销代办站等合作建立网点。嘉兴德邦物流有限公司认为，可以在农村招募合伙人，利于业务在农村拓展。

二是规范行业标准。农村快递市场的迅速崛起和农村快递行业标准的滞后发展是当前主要矛盾之一。丽水市顺丰速运有限公司遂昌分公司、遂昌中通速递有限公司都提出了加大监管力度，规范市场秩序的要求。德清申通快递有限公司希望有统一的管理标准。临海圆通速递有限公司要求明确规范寄递的交通工具。

三是呼吁政策倾斜。平湖市国通快递有限公司等企业认为快递企业用于抵扣的增值税较少，导致税负较高，希望能在税收上提供优惠政策。松阳圆通速递有限公司等企业希望给民营快递企业投递车辆绿色通行权，在过路过桥费用方面给予减免。

台州市“十三五”服务业发展战略研究

前　言

“十三五”时期是我国经济由高速向中高速增长转变、由投资驱动向创新驱动转变、第三产业逐步成为产业主体的“新常态”时期，经济增速、结构、动力、要素及体制机制等方面均将发生重大而深刻变化。服务业发展呈现出细分化、国际化、数字化的发展趋势，并且不断催生出新的服务业态。

对于台州而言，“十三五”时期是“一都三城”建设深入推进期，是实现从工业经济向服务经济跨越关键时期，服务业发展面临新机遇也存在严峻挑战。为提高台州市“十三五”服务业发展规划的科学性和有效性，实现服务业实现转型发展，特开展台州市“十三五”服务业发展战略研究。

台州市“十三五”服务业发展战略研究，将结合新形势、新机遇和新挑战，总结台州市服务业发展现状和存在问题，认真分析国际国内发展形势变化对台州服务业带来的机遇挑战，科学把握“十三五”时期台州服务业发展的总体思路、战略定位和主要目标，深入分析服务业发展重点和空间平台开发建设，并针对性提出了促进服务业发展的对策建议。

一、发展基础与环境

（一）现实基础

1.总量规模不断扩大，但总体竞争能力不强

“十二五”时期，全市服务业增加值由2010年的1021.83亿元增加到2014年的1592.89亿元，年均增速达9.38%，高出全市GDP增幅1.68个百分点；全市服务业增加值占GDP的比重达47.02%，比2010年提高了5.02个百分点；2011—2014年，服务业累计完成固定资产投资3603.02亿元，占全市固定资产总投资的

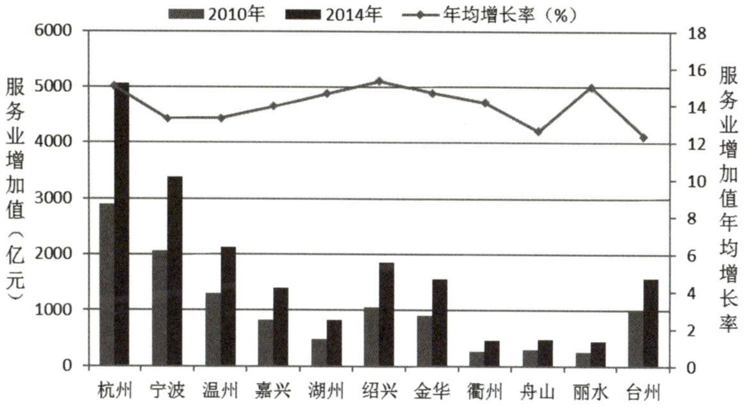

图1 浙江省各地市2010、2014年服务业发展指标比较图

56.63%。

但与浙江省其他地市相比，全市服务业竞争力还有待提升。“十二五”期间，全市服务业占GDP比重低于浙江省（47.90%）的平均水平，服务业增加值仅占全省8.29%左右。此外，服务业带动力强的大型骨干企业较少。

2.内部结构逐步优化，但产业发展层级偏低

“十二五”期间，全市现代金融、现代物流、商务服务、科技服务等生产性服务业快速发展，其增加值由2010年的494.88亿元提高到2014年的738.34亿元，占第三产业增加值比重达46.35%，GDP增长贡献率达28.20%。电子商务、文化创意、健康养生等新兴服务业发展迅猛。

但是，现代物流等生产性服务业能级较低，以传统运输为主，缺乏向供应链两端延伸；信息服务、专业咨询、商务会展等高附加值行业规模仍然较小，科技研发、工业设计、技术转化等产前服务发展水平和功能亟待提高。

3.平台建设不断推进，但空间布局不够优化

“十二五”期间，全市服务业平台建设不断推进，已初步形成金融集聚区、物流园区、商贸综合体、新型专业市场、旅游休闲度假区、总部基地、科技创业园、创意产业园、综合性生产服务集聚区等九类现代服务业集聚区，拥有省级服务业集聚区10个，市级服务业集聚区15个。通过重大区块开发、产业平台建设，台州市服务业集聚态势日益明显。

但各个县市（区）之间、城乡之间服务业发展不平衡问题仍然存在。市区、临海、温岭成为服务业发展的主要载体，2014年，三地服务业增加值占比高达74.93%，其他4县服务业发展滞后（占比仅为25.07%），其中三门占比仅4.55%，发展较不均衡。城乡之间服务业发展水平存在明显差异，农村服务业层次低、比重小，难以满足广大农村居民的生产和生活需求。

4.经济贡献不断增强，但投资回报有待提高

随着全市服务业的不断发展，服务业对经济总量的贡献逐渐增强。2014年，全市服务业对GDP增长贡献率达60.02%，比2010年提高了16.85个百分点；服务业地税收入127.23亿元，占全市地税收入比重达57.63%，较2010年提高4.63个百分点；服务业就业人员150万人，占就业总人数的37.30%，比2010年提高1.38个百分点。

但服务业投资回报相对不高。“十二五”期间，全市服务业单位固定资产投入增加值、单位固定资产投入地税收入、单位固定资产投入带动就业人数分别达1.55、0.12、0.15，远远落后于第二产业和第一产业。

5.发展环境不断改善，但体制要素制约明显

近年来，台州市从政策扶持、组织管理、项目推进及责任考核等多方面着手，不断促进服务业发展环境进一步优化。陆续出台了《台州市服务业发展引导资金管理办法》及人力资源、电子商务、健康养老等行业的政策（或实施）意见等重要文件，设立了服务业重大项目建设奖励资金，并将服务业纳入乡镇（街道）年度责任制考核体系，积极开展服务业企业评先评优活动，进一步营造了服

务业发展的良好氛围。

但体制要素制约明显愈发明显。服务业管理条块分割，管理缺位和越位现象仍然存在；民间资本进入还有障碍，市场化进程有待提高；部分服务业行业协会功能缺失、职能错位，未能与政府宏观管理形成配套或联动。此外，全市服务业发展涉及的水、电、土地、资金等生产要素集聚约束日益加剧。

（二）发展环境

1.发展机遇

多重政策利好叠加释放为服务业发展提供良好环境。从国家层面看，信息产业、消费型服务业、生产性服务业等相关政策密集出台，金融、养老、文化等领域市场开放的配套改革陆续推动；从浙江省层面看，明确提出在“十三五”期间培育信息、环保、健康、旅游、时尚、金融、高端装备等七大万亿级产业，并先后出台相关专项规划，这都为台州“十三五”时期服务业提质、转型发展创造有利政策环境。

中国制造2025战略加快推进为服务业发展注入强大动力。“十三五”期间，随着中国制造2025战略加快推进，我市加快打造“国际智造名城”，迫切需要生产性服务业大发展提供强力支撑，也将不断地催生各类设计、研发、物流、信息服务、节能环保、市场营销等新需求，为我市生产性服务业发展创造大量需求并注入内在动力。

互联网经济快速兴起为服务业发展带来绝佳机遇。目前，互联网经济正在成为新经济增长的主旋律，“互联网+”正日益成为产业转型升级的“新引擎”和经济增长的“倍增器”。“互联网+”的推进将给我市传统服务业模式带来了一场深刻变革，将为服务业商业模式创新提供重要的推动力。

消费结构加速升级为服务业发展释放巨大潜力。目前，我市城乡居民消费结构正处于快速升级的新阶段，消费结构正处在由生存型消费向发展型消费、由物质型消费向服务型消费升级的重要时期，个性化、多样化消费渐成主流。“十三五”时期，我市将着力建设更高水平的全面小康社会，这将给旅游休闲、文化体育、健康养老、医疗服务等生活性服务业带来巨大的发展空间。

人口城镇化深入推进和老龄化进程不断加快为服务业发展开辟广阔空间。

一方面，当前我市城市化率为59.5%，“十三五”时期，随着现代化港湾都市区建设，城市化率将达到**%以上，并推进规模城镇化向人口城镇化的快速转型，即意味着越来越多的农业转移人口进城，这将大大释放其服务消费需求。另一方面，截至2014年底，全市60周岁及以上老年人口占人口总数的比重达17.61%；“十三五”时期，随着老龄化社会的到来，在很大程度上催生了对健康养老、康复护理、家政服务、老年文化教育、宜居服务等银色产业的消费需求，服务业发展面临新的契机。

2.挑战

经济增速放缓。当前，我国已进入经济增长速度换挡期、结构调整阵痛期、前期刺激政策消化期三期叠加的阶段，在此大背景下，台州保持经济平稳较快发展的压力明显加大，增速将换挡回落，将步入以提升质量为主的稳定增长阶段。这在客观上制约服务业投资规模的扩张，给服务业的发展带来不小的挑战。

区域竞争加剧。长三角各城市、浙江各地市均将现代服务业作为地区发展的重要产业，竞相出台相关优惠政策以改善投资环境，竞争态势不断强化。上海、福建自贸区的建设对高端服务业的“吸虹效应”给台州服务业发展带来不小影响。另外，台州受经济总量、区位环境和城市知名度等因素影响，在吸引外来资金和项目方面存在一定的劣势。

高端人才不足。截至2014年底，服务业从业人员中具有大学本科以上占比仅为8.6%，且行业分布不均衡，高学历、高级职称人员主要集中在教育卫生、机关团体、金融行业等部门，现代物流、电子商务、信息技术等现代服务业严重缺乏高层次专业人员，尤其是领军型、管理型、复合型的高端服务业人才更为缺乏，严重制约对服务业的创新发展。

二、指导思想与目标

（一）指导思想

以邓小平理论、“三个代表”重要思想和科学发展观为指导，深入贯彻十八大和习近平总书记系列重要讲话精神，认真落实“四个全面”战略布局和省委省政府重大决策部署，围绕“一都三城”建设新目标，深入实施“3556”战略 ，通过规划引导、机制创新、产业集聚、人才支撑、政策扶持，做大做强主导服务业，培育壮大新兴服务业，提升发展传统服务业，把台州市打造成为长三角南翼新型的现代服务业中心城市，并在电子商务、金融服务、港口物流、休闲旅游、健康养老等领域取得突破性发展。

（二）发展原则

坚持融合发展。大力推动服务业与新型工业化、新型城市化、农业现代化融合发展，立足产业转型升级、城市化发展的需求，加快科技服务、现代物流、工业设计、信息服务等生产性服务业发展，推进工业制造服务化、智能化、柔性化、绿色化。同时，大力推动服务业交叉渗透、跨界融合，推动大数据、云计算、物联网等现代信息技术在服务业的应用，提高服务质量和水平。

坚持创新发展。坚持以科技创新、理念创新、制度创新和管理创新为引领，着力推进现代服务业创新发展，探索形成适合台州服务业发展的新业态、新途径、新举措和新机制。积极构建设社会化、网络化、专业化的创新服务体系，整合资源，集聚技术、资本、产业、人才等创新要素，增强服务业创新能力、提高服务业创新效率。推进服务业开放合作，支持全球化发展战略。

坚持特色发展。在产业发展上，突出我市特色资源优势和产业基础，大力发展金融服务业、现代物流业、商贸流通业、休闲旅游业、电子商务业等主导服务业，以新消费需求引领健康服务业、文化创意等新兴服务业发展，加快形成具有台州特色的现代服务业体系。在产业布局上，引导各地根据自身特点，谋划有特色的服务业发展格局，积极引导中心城市及临海、温岭等副中心城市加快发展高端服务业，促进向服务经济为主的产业结构转型；引导玉环、三门等沿海地区加快发展港口物流和滨海旅游业；引导天台、仙居等西部山区发展生态旅游和健康养生产业。

坚持集聚发展。实施集约化发展战略，着力构建主体功能突出、产业特色鲜明的服务业集聚区，促进服务业在空间上相对集聚，打造现代服务产业集群，辐射带动周边经济发展。统筹协调中心城区、副中心城市、农村服务业资源，合理配置服务业资源要素，实现服务业城乡合理布局。

（三）发展目标

“十三五”期间，围绕“把台州市打造成为长三角南翼新型的现代服务业中心城市”总体目标，提升服务业规模实力、贡献水平、质量效益，优化产业结构，加快形成以服务业主导的经济结构。

——总量规模持续扩大。服务业增加值年均增长8%以上，力争到2020年达到3000亿元（考虑物价上涨因素），其中市区服务业增加值1200亿元。“十三五”期间，服务业固定资产投资累计达到8680亿元。

——社会贡献更加突出。到2020年，服务业引领经济转型发展支撑作用更加突出。服务业增加值占GDP比重达52%，年均提高0.8个百分点。

——空间布局渐趋合理。到2020年，覆盖城乡、特色鲜明、辐射强劲的“一核、两翼、五片区”的现代服务业发展格局不断形成，服务业发展布局逐步优化。

——主体实力明显增强。到2020年，服务业上市企业6家以上。

三、重点产业与领域

按照制造业转型升级、居民消费升级、新型城镇化建设要求，突出重点，着力发展现代物流、现代金融、休闲旅游、电子商务、商贸市场等5大主导产业，培育发展健康服务、文化创意、科技服务、信息服务、时尚经济等5大新兴服务业，构筑“5+5”服务业产业体系。

（一）做大做强主导服务业

1.现代物流

——发展目标

以“建设海上丝路港城”为契机，深入实施“558”略，突出发展重点，优化配置物流资源，加快建设“三位一体”港航物流服务体系、陆上物流网络架构和城乡物流配送体系，构建四层次物流服务空间格局，建设智能物流大数据平台，将台州打造成为长江经济带的综合性物流枢纽城市。到2020年，全市物流业增加值达550亿元，年均增长8%，占GDP比重12%左右，占服务业增加值比重25%左右；物流业上升为国民经济中支柱产业之一；社会物流总费用相对于GDP的比率明显下降。

——发展路径

推进七大重点领域发展。结合台州市产业特征和发展趋势，重点推进供应链物流、商贸物流、港航物流、城乡配送物流、农产品物流、跨境物流、资源型物流发展，实现物流业与其他产业互动融合、协同发展，促进台州市物流产业整体水平提升，推动台州经济的转型升级。

专栏：物流业重点推进的七大发展领域	
供应链物流	依托台州市“国际制造名城”的打造，推广山鹰物流等企业的经典经验，鼓励物流企业通过流程优化、效率提升和模式创新，延伸供应链上下游服务，与制造业企业建立新型的战略合作关系，为其提供一体化的物流服务。鼓励吉利、海正、伟星等重点制造业将物流业务剥离外包，培育制造业物流市场。支持重点制造业企业与物流企业联合组建第三方现代物流企业，提升物流服务专业化、标准化水平。
商贸物流	加快构建与国内外贸易相配套、与城市化进程相吻合、与居民需求相适应的现代商贸物流体系。支持供销华联仓储中心、泰和塑料原料物流中心的发展壮大，完善物流配送功能。支持各类商贸市场完善物流服务功能，逐步形成集展示、交易、仓储、配送等功能于一体的交易配送型模式。
港航物流	围绕打造“海上丝路港城”，以头门港、大麦屿港区建设为重点，整合港口资源，加强港口服务保障，大力发展“三位一体”港航物流体系，完善海陆联动集疏运网络，增大航运服务能力。
城乡配送物流	以创建中国快递示范城市为契机，建立以城市物流中心为主轴、县级配送中心为支撑、农村货运站点和社区服务站为补充的城乡物流服务体系，完成最后一公里门到门的物流配送服务。加快云仓储技术的引入，实现配送网络快速反应，提供迅速快捷经济、选择理想的仓储服务。

专栏：物流业重点推进的七大发展领域	
农产品物流	以生态农业、传统渔业捕捞、现代渔业养殖等为基础，加快路桥农产品物流中心、农副产品集配中心、天台特色农产品物流园等项目建设，构建畅通高效、安全便利农产品物流体系。鼓励发展冷链物流，全面落实农产品“绿色通道”，逐步将台州建成长三角地区生态渔农产品交易中心和冷链物流中心枢纽。
跨境物流	以台州港一港六区的港口资源优势，统一规划和建设包括海关查验、口岸直通、保税仓储、出口监管、国际货代和商务信息服务等功能的国际物流平台。推动海关、检验检疫等相关机构与上海港、宁波港等口岸联动，实现货代在台州报关、施封，船务公司在各港区堆箱，增加台州市出口企业在台州港直接出口的比例。
资源型产品物流	加快发展资源型产品物流，重点关注石油、天然气、铁矿石等重要产品的市场情况和物流路线，探索资源型产品物流集散中心和物流通道建设，重点推进甬台温油气管道、东海油气田上岸、中卡台州炼化一体化项目、台州港LNG接收站等重大项目。加快建立再生资源回收物流体系，推动回收物流发展。

优化物流空间布局。加快物流园区的布局和建设，建成5~6个功能完善、具有一定规模效应的综合物流园区，在全市范围内布局15～25个专业物流中心，结合区域公路货运场站和社区服务站，形成综合物流园区—专业物流中心—配送场站—社区与乡村服务站的四层次物流服务体系。

加快发展多式联运。根据“十三五”期间交通基础设施发展和与外部对接的情况，大力推进铁路、公路、水运、航空等多种运输方式协调发展，基本形成以头门港口为关键结点，以甬台温铁路、台金铁路为主干，以公路运输为扩散网络的多式联运体系。探索创新多式联运组织模式，推动建立多式联运运营组织一体化解决方案，支持推进“一单制”的全程无缝运输服务。推动建立以多式联运枢纽和信息系统为组织平台的资源整合模式，促进多式联运服务和上下游产业的跨界融合和联动发展。

积极打造“智慧物流”。建设市级物流公共信息平台。整合政府、企业等各方资源，坚持“政府推动、市场运作”理念，打造全市性、行业性的物流公共信息平台，形成集物流信息发布、数据交换、在线交易、智能分析等功能为一体的物流信息服务中心，并实现与国家交通运输物流信息共享平台对接。提升物流企业物流信息化水平。鼓励企业积极开发内部的物流信息管理网络，采用智能化、自动化的物流设备，提高RFID、EDI及GPS等技术应用水平；并以龙头企业、物流园区为载体，打造物流信息技术创新和应用等试点工程，不断提高企业信息化水平。

培育壮大物流企业。提升物流企业服务能力。积极拓展物流产业链，鼓励以仓储、流通加工、运输等功能为主的传统物流企业向上、下游延伸服务；创新物流企业产品服务类型，增加自身服务层次；引进现代化物流管理系统，提升物流企业管理水平。引导物流企业加快资源整合。鼓励物流企业通过参股控股、兼并重组、协作联盟等方式做大做强，形成一批大型现代物流企业，组建物流企业联盟，推进企业规模化、集约化发展。

2.现代金融

——发展目标

高标准建设国家级小微企业金融服务改革创新试验区和民间投资改革创新试验区。强化小微金融和民营金融特色，推进金融业服务模式、管理技术和融资产品的深层次创新，优化金融生态环境，促进金融总量壮大与金融结构转型，全面提升金融服务水平和抗风险能力，有效推进金融与经济良性互动发展。

——发展路径

完善多元化金融结构。充分发挥全国各大在台金融机构及台州本土金融银行的支撑作用，做强银行业、证券业、保险业，积极拓展其他金融业态，建设富有台州特色的金融产业体系，打造“资本高地”。

专栏：金融业重点发展业态	
银行业	做大做强3家城市商业银行，支持城商行开展信贷资产证券化、同业存单、大额存单、支农支小再贷款及发行小微企业专项金融债、二级资本债等试点的扩面增量，鼓励城商行走上市发展之路。积极引进国内外知名股份制商业银行、外资银行，建成政策性银行、国有商业银行、地方商业银行、股份制商业银行以及外资银行等构成的支持台州经济建设有力的银行体系。创新小微企业金融服务模式，建设一批特色鲜明的全国性小微企业金融服务专营银行（机构），搭建小微金融发展研究合作交流平台，推进“两中心一平台”（小微企业信用保证基金运行中心、金融服务信用信息中心、小微企业信贷产品信息查询平台）建设，壮大浙江（台州）小微金融研究院，完善优化“台州小微金融指数”，打造我国小微企业金融服务的改革先行区和创新示范区。大力发展农村普惠金融，鼓励发展村镇银行、农村商业银行、涉农小额贷款公司等多元化金融服务主体，创新本地化、特色化的金融产品，争取基础金融服务“村村通”，切实增强“三农”服务能力。

专栏：金融业重点发展业态	
保险业	大力推进保险业产品、服务和营销方式创新，扩大保险市场的覆盖面和渗透力。在人寿险和普通财险的基础上，积极拓展责任保险、信用保险、农业保险、医疗健康和养老保险等相关险种。大力拓展适应民营经济需要的特色保险产品，支持台州民营经济发展和先进制造业基地的建设。在继续发展现有各类保险公司的基础上，积极引进责任保险、养老保险等专业性保险公司及外资保险公司在我市设立分支机构，积极培育专业化、专属性保险中介机构。创造条件，争取设立具有专业特色的地方法人保险机构。
证券业	推动证券经营机构向现代投资银行转型，支持证券经营机构发展销售交易、托管结算、投资、融资和支付功能，提升融资覆盖范围，丰富融资产品，为台州市的主导产业、创业创新型企业和中小微企业提供多元化的融资服务。提升台州证券业发展规模和速度，加快储蓄直接转化为投资的效率，改善投融资结构，实现社会资源的优化配置，提高资源配置效率。支持证券经营机构增强财富管理能力，切实为投资者提供诚信专业的、个性化的财富管理产品和风险管理工具。
其他金融	设立金融租赁公司、创业投资基金公司等一些非银行金融机构，满足广大中小企业，特别是高新技术企业的融资需要。积极发展企业贷款担保机构和消费信贷担保机构，进一步完善中小企业融资担保体系。引导设立政策性担保公司，化解互保链风险，进一步探索担保链割断试点。加快信托业转型发展，创新信托产品，提升信托业的风险控制能力。推进典当业稳定健康发展，鼓励开展连锁经营，发挥其作为金融体系补充融资渠道的积极作用。

加快金融业集聚发展。立足台州市金融业发展优势，着力加强台州金融集聚区、台州微金融小镇、台州直接金融区、路桥金融集聚区、温岭金融集聚区等金融集聚平台的建设，优化金融集聚区功能布局。台州金融集聚区，强化三大商务区的核心地位，优化提升市府大道金融特色街区，重点推进中心大道金融新区建设，构建“一核、两轴”的发展格局，重点引进地方金融机构总部、各类金融分支机构、上市公司总部、投资公司以及金融中介服务机构等，打造台州的“华尔街”。微金融小镇，依托台州小微金融品牌，加快微金融大厦、创投大厦等一批重点项目建设，推进微金融产品和模式创新，构建微金融服务机构集聚区、微金融服务创新高地、微金融咨询与信息服务中心。台州直接金融区，重点发展融资租赁、小贷、创业投资、私募股权基金、资产管理公司、典当行等直接金融业态。路桥、温岭金融集聚区，加快资源整合，推进各类金融机构集聚。

加快推进金融创新。创新发展新金融业态。加快发展互联网金融，鼓励基于互联网的金融产品、技术、平台和服务创新，建立网络银行，拓展互联网支付、网络借贷、小额信贷、股权众筹融资、互联网基金销售、互联网保险、互联网信托和互联网消费金融等相关业务。加快发展科技金融，探索设立科技支行，与浙江清华长三角研究院建立科技金融创新众筹中心。加快发展消费金融，鼓励符合条件的民间资本、互联网企业发起设立消费金融公司，银行金融机构创新消费金融产品，向消费者提供无抵押、无担保小额信贷。加快发展产业链金融，以产业链的核心企业为依托，针对产业链上下游各环节的企业，设计个性化、标准化的金融服务产品，推动整个产业链不断增值。

完善多层次资本市场。推动区域性股权交易市场建设，规范交易场所的运行。加快建立金融资产交易平台，探索各类金融资产交易业务，开展包括不良资产挂牌转让、中小企业直接融资、PPP融资等金融产品。推动企业利用债券市场，拓展企业普通债券融资，支持符合条件的企业在银行间债券市场发行短期融资券和中期票据，鼓励中小企业通过发行集合债券、集合信托债权基金和高收益债券等筹集资金。做大做强创业投资，规划建设创投集聚区，积极引进创投机构，引导民间资金、回归资本和上市公司资金组建创投基金。搭建农村产权交易平台，有序开展农村土地承包经营权、集体资产所有权、水域滩涂养殖权、房屋所有权等各类农村产权资源。

优化金融生态环境。加强信用体系建设，以金融业统一征信平台建设为抓手，推动银行、证券、保险等金融管理部门之间信用信息系统的链接，扩大信息入库面和使用范围，促进信用信息共享。建立健全区域金融风险预警机制和金融风险应急处置机制，完善金融安全保障机制。加强金融监管，加大对金融欺诈、恶意逃废银行债务、骗保骗赔、披露虚假信息、非法集资等金融失信行为的惩戒力度，以维护良好的市场竞争秩序。

3.休闲旅游

——发展目标

以台州绿水青山生态环境和深厚文化底蕴为基础，围绕“山海宜居美城”的建设，拓展旅游发展新空间，创新旅游发展新业态，挖掘旅游发展新动力，优化旅游发展新环境，推广旅游营销新模式，形成旅游发展新优势，全力打造“佛宗道源，山海台州”的特色品牌。到2020年，全市旅游总收入达到1500亿元，增加值占GDP和服务业的增加值比重分别达到7%和13%，旅游直接就业人数占社会总就业人数超过8%，打造长三角南翼重要休闲旅游胜地。

——发展路径

加快五类重点旅游产品开发。提升观光旅游产品层级，挖掘度假休闲旅游产品内涵，积极开发生态旅游、海岛旅游、文化旅游、都市旅游、乡村旅游等，整合推动旅游目的地建设，建立与市场需求和发展阶段相适应的旅游产品体系。

专栏：台州市“十三五”规划的主要旅游产品	
生态旅游	坚持资源的合理开发与生态的深度保护相结合，注重绿色景观营造和景区设施的改造，将旅游建设与节能减排新技术结合起来，积极创建生态旅游区，形成台州生态旅游区建设体系。推进神仙居在生态旅游中的示范效应，建设一批功能配套齐全的生态旅游示范区。加快玉环漩门湾观光农业园、温岭方山、临海括苍山、兰田山、黄岩划岩山等生态型旅游区的开发。
海岛旅游	加快蛇蟠岛、大陈岛、大鹿岛、东矶岛、雀儿岙岛的建设，形成“一岛一风景”的个性化格局；加快三门湾风景旅游区、临海桃渚－头门港风景旅游区、台州滨海城市旅游区、温岭东南滨海旅游区和玉环“中国休闲渔都”旅游区建设，打造国家海洋旅游示范品牌。开发游艇俱乐部、海钓基地等高端休闲项目，开拓摩托艇、滑水、热气球、潜水、海岛露营等活动，形成立体式的海滨度假旅游产品体系。推进国家海洋公园建设。
文化旅游	加快发展宗教文化旅游，充分利用天台佛教宗发祥地、道教南宗祖庭的品牌知名度，聚焦宗教文化发展，开发宗教文化产品，打造宗教文化旅游精品线路。积极发展历史文化旅游，以台州府城（临海江南长城）、桃渚古城为基础，深入挖掘台州市的历史文化，培育有影响力的历史文化旅游精品。加强红色旅游经典景区建设，将椒江解放一江山岛纪念地、温岭坞根烈士陵园、三门亭旁起义纪念地打造成知名的红色旅游品牌。
都市旅游	以主城区为依托，以城市观光、休闲游憩、商务会展、文化娱乐、综合接待为主要功能，建成台州旅游发展的接待服务中心和游览中心。推进一心（绿心）、两江（椒江、永宁江）三湖（绿心飞龙湖、东山湖、鉴洋湖）、六园（中央公园、植物雕塑园、海城公园、乌龟山体育公园、江北公园、中央山公园、现代农业观光园）等旅游精品建设。
乡村旅游	以天台后岸村、三门潘家小镇、临海下涨村等依托，重点打造乡村体验、运动休闲、生态养生等形式多样、特色鲜明的乡村旅游产品。推动乡村旅游与新型城镇化有机结合，合理利用古村古镇，发展有历史记忆、地域特色旅游小镇，建设特色景观旅游名镇名村。

构建全域化旅游空间体系。推进椒（灵）江两岸、台州西部旅游建设，加快构建“一横两纵多区块”全域覆盖的旅游空间结构。“一横”指椒（灵）江旅游发展轴，横贯椒江、黄岩、路桥、临海等地，包括台州市中心城市旅游区和临海、温岭副中心城市旅游区。“两纵”是指台州东部滨海旅游带和西部生态旅游带的两个南北向旅游带；其中东部滨海旅游带是以台州市中心城市为支点，以东部沿海高速为连接，包括温岭、玉环、临海东部、三门滨海形成的“山海经”旅

游发展带；西部生态旅游带是由临海、天台和仙居组成的“天仙配”生态旅游带。“多区块”为以天台山景区、神仙居景区2个5A级景区和临海江南长城、温岭长屿硐天、三门蛇蟠岛等7个4A景区为龙头带动，推进旅游城镇化和城乡旅游一体化发展，形成全域化生态大景区格局。

强化旅游市场营销。打响台州旅游品牌，以“佛宗道源，山海台州”为核心，面向国际休闲新市场、长三角区域旅游市场等不同的市场群体打造有针对性的特色品牌。国际层面着重打造“佛宗仙境”佛教文化旅游品牌；国内层面以海洋海岛休闲度假和生态康体度假为载体，着重打造“养生台州”品牌；区域层面着重打造“海防文化第一城”的“山海台州”品牌。加强旅游节庆策划，着力培育台州东海文化旅游节、天台山“519”中国旅游日、温岭石文化旅游节、仙居仙梅节、括苍山自行车登山节、临海古城文化节等，实现台州旅游节庆全域化。创新旅游营销方式，借助微博、微信、微电影、触摸屏、二维码等新媒体的营销手段实现虚拟网络营销覆盖。加强虚拟旅游、网络旅游游戏等新兴旅游宣传方式的推广运用，积极开展旅游在线服务、网络营销、网络预订和网上支付等业务，扩大旅游在线交易的市场规模。

完善旅游配套体系。围绕“吃、住、行、游、购”，提升旅游休闲服务能力。推进智慧旅游发展，强化旅游条件与硬件设施的多维度融合，延伸旅游休闲产业链，促进旅游服务业和相关配套产业发展。结合台州民俗文化，打造一批有特色、高品质的旅游美食街。加快发展旅游酒店业，建设一批度假别墅、洋家乐等，实现高、中、档酒店的梯度配置。构建通达的旅游交通体系，重点推进旅游景区通景公路和景区车辆换乘系统建设。积极建设旅游集散中心，规范旅行社和导游行业服务。大力发展旅游商品，重点开发佛雕、玻雕、木珠工艺品和土特农产品等具有台州特色的系列旅游商品。

推进区域旅游合作。按照区域联动、优势互补、资源共享、互利共赢的原则，加快建立区域旅游协作网络和联络协调制度，加强与长三角、珠三角地区和海西旅游区对接，大力推进旅游跨地域、跨景区的协作。加快开发台州特色旅游产品，联合周边景区的品牌，推出区域合作精品线路，实现多地共赢，提升区域旅游合作水平，巩固台州旅游市场地位。充分利用上海及长三角地区强大的辐射力，积极开拓海外旅游市场。

4.电子商务

——发展目标

以国家电子商务示范城市建设为契机，推进电子商务与现代制造业、商贸流通业、外向型经济等各个领域的深度融合，推动模式创新、管理创新和技术创新，打造电商全产业链，打造成为全国知名的电子商务示范城市。

——发展路径

深化重点领域电子商务应用。充分发挥台州市区位优势、港口优势和产业优势，深化电子商务在制造业、商贸业、外贸、农业等领域的应用，鼓励实现经营模式和生产组织形态创新，促进产业升级，增强综合竞争力。

专栏：深化重点领域电子商务应用	
制造业供应链协同电子商务	打造龙头企业供应链协同创新体系，以吉利集团、苏泊尔集团、海正集团等一批龙头制造企业为依托，整合产业链上下游关联企业资源，实现与原材料供应商、分销商、仓储和运输企业之间的B2B电子商务无缝集成。建立特色优势产业电子商务领域的发展新模式，充分发挥制造企业现有的线下业务、品牌、渠道、物流、售后、顾客等资源优势，形成多种模式相互交织和渗透的全方位电子商务销售网络。积极发展行业网站第三方供应链管理平台，支持一批具有较强流通环节控制力的企业建立连接上游供应商和下游经销商交易业务的电子商务平台，提升企业和行业网站对市场的控制力。
商贸零售行业电子商务	鼓励利用淘宝、天猫等大型第三方电子商务平台，设立台州特色馆、特色产品馆，拓展网上市场，扩大网络零售商品和服务种类，推动服装、家电、数码、家居、化妆品、母婴用品、土特产等商品进行网上销售。以台州商城为代表，大力发展一批结合本地产业特色和城区居民消费群体的消费特点，符合本土化电子商务产业发展趋势的区域性第三方网络零售平台。以耀达百货、锦江百货、中盛百货等大型传统商贸零售企业为载体，依托原有实体门店、仓储、配送等商业资源，开展B2C、O2O等形式的电子商务应用，推进传统零售业与网络零售有机结合，发展集电子商务、呼叫中心和城市配送为一体的同城网络零售。
农产品	加快发展宗教文化旅游，充分利用天台佛教宗发祥地、道教南宗祖庭的品牌知名度，聚焦宗教文化发展，开发宗教文化产品，打造宗教文化旅游精品线路。积极发展历史文化旅游，以台州府城（临海江南长城）、桃渚古城为基础，深入挖掘台州市的历史文化，培育有影响力的历史文化旅游精品。加强红色旅游经典景区建设，将椒江解放一江山岛纪念地、温岭坞根烈士陵园、三门亭旁起义纪念地打造成知名的红色旅游品牌。

专栏：深化重点领域电子商务应用	
电子商务	结合临海蜜桔、黄岩蜜桔、玉环文旦、三门青蟹、仙居杨梅等本地特色农产品，借助浙江省综合性的农产品交易电子商务平台和淘宝天猫等国内大型第三方电子商务交易平台进行销售，拓展农村市场流通渠道。鼓励开展各类农副产品网上展览活动，逐步建立台州农特产品网上销售体系。重点支持万源生态、白鸽实业等农产品加工流通企业与电子商务平台企业加强合作。支持华东水产品交易有限公司等企业及专业水产品批发市场，建设台州海洋渔业水产品电子商务交易平台。打造农村物流体系和冷链物流系统，促进农业渔业电子商务的发展。
跨境电商	积极组织台州中小型出口企业应用阿里巴巴“速卖通”、敦煌网、 Ebay 等平台开展对外贸易活动，转变台州外贸进出口方式。积极探索保税仓库、保税物流系统的建设。建立台州市跨境电子商务相关信息平台，推动主要贸易单证的标准化和电子化进程。培育一批集报关、退税、国际物流、海外仓储、汇兑服务于一体的跨境电子商务服务企业，为中小企业开展跨境电子商务提供支撑。

加快培育电子商务发展平台。加快推进电子商务园区的建设，重点支持星星电子商务产业园、台州经济开发区电子商务园、台州前后科技电子商务产业园等项目建设，集聚一批优质电子商务企业，发展一批具有孵化功能的中小企业创业基地，形成一批有影响力的产业集群。以“电子商务进万村”工程为抓手，鼓励托块状经济和当地特色农产品培育“一村一品，一镇一业”，加快“淘宝镇”“淘宝村”的打造，提高产城融合发展水平。推进电子商务特色小镇建设，加快打造生态互联家居小镇、坦头网络创业小镇等特色小镇，实现台州市电子商务提升发展。鼓励打造示范性新兴网络交易平台，充分发挥新兴网络交易平台运营企业的示范作用。

推动电子商务配套服务发展。开展电子商务服务业发展协同创新，围绕服务创新、产品创新、商业模式创新和多层次协同创新，鼓励立足台州的电子商务服务业发展。重点培育以聚宝盆、 爱淘拍为代表的本地电子商务服务企业，为中小企业提供集信息发布、商务代理、在线交易、网络支付、融资担保、仓储物流和技术支持等于一体的全程电子商务服务。支持发展新型电子商务增值服务，依托应用智能手机、平板电脑等智能移动终端，开展移动电子商务，针对中小企业提供平台开发、信息处理、数据托管、应用系统等外包服务。推进基于网络的交易服务、业务外包服务、信息技术外包服务等电子商务服务业态的发展，提升本市电子商务服务业整体竞争力。建设适应电子商务产业发展需要的货运配载和多式联运体系、港口国际物流体系、城乡物流配送体系和物流信息应用体系。

5.商贸市场

——发展目标

全面提升台州市商贸业的现代化水平，增强商贸市场的竞争力和辐射力，完善统一开放的市场体系，充分发挥大市场、大流通、大贸易对引导生产、扩大消费、改善民生的先导作用和带动作用，实现现代商贸的跨越式发展，建成长三角南翼重要的商贸中心城市和商品集散基地。

——发展路径

构建商贸发展新格局。优化台州市“一心、两副、四极”商业网点总体布局，形成“市级主城区－副中心城市－县城－中心镇－其他乡镇”的零售商业辐射圈层。市区加快实施商贸改造提升工程，打造以台州市商贸核心区为主中心，开发区三大商务区、椒江十字马路商圈、路桥新城商圈、富仕商圈和黄岩商业街区商圈为副中心的6个市级商业中心；完善包括开发区康平西路H形商业街、开发区开元路—经中路T形商业街、黄岩引泉路—洞天路十字形商业街、路桥富仕路—银座街Y形商业街等在内的若干条特色商业街；建设天盛、腾达、刚泰、万达广场、银泰城、奥特莱斯、星光耀等若干商业综合体。加快市区商贸业态、品牌的提升，形成功能完善，业态丰富的商业格局，建成连锁化、网络化、专业化的零售商业体系，促进市区商贸业高端发展。临海、温岭通过加快城市商业综合设施建设，提升商业档次与水平，推进商业的专业化和细分化经营，导入购物中心、厂家直销中心、折扣店、专业店、专卖店、网络购物等商业业态，促进居民消费升级，建成辐射和服务周边县市生活服务集聚区和便民服务圈，打造台州市商贸发展南北两翼副中心。玉环、天台、三门、仙居等四县加大商贸资源整合力度，加快商贸综合体、购物中心等建设，积极发展新型商贸业态，形成功能完善的商贸服务体系，并进一步向农村延伸。

推进专业市场建设。以生产资料市场群和终端消费型生活资料市场为主，重点加快构建“一心两副两带”市场建设。“一心”即以路桥区块和椒江洪家区块为核心，加快主城区市场建设；“两副”即按照台州南、北部经济区域特点，兼顾与核心区块互动，发展临海市、温岭市两大区块的市场建设；“两带”即沿104国道（包括路泽太一级公路）的以产业带动的生产资料市场带和沿海头门港区、大麦屿港区等以大物流带动的大宗商品交易市场。做大生产资料市场，以满足台州产业发展需求为主，重点推进头门港、大麦屿大宗商品交易市场建设和汽配市场、国际塑料城、有色金属原料市场等生产资料市场群建设。加强工业消费品市场建设，完善工量刃具交易中心、机床市场、电动机市场、农机市场、特种设备市场、水泵市场、塑料模具市场等的机械设备市场群。促进消费品市场转型发展，着力推进日用品、家装、汽车销售、汽车用品、电子数码、眼镜等专业市场的壮大，引导路桥生活资料市场群和洪家专业市场群走差异化、特色化发展之路，加强整体品牌营销，提升市场整体竞争力，力争打造成为在全国有一定影响力的日用品和家装专业市场。推进农副产品市场培育，依托玉环文旦、仙居杨梅、临海西兰花、涌泉蜜橘等优势农产品，发展一批供应全市、辐射长三角至全国的农副产品市场。大力发展网上市场，加快商品市场综合网、专业市场内部网等网上商城建设，实现有形市场与无形市场的有机融合。拓展市场服务功能，推动向购物中心、商业街等业态转变，鼓励开展市场交易、信息交互、咨询服务、检验检测、产品展示、国际化经营服务及物流服务等新兴功能，引导传统专业市场向现代展贸交易中心发展。

推动外贸稳步发展。优化出口结构，加大对资本、技术密集型产品出口扶持力度，进一步提升高附加值产品的出口比重，鼓励有实力的出口企业从商品出口向“商品+服务”出口转变。在巩固传统市场的同时，加快拓展新兴市场，加强企业国际营销网络建设。重点建设一批出口基地和扶持一批出口能力强的大企业，完善出口基地公共服务平台，加强出口信用保险和信保融资。优化进口结构，加强先进技术、关键设备、能源资源进口，弥补台州资源禀赋和技术能力的不足。大力发展国际服务贸易与服务外包，培育对外贸易新的增长点。加快建立外贸风险综合预警机制，强化信息集成掌控能力，防范国际贸易壁垒、汇率波动、政治局势、文化差异等外贸风险。

（二）培育壮大新兴服务业

1.健康服务

——发展目标

以提升全民健康质量和水平为立足点，以高端、优质为导向，推进一批健康服务平台建设，优化空间发展格局，加快完善健康服务产业体系，切实增强健康产品供给，满足人民群众的健康服务需求。

——发展路径

突出四大重点领域发展。以高端、优质为导向，重点发展健康养生、健康养老、医疗服务、健康管理等服务行业，努力在全市范围打造内涵丰富、形式多样的健康服务业体系。

专栏：健康服务四大领域	
健康养生	依托自然生态环境，深入挖掘健康养生主题，加快推进以体验养生等为主的长三角疗休养基地，加快培育养生餐饮、保健食品和休养疗养等产业，研发生产养生保健产品，延伸产业链，发展壮大一批有特色、有品位、有实力的重点养生企业和品牌。
健康养老	加快推动基本生活照料、康复护理、精神慰藉、文化服务、紧急救援、临终关怀等领域养老服务的发展。建立以护理型为重点，高、中、低档合理搭配的机构养老服务体系，满足老年人多层次的需求；重点发展社区（居家）健康养老服务，加快推进城乡社区居家养老服务照料中心建设；着力推进医养结合、家院互融、旅居养老等新兴养老模式。
医疗服务	加快形成多元办医格局，深化公立医院综合改革，大力推进社会资本办医，形成多元化办医格局；健全卫资源优化配置与合作共享机制，完善多层次医疗服务体系。大力发展商业健康保险，鼓励以政府购买服务方式开展各类医疗保险服务。
健康管理	发展多样化健康管理服务，鼓励社会资本发展健康检测、卫生保健、康复护理、心理健康、母婴照料以及环境消毒与病媒控制等专业健康服务机构，鼓励和支持专业健康体检机构向全面的健康管理机构发展。

优化健康服务产业总体布局。根据我市健康产业初步形成的集聚态势和地域特色，构建“一核四极两带”的全市健康服务产业总体布局，其中“一核”为台州市区、临海及温岭，推进医疗服务高端、专业化和智慧化发展，形成对全市健康产业发展的辐射带动作用；“四极”为玉环、三门、天台、仙居，推动医疗服务、健康养老等领域的高端、多样、特色化发展，形成区域健康产业增长极；“两带”为西部健康养生养老服务带和中部健康医疗服务带。

2.文化创意

——发展目标

以服务于区域特色产业为宗旨，大力培育产业新增长点，逐步形成以创意设计、演艺娱乐、现代传媒、印刷服务和工艺美术等重点文化创意产业为主导、相关产业联动发展的文化创意产业体系，加强文化创意品牌建设，提高文化创意和设计服务整体质量水平和核心竞争力。

——发展路径

突出五大重点领域发展。重点发展创意设计、演艺娱乐、现代传媒、印刷服务、工艺美术等五大重点领域，形成产业特色鲜明、文化品位较高、产业规模较大的文化创意产业集群。

专栏：文化创意五大重点行业	
创意设计	大力发展以模具设计、塑料制品设计、电动自行车设计、户外休闲用品设计等为表现形式的工业设计创意产业；以广告策划、出版策划、文艺创作等为表现形式的文化创意服务业，以建筑设计、景观设计、室内设计等为表现形式的设计创意服务业。
演艺娱乐	支持民营化艺术团体的发展，挖掘本地特色文艺作品，打造3～4台具有区域影响力的特色文艺演出精品。推进大型演艺活动的综合性平台建设，重点发展大型节庆活动、特色文化演绎展示。推进多厅影院建设，加快发展群众性文化娱乐活动。
现代传媒	实施数字出版、数字报业战略，运用高新技术改造传统传媒业，推广电子周刊、电子报纸发展。在三网融合基础上，打造以广播影视为主体，网络、图书报刊为两翼，辅以广告、新媒体、动漫等业态的全媒体产业。
印刷服务	重点支持黄岩、路桥、玉环等现有的印刷产业，加强现有基础平台建设，优先发展与电子信息等高新技术相结合的新型印刷服务业，争取融入全国印刷物流产业链，有效承接上海等地的印刷业务。
工艺美术	不断提升“一绣三雕”、仙居无骨花灯、温岭剪纸、“玉环三绝”（岩雕、贝雕、根雕）、门神画和船模、三门温岭石雕、三门蜡像等传统工艺美术品的艺术价值和经济效益。依托台州现有工艺美术品交易市场，加大休闲礼品、旅游用品、装饰用品等现代工艺品的设计开发力度，着力打造区域性特色工艺美术品交易中心。

打造文化创意产业集聚区。重点加快台州文化创意产业园、天台山文化创意产业园、台州市老粮坊文化创意园等一批文化创意产业园区建设。继续推进黄岩模塑工业设计基地及温岭工业设计基地建设，努力吸引知名工业设计企业入户。充分发挥各县市区产业优势及区位特点，鼓励积极拓展文化创意产业园和创业楼宇，促进文创产业园区由企业集聚向产业集聚、从扩容到提质、从增量到增效的转变。

3.科技服务

——发展目标

以省级创新型试点城市建设为契机，加强公共创新服务平台、高新园区、科技孵化器等创新平台与载体建设，形成符合台州市国际智造名城建设要求的新型科技服务体系；基本形成覆盖科技创新链条的科技服务业体系，全市创新服务能力大幅度提高。

——发展路径

加快构建科技服务体系。以提升科技服务业对科技创新和产业发展的支撑能力为主要导向，重点发展研发设计、专业技术、科技推广、知识产权、科技信息、科技金融、综合科技等科技服务业，提升科技服务业对经济社会发展的支撑能力。发展研究开发、技术转移转化、知识产权等服务，促进知识、技术的创造、转移、保护和应用；发展专业技术、创业孵化、科技金融、综合科技等服务，服务创新创业和科技型企业发展；发展科学普及和科技咨询等服务，助推社会大众科技科学知识水平和政府行政管理能力提高。

加快推进科技创新平台建设。高水平、高标准建设台州科技城，构建高能级科技创新平台。发挥台州湾循环经济产业集聚区创新主阵地作用，推进现代医药省级高新园区争创国家级高新技术园区；以南洋新材料产业园等为依托，创建新材料、智能装备等省级特色高新园区。支持有条件的县（市、区）挖掘比较优势，围绕智能模具、智能医疗器械等特色智能制造产业，加快创建省级高新园区。加强浙大台州研究院、中科院台州应用技术研发与产业化中心、北大一台州金属燃料电池研究中心、国家电机及机械零部件产品质检中心、中航台州研究院等一批公共科技创新平台建设，支持建立以企业为中心的产学研协同科技创新平台，继续引进高校、大院大所来台州设立分支机构，共建科技园、重点实验室、孵化器、研究所、中试基地和博士后流动站（工作站）。进一步推动科技成果转化，实现科技成果产业化。

4.信息服务

——发展目标

以智慧城市建设为目标，围绕完善信息基础设施建设，大力发展信息网络服务和软件业，基本建成技术层次、服务水平居全省前列的信息通信网络服务体系。

——发展路径

加快信息通信基础网络建设。以 “三网融合”为契机，大力推进广电、电信业务双向进入，推动电信网、互联网和广电网升级改造。加快地面数字电视覆盖网和高清交互式电视网络设施建设，建设下一代广播电视宽带接入网。进一步完善覆盖全市的城域宽带网，提高传输速率和网络交换能力。加快互联网骨干节点升级，全面支持IPv6，提升网络流量疏通能力。以三网融合为基础，积极探索“智能电网”建设，实现“四网融合”。

大力发展信息网络服务业。大力发展网络信息服务，继续支持重点领域和特色网站的建设，鼓励ISP、ICP、ASP、IDC等发展多种形式的信息服务，整合开发信息资源，建设市级信息内容交换中心，为市民提供不同类型的个性化服务。加快电信和广播电视增值业务平台建设，积极完善卫星数字电视广播系统建设及服务。重点建设电子政务网、电子商务网、社区信息网、公众信息网，实现政务资源共享和业务协同，推广电子商务的应用和以网络互连协议为基础的在线服务，向市民提供远程教育、远程医疗、网络银行、网络公告、网上图书等生活服务和社区服务。

高度重视发展软件业。积极沟通全市公用事业信息基础网络建设运营服务商、政府公用设备采购部门、电子信息产品制造业与软件企业之间的联系，采取有效措施，鼓励促成本土软件企业在台州市场占据更多份额。努力加大软件业与传统产业的结合度，积极引导软件企业与台州市工业企业加强联系，围绕企业需求，以面向传统产业改造、管理现代化和重点信息化工程所需的应用软件为突破口，开发和生产符合市场需求的具有高技术含量、高附加值和广泛应用价值的软件产品，为传统产业的改造与提升服务。加大招商引资力度，推动建立、重点扶持2~3家较大型软件开发、系统集成公司。

5.时尚经济

——发展目标

积极推进时尚服务与时尚制造融合，创新发展台州时尚产业发展的新业态和新模式，拓展时尚消费领域和方式，扩大时尚消费空间，把台州打造成为区域性新兴时尚产业中心。

——发展路径

完善时尚产业体系。以服装、鞋帽、眼镜、家具等台州市的传统制造产业为切入点，促进流行时尚元素与传统轻工产业的融合；培育时尚消费电子产业，加快穿戴电子产品等新型电子终端产品、数字家庭产业的发展；培育时尚美容、珠宝玉石及贵金属饰品等新兴业态，全面满足中高端需求。

推进时尚产业基地建设。以台州经济开发区、台州市商贸核心区为核心，做大做强时尚产业，打造集各种高端功能为一体的都市时尚集聚区。推进椒江纺织服装、临海休闲用品、眼镜及玉环家具等产业集群开展特色时尚产业建设试点，打造成为华东地区具有较大影响力的特色时尚产业基地。鼓励在传统工艺美术、历史经典产业领域，建设中国刺绣小镇等一批具有鲜明产业特色和独特风格的集设计制作、旅游购物等为一体的特色小镇。

（三）提升发展其他服务业

1.房地产

——发展目标

坚持分类调控、因地施策，合理调控房地产开发节奏，加强市场监管，保持房地产市场平稳健康发展，逐步构建健康协调可持续发展的房地产发展体系。

——发展路径

优化房地产开发结构。稳步发展商业地产，推进总部楼宇、商贸房产建设，拓展城市地下空间，合理布局地下商业及配套设施。优化住宅供应结构，增加普通商品住房的有效供给，支持居民购买自住型、改善型普通商品住房；提高住宅区的规划设计与建设水平，发展健康住宅、绿色环保住宅和节能省地型住宅，不断提升房产品质。加快发展工业地产。以台州循环经济产业集聚区及各主要工业园区为平台，发展为工业服务的工业地产，完善配套服务功能，营造良好的工业发展环境。支持房地产企业参与旅游度假、养生、养老等领域投资发展。创新保障性住房供应，通过收购、长期租赁市场商品房来筹集保障性住房房源；创新保障方式，推进住房保障货币化。鼓励居民住房消费，积极推进住房公积金扩面工作，加大公积金贷款力度，实行“公转商”贴息贷款制度等，进一步满足居民购房贷款需求。加强房地产市场分析监测，建立完善市场风险预警机制和协调机制，积极应对房地产市场突发公共事件，促进房地产项目顺利建设。

2.商务服务

——发展目标

健全商务服务业门类，促进服务品种和服务方式的创新，加快发展高端商务服务，到2020年，全市建立起门类齐全、分布合理、功能完善、运作规范、辐射竞争力强的商务服务体系。

——发展路径

大力发展会计审计、投资论证、资产评估、检验检测等专业性分析、测评和评定服务的行业经济鉴证商务服务业，经济、规划、工程、管理、决策等咨询服务，律师、司法鉴定、公证等法律事业服务，专利、商标、版权、软件等的代理、转让、登记、鉴定等知识产权服务等。鼓励引进国内外知名商务服务机构，推动本土优秀商务机构跨区合作，培养具有行业竞争力和社会公信力的大型事务所和中介法人机构。以开发区三大商务区为核心打造一批高端商务服务集群。加快商务服务机构改革，推进政企分开和转企改制，同时鼓励企业剥离内部商务服务业务，使其成为独立的市场主体。加大政府购买商务服务的力度，拓展商务服务市场的需求空间。

3.家庭服务

——发展目标

以满足家庭服务需求目标，大力发展家政服务、社区服务、病患陪护等家庭服务业，到2020年，打造若干知名度高、信誉好的家庭服务企业，形成服务种类齐全、服务质量较好、服务水平较高的多层次、多形式城乡居民家庭服务体系。

——发展路径

规范发展家政服务业，培育一批发展前景好、管理规范、实力强的家政服务行业示范企业，加快家政服务品牌创建和标准化制定；推动家政服务企业从中介制向员工制转型，规范家政服务业劳动用工行为；强化职业技能培训，逐步建立合理的家政服务从业人员教育培训体系。发展社区服务业，完善就业创业、保障救助、医疗卫生、计划生育、科教文体、法律治安、邮政服务、流动人口服务管理等社区公共服务和婴幼儿看护、餐饮购物、美容美发、洗衣维修、家庭服务、快递派送等社区便民服务，打造“一刻钟社区服务圈”。整合、充实、升级家庭服务业公共平台，健全服务网络，实现一网多能、跨区域服务，发挥平台对城乡生活性服务业的引导和支撑作用。鼓励在乡村建立综合性服务网点，提高农村居民生活便利化水平。

4.会展业

——发展目标

依托资源禀赋和特色产业，以专业化、国际化、品牌化、信息化、绿色化为原则，加快会展业转型升级，将台州市打造成为长三角南翼重要的会展中心。

——发展路径

加快推进政府主导展会转型，引导行业协会和企业参与主办，完善会展业公共服务机制，推动会展业向市场化转型。做大做强会展市场主体，重点提升“中国（路桥）民营经济论坛、中国塑料交易会、中国汽车用品交易博览会、中国台州电动车及零部件展览会、中国日用商品交易会、中国机床模具展览会、中国户外家具及庭院休闲用品展览会、中国网络音乐节、台州童玩节”等大型特色展会，并继续开发生物制药、特色农业等本地其他产业相关联的会展项目，打造文化产品与工业制品展示交易平台，推动文化消费和文化贸易。积极承办国际性、全国性的大型展会，扩大台州市会展业的影响力，拉动消费持续稳定增长。大力发展会展相关产业，加速构建以交通、通信、金融、物流、旅游、餐饮、住宿等为支撑，策划、设计、广告、印刷、租赁等为配套的产业集群。

四、空间布局

结合台州市的资源禀赋、产业特征和城市功能定位，按照发挥优势、错位互补、突出特色、集聚发展的布局原则，整合空间资源与发展要素，加快构筑覆盖城乡、特色鲜明、辐射强劲的“一核、两翼、五片区”的现代服务业发展格局。

（一）一核引领

“一核”即台州服务业发展核心区，主要包括椒江区、路桥区、黄岩区、台州经济开发区（以下简称开发区）。

进一步强化中心城市功能。深入实施市区服务业“十百千”工程 ，重点发展金融服务、现代物流、商贸市场、休闲旅游、科技信息、文化创意等现代服务业，促进资本、人才、信息等服务经济要素加快集聚，打造科技引领核心区和高端服务业的集聚区，成为辐射带动区域发展的主引擎。

切实增强三区融合发展。加强统筹配置能力，加快推动融合区块和市区十大服务业重点区块联动发展。以中心大道—台州大道两侧区块、东山湖—飞龙湖区块、江口—太阳城区块、螺洋—院桥区块4大融合区块为中心，引导市区十大服务业重点区块向融合区块不断拓展，形成“四极聚合、十区联动”的发展格局（详见下图）。同时，充分结合各区块发展基础和优势条件，明晰各自服务业发展目标定位，实现区域内的差别化竞争和错位发展。进一步强化基础设施和完善公共服务建设，营造良好的商务商贸环境，打造中心城区服务业融合大发展的良好局面。

专栏：市区十大服务业重点区块
台州金融集聚区：以银行、保险、证券、基金创投和总部经济等产业为主的省级金融服务集聚示范区。 **台州科教产业集聚区**：强化高新技术的研发、孵化及成果转化及文化创意和电子商务发展，建设台州科技城。 **台州绿心省级旅游度假区**：推进旅游休闲度假综合体项目、康体养生项目建设，打造省级旅游度假区 **台州市商贸核心区**：以商贸商业、总部经济、文化创意为主要功能，打造商贸主题突出、综合功能完善的城市战略功能区。 **海门港物流园区**：形成大宗原材料物资集聚物流中心，建设多式联运物流集聚区。 **台州生产性现代服务业集聚区**：集模塑产业集聚平台、仓储物流、城市综合体等为一体的“一核·二轴”现代服务业集聚区。 **院桥生态休闲旅游集聚区**：建设一批集旅游、文化、养老、度假生态休闲功能于一体的自然功能区。 **台州商都新区**：集酒店、休闲、娱乐、文化、会展、金融等功能于一体的特色综合商圈。 **台州市物流园区**：北区定位为全市商贸市场转型升级试验区；南区规划建设市级公路港、铁路港、物资中转港和物流信息港。 **方林汽车产业服务集聚区**：打造集汽车销售、汽车后市场及汽车运动、汽车娱乐、主题餐饮、休闲度假为一体的“一站体验式”新型汽车“摩尔城”。

（二）两翼带动

“两翼”即北翼临海、南翼温岭。坚持“三市同城”，全面推动两翼融入都市核心区，充分发挥转移接续和辐射回流作用，强化在现代物流、商贸流通、教育医疗等方面资源的共建共享，加强在现代金融、休闲旅游、电子商务、科技服务等服务业领域的联系合作，形成有效的共振效应，打造台州南北两翼的强大服务业增长极。

——临海。依托区位优势、资源优势及现有产业基础，继续发挥教育、医疗等公共服务业发展优势，以“三圈三区”建设为重点，突出现代物流、现代金融、商贸市场、休闲旅游、文化创意五大方向，全力打造台州北翼服务业集聚中心。

——温岭。充分发挥块状经济与资源发展优势，加快实施中心城区“退二进三”，优先发展现代物流、电子商务、文化创意等生产性服务业，提升发展商贸流通、休闲旅游等生活性服务业，全力打造台州南翼服务业集聚中心。

（三）五片拓展

五片区主要指集聚区、玉环、三门、天台、仙居等五大片区。以满足基本服务需求为目标，以县城和省（市）级中心镇或重点区块为重点，因地制宜，发展各具特色的服务业，着力增强服务功能，形成台州服务业发展重要增长极。

——集聚区。依托台州港核心港区和先进制造业快速发展的优势，积极推进以现代物流、研发设计、电子商务、科技服务等为重点的生产性服务业发展，打造港产城融合发展示范区。

——玉环。依托大麦屿港和玉环新城，重点发展港口物流、海岛旅游等海洋服务业及现代商贸、家庭服务等生活性等服务业。同时，围绕块状经济，大力发展电子商务、研发设计、金融服务等生产性服务业，建设宜居宜业海岛。

——三门。在满足县域基本服务的需求上，紧抓滨海资源优势和海洋经济发展的有利契机，突出发展港口物流业、滨海旅游业、农渔产品商贸流通业等海洋特色服务业。

——天台。充分发挥宗教文化与山水生态融汇的资源优势，围绕建设“美丽中国典范城市”的城市定位，把发展文化旅游业放到优先位置，充分发挥支撑带动作用，着力发展健康养生产业，推动天台山区经济转型发展。

——仙居。充分发挥自然环境资源优势，综合考虑资源环境容量和生态保护要求，围绕 “中国山水画城市”建设，重点发展休闲旅游、健康养生、农产品物流等生态型服务业，加快绿色经济崛起，打造国际旅游目的地城市。

五、重点工程

围绕“基地、企业、项目、环境”四位一体，着力实施5大重大工程，涌现一批服务业新模式，打造一批特色产业平台，培育一批优势企业，实施一批重大项目，推进服务业提速、增质发展。

（一）“互联网 +”创新工程

深入开展“互联网+”专项行动，充分发挥信息技术对服务业转型升级的引领、融合、创新驱动作用，加快在物流、金额、商贸、旅游、商务、家庭服务等领域应用，加速产业价值链体系重构，全力促进台州服务业技术创新、产品创新和经营模式创新，推进服务业向高端化的“智慧服务”发展。

专栏：“十三五”时期台州互联网＋服务业新模式培育重点
互联网＋物流：提升物流行业信息化应用水平，推进物流信息化顶层设计，构建智能化物流通道网络，建设智能化仓储体系、配送系统。鼓励依托互联网平台的“无车承运人”发展。促进不同运输方式、不同企业间多式联运信息开放共享和互联互通，构建海铁联运、铁水联运、公铁联运、陆空联运等多式联运体系。
互联网＋金融：依托台州金融业强大基础，加快信息技术在金融领域的应用，鼓励基于互联网的金融产品、技术、平台和服务创新，发展基于互联网的新金融。推进建立网络银行，拓展第三方支付、网络支付、网络借贷、小额信贷、网络众筹、网络理财、网络保险等相关业务，不断创新网络金融衍生品。
互联网＋商贸：深入推进“电商换市”工程。深入打造“淘宝镇”“淘宝村”，建立台州农产品、工业品、工艺品、旅游产品等名优特产品网上销售体系。支持重点商贸企业推行网上百货店、综合商城、垂直商店、服务型网店等业态模式。加快专业市场信息化改造和利用，实现线上线下一体化发展。
互联网＋旅游：加快发展智慧旅游，加强网络新媒体的宣传展示方式。鼓励景区和旅游企业开发和创新在线旅游产品，延伸旅游产业链，提供更多具有台州特色的服务项目，吸引更多的旅游者。提高线上和线下各项服务的协同能力，促进旅游综合效益的持续增长。加快智慧旅游企业、智慧旅游景区试点建设。
互联网＋商务服务：积极发展生产供应类、租赁服务类及技术、劳务等要素交易类电子商务。探索发展互联网在房地产中介、人力资源管理等领域应用。
互联网＋家庭服务：大力发展便民服务新业态，支持利用互联网技术，在家政、社区照料、餐饮、娱乐等领域培养线上线下结合的家庭服务新模式。
互联网＋会展业：注重线上与线下的融合，利用微信、微博等移动互联网产品或解决方案来进行创新，开展网络会展等多元化模式，为主办者、参展企业、参观者提供便利服务。

（二）发展平台升级工程

服务业集聚区。按照“专业化、高端化、特色化”发展要求，重点发展金融集聚区、物流园区、商贸集聚区、专业市场园区、旅游休闲度假区、总部基地、科技创业园、创意产业园、综合性生产服务集聚区、电子商务园区、健康养生园区等11类现代服务业集聚区，提升服务能效、强化辐射带动作用。

专栏："十三五"时期主要服务业集聚区
商贸集聚区：台州世界贸易中心●★、临海靖江商务区●★、黄岩特色商业街区★、台州市商贸核心区、台州市中央商务区、黄岩铁路新区商务港、温岭城市新区中央商务区、玉环新城城市综合体
金融服务业集聚区：台州金融集聚区●★、温岭金融集聚区、路桥金融集聚区
物流园区：台州市海门港物流园区★、大麦屿港物流集聚区★、头门港物流园区、台州市物流园区、台州湾集聚区物流园区、椒江区东部物流中心、温岭市东部集聚区物流园区
专业市场群：浙江方林汽车产业服务集聚区●★、浙江工量刃具交易中心●★、台州电子数码城★、浙江眼镜城、金恒德国际汽车用品采购中心、洪家家装市场群、路桥生产资料市场园区、路桥生活资料市场园区、临海休闲用品博览城、温岭泽国机床交易市场、玉环国际阀门城、临海市汽车贸易与服务集聚区
旅游休闲度假区：天台山旅游休闲集聚区●★、仙居永安溪服务业集聚区●★、临海古城文化旅游集聚区★、三门蛇蟠岛旅游休闲集聚区★、台州绿心旅游度假区、玉环海山岛休闲旅游集聚区、大陈岛海岛旅游休闲区、石塘半岛旅游休闲区、牛头山—灵湖旅游休闲区、神仙居旅游度假区
总部基地：温岭市总部经济基地●★、中央商务区、椒江商会总部基地、临海总部经济商务区、仙居县建筑业总部基地
科技创业园区：台州创业服务园★、台州高新技术创业服务中心、泽国机床投创中心、临海科创园
综合性生产服务：台州先进制造业集聚区●★、黄岩模塑产业服务平台集聚区●
文化创意产业园：台州心海生态文化园、台州老粮坊文化创意园、天台山文化创意产业园
电子商务园区：前后科技电子商务园、台州世通国际电子商务城、台州星联电子商务创业园、路桥区电子商务产业园、温岭市电子商务城、聚宝盆
健康养生园区：台州生态养生园、黄岩西部养生园、红豆杉游学式养老颐养院、仙居健康养生园、天台休闲养生园、

注："●"代表省级现代服务业示范区；"★"代表市级现代服务业集聚区

服务业特色小镇。聚焦现代金融、现代物流、休闲旅游、文化创意、健康服务等重点服务领域，坚持产业、文化、旅游“三位一体”和生产、生活、生态融合发展，积极创建一批省级服务业特色小镇，为服务业发展从资源要素驱动向创新驱动转变提供新载体。

专栏：“十三五”服务业特色小镇培育名单
金融小镇：微金融小镇
信息经济小镇：生态互联网家居小镇★
休闲旅游小镇：集聚区谷雨小镇、鉴洋湖都市湿地风情小镇、石塘文化旅游小镇★、温岭生态港湾小镇、玉环滨海湿地小镇、神仙氧吧小镇●、仙居梦幻田园小镇、三门渔光小镇、临海尤溪江南运动休闲小镇、
健康服务小镇：中国仙居·国际健康修养小镇、天台山养心小镇、石梁养生休闲小镇、江南温泉小镇、温岭城南健康小镇、三门滨海健康小镇、临海小芝红杉谷地养生小镇
文化创意小镇：天台和合文化小镇★、中国刺绣小镇★、椒江两岸乡情小镇、台州府城文化小镇、龙溪文创小镇、永宁江创意小镇、古镇文化修养小镇
商贸特色小镇：路桥商贸小镇、大麦屿自由台贸小镇

注：带“●”入选第一批省级特色小镇，带“★”入选第一批市级特色小镇。

（三）重点企业培育工程

加快培育龙头企业。研究制订服务业大企业大集团动态培育目录和方案，引导大企业大集团创新经营模式、拓展业务渠道、优化服务内涵，提高专业水平，提升企业自主创新能力和市场竞争力。鼓励企业实施强强联合、对外并购和重组整合，拓展服务半径，提高产业集中度。支持优势企业与央企、国企开展战略合作，实现“借梯登高、借船出海”式发展。建立上市企业资源库，加大上市企业培育立度，落实“一企一策”，引导服务业企业进入境内外资本市场上市融资。到2020年，扶持发展培育若干家家主营业务突出、品牌效应明显、市场竞争力强的省级服务业重点企业，培育6家服务业上市公司。

扶持发展中小企业。实施中小微企业的培育成长计划，加强对成长性强、具有发展潜力的中小微服务业企业的培育，促进走专业化、精细化、特色化、新颖化发展之路，发展一批服务能力强的新业态服务业企业。积极支持引导具备一定规模的服务业个体工商户向为中小微企业转变，推动市场主体扩量提质。推进中小企业公共服务平台的应用，完善中小企业服务体系，支持服务业中小企业做专做精。

（四）重大项目建设工程

继续发挥重大项目对服务业发展的示范带动作用，推进现代物流、现代金融、旅游休闲、电子商务、现代商贸、健康养生、文化创意、科技服务、总部经济、房地产、城市综合体等11大类项目的引进和建设，不断增强服务业持续发展后劲。完善重大项目协调服务机制，做好项目的跟踪、监测和分析，及时协调解决问题，确保项目顺利实施。积极争取一批项目进入国家、省服务业布局规划和重大项目计划。

（五）服务质量提升工程

推进标准化建设。大力发展服务业专业标准化技术委员会，建立健全服务行业标准体系，加强地方（联盟）标准研制和推广。推动物流、金融、旅游、商贸、电子商务等行业和健康养生、科技信息、时尚经济、文化创意等新兴服务业地方标准的研制与实施。建立健全网上交易规则，规范网上交易秩序。在生产性服务业和新兴服务业相关领域积极开展服务企业、行业、区域标准化试点示范工程。

推进品牌化建设。积极实施服务业品牌战略，制定服务业名牌培育发展计划，完善服务业品牌评价奖励机制。开展市级服务名牌评选认定工作，鼓励具有特色的服务资源和产品申报国内知名品牌，努力培育一批主业突出、核心竞争力强、带动作用明显服务业品牌企业。

推进服务质量体系建设。探索重点服务行业满意度统计监测、部门通报和社会公开制度。实施“服务标杆”引领计划，开展物流、金融、商贸流通及产品售后服务等领域质量提升活动。推进“安全、诚信、优质”服务创建活动。加快交通运输、金融、信息、商务、旅游、体育、节能环保等领域认证认可制度的建立和实施，推动开展服务质量认证。

六、保障措施

（一）健全工作体系

建立健全工作协调机制。进一步调整服务业各行业的管理体制，理顺各机构之间的隶属关系，明确相关部门职责；探索实施行业监管和行业发展职能分开，避免多头管理、分割管理和重监管轻发展。发挥服务业办统筹协调职能，健全部门联席会议制度，统筹协调跨区域、跨领域和跨部门的重大问题。明确县市区（乡镇街道）服务业行业主管部门责任，切实保障服务业发展各项政策措施贯彻落实。充分发挥行业协会在政策研究、沟通协调等方面的积极作用。

完善统计测评指标体系。进一步加强服务业统计基础工作，完善生产性服务业和新兴服务业的统计工作，建立统计信息监测和发布制度。做好服务业重点企业监测分析制度。在金融、物流、商贸、旅游、家庭服务等等重点领域，建立服务质量测评体系，推进服务业满意度评价试点。

加强规划管理和实施。因地制宜编制现代物流、现代金融、现代商贸等行业专项规划，建立一套相互衔接、科学完整的现代服务业规划实施体系。对本规划确定的目标任务进行分解落实，明确牵头单位和工作责任，加强跟踪分析，建立考核评价制度，保障规划的实施进度。

（二）优化发展环境

加快体制机制改革。要坚持社会主义市场经济的改革方向，以体制机制创新为突破口加快推进服务业发展，最大限度地释放改革红利，最大限度地依法依规为服务业发展“松绑”，发挥市场配置资源的决定性作用、企业的主体作用、政府的主导作用和社会的参与作用，增添活力和创造力。健全制度、标准，规范市场监管，加快政府简政放权、创新政府服务机制、加强特定行业监管，营造良性发展环境。积极推进开展省级生产性服务业综合配套改革试点工作，重点推进金融、养老、文化等领域市场开放的配套改革。

清理整顿行业现行准入壁垒。进一步放宽市场准入，加快实施市场准入“负面清单”制度，破除行业垄断，规范市场秩序，实行内外资同等待遇政策，鼓励各类社会资本通过合资、合作、联营、特许经营等方式进入服务业。各地区凡是对本地企业开放的服务领域，应全部向外地企业开放，切实打破市场分割和地区封锁，建立全省统一、开放、竞争、有序的服务业市场。

推动完善社会诚信体系建设。加强信用监管部门的联合协作，切实推进国有、民营、外资和个体私营企业诚信信息的征集和披露。加强信用风险控制管理，加大失信惩戒力度，培育高素质、讲诚信的市场主体。

（三）加大扶持力度

加强资金扶持力度。进一步扩大现代服务业引导资金规模，支持服务业关键领域、新兴产业和薄弱环节加快发展。积极开展银企对接活动，引导和鼓励各类金融机构开发适应服务业发展的金融产品。支持符合条件的服务企业进入资本市场融资，通过股票上市、企业债券、资产重组等多种方式筹措资金。积极吸引社会资本参与服务业项目投资，逐步形成多渠道、多层次的投入体系。

强化用地空间保障。加大服务业用地储备力度，将近期建设的现代服务业用地优先考虑纳入近期规划年度实施计划和年度土地利用计划，积极推进“退二进三”工作。统筹考虑服务业集聚区用地，在土地资源配置和城市规划建设方面对服务业项目给予支持。

加强人才队伍建设。多层次、多渠道培养专业人才，充分利用台州学院、职技校等资源优势，增设服务业紧缺专业，扩大招生规模，培养一批服务业后备人才。培育、引进各类服务业创新创业领军人才和团队，探索服务业人才激励新方式，营造良好工作生活环境，构建强有力的人才支持体系。

（四）加快开放合作

加大招商引资力度。积极开展宣传推介，鼓励国内外知名服务业企业和地区总部、运营中心、采购中心等落户台州，更加注重引进先进业态、先进管理技术、服务模式以及与我市先进制造业配套的生产性服务业和服务业外包项目。

提高对外合作水平。积极支持服务业企业“走出去”，通过直接投资、品牌输出、企业并购等方式向外扩张，开展跨区域经营。鼓励有条件的企业通过对外合作获得新技术、新市场、新资源。加速与长三角地区的产业对接和融合，探索建立更加开放的服务贸易合作机制。

八

大事记

Part VIII

2015年服务业工作大事记

1月9日，浙江省人民政府办公厅制发《关于加快推进高效节水灌溉工程建设的意见》（浙政办发〔2015〕3号）。

1月14日，浙江省人民政府办公厅制发《关于实施企业信息公示工作的意见》（浙政办发〔2015〕4号）。

1月22日，省新闻出版广电局制发《关于对移动互联网开展视听节目服务和网站自媒体视频节目加强管理的通知》（浙新广发〔2015〕18号）。

1月23日，省新闻出版广电局制发《关于加强和改进市、县（市、区）广播电视管理工作的意见》（浙新广发〔2015〕21号）。

1月26日浙江省人民政府办公厅制发《关于印发浙江省电子政务云计算平台管理办法的通知》（浙政办发〔2015〕8号）。

1月，金华正式步入服务业经济时代。服务业增加值总量首次超过二产，全市产业结构由“二三一”转变为“三二一”，标志着金华从工业经济时代步入服务业经济时代。

1月，金华新增金华金东区信息软件创业园、山田·兰溪中央广场、武义温泉养生产业园、中国科技五金城（永康）4个集聚区列入第三批省级服务业集聚区，新增数量排名全省第一。加上前两批入选的7个集聚区，我市目前共有11个省级服务业集聚区，总数仅次于杭州排名全省第二。

1月，服务业重点领域试点成功获批。金华市高新技术产业园生产性服务业集聚平台、永康市生产性服务业集聚平台和义乌内陆口岸站场（义乌港）入选省服务业发展重点领域试点，获得资金补助共计1150万元。

2月13日，浙江省人民政府制发《关于命名第一批省级生态市第七批省级生态县（市、区）的通知》（浙政发〔2015〕2号）。

2月17日，浙江省人民政府制发《关于深化行政执法体制改革全面推进综合行政执法的意见》（浙政发〔2015〕4号）。

2月17日，浙江省人民政府制发《关于深入推进依法行政加快建设法治政府的实施意见》（浙政发〔2015〕5号）。

1月27日，浙江省人民政府办公厅制发《关于推广运用政府和社会资本合作模式的指导意见》（浙政办发〔2015〕9号）。

2月15日，浙江省人民政府办公厅制发《关于进一步加大力度推进燃煤（重油）锅（窑）炉淘汰改造工作的通知》（浙政办发〔2015〕18号）。

2月17日，浙江省人民政府制发《关于公布平阳县东门街等为浙江省历史文化街区名镇的通知》（浙政发〔2015〕3号）。

2月28日，浙江省人民政府办公厅制发《关于印发政府工作报告重点工作和十方面民生实事责任分解的通知》（浙政办发〔2015〕20号）。

3月3日，浙江省人民政府办公厅制发《关于引导浙商总部回归和资本回归的实施意见》（浙政办发〔2015〕21号）。

3月4日，浙江省人民政府办公厅制发《关于进一步加强政府督促检查工作的实施意见》（浙政办发〔2015〕22号）。

3月5日，省委常委、宣传部长葛慧君到平湖市调研基层宣传思想文化工作，实地考察了平湖市广播电视台，专题听取平湖市农村应急广播建设工作汇报。

3月9日，省新闻出版广电局、桐乡市人民政府、浙江传媒学院、浙江华策影视股份有限公司在杭州签订合作协议，共建浙江传媒学院华策电影学院。省新闻出版广电局局长寿剑刚出席签约仪式并讲话。

3月12日浙江省人民政府办公厅制发《关于加快推进技能人才队伍建设的意见》（浙政办发〔2015〕25号）。

3月13日，浙江省人民政府办公厅制发《关于印发浙江省扩大有效投资“411”重大项目建设行动计划2015年实施计划的通知》（浙政办发〔2015〕27号）。

3月16日，浙江省人民政府办公厅制发《关于印发2015年浙江政务服务网建设工作要点的通知》（浙政办发〔2015〕28号）。

3月24日，浙江省人民政府办公厅制发《关于印发浙江省人民政府质量奖管理办法》（2015年修订）的通知（浙政办发〔2015〕30号）。

3月27日，浙江省人民政府办公厅制发《关于进一步发挥民商事仲裁制度维护市场经济秩序作用的若干意见制发（浙政办发〔2015〕33号）。

3月27日，浙江省人民政府办公厅制发《关于2015年省重点建设项目安排的通知》（浙政办发〔2015〕35号）。

2015年3月31日，浙江省人民政府制发《关于下达2015年浙江省国民经济和社会发展计划的通知》（浙政发〔2015〕7号）。

3月31日，浙江省人民政府办公厅制发《关于印发浙江省餐桌安全治理行动三年计划（2015—2017年）的通知》（浙政办发〔2015〕36号）。

3月，省新闻出版广电局制定下发《进一步加强全省播音员主持人队伍建设的工作方案》，优化播音员主持人成长环境，提升播音员主持人的整体素质。

3月，省委宣传部、省新闻出版广电局联合印发《关于促进我省纪录片发展的十条意见》（浙新广发〔2015〕22号），提升浙江纪录片发展的竞争力和影响力，完善我省影视产业发展体系。

3月，出台《金华市现代服务业综合试点项目股权投资管理暂行办法》，印发《金华市休闲旅游服务产业发展三年行动计划（2015-2017年）》。

4月1日，浙江省人民政府办公厅制发《关于推进国家主体功能区建设试点示范工作的指导意见》（浙政办发〔2015〕39号）。

4月1日，印发《浙江省新闻出版广电局关于下发浙江省影视艺术青年人才培养“新光计划”实施办法的通知》（浙新广发〔2015〕56号）。

4月7日，“首届浙江全民阅读节暨浙江书展”新闻发布会在浙江省新闻发布厅举行。省委宣传部副部长鲍洪俊、省新闻出版广电局局长寿剑刚、浙江出版联合集团总裁童健、书展主宾市上海市新闻出版局副局长彭卫国出席发布会。

4月13日至16日，省新闻出版广电局、省商务厅联合组团我省11家企业赴法国参加第52届戛纳春季电视节。我省参展企业共完成业务洽谈180多场，达成签约意向30多个，涉及金额400万美元。

4月20日至26日，首届浙江全民阅读节暨浙江书展在杭州市钱江新城成功举办。阅读节期间展出20万种图书和其他多元文化产品，组织了106场各类文化活动，全国千余家出版发行单位参展，累计读者流量达到7万余人次。

4月21日，首届中国数字阅读大会在杭州开幕。本次大会以“融合·创新·梦想”为主题，是国内在数字阅读领域的首次高层次交流盛会，来自数字出版、文化产业和互联网相关企业的近700多位精英“共襄盛举”。

4月22日，浙江省人民政府制发《关于加快特色小镇规划建设的指导意见》（浙政发〔2015〕8号）。

4月28日至5月3日，第十一届中国国际动漫节在杭州举办。国家新闻出版广电总局副局长田进，省委常委、宣传部长葛慧君，省新闻出版广电局局长寿剑刚等领导到动漫节现场视察指导。为期六天的动漫节共吸引了78个国家和地区的617家中外企业、机构参展参会，共有137.29万人次参加了动漫节各项活动，现场实际成交和签约意向合作金额总计148.46亿。

5月4日浙江省人民政府办公厅制发《关于印发浙江省企业产品标准备案管理办法》（2015年修订）的通知（浙政办发〔2015〕40号）。

5月5日，浙江省人民政府办公厅制发《关于切实加强城镇污水处理工作的通知》（浙政办发〔2015〕42号）。

5月7日，浙江省人民政府办公厅制发《关于表彰大运河浙江段申报世界文化遗产工作先进集体和先进个人的通报》（浙政办发〔2015〕43号）。

5月7日，浙江省人民政府办公厅制发《关于加快推进全省不动产统一登记工作的通知》（浙政办发〔2015〕45号）。

5月7日，浙江省人民政府办公厅制发《关于加强环境监管执法的实施意见》。

（浙政办发〔2015〕46号）。

5月8日，浙江省人民政府办公厅制发《关于加强林业有害生物防治工作的意见》（浙政办发〔2015〕47号）。

5月8日，浙江省人民政府办公厅制发《转发省国资委关于加快推进省属国有资产证券化工作实施意见的通知》（浙政办发〔2015〕48号）。

5月11日，由省新闻出版广电局、浙江广播电视集团、东海电影集团联合举办的2015中国梦（浙江）微电影大赛正式启动。

5月11日，省新闻出版广电局制发《关于认真实施中央和我省广播电视节目无线数字化覆盖工程的通知》（浙新广发〔2015〕89号）。

5月16日，浙江省人民政府制发《关于创新财政支持经济发展方式加快设立政府产业基金的意见》（浙政发〔2015〕11号）。

5月18日，浙江省人民政府办公厅制发《关于进一步推动我省文化产业加快发展的实施意见》（浙政办发〔2015〕49号）。

5月18日，浙江省人民政府办公厅制发《关于印发2015年质量强省建设行动计划和质量工作考核要点的通知》（浙政办发〔2015〕52号）。

5月20日，浙江省人民政府制发《推动我省高等教育新一轮提升发展的若干意见》（浙政发〔2015〕12号）。

5月21日，浙江省人民政府制发《关于印发浙江省2015年主要污染物总量减排计划的通知》（浙政发〔2015〕13号）。

5月26日，浙江省人民政府办公厅制发《关于改革完善公立医院药品集中采购机制的意见》（浙政办发〔2015〕57号）。

5月27日，浙江省人民政府制发《关于进一步强化粮食安全市县长责任制增强粮食安全保障能力的意见》（浙政发〔2015〕14号）。

6月1日，浙江省人民政府办公厅制发《关于印发浙江省“小微企业三年成长计划”（2015—2017年）的通知》（浙政办发〔2015〕62号）。

6月3日，我省数字出版网络视听新媒体管理工作会议在杭州召开。黄柏青副局长出席会议并讲话。

6月8日浙江省人民政府办公厅制发《关于“精准对接精准服务”支持特种设备产业发展的若干意见》（浙政办发〔2015〕64号）。

6月8日，浙江省人民政府办公厅制发《关于推进责任医生签约服务工作的指导意见》（浙政办发〔2015〕65号）。

6月10日，浙江省人民政府办公厅制发《关于印发浙江省深化医药卫生体制改革2015年重点工作任务的通知》（浙政办发〔2015〕66号）。

6月11日，浙江省人民政府办公厅制发《关于印发2015年浙江省深化“四张清单一张网”改革推进简政放权放管结合转变政府职能工作方案的通知》（浙政办发〔2015〕68号）。

6月16日，“2015年中国500最具价值品牌榜”在北京揭晓。浙江日报、浙江广电集团、钱江晚报等多家浙江传媒荣登榜单，入选数量居全国第三位，其中，浙江广电集团连续5年入选，浙江日报连续7年入选。

6月23日，省新闻出版广电局制发《浙江省新闻出版广播影视从业人员培训规划（2015-2017）》，分层次、分类别开展相关培训。

6月23日，浙江省人民政府办公厅制发《关于全面推行政府法律顾问制度的意见》（浙政办发〔2015〕71号）。

6月23日，浙江省人民政府制发《关于进一步促进全省经济平稳发展创新发展的若干意见》（浙政发〔2015〕18号）。

6月25日，浙江省人民政府办公厅制发《关于推进全省无线局域网（WiFi）建设和免费开放的指导意见》（浙政办发〔2015〕73号）。

6月26日，浙江省人民政府办公厅制发《关于加快发展众创空间促进创业创新的实施意见》（浙政办发〔2015〕79号）。

6月29日，国家新闻出版广电总局公布向全国推荐优秀少儿报刊名单，我省《小学生时代》《中学生天地》《少年儿童故事报》《小学生世界》《小爱迪生》《博学少年》等6种报刊入选。

6月29日，浙江省人民政府制发《关于印发浙江省省属企业经营投资资产损失责任追究暂行办法的通知》（浙政发〔2015〕20号）。

6月29日，浙江省人民政府办公厅制发《关于深化审批制度改革切实加强事中事后监管的意见》（浙政办发〔2015〕75号）。

6月29日，浙江省人民政府办公厅制发《关于推进民营企业对接现代技术现代金融工作的意见》（浙政办发〔2015〕74号）。

6月30日，浙江省人民政府办公厅制发《关于进一步推进企业技术改造工作的意见》（浙政办发〔2015〕77号）。

7月3日，省新闻出版广电局制发《关于推动我省传统出版和新兴出版融合发展的实施意见》（浙新广发〔2015〕110号）。

7月10日，浙江省人民政府办公厅制发《关于印发浙江省农药废弃包装物回收和集中处置试行办法的通知》（浙政办发〔2015〕82号）。

7月13日，浙江省人民政府办公厅制发《关于进一步做好为农民工服务工作的实施意见》（浙政办发〔2015〕83号）。

7月21日，浙江省人民政府制发《关于支持大众创业促进就业的意见》（浙政发〔2015〕21号）。

7月21日，浙江省人民政府办公厅制发《关于进一步加强村庄规划设计和农房设计工作的若干意见》（浙政办发〔2015〕84号）。

8月21日，浙江省人民政府制发《关于贯彻落实《国务院关于机关事业单位工作人员养老保险制度改革的决定》的实施意见》（浙政发〔2015〕25号）。

7月29日，浙江省人民政府办公厅制发《关于加强农村生活污水治理设施运行维护管理的意见》（浙政办发〔2015〕86号）。

7月29日，浙江省人民政府办公厅制发《关于印发农业“两区”绿色发展三年行动计划（2015—2017年）的通知》（浙政办发〔2015〕87号）。

7月31日，浙江省人民政府办公厅制发《关于精简整合全省驻省会城市办事机构的通知》（浙政办发〔2015〕88号）。

7月，着手编制《金华市服务业“十三五”发展规划》。

8月17日，浙江省人民政府办公厅制发《关于印发浙江省省级行政事业单位公款竞争性存放管理暂行办法的通知》（浙政办发〔2015〕91号）。

8月24日，省委宣传部、省编办、省财政厅、省人力社保厅、省新闻出版广电局、省地方税务局六部门联合制发《关于扶持县级广播电视台发展的若干意见》，进一步推进县级广播电视台健康可持续发展，不断巩固壮大基层宣传思想文化阵地。

8月26日，浙江省人民政府办公厅制发《关于印发农业“两区”土壤污染防治三年行动计划（2015—2017年）的通知》（浙政办发〔2015〕92号）。

8月26日至30日，省新闻出版广电局组织我省14家图书出版社、浙江华硕国际贸易公司和有关数字出版单位参加第二十二届北京国际图书博览会。博览会上共展出浙版出版物1000多种，其间，中央政治局委员、中宣部部长刘奇葆，全国政协副主席罗富和等领导同志先后到浙江展台视察。

8月31日，浙江省人民政府办公厅制发《关于进一步加强技术市场体系建设促进科技成果转化产业化的意见》（浙政办发〔2015〕96号）。

8月，浙产电影《西游记之大圣归来》创造中国动画电影市场票房新纪录，引起影视界和观众广泛关注和赞誉。省委书记夏宝龙，省委常委、宣传部长葛慧君，省委宣传部常务副部长胡坚等先后作出批示肯定。

8月，省新闻出版广电局（省版权局）发布《2014年全省新闻出版广播影视业统计报告》，这是我省首次对全省新闻出版广播影视业进行整体分析。

8月，李强省长、郑继伟副省长在省新闻出版广电局上报的《我省正向全国影视产业副中心发起冲击》上作出批示，给我省新闻出版广播影视工作以极大鞭策和鼓舞。

9月2日，由省新闻出版广电局与英国驻上海总领馆共同举办的浙江—英国“新媒体时代的版权与创意产业”交流活动在杭州举行。单烈副局长致词，30家浙江影视出版重点企业负责人与英国版权及知识产权相关专家学者参加交流活动。

9月2日，浙江省人民政府办公厅制发《关于公布全省行政许可事项目录（2015年）的通知》（浙政办发〔2015〕93号）。

9月2日，浙江省人民政府办公厅制发《关于推广嘉兴试点经验推进市县行政审批层级一体化改革的指导意见》（浙政办发〔2015〕95号）。

9月6日，浙江省人民政府制发《关于推进“双下沉、两提升”长效机制建设的实施意》（浙政发〔2015〕28号）。

9月6日，浙江省人民政府办公厅制发《关于推进公共体育设施和学校体育场地设施向社会开放工作的通知》（浙政办发〔2015〕94号）。

9月7日，我省《浙江日报》《杭州日报》《宁波日报》《钱江晚报》《都市快报》5种报纸入围2015年全国“百强报纸”、《浙江大学学报（人文社会科学版）》入围“百强社科期刊”、《浙江大学学报（英文版）A辑:应用物理与工程》《中国水稻科学》2种期刊入围“百强科技期刊”。

9月10日，省新闻出版广电局下发通知，对数字出版、网络视听新媒体产业相关指标进行调查，全面摸清持证数字出版和网络视听业务机构的总体情况。

9月11日，浙江省人民政府制发《关于调整全省最低工资标准的通知》（浙政发〔2015〕30号）。

9月14日，浙江省人民政府办公厅制发《转发省发改委关于浙江省餐厨垃圾资源化综合利用行动计划的通知》（浙政办发〔2015〕98号）。

9月16日，由省新闻出版广电局主办，省出版工作者协会数字出版工作委员会、省网络视听节目建设和管理协会承办的2015年数字出版网络视听新媒体创新大赛正式启动，本次大赛以“大众创业、万众创新”为主题，着力推动数字出版网络视听新媒体单位强化互联网思维，勇于探索，锐意进取，激发融合发展与创新活力。

9月24日，中宣部副部长景俊海等一行到浙江大学出版社，就《中国历代绘画大系》编纂工程项目进行专题调研，并召开座谈会，听取有关工作汇报。省委常委、宣传部长葛慧君，浙江大学党委书记金德水等陪同调研。

9月28日，浙江省人民政府制发《关于全面开展县域经济体制综合改革的指导意见》（浙政发〔2015〕31号）。

9月30日，浙江省人民政府制发《关于推进政策性融资担保体系建设的意见》（浙政发〔2015〕32号）。

9月，我市11个省级现代服务业集聚示范区在考核中均取得较好成绩，义乌国际商贸城、横店影视产业实验区、金华金东区信息软件创业园进入前20名，其中义乌国际商贸城、横店影视产业实验区分别排名第2名及第5名，同时他们在专业市场类集聚区和创业产业园类集聚区考核排名均为第一。另有金华高新园区软件与服务外包基地、中国科技五金城（永康）进入前50名，分列第41名、第45名。

10月4日至24日，省新闻出版广电局与省人力资源和社会保障厅共同组织我省首期影视产业、纪录片人才赴英国培训班。

10月5日至12日，省新闻出版广电局、省商务厅联合组织浙江代表团参加2015秋季法国戛纳电视节。

10月12日至15日，省新闻出版广电局联合省商务厅、英国驻沪总领馆、英国独立制片人协会（PACT）等在英国伦敦举办“中国（浙江）—英国影视文化合作对接会”，我省10家知名影视动漫企业代表与英国影视代表团交流对接。

10月12日，浙江省人民政府办公厅制发《转发省发改委关于浙江省省级“十三五”专项规划编制目录的通知》（浙政办发〔2015〕102号）。

10月14日，浙江省人民政府办公厅制发《关于印发浙江省进一步加强乡村医生队伍建设实施方案的通知》（浙政办发〔2015〕104号）。

10月23日，浙江省人民政府办公厅制发《关于加快推进木本油料产业提升发展的意见》（浙政办发〔2015〕106号）。

10月30日，在省新闻出版广电局积极推动下，浙江省纪录片协会成立大会暨首届会员代表大会在杭州召开。省新闻出版广电局局长寿剑刚到会祝贺并讲话，副局长王国富主持会议。协会110家成员单位代表130余人参加会议。

10月，浙江省新华书店集团在中国台湾的台北、高雄、花莲、台南等地连开4家简体图书实体店，其在台书店总数达6家，成为祖国大陆在岛内经营规模最大的简体图书零售企业。

10月，金义综合保税区申报工作圆满完成。10月21日，国务院批复同意金华设立金义综合保税区。

10月，出台《金华市现代服务业综合试点专项资金管理办法》。

11月6日，浙江省人民政府办公厅制发《关于创新重点领域投融资机制鼓励社会投资的实施意见》（浙政办发〔2015〕111号）。

11月12日，浙江省人民政府制发《关于加快推进慈善事业发展的实施意见》（浙政发〔2015〕34号）。

11月22日，由省新闻出版广电局、浙江广播电视集团、东海电影集团联合主办的2015中国梦（浙江）微电影大赛圆满落幕。国家新闻出版广电总局网络视听节目管理司司长罗建辉，省局副局长黄柏青、副巡视员常志良等出席颁奖典礼，并为获奖者颁发证书和奖杯。

11月23日，《浙江省新闻出版广电局关于做好政府向社会力量购买农村电影放映服务的通知》下发。

11月，省委书记夏宝龙批示肯定浙江卫视《今日聚焦》越办越好。

11月，出台《金华市区促进现代物流产业发展扶持意见》《关于加快推动商贸流通业健康发展的实施意见》，印发《金华市现代物流业发展三年行动计划（2015-2017年）》。

12月3日，浙江省人民政府制发《关于印发海宁皮革城市场采购贸易方式试点工作方案的通知》（浙政发〔2015〕38号）。

12月11日，省新闻出版广电局在杭州举行广播影视业银企合作推进会，联合建设银行浙江省分行推出针对广播影视业特点的金融产品和服务项目，构建政银企三方合作机制，推进影视业和金融机构资源共享、合作共赢。

12月21日，省新闻出版广电局联合省财政厅联合印发《关于印发浙江省向社会力量购买公益性影视产品制作服务实施办法（暂行）的通知》。

12月28日，中国广播影视大奖·第30届电视剧“飞天奖”颁奖典礼在杭州市云栖小镇成功举办。浙产《父母爱情》获最佳电视剧、最佳导演、最佳女演员奖

12月28日，第三届“世界媒体500强”排行榜在美国纽约揭晓。我省浙江日报报业集团、浙江广电集团、杭州日报报业集团等媒体入选。

九

附　录

Part IX
Appendix

全省生产总值（1978—2015 年）

年份	全省生产总值（亿元）	第一产业	第二产业	第三产业	工业	人均生产总值（元）
1978	123.72	47.09	53.52	23.11	46.97	331
1979	157.75	67.56	64.07	26.12	55.59	417
1980	179.92	64.61	84.07	31.24	73.71	471
1981	204.86	69.06	94.68	41.12	84.08	531
1982	234.01	84.88	98.44	50.69	87.21	599
1983	257.09	82.89	113.12	61.08	102.55	650
1984	323.25	104.40	141.48	77.37	127.91	810
1985	429.16	123.88	198.91	106.37	178.68	1067
1986	502.47	136.29	230.89	135.29	206.63	1237
1987	606.99	159.41	281.47	166.11	249.69	1478
1988	770.25	195.68	354.39	220.18	315.36	1853
1989	849.44	210.95	386.25	252.24	346.50	2023
1990	904.69	225.04	408.18	271.47	363.74	2138
1991	1089.33	245.22	494.11	350.00	438.36	2558
1992	1375.70	262.67	653.43	459.60	581.73	3212
1993	1925.91	315.96	983.96	625.99	876.26	4469
1994	2689.28	438.65	1398.12	852.51	1243.37	6201
1995	3557.55	549.96	1854.52	1153.07	1645.51	8149
1996	4188.53	594.93	2232.17	1361.43	1983.90	9552
1997	4686.11	618.90	2554.57	1512.64	2285.24	10624
1998	5052.62	609.30	2766.94	1676.38	2484.97	11394
1999	5443.92	606.31	2974.74	1862.87	2679.68	12214
2000	6141.03	630.98	3273.93	2236.12	2945.70	13415
2001	6898.34	659.78	3572.88	2665.68	3181.94	14664
2002	8003.67	685.20	4090.48	3227.99	3640.84	16841
2003	9705.02	717.85	5096.38	3890.79	4462.97	20149
2004	11648.70	814.10	6250.38	4584.22	5491.33	23817
2005	13417.68	892.83	7164.75	5360.10	6344.71	27062
2006	15718.47	925.10	8511.51	6281.86	7585.47	31241
2007	18753.73	986.02	10154.25	7613.46	9090.74	36676
2008	21462.69	1095.96	11567.42	8799.31	10328.72	41405
2009	22998.24	1163.08	11860.16	9975.01	10440.77	43857
2010	27747.65	1360.56	14187.36	12199.74	12477.11	51758
2011	32363.38	1583.04	16331.27	14449.07	14370.50	59331
2012	34739.13	1667.88	17000.09	16071.16	14902.22	63508
2013	37756.58	1760.34	18047.52	17948.72	15837.20	68805
2014	40173.03	1777.18	19175.06	19220.79	16771.90	73002
2015	42886.49	1832.91	19711.67	21341.91	17217.47	77644

注： 1. 本表按当年价格计算。2000 年以后人均生产总值均按常住人口计算。

2. 从 2004 年起第一产业包括农林牧渔服务业。

3.2013 年起三次产业分类依据国家统计局 2012 年制定的《三次产业划分规定》，后表同。

全省生产总值构成（1978—2015年）

单位：%

年份	生产总值	第一产业	第二产业	第三产业	工业
1978	100	38.1	43.3	18.7	38.0
1979	100	42.8	40.6	16.6	35.2
1980	100	35.9	46.7	17.4	41.0
1981	100	33.7	46.2	20.1	41.0
1982	100	36.3	42.1	21.7	37.3
1983	100	32.2	44.0	23.8	39.9
1984	100	32.3	43.8	23.9	39.6
1985	100	28.9	46.3	24.8	41.6
1986	100	27.1	46.0	26.9	41.1
1987	100	26.3	46.4	27.4	41.1
1988	100	25.4	46.0	28.6	40.9
1989	100	24.8	45.5	29.7	40.8
1990	100	24.9	45.1	30.0	40.2
1991	100	22.5	45.4	32.1	40.2
1992	100	19.1	47.5	33.4	42.3
1993	100	16.4	51.1	32.5	45.5
1994	100	16.3	52.0	31.7	46.2
1995	100	15.5	52.1	32.4	46.3
1996	100	14.2	53.3	32.5	47.4
1997	100	13.2	54.5	32.3	48.8
1998	100	12.1	54.8	33.2	49.2
1999	100	11.1	54.6	34.2	49.2
2000	100	10.3	53.3	36.4	48.0
2001	100	9.6	51.8	38.6	46.1
2002	100	8.6	51.1	40.3	45.5
2003	100	7.4	52.5	40.1	46.0
2004	100	7.0	53.6	39.4	47.1
2005	100	6.7	53.4	39.9	47.3
2006	100	5.9	54.1	40.0	48.3
2007	100	5.3	54.1	40.6	48.5
2008	100	5.1	53.9	41.0	48.1
2009	100	5.1	51.6	43.4	45.4
2010	100	4.9	51.1	44.0	45.0
2011	100	4.9	50.5	44.6	44.4
2012	100	4.8	48.9	46.3	42.9
2013	100	4.7	47.8	47.5	41.9
2014	100	4.4	47.7	47.9	41.7
2015	100	4.3	45.9	49.8	40.1

注：1. 本表按当年价格计算。
2. 从2004年起第一产业包括农林牧渔服务业。

2015年各市服务业主要指标

城市	服务业增加值（亿元）	服务业占GDP比重（%）	人均服务业生产总值（元）
杭州市	5853.25	58.2	81334.0
宁波市	3620.71	45.2	61874.0
温州市	2465.92	53.4	30351.4
嘉兴市	1528.04	43.4	43807.3
湖州市	940.60	45.1	35662.5
绍兴市	2014.15	45.1	45458.9
金华市	1712.16	50.3	35926.1
衢州市	526.84	46.0	20577.5
舟山市	532.21	48.7	54626.9
台州市	1756.45	49.4	29406.7
丽水市	508.02	46.0	19097.5

注：人均服务业生产总值按户籍人口计算。